全国高职高专教育土建类专业教学指导委员会规划推荐教材

工程制图与建筑构造

（建筑设备工程技术专业适用）

余　宁　主　编
陈　彬　薛必芳　副主编
蔡可键　邢玉林　主　审

中国建筑工业出版社

图书在版编目（CIP）数据

工程制图与建筑构造/余宁主编．—北京：中国建筑工业出版社，2008

全国高职高专教育土建类专业教学指导委员会规划推荐教材．建筑设备工程技术专业适用

ISBN 978-7-112-09784-5

Ⅰ．工… Ⅱ．余… Ⅲ．①建筑制图-高等学校：技术学校-教材②建筑构造-高等学校：技术学校-教材 Ⅳ．TU2

中国版本图书馆CIP数据核字（2007）第189958号

全国高职高专教育土建类专业教学指导委员会规划推荐教材

工程制图与建筑构造

（建筑设备工程技术专业适用）

余　宁　主　编

陈　彬　薛必芳　副主编

蔡可键　邢玉林　主　审

*

中国建筑工业出版社出版、发行（北京西郊百万庄）

各地新华书店、建筑书店经销

霸州市顺浩图文科技发展有限公司制版

北京市安泰印刷厂印刷

*

开本：787×1092毫米　1/16　印张：20½　字数：493千字

2008年3月第一版　　2014年9月第二次印刷

定价：**32.00**元

ISBN 978-7-112-09784-5

（16448）

本教材是根据高职高专教育建筑设备类专业指导委员会制定的教学指导文件编写，是建筑设备类专业的一门重要基础课程。

本书有4个单元、26个课题。单元1制图基础，主要讲述制图的基本知识，投影原理与投影作图，工程形体的表达方法；单元2工程识图，主要讲述房屋建筑工程图，工程管道单、双线图与剖视图，建筑给、排水施工图，建筑采暖施工图，通风与空调施工图，室内建筑电气照明施工图和机械工程图等的识读知识；单元3建筑材料，主要讲述材料的基本性质，石灰和水泥，普通混凝土，防水材料，绝热保温材料，建筑涂料和建筑钢材等；单元4建筑构造，主要讲述建筑构造概述，地基与基础，墙体，楼板层与地面，楼梯，屋顶，门窗，工业建筑简介，建筑工业化简介等。

本教材突出了高等职业教育的特色，内容具有针对性、实用性。本书除可作为高职高专学校建筑设备类专业的教材使用外，也可作为电大、职大、函大等相同专业的教学用书，并可作为从事通风空调、供热采暖、锅炉设备、建筑电气、楼宇智能化工程的高等技术管理施工人员学习的参考书。

* * *

责任编辑：齐庆梅　吕小勇
责任设计：董建平
责任校对：关　健　张　虹

前　言

“工程制图与建筑构造”是建筑设备类专业一门重要的专业基础课。本课程的主要任务是通过课程的学习，使学生能够掌握工程制图的基本知识与标准，具有识读和绘制建筑设备工程图的初步能力；同时能够了解常用建筑材料，并了解工业与民用建筑的基本构造知识，为学习专业课及建筑设备的按图施工打下良好的基础。

为了突出高等职业教育的特色，使专业基础理论知识以必须、够用为度，课程采用单元课题式的编写方式，使教材所述内容贴近专业的需要与实际。

本书在内容安排上，围绕专业需要，用单元课题的形式来贯穿知识点与能力点，并尽量考虑知识的主次先后及它们之间的相互关系；各课题力求较快地切入主题，考虑适当的深度，并做到层次分明、重点突出，使知识易于学习掌握。为了加深课题知识理解，培养学生分析问题、解决问题及归纳问题的能力，在课题中安排有实用例题，每个单元后面设有适量的思考题和习题。本教材将在符合专业教育标准、专业培养方案和教学大纲中规定的知识点、能力点的基础上，论述力求通俗易懂，力求符合专业需要并实用，力求简练、准确、通畅，便于学习。

本教材约讲 90 学时，共分 4 个单元。第 1 单元制图基础有 3 个课题，主要介绍制图的基本知识，投影原理与投影作图和工程形体的表达方法；第 2 单元工程识图有 7 个课题，主要介绍房屋建筑施工图，给排水施工图，采暖施工图，通风与空调施工图，室内建筑电气照明施工图，机械工程图的识读与绘制，以及工程管道的表达方法；第 3 单元建筑材料有 7 个课题，主要介绍建筑材料的基本性质，常用建筑材料石灰和水泥、普通混凝土、防水材料、绝热保温材料、建筑涂料、建筑钢材的基本性能指标、种类及它们在建筑工程中的应用；第 4 单元建筑构造有 9 个课题，以民用建筑构造为重点，着重介绍建筑物从基础到屋顶各部分的构造形式，同时对工业建筑中单层厂房的基本知识以及建筑工业化的现状与趋势作了简单介绍。

本教材由江苏广播电视大学余宁担任主编，江苏城市职业学院陈彬、薛必芳担任副主编，宁波工程学院蔡可键和黑龙江建筑职业技术学院邢玉林担任主审。参加本教材编写的有：江苏广播电视大学余宁（编写第 2 单元课题 2、课题 3、课题 4、课题 5、课题 6、课题 7），江苏城市职业学院陈彬（编写第 1 单元课题 1、课题 2、课题 3、第 2 单元课题 1），河南平顶山工学院王增欣（编写第 3 单元课题 1、课题 2、课题 3、课题 4、课题 5、课题 6、课题 7），江苏广播电视大学薛必芳（编写第 4 单元课题 1、课题 2、课题 3、课题 4、课题 5、课题 6、课题 7、课题 8、课题 9）。

限于编者水平，教材中难免有许多不妥或错误之处，恳请读者提出宝贵意见。

目　　录

单元1 制图基础

知识点：国家制图标准，正投影原理，点、直线、平面及立体的投影，轴测投影图的画法，立体表面的展开，剖视图和断面图的画法。

教学目标：掌握国家制图标准的有关规定；理解投影的形成及正投影的定义和特性；熟练掌握点、直线、平面的投影及其规律，并能运用其解决空间几何问题；熟练掌握从基本体到组合体的投影图绘制与识读；掌握立体轴测图的绘制；掌握立体展开图的绘制；掌握各种类型剖视图和断面图的绘制。

课题1 制图的基本知识

1.1 手工制图工具和仪器的使用方法

正确掌握制图工具和仪器的使用方法，对提高制图质量，加快制图速度，延长制图工具和仪器的使用寿命至关重要。下面介绍一些在制图中常用工具和仪器的使用方法。

（1）图板、丁字尺、三角板

1）图板

图板用于固定图纸，板面应平整、光滑，尤其图板短边是丁字尺的导边，应保持平直。

2）丁字尺

丁字尺用于与图板配合画水平线。丁字尺由尺头和尺身构成。丁字尺使用要领：画线时，尺头要紧靠图板短边自上而下移动，从左向右画线，如图1-1所示。

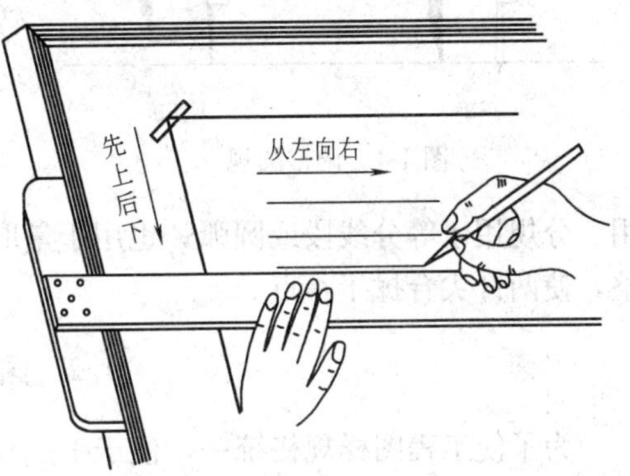

图1-1 利用丁字尺画水平线

3）三角板

一副三角板有45°角和60°角两块，主要用于与丁字尺配合画铅垂线和与水平线成15°整倍数角的斜线，如图1-2所示。两块三角板配合还可以画任意直线的平行线和垂直线。

（2）铅笔

铅笔用于绘制底图、加深和注写。铅笔的一端标有表示软硬程度的代号，H代表硬，其前面数字越大表示铅芯越硬，画出的图线颜色越浅；B代表软，其前面数字越大表示铅芯越软，画出的图线颜色越深。一般绘制底图时选用2H或H铅笔，HB铅笔用于注写文字和尺寸，B或2B铅笔用于加深图形。

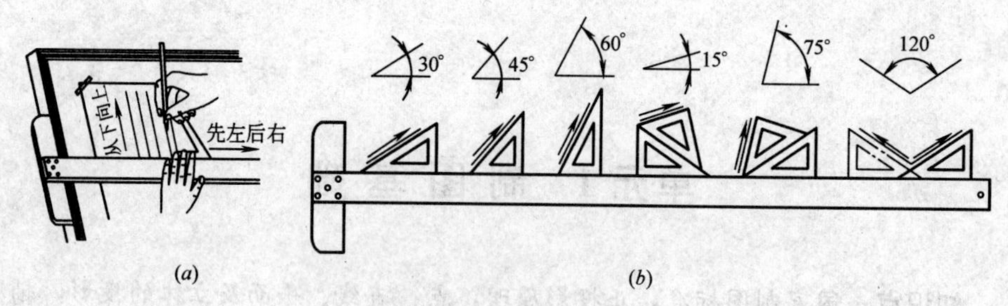

图 1-2　三角板的用法

(*a*) 画铅垂线；(*b*) 画与水平线成 15°整倍数角的斜线

铅笔从没有标识的一端使用，以便始终能识别其软硬程度。铅笔的削法如图 1-3 所示，画底图、注写文字和尺寸的铅笔削成锥形，加深图形需将铅笔磨成扁方形。

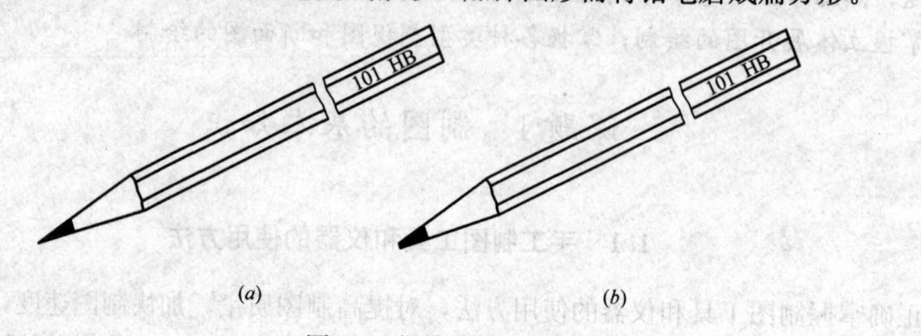

图 1-3　铅笔的削法

(*a*) 锥形；(*b*) 扁方形

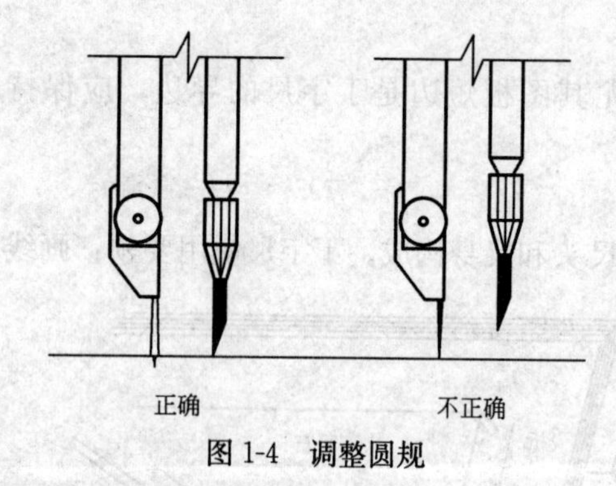

图 1-4　调整圆规

(3) 圆规和分规

1) 圆规

圆规用于画圆和圆弧。画圆之前必须调整圆规，使其两腿合拢时铅芯与钢针的台肩平齐，如图 1-4 所示。画圆时，右手转动手柄，顺时针旋转并略向前进的方向倾斜，旋转的速度、用力要均匀，整个圆要一笔画完。

2) 分规

将圆规的铅芯插脚换成钢针插脚即作分规使用。分规用于等分线段或圆弧，也用于量取线段长度，如图 1-5 所示。分规使用前必须调整，使两针尖合拢于一点。

1.2　国家制图标准

为了使工程图样规格统一，便于生产和技术交流，要求绘制工程图样必须遵守统一的规定，这个统一的规定就是制图标准。制图标准有国家颁布实施的、适用于全国范围的国家制图标准，简称国标；也有使用范围较小的部颁标准及地方性的地区标准。绘制工程图样必须严格遵守制图标准。

现行的制图标准主要有：《技术制图》GB/T 国家标准，包括总纲性质的《房屋建筑制图统一标准》GB/T 50001—2001 和专业部分的《总图制图标准》GB/T 50103—2001、

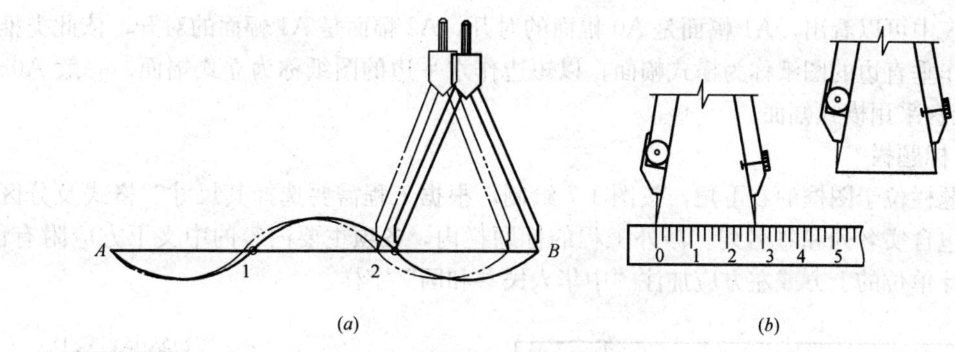

(a)　　(b)

图 1-5　分规的用法

(a) 等分线段；(b) 量取长度

《建筑制图标准》GB/T 50104—2001、《建筑结构制图标准》GB/T 50105—2001、《给水排水制图标准》GB/T 50106—2001、《暖通空调制图标准》GB/T 50114—2001。

国家制图标准规定的内容很多，此处主要介绍几项基本规定。

(1) 图纸幅面、图框和标题栏

1) 图纸幅面与图框

图纸幅面指图纸本身的大小。图框是明确图纸上绘图范围的边线，用粗实线绘制。国标对图纸幅面与图框尺寸的规定，见表 1-1。图框格式和表中尺寸代号的含义，如图 1-6 所示。

基本幅面与图框尺寸（单位：mm）　　**表 1-1**

幅面代号 尺寸代号	A0	A1	A2	A3	A4
$B \times L$	841×1189	594×841	420×594	297×420	210×297
c	10			5	
a	25				

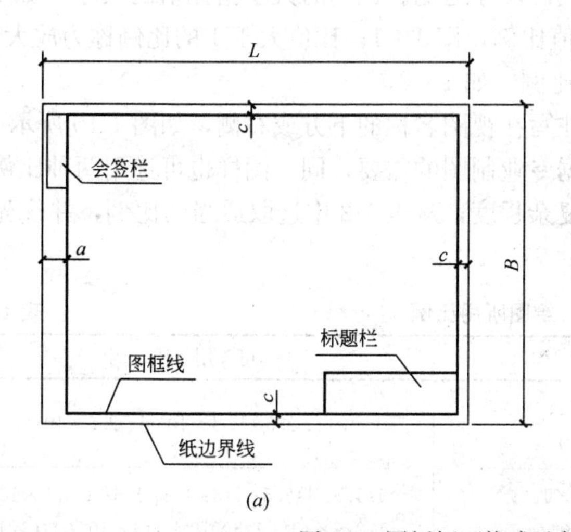

(a)

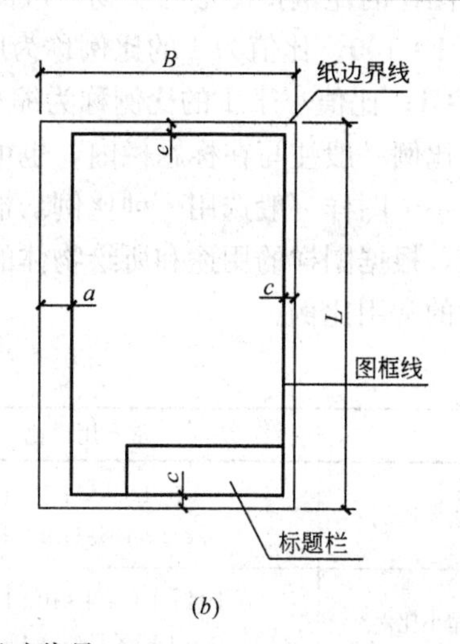

(b)

图 1-6　图纸幅面格式及其尺寸代号

(a) 横式幅面；(b) 立式幅面

从表中可以看出，A1 幅面是 A0 幅面的对开，A2 幅面是 A1 幅面的对开，依此类推。以短边作垂直边的图纸称为横式幅面；以短边作水平边的图纸称为立式幅面。一般 A0～A3 图纸宜采用横式幅面。

2）标题栏

标题栏位于图框的右下角，按图 1-7 绘制，根据工程需要选择其尺寸、格式及分区。签字区包含实名列和签名列。涉外工程的标题栏内，各项主要内容的中文下方应附有译文，设计单位的上方或左方应加注“中华人民共和国”字样。

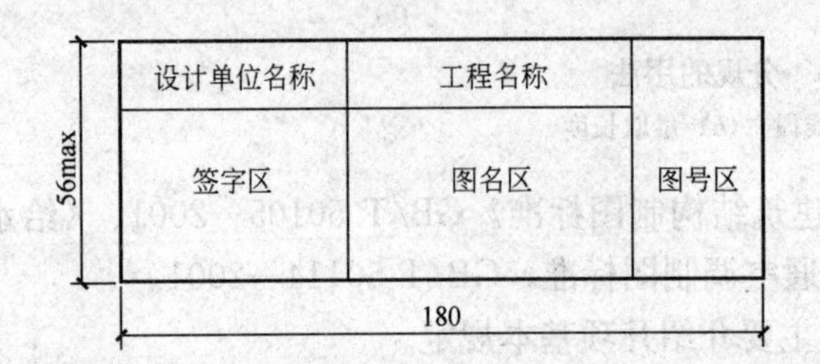

图 1-7　标题栏

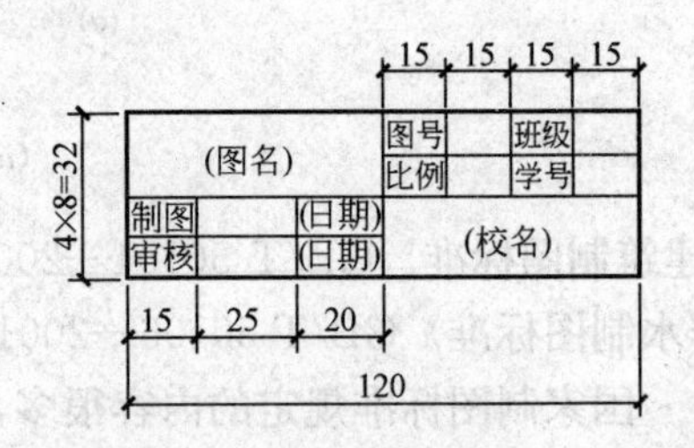

图 1-8　作业用标题栏

课程学习阶段作业中建议采用图 1-8 所示的标题栏。会签栏是各工种负责人签字用的表格，按图 1-9 所示绘制。

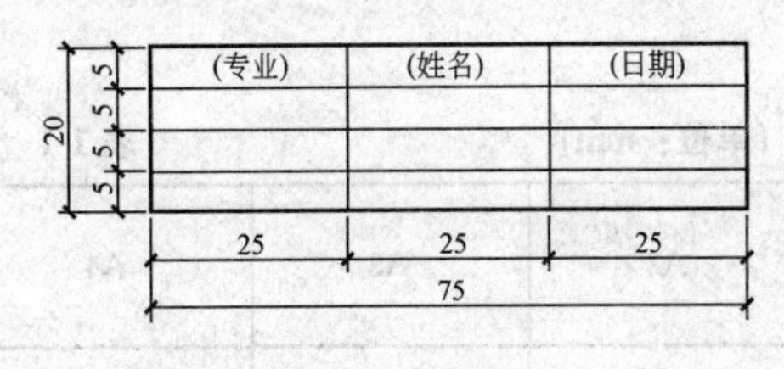

图 1-9　会签栏

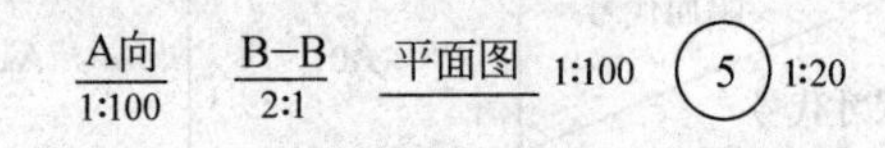

图 1-10　比例的注写

(2) 比例

图样的比例指图形与实物对应的线性尺寸之比。比例的大小指比值的大小，如 1∶50 大于 1∶100。比值为 1 的比例称为原值比例，即 1∶1；比值大于 1 的比例称为放大比例，如 2∶1；比值小于 1 的比例称为缩小比例，如 1∶2。

比例一般注写在标题栏内，也可注写在视图名称的下方或右侧，如图 1-10 所示。

一个图样一般选用一种比例。根据专业制图的需要，同一图样也可选用两种比例。绘图时，根据图样的用途和所绘物体的复杂程度，从表 1-2 中选取适当的比例，并优先选用表中的常用比例。

绘图所用比例　　**表 1-2**

	常 用 比 例	可 用 比 例
放大比例	5∶1；2∶1；5×10^n∶1；2×10^n∶1；1×10^n∶1	4∶1；2.5∶1；4×10^n∶1；2.5×10^n∶1
缩小比例	1∶2；1∶5；1∶10；1∶2×10^n；1∶5×10^n；1∶1×10^n	1∶1.5；1∶2.5；1∶3；1∶4；1∶6；1∶1.5×10^n；1∶2.5×10^n；1∶3×10^n；1∶4×10^n；1∶6×10^n
原值比例	1∶1	

(3) 字体

工程图样中除图线外，还要用到字体。字体包括汉字、字母和数字。国标规定了字体的结构形式和基本尺寸，要求书写字体必须做到：字体工整，笔画清楚，间隔均匀，排列整齐。

字体的高度用 h 表示，应从下列系列中选用：1.8mm、2.5mm、3.5mm、5mm、7mm、10mm、14mm、20mm。字体的高度又称为字号。

1) 汉字

工程图中的汉字应写成长仿宋体，并应采用国家正式公布的汉字书写。汉字的高度 h 不应小于 3.5mm，字宽约为字高的 2/3。

长仿宋体字书写要领：横平竖直，起落分明，笔锋满格，布局均匀。书写示例如图 1-11 所示。

10号

横平竖直起落分明笔锋满格布局均匀

7号

建筑房屋平立剖面详图结构施工设备

5号

说明比例尺寸楼梯门窗基础钢筋梁柱

3.5号

班级姓名学号专业校核混凝土十九八

图 1-11　长仿宋字示例

2) 字母和数字

工程图样中的字母和数字应按国标规定的示例书写，如图 1-12 所示。字母和数字的

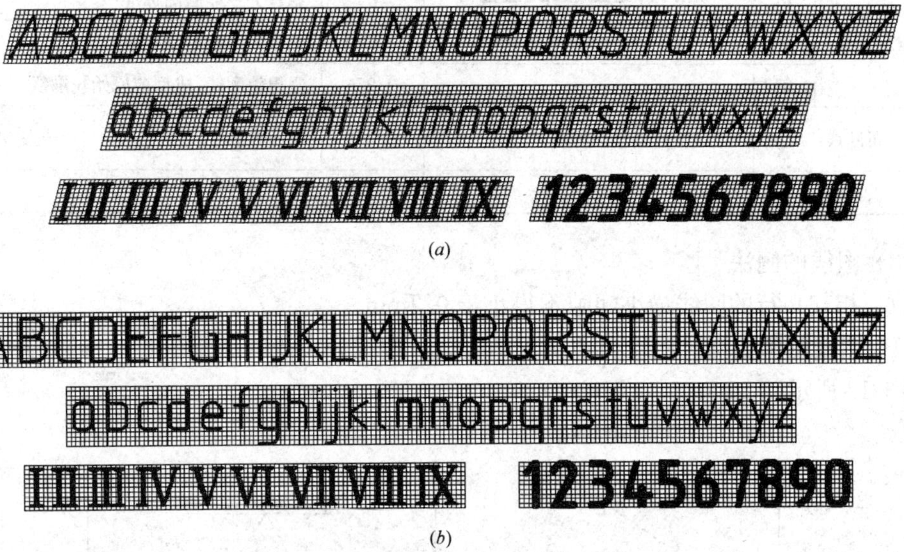

ABCDEFGHIJKLMNOPQRSTUVWXYZ

abcdefghijklmnopqrstuvwxyz

I II III IV V VI VII VIII IX　1234567890

(a)

ABCDEFGHIJKLMNOPQRSTUVWXYZ

abcdefghijklmnopqrstuvwxyz

I II III IV V VI VII VIII IX　1234567890

(b)

图 1-12　字母和数字示例

(a) 斜体；(b) 直体

高度 h 不应小于 2.5mm。字母和数字可按需要写成直体或斜体，斜体字字头向右倾斜，与水平线成 75°。

(4) 图线

为了表达工程图样中的不同内容，并且能够分清主次，必须使用不同的线型和不同粗细的图线。国标规定了图线的线宽、线型和画法。

1) 线宽

图线按线宽分为粗线、中粗线和细线三种，它们的宽度比值为 4∶2∶1。线宽的通用符号用 d 表示。图线宽度 d 按图样的类型和尺寸在下列数系中选择：0.18mm、0.25mm、0.35mm、0.5mm、0.7mm、1mm、1.4mm、2mm。同一图样中，同类图线的宽度应一致。

工程图样中，习惯把粗实线的宽度用 b 表示。

2) 线型

建筑制图中，常用的线型如表 1-3 所示。

常用线型 **表 1-3**

名称		线型	线宽	一般用途
实线	粗	————————	b	主要可见轮廓线
	中	————————	$0.5b$	可见轮廓线
	细	————————	$0.25b$	可见轮廓线、图例线等
虚线	粗	— — — — —	b	见有关专业制图标准
	中	— — — — —	$0.5b$	不可见轮廓线
	细	— — — — —	$0.25b$	不可见轮廓线、图例线等
单点长画线	粗	——·——·——	b	见有关专业制图标准
	中	——·——·——	$0.5b$	见有关专业制图标准
	细	——·——·——	$0.25b$	中心线、对称线、定位轴线
双点长画线	粗	——··——··——	b	见有关专业制图标准
	中	——··——··——	$0.5b$	见有关专业制图标准
	细	——··——··——	$0.25b$	假想轮廓线、成型前原始轮廓线
折断线		——\/\——	$0.25b$	断开界线
波浪线		～～～	$0.25b$	断开界线

3) 图线的画法

A. 相互平行的图线最小间隙不得小于 0.7mm。

B. 图线两两相交时应恰当地交于画线处。虚线为实线的延长线时，不得与实线连接，如图 1-13 所示。

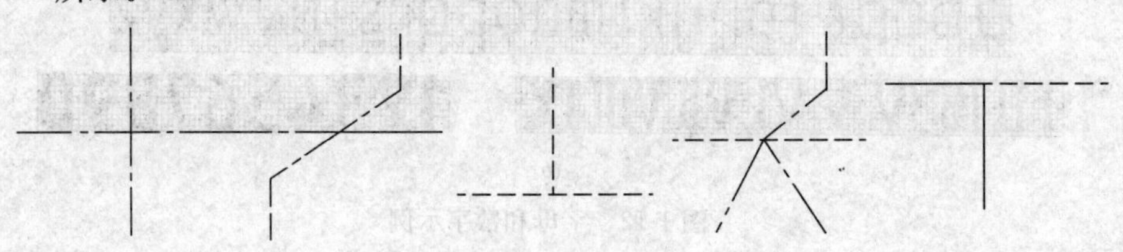

图 1-13　图线相交

C. 绘制虚线、点画线、双点画线时，各段长度与间距应大致相等。

D. 在较小图形中绘制点画线或双点画线困难时，可用实线代替。

E. 图线不得与文字、数字或符号重叠、混淆，不可避免时，应断开图线以保证文字、数字等的清晰。

(5) 尺寸注法

工程图样除了画出物体及其各部分的形状外，还必须正确、详尽、清晰地标注尺寸，以确定其大小，作为施工的依据。

1) 尺寸的组成

完整的尺寸包括尺寸界线、尺寸线、尺寸起止符号和尺寸数字，如图 1-14 所示。

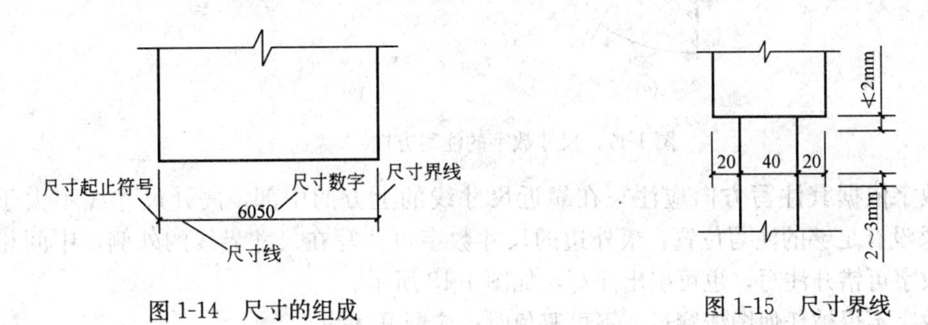

图 1-14　尺寸的组成

图 1-15　尺寸界线

A. 尺寸界线：用细实线绘制，一般与被注长度垂直，一端离开图样轮廓线不小于 2mm，另一端超出尺寸线 2～3mm，如图 1-15 所示。必要时，轮廓线也可用作尺寸界线，如图 1-15 中的尺寸 40。

B. 尺寸线：用细实线绘制，与被注长度平行，且不宜超出尺寸界线。任何图线均不得用作尺寸线。

C. 尺寸起止符号：用中粗斜短线绘制，其倾斜方向与尺寸界线成顺时针 45°角，长度为 2～3mm。半径、直径、角度、弧度的尺寸起止符号用箭头表示，箭头画法如图 1-16 所示。

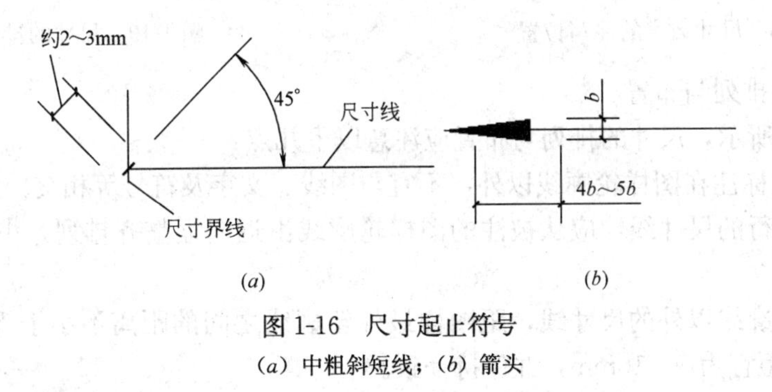

图 1-16　尺寸起止符号

(*a*) 中粗斜短线；(*b*) 箭头

D. 尺寸数字：代表物体的实际大小，与绘图时选用的比例无关。图样上的尺寸以尺寸数字为准，不得从图上直接量取。图样上的尺寸单位，除标高和总平面图以米（m）为单位外，其他均以毫米（mm）为单位。

尺寸数字的注写方向，应按图 1-17（*a*）所示的规定注写。若尺寸数字在 30°斜线区内，也可按图 1-17（*b*）所示的形式注写。

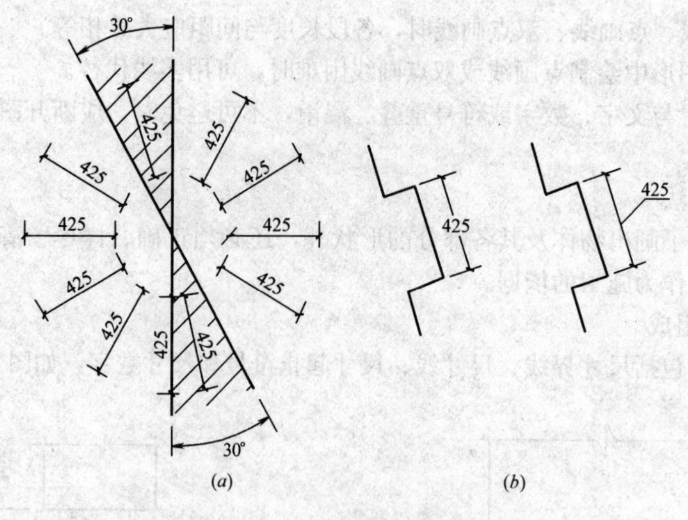

图 1-17　尺寸数字的注写方向

尺寸数字依据其注写方向应注写在靠近尺寸线的上方的中部，离开尺寸线不大于1mm。如果没有足够的注写位置，最外边的尺寸数字可注写在尺寸界线的外侧，中间相邻的尺寸数字可错开注写，也可引出注写，如图 1-18 所示。

尺寸数字不得被任何图线穿过，不可避免时，应断开图线。

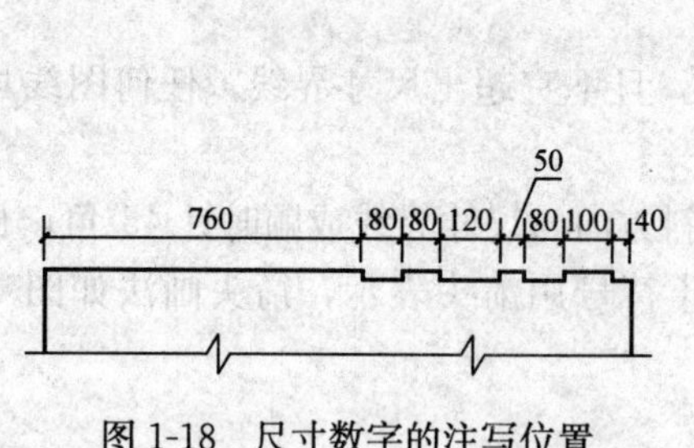

图 1-18　尺寸数字的注写位置

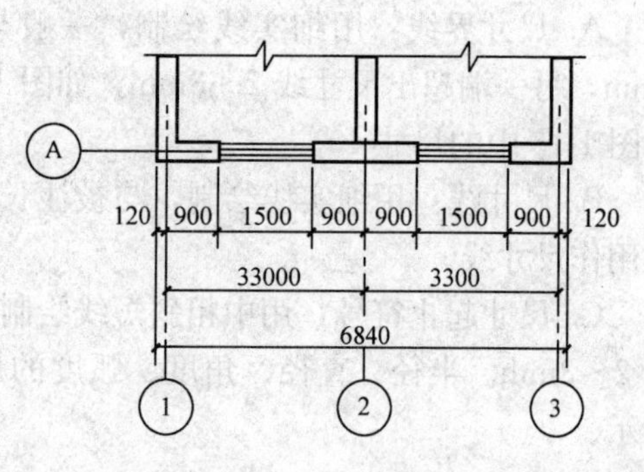

图 1-19　尺寸的排列

2）尺寸的排列与布置

如图 1-19 所示，尺寸的排列与布置应注意以下几点：

A. 尺寸宜标注在图样轮廓线以外，不宜与图线、文字及符号等相交；

B. 相互平行的尺寸线，应从被注的图样轮廓线由近向远整齐排列，小尺寸在里，大尺寸在外；

C. 图样轮廓线以外的尺寸线，距图样最外轮廓线之间的距离不小于 10mm。平行排列的尺寸线间距宜为 7～10mm，并保持一致。

3）尺寸标注的其他规定

A. 半径、直径、球的尺寸标注

小于或等于半圆的圆弧，应标注半径尺寸。尺寸线一端从圆心开始，一端画箭头指至圆弧，并在半径数字前加注半径符号 R，如图 1-20 所示。较小圆弧和较大圆弧的半径标注方法如图 1-21 所示。

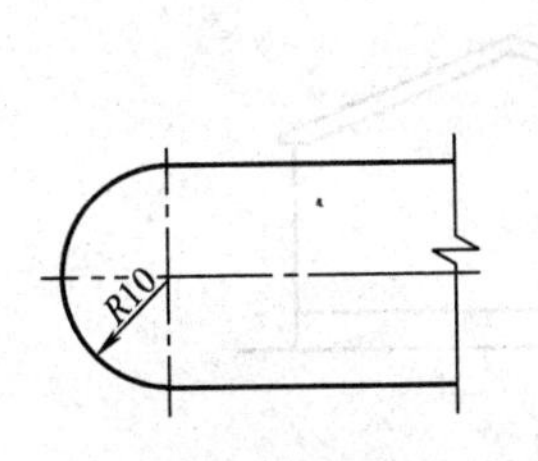

图 1-20　半径标注方法

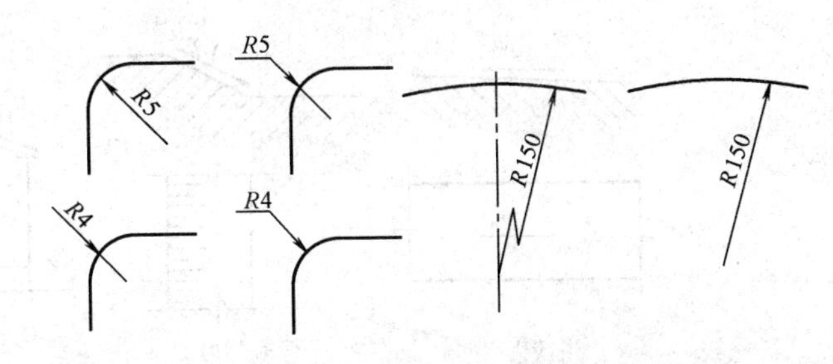

图 1-21　较小和较大圆弧的半径标注方法

大于半圆的圆弧和整圆，应标注直径尺寸。标注圆的直径时，尺寸数字前应加注直径符号 ϕ。在圆内标注的直径尺寸线应通过圆心，两端画箭头指至圆弧，如图 1-22 所示。较小圆的直径尺寸标注方法如图 1-23 所示。

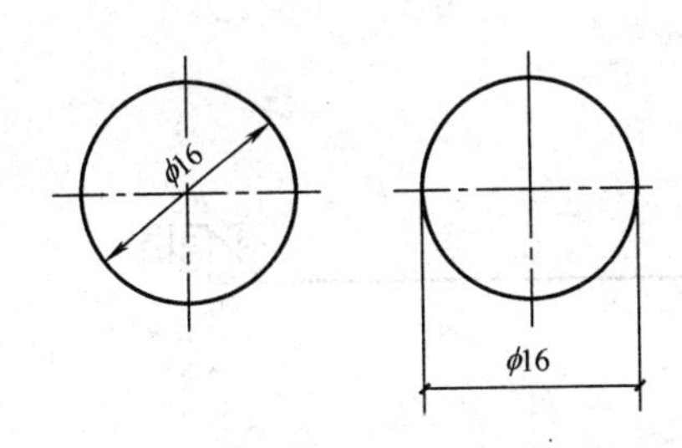

图 1-22　圆直径的标注方法

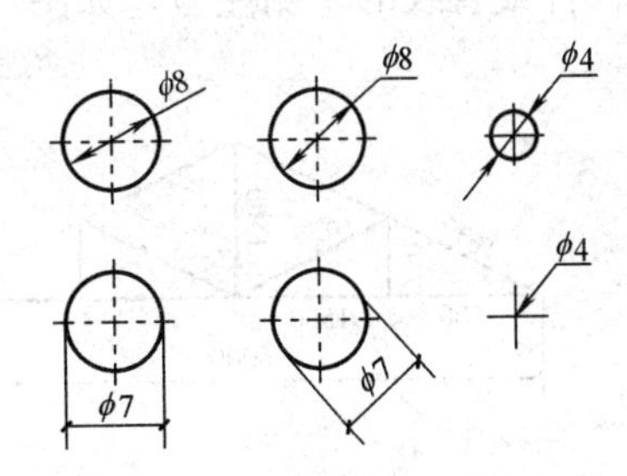

图 1-23　小圆直径的标注方法

标注球的半径尺寸时，应在尺寸数字前加注符号 SR；标注球的直径尺寸时，应在尺寸数字前加注符号 $S\phi$。标注方法与圆弧半径和直径的尺寸标注相同，如图 1-24 所示。

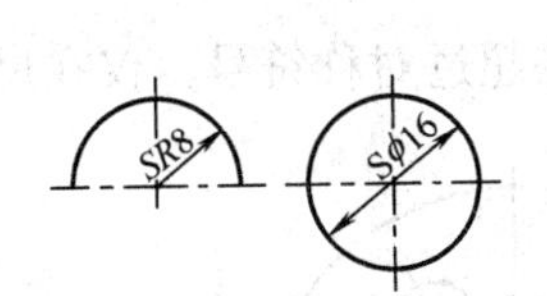

图 1-24　球的标注方法

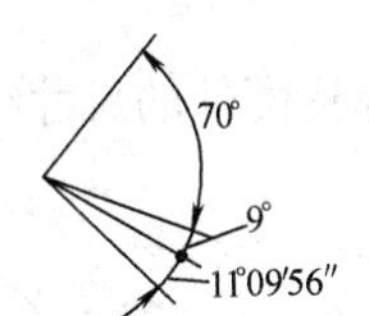

图 1-25　角度标注方法

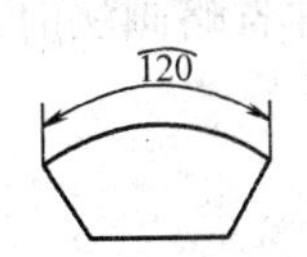

图 1-26　弧长标注方法

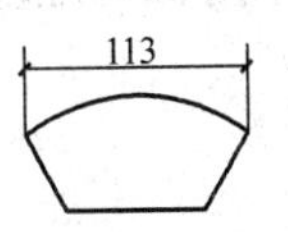

图 1-27　弦长标注方法

B. 角度、弧长、弦长的标注

如图 1-25 所示，角度的尺寸线以圆弧线表示，圆弧的圆心为角顶点。尺寸界线为角的两个边。起止符号用箭头表示，若没有足够位置画箭头，可用圆点代替。角度数字应水平注写。

标注圆弧的弧长时，尺寸线用与该圆弧同心的圆弧线表示，尺寸界线垂直于该圆弧的弦，起止符号用箭头表示，弧长数字的上方应加注圆弧符号，如图 1-26 所示。

标注圆弧的弦长时，尺寸线以平行于该弦的直线表示，尺寸界线垂直于该弦，起止符号用中粗斜短线表示，如图 1-27 所示。

C. 坡度的标注方法

标注坡度时，在坡度数字下加注坡度符号，坡度符号的箭头指向下坡方向，也可用直角三角形表示坡度，如图 1-28 所示。

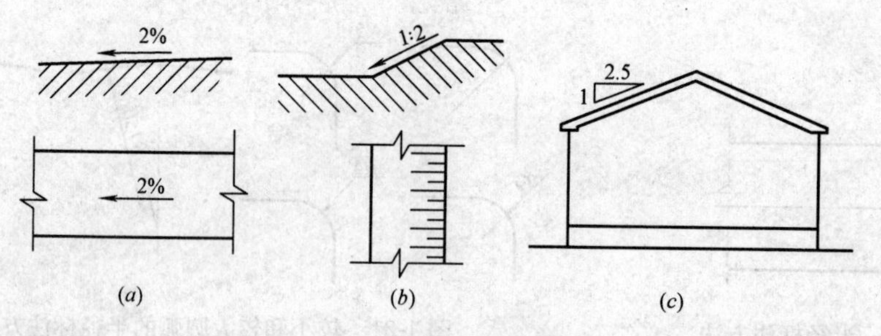

图 1-28 坡度的标注方法

D. 尺寸的简化标注

杆件或管线的长度，在单线图（桁架简图、钢筋简图、管线简图）上，可直接将尺寸数字沿杆件或管线的一侧注写，如图 1-29 所示。

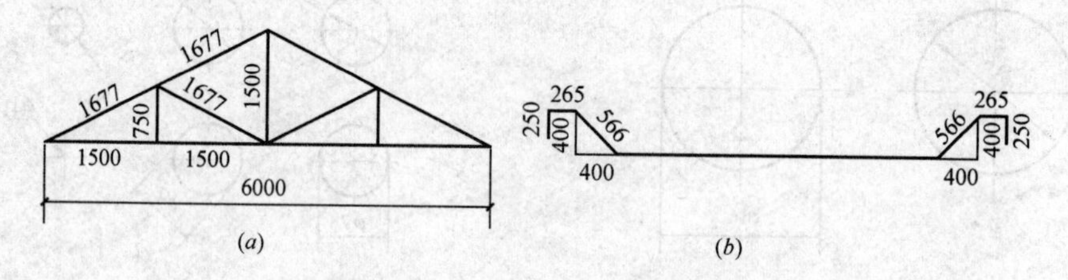

图 1-29 单线图的尺寸标注方法

连续排列的等长，可用“个数×等长尺寸＝总长”的形式标注，如图 1-30 所示。

构配件内的构造因素（如孔、槽等）如果相同，可仅标注其中一个要素的尺寸，如图 1-31 所示。

对称构配件采用对称省略画法时，该对称构配件的尺寸线应略超过对称符号，仅在尺

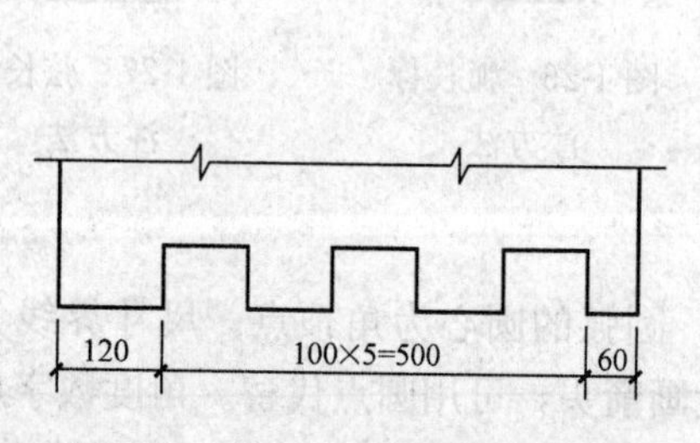

图 1-30 等长尺寸简化标注方法

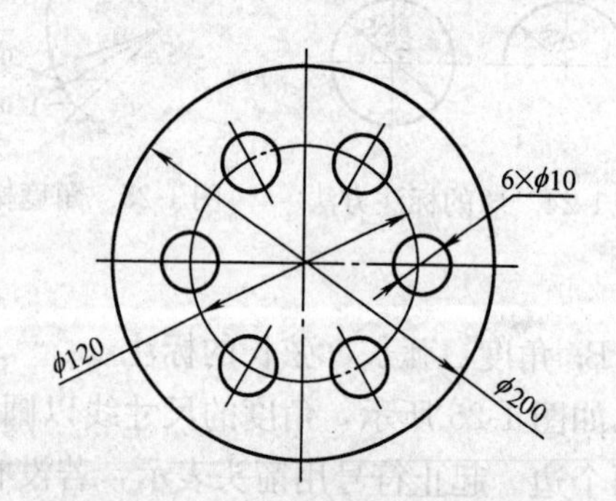

图 1-31 相同要素的尺寸标注方法

图 1-32 对称构件的尺寸标注方法

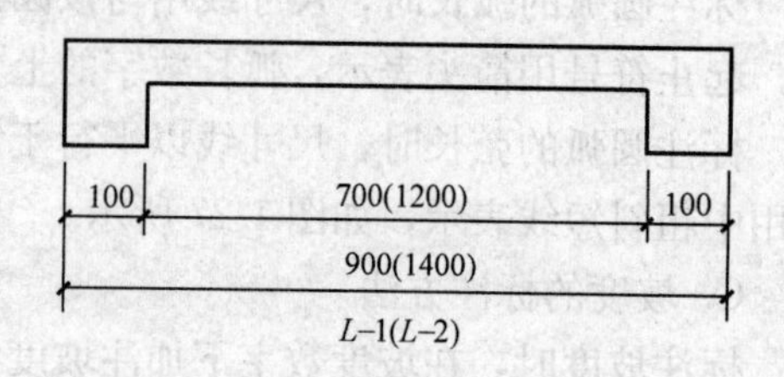

图 1-33 相似构件的尺寸标注方法

寸线的一端画尺寸起止符号，尺寸数字应按整体总尺寸注写，其注写位置宜与对称符号对齐，如图 1-32 所示。

两个构配件，如个别尺寸数字不同，可在同一图样中将其中一个构配件的不同尺寸数字注写在括号内，该构配件的名称也应注写在相应的括号内，如图 1-33 所示。

1.3 几何作图

几何作图是根据已知条件按几何定理用仪器和工具作图。几何作图在工程制图中应用甚广。下面举例说明常用几何作图的方法和步骤。

(1) 等分线段

作已知线段的任意等分。以五等分线段 AB 为例，方法如图 1-34 所示。

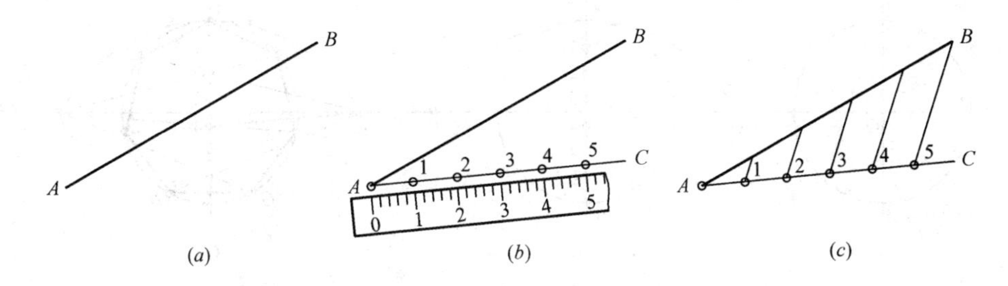

图 1-34 五等分线段 AB

(a) 已知直线 AB；(b) 过点 A 作任意直线 AC，在 AC 上从点 A 起作任意长度的五等分，得 1、2、3、4、5 点；(c) 连接 B、5 点，过其他点分别作直线平行于 $B5$，交 AB 于四个等分点，即为所求

(2) 等分圆周及作圆内接正多边形

1) 六等分圆周及作圆内接正六边形，方法如图 1-35 所示。若连接图中 A、G、H 点或 B、E、F 点即得圆内接正三角形。

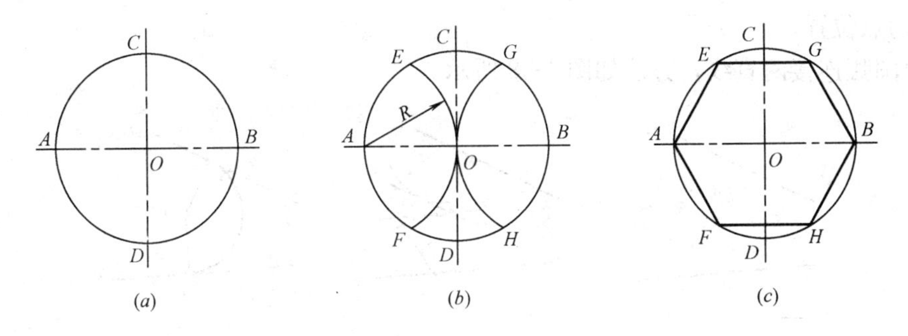

图 1-35 六等分圆周及作圆内接正六边形

(a) 已知圆 O；(b) 分别以 A、B 为圆心，以圆 O 半径为半径作圆弧，与圆 O 交于 E、F、G、H 点；(c) A、F、H、B、G、E 点六等分圆周，$AFHBGE$ 为圆内接正六边形

2) 五等分圆周及作圆内接正五边形，方法如图 1-36 所示。

3) 任意等分圆周及作圆内接任意正多边形。以七等分圆周及作圆内接正七边形为例，方法如图 1-37 所示。

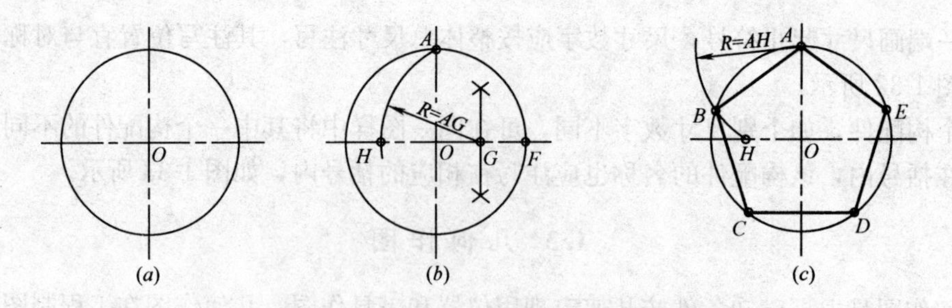

图 1-36 五等分圆周及作圆内接正五边形

(*a*) 已知圆 *O*；(*b*) 作半径 *OF* 的等分点 *G*，以 *G* 为圆心、以 *GA* 为半径作圆弧，交直径于点 *H*；

(*c*) 以 *AH* 为半径，分圆周为五等分，连接各等分点，即得圆内接正五边形

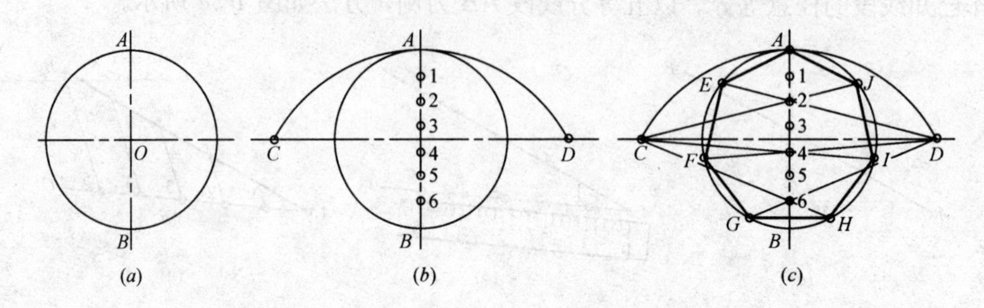

图 1-37 七等分圆周及作圆内接正七边形

(*a*) 已知圆 *O*；(*b*) 分直径 *AB* 为七等分，以 *B* 为圆心、以 *AB* 为半径作圆弧，

交水平中心线于 *C*、*D* 两点；(*c*) 自 *C*、*D* 连接双数等分点并延长，

与圆周相交，交点七等分圆周，*AEFGHIJ* 为圆内接正七边形

(3) 圆弧连接

圆弧连接指用给定半径的圆弧，将直线与直线、直线与圆弧、圆弧与圆弧光滑连接，也就是彼此相切。解决圆弧连接的问题，就是要准确地求出连接圆弧的圆心位置和作为连接点的切点位置。

1) 圆弧连接两直线，方法如图 1-38 所示。

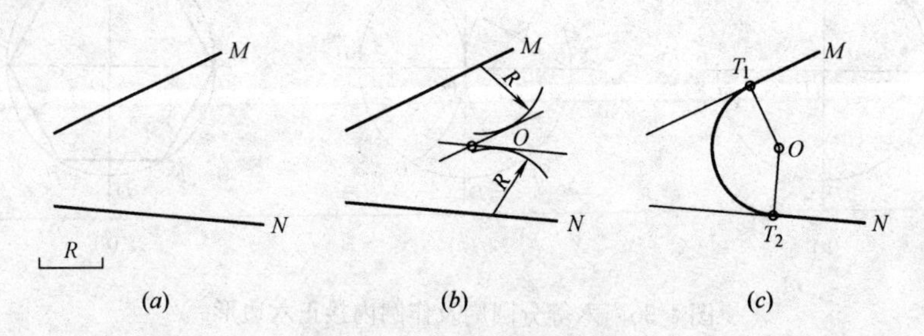

图 1-38 圆弧连接两直线

(*a*) 已知半径 *R* 和斜交两直线 *M*、*N*；(*b*) 作与 *M*、*N* 平行且相距为 *R* 的两直线，交点 *O* 为

所求圆弧的圆心；(*c*) 过 *O* 作 *M*、*N* 的垂线，垂足为所求切点，以 *O* 为圆心、

以 *R* 为半径作圆弧 $\overset{\frown}{T_1T_2}$，圆弧 $\overset{\frown}{T_1T_2}$ 即为所求连接圆弧

2) 圆弧连接一直线和一圆弧，方法如图 1-39 所示。

3) 圆弧连接两圆弧。圆弧与圆弧的连接形式有两种：内切和外切。当切点在两圆弧

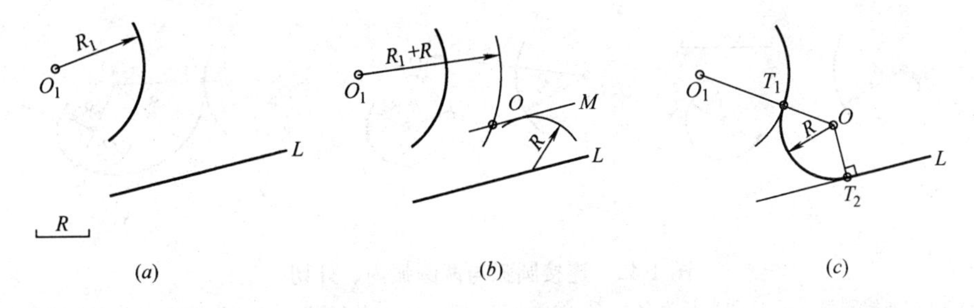

图 1-39　圆弧连接一直线和一圆弧

（a）已知直线 L、半径为 R_1 的圆弧和连接圆弧的半径 R；（b）作距离直线 L 为 R 的平行线 M，再以 O_1 为圆心，以 R_1+R 为半径作圆弧，交直线 M 于点 O；（c）连接 OO_1，交已知圆弧于切点 T_1，作 OT_2 垂直于 L 得切点 T_2，以 O 为圆心、以 R 为半径作 $\overset{\frown}{T_1T_2}$，即为所求

圆心连线上，称为外切；当切点在两圆弧圆心连线的延长线上，称为内切。

A. 连接圆弧与两圆弧均外切，方法如图 1-40 所示。

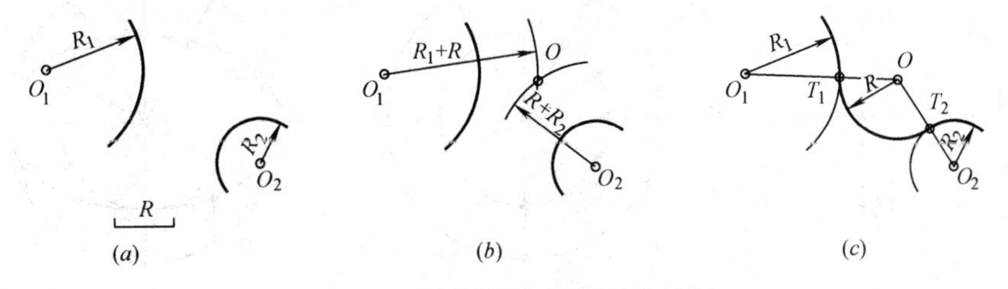

图 1-40　连接圆弧与两圆弧均外切

（a）已知外切圆弧半径 R 和半径为 R_1、R_2 的两已知圆弧；（b）以 O_1 为圆心，以 R_1+R 为半径作圆弧，以 O_2 为圆心，以 $R+R_2$ 为半径作圆弧，两弧交点 O 即为连接圆弧圆心；（c）连接 O、O_1 和 O、O_2，分别交圆弧 O_1、O_2 于切点 T_1、T_2，以 O 为圆心，以 R 为半径作 $\overset{\frown}{T_1T_2}$，即为所求

B. 连接圆弧与两圆弧均内切，方法如图 1-41 所示。

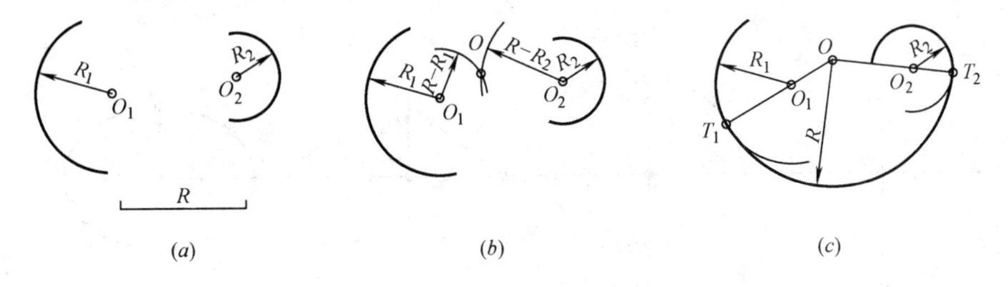

图 1-41　连接圆弧与两圆弧均内切

（a）已知内切圆弧半径 R 和半径为 R_1、R_2 的两已知圆弧；（b）以 O_1 为圆心，以 $|R-R_1|$ 为半径作圆弧，以 O_2 为圆心，以 $|R-R_2|$ 为半径作圆弧，两弧交点 O 即为连接圆弧圆心；（c）延长 OO_1 和 OO_2，分别交圆弧 O_1、O_2 于切点 T_1、T_2，以 O 为圆心、以 R 为半径作 $\overset{\frown}{T_1T_2}$，即为所求

C. 连接圆弧与两圆弧分别内、外切，方法如图 1-42 所示。

（4）椭圆画法

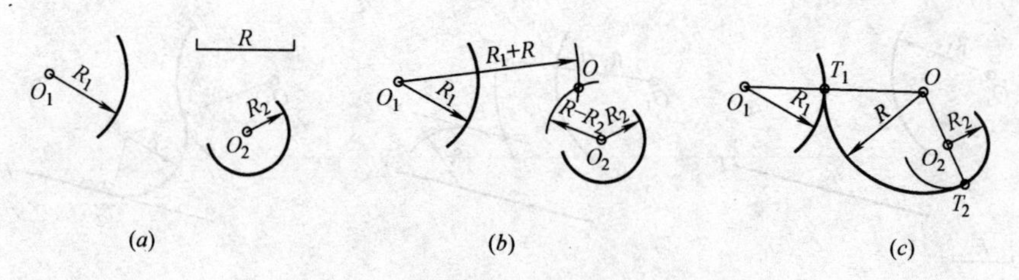

图 1-42　连接圆弧与两圆弧内、外切

(a) 已知连接圆弧半径 R 和半径为 R_1、R_2 的两已知圆弧；(b) 以 O_1 为圆心，以 R_1+R 为半径作圆弧，以 O_2 为圆心，以 $|R-R_2|$ 为半径作圆弧，两弧交点 O 即为连接圆弧圆心；(c) 连接 O、O_1 和 O、O_2，并延长 OO_2，分别交圆弧 O_1、O_2 于切点 T_1、T_2，以 O 为圆心，以 R 为半径作 $\overset{\frown}{T_1T_2}$，即为所求

椭圆画法较多，这里列举两种：

1）已知椭圆的长、短轴，用同心圆法作椭圆，方法如图 1-43 所示。

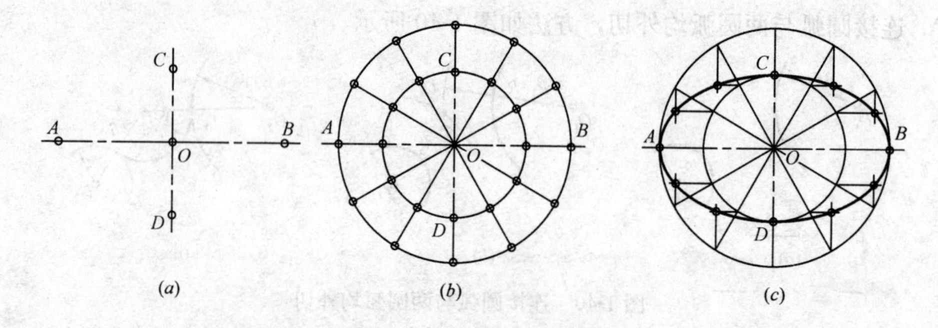

图 1-43　同心圆法作椭圆

(a) 已知椭圆长轴 AB 和短轴 CD；(b) 分别以 AB 和 CD 为直径作大小两圆，并等分两圆周为若干份，例如图示 12 等分；(c) 过大圆各等分点作铅垂线，与过小圆各对应等分点所作的水平线相交，得椭圆上各点，光滑连接各点即为所求

2）已知椭圆的长、短轴，用四圆心法作椭圆，方法如图 1-44 所示。

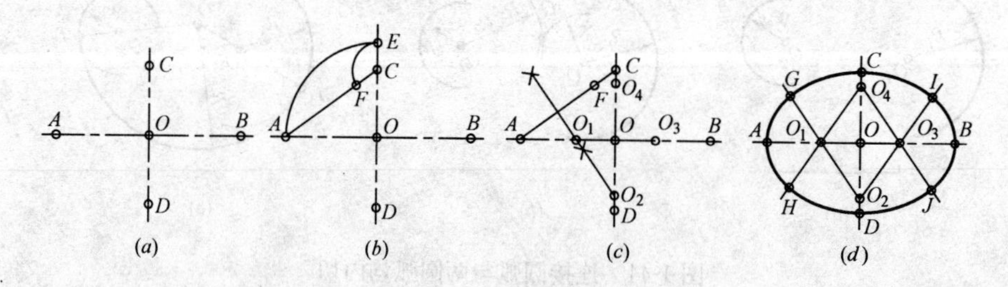

图 1-44　四圆心法作椭圆

(a) 已知椭圆长轴 AB 和短轴 CD；(b) 以 O 为圆心，以 OA 为半径作圆弧，交 CD 延长线于点 E。以 C 为圆心，以 CE 为半径作 $\overset{\frown}{EF}$，交 CA 于点 F；(c) 作 AF 的垂直平分线，交长轴于 O_1，交短轴（或其延长线）于 O_2，在 AB 上截 $OO_3=OO_1$，在 CD 上截 $OO_4=OO_2$；(d) 分别以 O_1、O_2、O_3、O_4 为圆心，以 O_1A、O_2C、O_3B、O_4D 为半径作圆弧，使各弧在 O_2O_1、O_2O_3、O_4O_1、O_4O_3 延长线上的 G、I、H、J 四点处连接，即为所求

课题2　投影原理与投影作图

2.1　投影的基本知识

（1）投影的概念和分类

1）投影的概念

工程制图中，为了在图纸上表达空间立体（即如何把三维的空间立体变换成二维的平面图形），通常采用投影的方法。

用灯光或日光照射物体，在地面或墙面上会产生影子，投影就是将这种自然现象经过科学的假设与归纳得到的。假定光线从规定的方向投射出来，同时假定光线能透过立体，则在承影面（承受影子的平面）上得到的不再是灰黑的一片影子，而是能反映立体形状和大小的投影。

如图 1-45 所示，我们把光源 S 称为投影中心，承受投影的平面 P 称为投影面，连接投影中心与立体上点的直线称为投射线，通过一点的投射线与投影面的交点称为该点在投影面上的投影。这种表达立体的方法称为投影法。

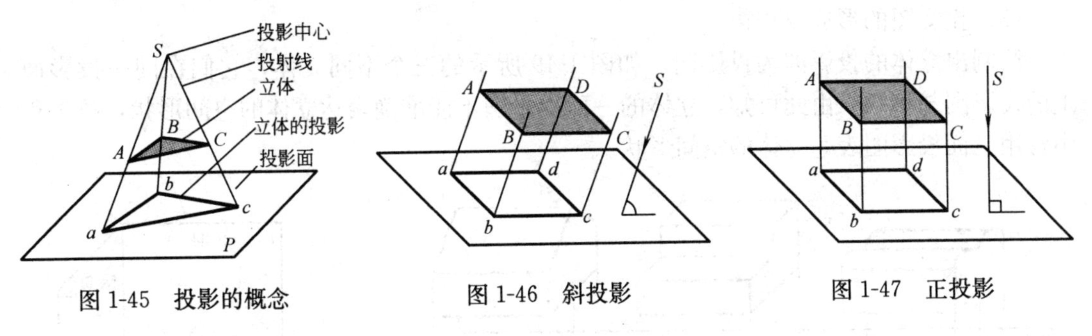

图 1-45　投影的概念　　图 1-46　斜投影　　图 1-47　正投影

2）投影的分类

投影分为中心投影和平行投影两大类。

A. 中心投影

当投影中心距离投影面为有限远时，所有投射线交于投影中心。用这样一组交汇于一点的投射线作出的空间立体的投影，称为中心投影，如 1-45 所示。这种投影方法称为中心投影法。

B. 平行投影

当投影中心距离投影面为无限远时，所有投射线互相平行。用这样一组互相平行的投射线作出的空间立体的投影，称为平行投影。这种投影方法称为平行投影法。

根据投射线与投影面之间是否垂直，平行投影又分为斜投影和正投影。当投射线倾斜于投影面时所作出的平行投影，称为斜投影，如图 1-46 所示。这种投影方法称为斜投影法；当投射线垂直于投影面时所作出的平行投影，称为正投影，如图 1-47 所示。这种投影方法称为正投影法。

本书所指投影如无特殊说明，均为正投影。

（2）正投影的特性

1）真实性

当直线或平面平行于投影面时，其投影反映直线段或平面的实长或实形，这种投影特性称为真实性，如图 1-48（*a*）、（*b*）所示。

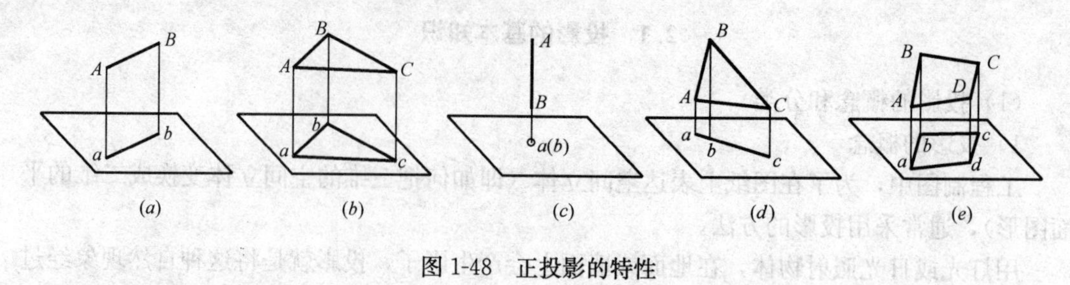

图 1-48　正投影的特性

2）积聚性

当直线或平面垂直于投影面时，其投影积聚为一点或一条直线，这种投影特性称为积聚性，如图 1-48（*c*）、（*d*）所示。

3）类似性

当直线或平面倾斜于投影面时，其投影反映了空间实形的类似形，即直线的投影仍为直线，*N* 边形的投影仍为 *N* 边形，这种投影特性称为类似性，如图 1-48（*e*）所示。

（3）投影图的形成及规律

绘制出立体的投影即为投影图。如图 1-49 所示的三个不同立体，它们在同一投影面上的投影图却相同。由此可知，立体的一面投影图不能准确表达立体的空间形状，故工程中常用三面投影图表达立体的空间形状。

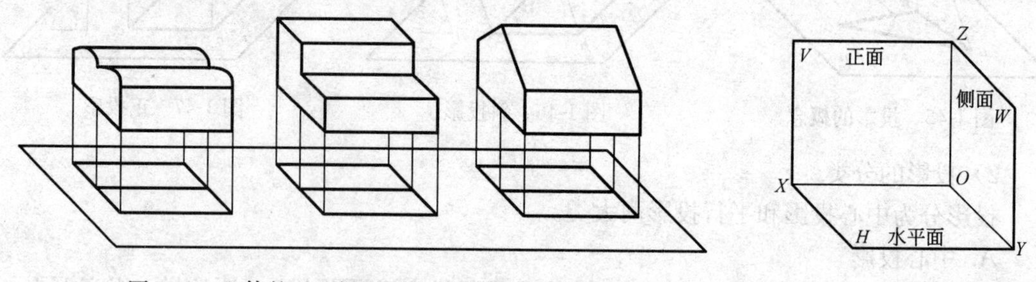

图 1-49　立体的一面投影不能表达其空间形状　　图 1-50　三面投影体系

1）三面投影图的形成

首先设立三面投影体系，如图 1-50 所示。与观察者视线垂直的投影面称为正立投影面，简称正面，用字母 *V* 表示；水平位置的投影面称为水平投影面，简称水平面，用字母 *H* 表示；右侧的投影面称为侧立投影面，简称侧面，用字母 *W* 表示。三个投影面两两垂直，其交线 *OX*、*OY*、*OZ* 称为投影轴，三个投影轴的交点 *O* 称为原点。

接下来将立体放入三面投影体系，分别向三个投影面作投影，在三个投影面上得到立体的三面投影，如图 1-51（*a*）所示。*V* 面上的投影称为立体的正面投影；*H* 面上的投影称为立体的水平投影；*W* 面上的投影称为立体的侧面投影。由立体的正面投影、水平投影、侧面投影组成的投影图称为立体的三面投影图。

最后将三面投影图展开。为了把三面投影图画在同一张图纸上，必须将三个投影面展

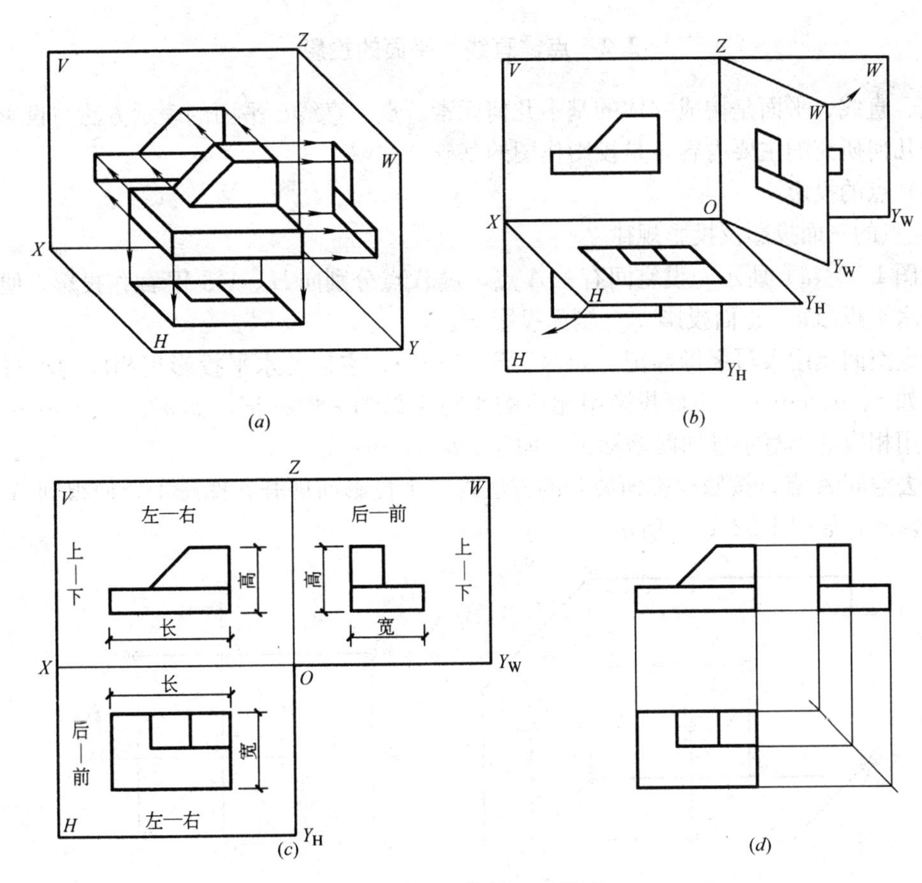

图 1-51　立体的三面投影

开成一个平面，方法如图 1-51（*b*）所示，*V* 面保持不动，*H* 面绕 *OX* 轴向下旋转 90°，*W* 面绕 *OZ* 轴向右旋转 90°，使三个投影面最终展开在同一平面上。投影面展开后 *OY* 轴一分为二，随 *H* 面旋转的用 OY_H 表示；随 *W* 面旋转的用 OY_W 表示。图 1-51（*c*）所示即为展开后的三面投影图。工程中通常不画投影面的边线和投影轴，如图 1-51（*d*）所示。

2）三面投影图的投影规律

如图 1-51 所示，立体的正面投影图可以反映立体的长度和高度，以及左、右和上、下方位；立体的水平投影图可以反映立体的长度和宽度，以及左、右和前、后方位；立体的侧面投影图可以反映立体的高度和宽度，以及上、下和前、后方位。

立体的正面投影图和水平投影图都反映出立体的长度和左、右方位，我们概括这种投影规律为"长对正"。投影作图时，在正面投影图和水平投影图之间用竖直的投影连线保证长对正。

立体的水平投影图和侧面投影图都反映出立体的宽度和前、后方位，我们概括这种投影规律为"宽相等"。投影作图时，在水平投影图和侧面投影图之间用 45°斜线保证宽相等。

立体的正面投影图和侧面投影图都反映出立体的高度和上、下方位，我们概括这种投影规律为"高平齐"。投影作图时，在正面投影图和侧面投影图之间用水平的投影连线保证高平齐。

"长对正、宽相等、高平齐"即为三面投影图的投影规律。

2.2 点、直线、平面的投影

点、直线、平面是构成立体的基本几何元素。点、直线、平面的表示方法与投影规律是画法几何研究的主要内容，是投影作图的基础。

（1）点的投影

1）点的三面投影及投影规律

如图 1-52（*a*）所示，设空间有一 *A* 点，过 *A* 点分别向 *H*、*V*、*W* 面作投影，便得到 *A* 点的水平投影 a、正面投影 a'、侧面投影 a''。

规定空间点用大写字母标记，如 *A*、*B*、*C*……；它们的水平投影用相应的小写字母标记，如 a、b、c……；正面投影用相应的小写字母加一撇标记，如 a'、b'、c'……；侧面投影用相应的小写字母加两撇标记，如 a''、b''、c''……。

移去空间 *A* 点，按照投影面展开的方法将三个投影面展开在图纸上，便得到 *A* 点的三面投影图，如图 1-52（*b*）所示。

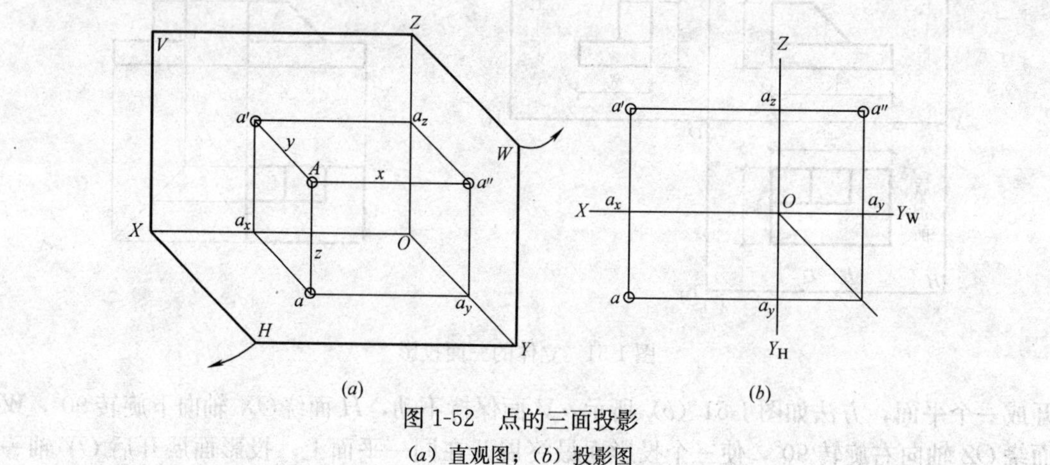

图 1-52　点的三面投影

（*a*）直观图；（*b*）投影图

由图 1-52（*b*）可以得出点的三面投影规律：

点的正面投影和水平投影的连线垂直于 *OX* 轴，即 $aa' \perp OX$；

点的正面投影和侧面投影的连线垂直于 *OZ* 轴，即 $a'a'' \perp OZ$；

点的水平投影到 *OX* 轴的距离等于点的侧面投影到 *OZ* 轴的距离，均等于 *A* 点到 *V* 面的距离，即 $aa_x = a''a_z = Aa'$。

由点的投影规律可知，点的每两面投影之间都有联系，已知两面投影便可求出第三面投影。

【例 1-1】 如图 1-53（*a*）所示，已知 *A* 点的两面投影，求第三面投影。

【解】 根据点的三面投影规律可知：$aa' \perp OX$，$aa_x = a''a_z$。故作图步骤如下：

① 在 OY_H 和 OY_W 之间作 45°斜线。

② 过 a' 作 *OX* 轴的垂线，再过 a'' 作 OY_W 轴的垂线与 45°斜线相交，过交点作 OY_H 轴的垂线，两垂线交点即为 *A* 点的第三面投影 a，如图 1-53（*b*）所示。

2）点的直角坐标

若将三面投影体系当作笛卡尔直角坐标系，则投影面 *V*、*H*、*W* 相当于坐标面，投影

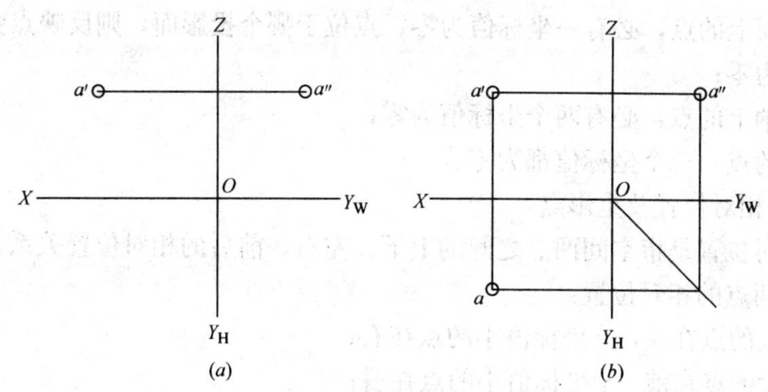

图 1-53　由点的两面投影求第三面投影

轴 OX、OY、OZ 相当于坐标轴，O 为坐标原点，A 点的空间位置可用直角坐标表示为 A（x，y，z），如图 1-55（a）所示。

点的 x 坐标反映点到 W 面的距离，确定点的左右位置；

点的 y 坐标反映点到 V 面的距离，确定点的前后位置；

点的 z 坐标反映点到 H 面的距离，确定点的上下位置。

点的每面投影可由两个坐标确定：点的水平投影由 x、y 坐标确定；点的正面投影由 x、z 坐标确定；点的侧面投影由 y、z 坐标确定。点的任意两面投影都能反映三个坐标，由此可得出相同的结论：已知点的两面投影便可求出第三面投影，即确定点的空间位置。

【例 1-2】 已知 A 点（20，10，150）和 B 点（10，0，10），求作 A 点和 B 点的三面投影图。

【解】 作图步骤如下：

① 绘制坐标轴，并在 OY_H 和 OY_W 之间作 45°斜线。

② 分别在 OX、OY、OZ 轴上量取 A、B 点的对应坐标值，并以 a_x、a_y、a_z 和 b_x、b_y、b_z 标记。

③ 过 a_x、a_y、a_z 分别作各轴的垂直线，两两相交于 a、a'、a'' 三点。a、a'、a'' 即为 A 点（20，10，15）的三面投影，如图 1-54（b）所示。同理可得 B 点（10，0，10）的三面投影。

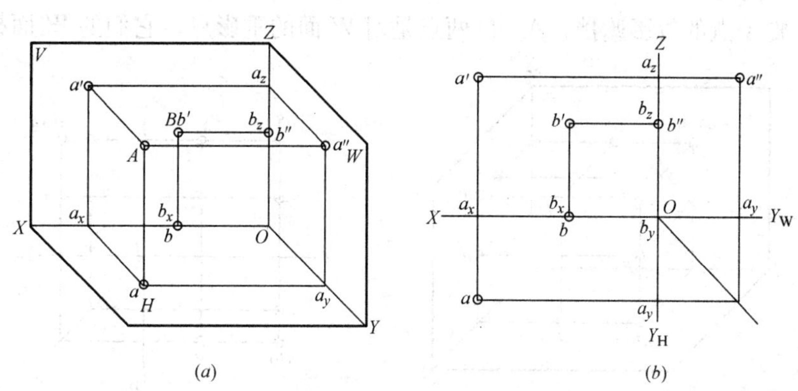

图 1-54　由点的坐标求点的三面投影

位于投影面、投影轴和原点上的点称为特殊点，例如图 1-54（a）中 V 面上的 B 点。特殊点的坐标值具有如下特征：

位于投影面上的点，必有一坐标值为零，点位于哪个投影面，则反映点到该投影面距离的坐标值必为零；

位于投影轴上的点，必有两个坐标值为零；

位于原点的点，三个坐标值都为零。

3）两点的相对位置及重影点

两点的相对位置是指空间两点之间的上下、左右、前后的相对位置关系。可通过两点的坐标值判定两点的相对位置：

x 坐标值大的点在左，x 坐标值小的点在右；

y 坐标值大的点在前，y 坐标值小的点在后；

z 坐标值大的点在上，z 坐标值小的点在下。

【例 1-3】 如图 1-55（a）所示，已知 C、D 点的投影图，判定 C、D 点的相对位置。

【分析】 由投影图可知：$c_x > d_x$；$c_y > d_y$；$c_z < d_z$。故得出结论：C 点在 D 点之左；C 点在 D 点之前；C 点在 D 点之下，C、D 点的相对位置如图 1-55（b）所示。

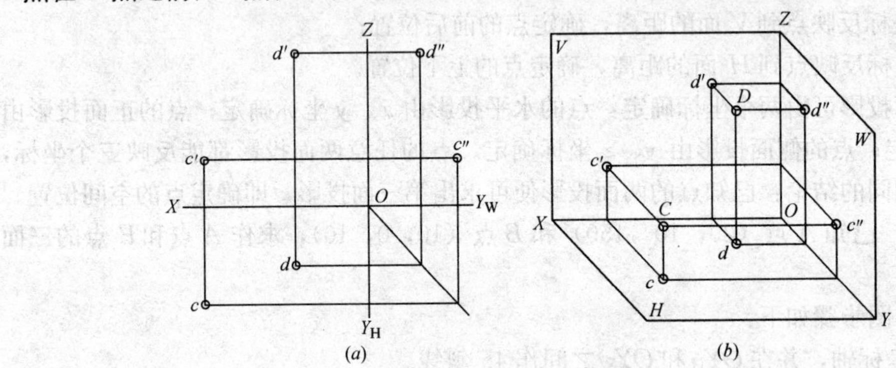

图 1-55　两点的相对位置

若空间两点位于某投影面的同一条投射线上，则它们在该投影面上的投影必然重合，这两点称为对该投影面的重影点。图 1-56 中，A、B 两点是对 H 面的重影点，它们的 H 面投影 a、b 重合，且 B 点的投影被 A 点的投影遮挡，故在投影图中将不可见的投影 b 加圆括号表示。同理可知：A、C 两点是对 V 面的重影点，它们的 V 面投影 a'、c'重合，且 C 点的投影被 A 点的投影遮挡；A、D 两点是对 W 面的重影点，它们的 W 面投影 a''、d''

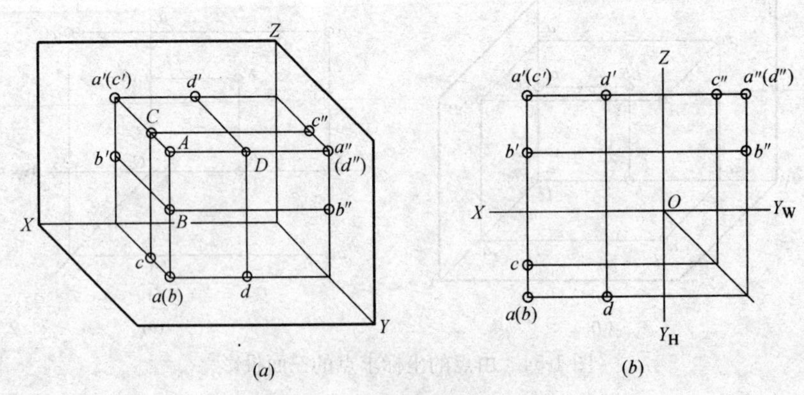

图 1-56　重影点及其可见性

（a）直观图；（b）投影图

重合，且 D 点的投影被 A 点的投影遮挡。

（2）直线的投影

由几何定理可知：两点确定一条直线。因此，作直线的投影可归结为作出直线上任意两点的投影，两点同面投影的连线即为直线在该投影面的投影，如图 1-57 所示。并规定，直线与 H、V、W 三个投影面的倾角分别用 α、β、γ 表示。

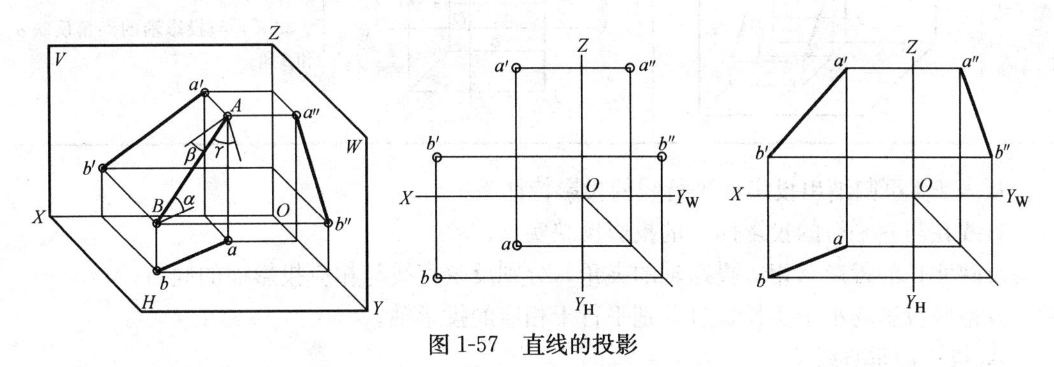

图 1-57　直线的投影

1）各种位置直线的投影

在三面投影体系中，直线与投影面的相对位置可分为三类：

平行于一个投影面、倾斜于其他两个投影面的直线，称为投影面平行线；

垂直于一个投影面、平行于其他两个投影面的直线，称为投影面垂直线；

倾斜于三个投影面的直线，称为一般位置直线。

前两类直线又统称为特殊位置线。下面分别讨论三类直线的投影及其投影图特性。

A. 投影面平行线

平行于 H 面的投影面平行线称为水平线；平行于 V 面的投影面平行线称为正平线；平行于 W 面的投影面平行线称为侧平线。各投影面平行线的投影和投影特性见表 1-4。

投影面平行线的投影特性　　**表 1-4**

种类	直　观　图	投　影　图	投影特性
正平线			1. $ab /\!/ OX$，$a''b'' /\!/ OZ$ 2. $a'b' = AB$ 3. $a'b'$ 与投影轴的夹角反映 α 和 γ 角
水平线			1. $c'd' /\!/ OX$，$c''d'' /\!/ OY_W$ 2. $cd = CD$ 3. cd 与投影轴的夹角反映 β 和 γ 角

续表

种类	直 观 图	投 影 图	投影特性
侧平线	Z V e' E e'' W β f' X α F f'' e f H Y	Z e' e'' β f' α f'' X O Y_W e f Y_H	1. $ef /\!/ OY_H$，$e'f' /\!/ OZ$ 2. $e''f'' = EF$ 3. $e''f''$与投影轴的夹角反映α和β角

从表 1-4 可归纳出投影面平行线的投影特性为：

直线在与它平行的投影面上的投影反映实长；

反映实长的投影与相应投影轴的夹角，分别反映直线与相应投影面的倾角；

其他两投影均小于实长，且分别平行于相应的投影轴。

B. 投影面垂直线

垂直于 H 面的投影面垂直线称为铅垂线；垂直于 V 面的投影面垂直线称为正垂线；垂直于 W 面的投影面垂直线称为侧垂线。各投影面垂直线的投影和投影特性见表 1-5。

投影面垂直线的投影特性 **表 1-5**

种类	直 观 图	投 影 图	投影特性
正垂线	Z V a'(b') B b'' A a'' W X b a H Y	Z a'(b') b'' a'' X O Y_W b a Y_H	1. $a'b'$积聚为一点 2. $ab /\!/ OY_H$，$a''b'' /\!/ OY_W$ 3. $ab = a''b'' = AB$
铅垂线	Z V c' C c'' W d' X D d'' H c(d) Y	Z c' c'' d' d'' X O Y_W c(d) Y_H	1. cd 积聚为一点 2. $c'd' /\!/ c''d'' /\!/ OZ$ 3. $c'd' = c''d'' = CD$
侧垂线	Z V e' f' E F W e''(f'') X e f H Y	Z e' f' e''(f'') X O Y_W e f Y_H	1. $e''f''$积聚为一点 2. $ef /\!/ e'f' /\!/ OX$ 3. $ef = e'f' = EF$

从表 1-5 可归纳出投影面垂直线的投影特性为：直线在与它垂直的投影面上的投影积聚为一点；其他两投影均反映实长，且分别垂直于相应的投影轴。

C. 一般位置直线

如图 1-57 所示，直线 AB 与三个投影面都倾斜，称为一般位置直线。由图可归纳出一般位置直线的投影特性：三个投影不反映实长，不反映任何一个倾角。

2）一般位置直线的实长与倾角

工程中，常需要利用一般位置直线的投影求出它的实长与倾角，这里介绍以直角三角形法求一般位置直线的实长与倾角。

首先分析图 1-58（a）的空间情况，一般位置直线 AB 的投影 ab 和 $a'b'$ 都不反映实长和倾角。若过 A 点作 $AB_1 /\!/ ab$，交 Bb 于 B_1 点，则得直角$\triangle ABB_1$。在直角$\triangle ABB_1$中，一直角边 $AB_1 = ab$，即线段的 H 面投影，另一直角边 $BB_1 = \Delta Z_{AB}$，即线段两端点的 Z 坐标差，斜边$=AB$，即线段本身，$\angle BAB_1 = \alpha$。因此，只要作出此直角三角形，就可求得一般位置直线的实长及其与 H 面的倾角 α。

利用投影图中 $ab = AB_1$ 作出与直角$\triangle ABB_1$全等的一个直角三角形，方法如下：

作 $a'b'_1 /\!/ OX$，则 $b'b'_1 = \Delta Z_{AB}$，以 ΔZ_{AB} 为另一直角边作出直角$\triangle abB_0$，则 $aB_0 = AB$，$\angle baB_0 = \alpha$，如图 1-58（c）所示。直角三角形可以画在任意方便作图的地方。

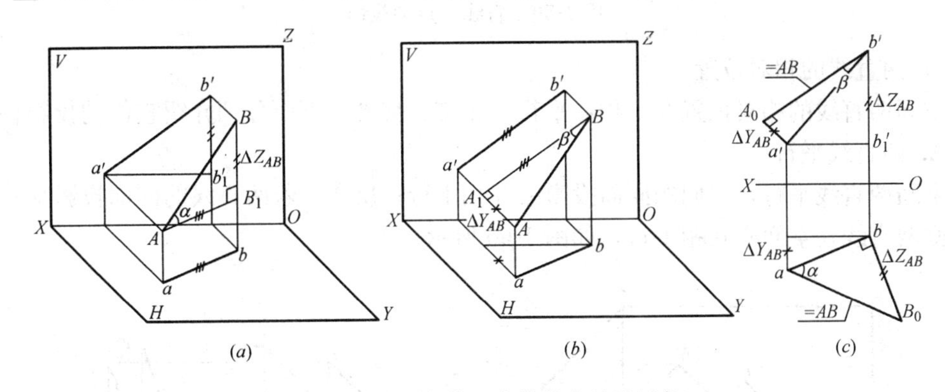

图 1-58　求一般位置直线的实长及倾角

同理可知，求直线与 V 面的倾角 β 时，只要作出与直角$\triangle ABA_1$全等的一个直角三角形即可。利用投影图中 $a'b' = A_1B$，$AA_1 = \Delta Y_{AB}$，即线段两端点的 Y 坐标差，作出直角$\triangle a'b'A_0$，则 $b'A_0 = AB$，$\angle a'b'A_0 = \beta$，如图 1-58（b）、（c）所示。

求直线的实长及其与 W 面的倾角 γ 的方法同上，读者可自行分析求解。

如表 1-6 所示，用直角三角形法求一般位置直线的实长与倾角的要点：以直线的一个投影为一直角边，另一直角边为直线两端点到该投影面的坐标差，斜边为直线的实长，斜边与投影之间的夹角为直线与该投影所在的投影面的倾角。

用直角三角形法求一般位置直线的实长与倾角　　**表 1-6**

投影	坐标差	斜边	倾角
V 面投影	ΔY	实长	β
H 面投影	ΔZ	实长	α
W 面投影	ΔX	实长	γ

坐标差
实长
倾角
投影

3）直线上的点

如图 1-59 所示，直线上的点具有如下投影特性：

A. 点在直线上，则点的投影必在直线的同面投影上，且符合点的投影规律；反之，如果点的投影均在直线的同面投影上，则点必定在直线上。

B. 一点分直线成两段，则两段长度之比等于其投影长度之比，即 $AK:KB=a'k':k'b'=ak:kb=a''k'':k''b''$。

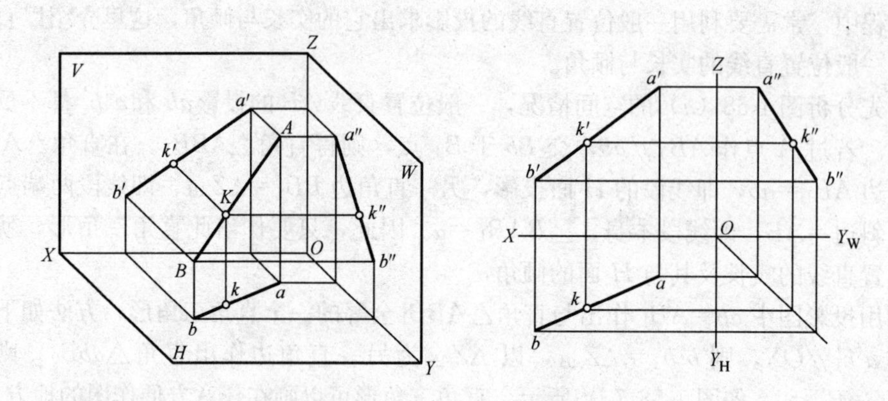

图 1-59　直线上点的投影

4）两直线的相对位置

空间两直线的相对位置有三种：平行、相交、交叉。下面分别介绍它们的投影特性。

A. 两直线平行

空间两直线平行，它们的同面投影必互相平行；反之，若两直线的同面投影都互相平行，则两直线在空间必互相平行，如图 1-60 所示。

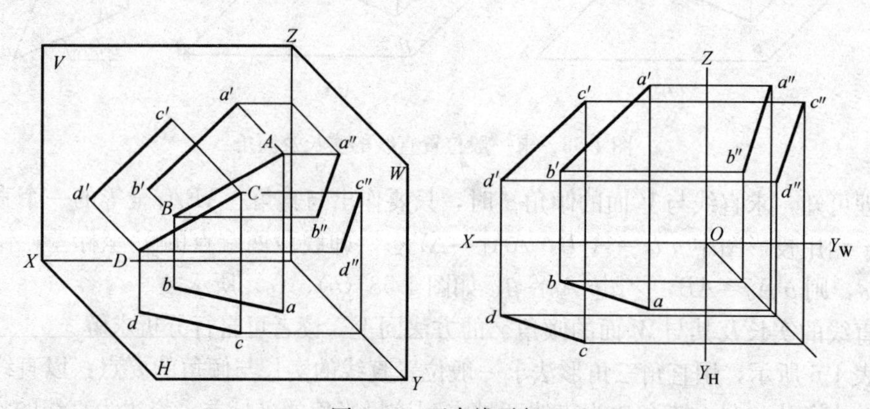

图 1-60　两直线平行

B. 两直线相交

空间两直线相交，它们的同面投影必相交，且各面投影的交点符合点的投影规律；反之，若两直线的同面投影都相交，且各面投影的交点符合点的投影规律，则两直线在空间必相交，如图 1-61 所示。

C. 两直线交叉

两直线的投影图不符合平行或相交特性的即为交叉，也称异面，如图 1-62 所示。

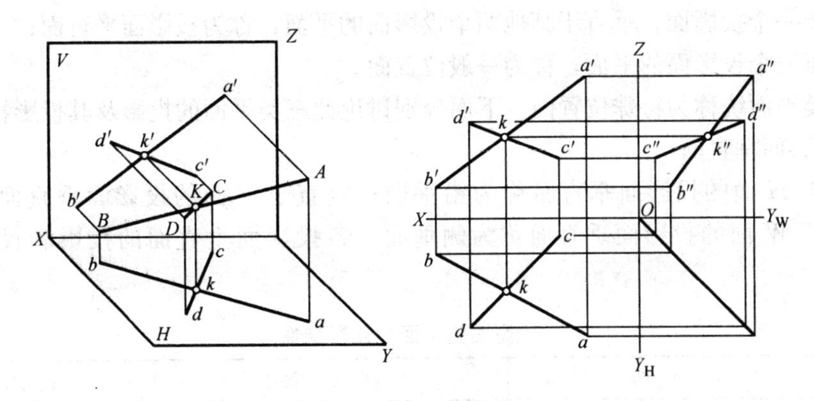

图 1-61 两直线相交

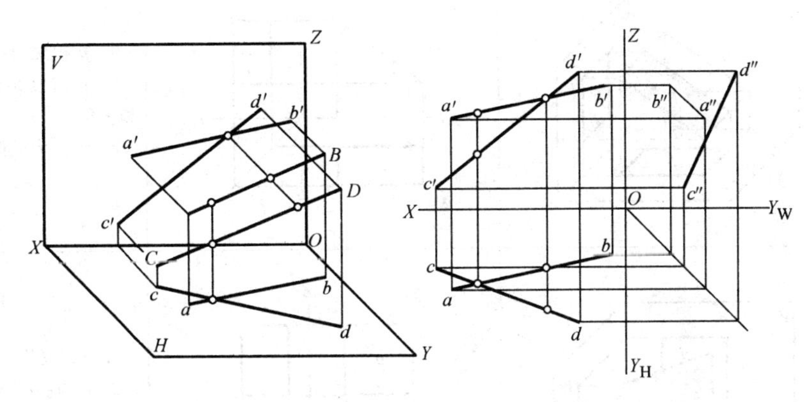

图 1-62 两直线交叉

(3) 平面的投影

1) 平面的表示方法

如图 1-63 所示，由几何定理可知，平面可由下列几何元素确定：不共线的三点；一条直线和直线外一点；平行两直线；相交两直线；平面图形。上述各种确定平面的形式之间可互相转换，较多采用平面图形表示平面。

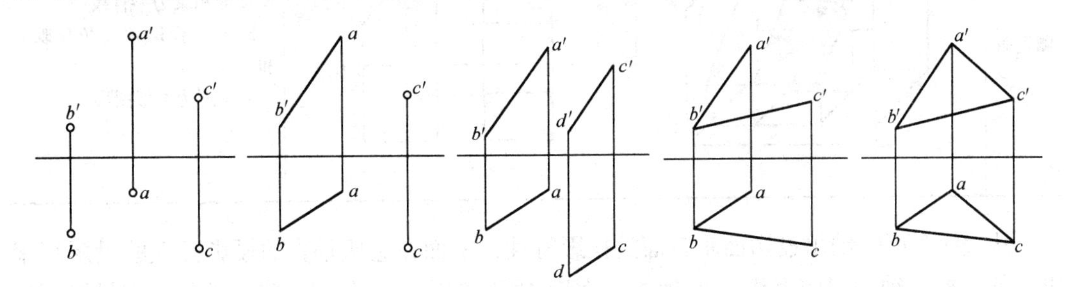

图 1-63 几何元素表示平面

2) 各种位置平面的投影

规定平面对 H、V、W 三个投影面的倾角分别用 α、β、γ 表示。在三面投影体系中，平面与投影面的相对位置可分为三类：

垂直于一个投影面、倾斜于其他两个投影面的平面，称为投影面垂直面；

平行于一个投影面、垂直于其他两个投影面的平面，称为投影面平行面；

倾斜于三个投影面的平面，称为一般位置面。

前两类平面统称为特殊位置面。下面分别讨论此三类平面的投影及其投影特性。

A. 投影面垂直面

垂直于 H 面的投影面垂直面称为铅垂面；垂直于 V 面的投影面垂直面称为正垂面；垂直于 W 面的投影面垂直面称为侧垂面。各投影面垂直面的投影和投影特性见表 1-7。

投影面垂直面的投影特性 **表 1-7**

种类	直观图	投影图	投影特性
正垂面			1. p'积聚为一直线 2. p'与投影轴夹角反映 α 和 γ 角 3. p、p''为类似图形
铅垂面			1. q 积聚为一直线 2. q 与投影轴夹角反映 β 和 γ 角 3. q'、q''为类似图形
侧垂面			1. r''积聚为一直线 2. r''与投影轴夹角反映 α 和 β 角 3. r、r'为类似图形

从表 1-7 可归纳出投影面垂直面的投影特性：平面在它所垂直的投影面上的投影积聚成一条与投影轴倾斜的直线，此直线与投影轴所成的夹角，分别反映平面与相应投影面的倾角；平面的其他两投影均为平面的类似形。

B. 投影面平行面

平行于 H 面的投影面平行面称为水平面；平行于 V 面的投影面平行面称为正平面；平行于 W 面的投影面平行面称为侧平面。各投影面平行面的投影和投影特性见表 1-8。

投影面平行面的投影特性 **表 1-8**

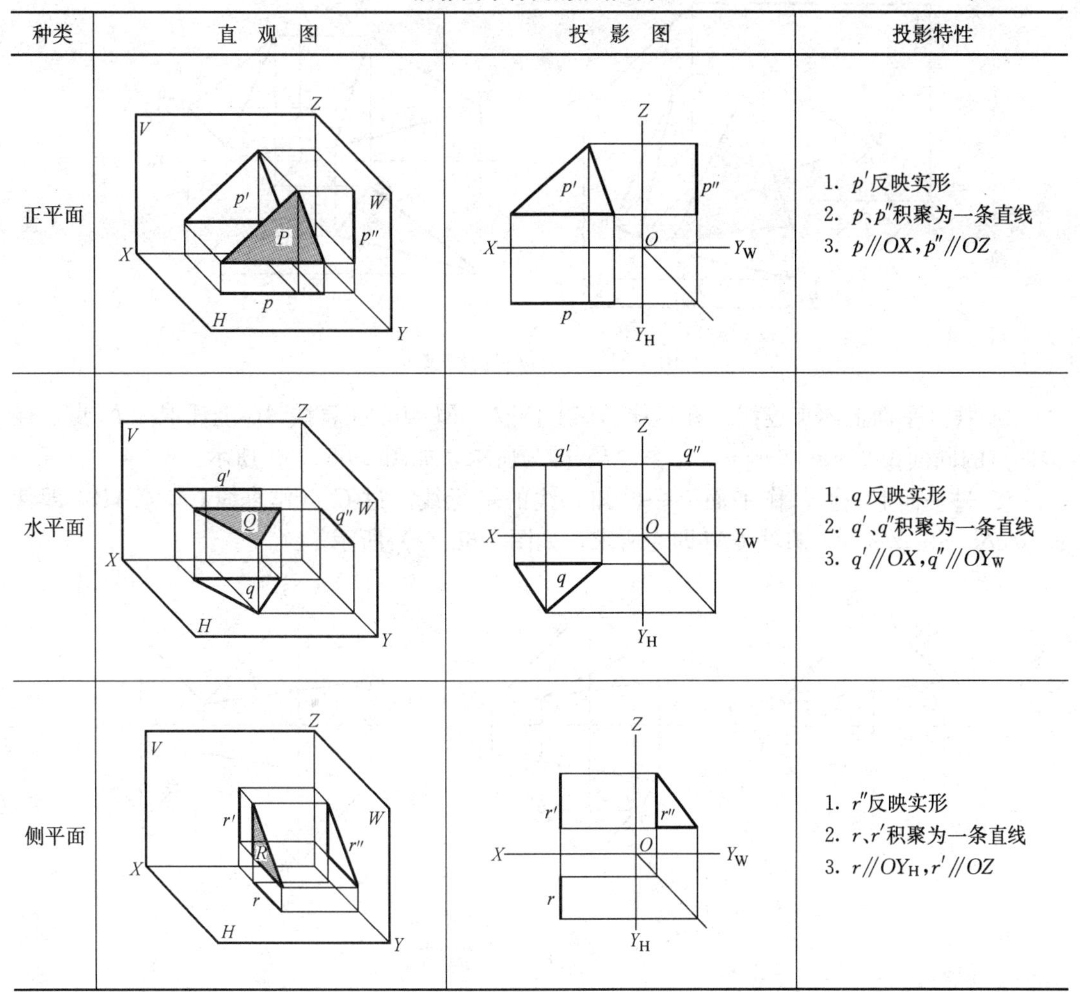

种类	直观图	投影图	投影特性
正平面			1. p'反映实形 2. p、p''积聚为一条直线 3. $p/\!/OX$，$p''/\!/OZ$
水平面			1. q反映实形 2. q'、q''积聚为一条直线 3. $q'/\!/OX$，$q''/\!/OY_W$
侧平面			1. r''反映实形 2. r、r'积聚为一条直线 3. $r/\!/OY_H$，$r'/\!/OZ$

从表 1-8 可归纳出投影面平行面的投影特性：平面在与它平行的投影面上的投影反映平面实形；平面的其他两投影均积聚成直线，且平行于相应的投影轴。

C. 一般位置面

如图 1-64 所示，平面与三个投影面都倾斜，为一般位置面。由图可归纳出一般位置面的投影特性：三个投影既无积聚性，也不反映实形，为缩小的类似图形。

3）平面上的点和直线

点、直线在平面上的几何条件：

A. 若直线通过平面上两点，或通过平面上的一个点，且平行于平面上任意一条直线，则该直线必在平面上；

B. 若点位于平面的任意一条直线上，则该点必在平面上。

现举例说明上述条件的运用。

【例 1-4】 如图 1-65（a）所示，已知△ABC平面，试在该平面上任意作一直线。

【分析】 在平面上作直线可有无穷多解，题目要求作出其中一解。根据直线在平面上的几何条件，可用下列两种方法求解，作图步骤如下：

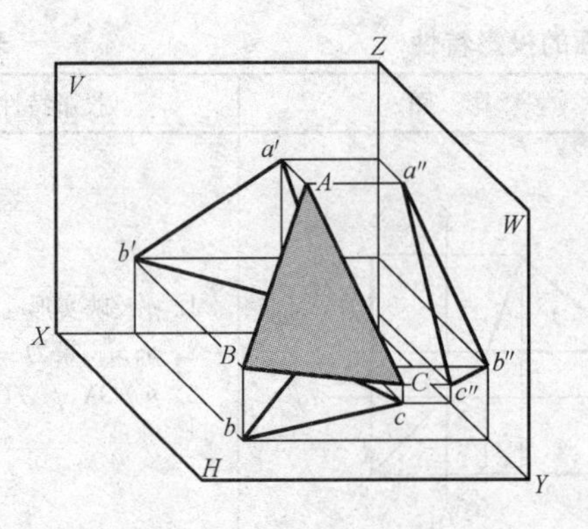

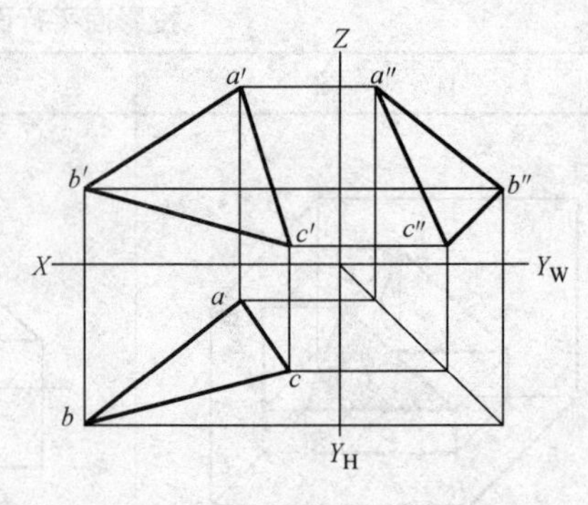

图 1-64　一般位置面的投影

① 找到平面上两点连线。在直线 AB 上任取一 M 点，在直线 AC 上任取一 N 点，连接两点的同面投影 mn 和 $m'n'$，直线 MN 即为所求，如图 1-65（b）所示。

② 过平面上一点，作平面上一已知直线的平行线。过 C 点作直线 $CM /\!/ AB$，即使 $cm /\!/ ab$，$c'm' /\!/ a'b'$。直线 CM 即为所求，如图 1-65（c）所示。

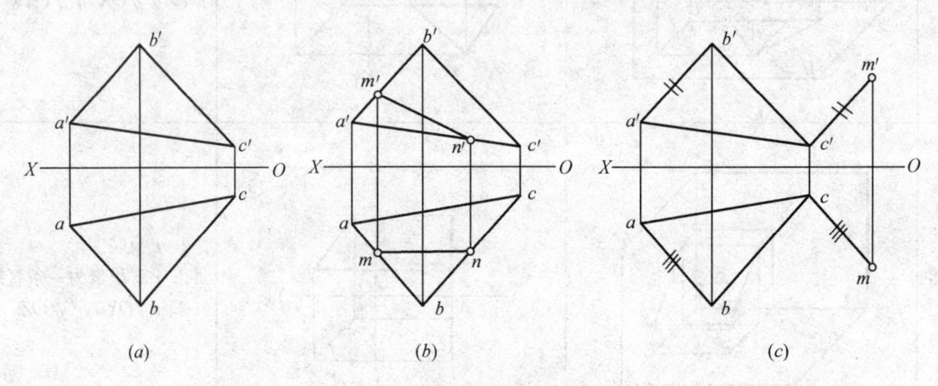

图 1-65　平面上的直线

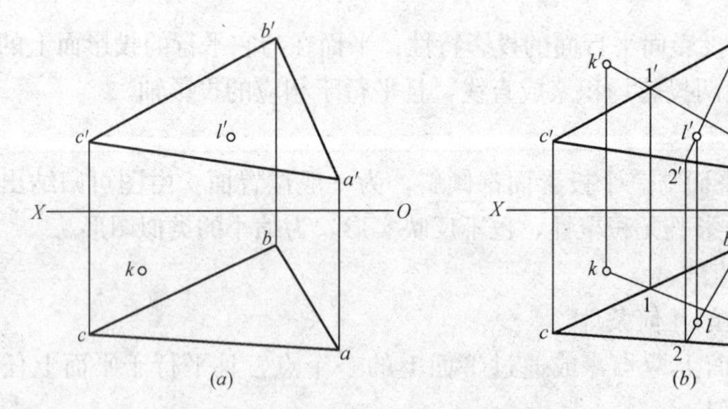

图 1-66　平面上的点

【例 1-5】 如图 1-66（a）所示，已知 K、L 两点在△ABC 平面上，求 k'和 l。

【分析】 根据点在平面上的几何条件，为使所求点在平面上，需在平面上作一直线，使所求点在该直线上，则点必在平面上。无论点在平面图形范围内或范围外，求解方法都一样。作图步骤如下：

在平面上先作直线 AK 的 H 面投影 ak，ak 交 bc 于 1 点，由 1 作投影连线交 $b'c'$ 于 $1'$ 点，连接 $a'1'$，最后，根据 k' 在 $a'1'$ 上，由 k 作投影连线，该投影连线与 $a'1'$ 的延长线相交，交点即为 k'。同理可得 l，如图 1-66（b）所示。

【例 1-6】 如图 1-67（a）所示，已知四边形平面 $ABCD$ 的投影 $a'b'c'd'$ 及 abc，完成其 H 面投影。

【分析】 A、B、C 三点确定一个平面，它们的 H 面、V 面投影已知，因此，完成四边形平面 $ABCD$ 的 H 面投影的问题，实质为已知平面 ABC 上一点 D 的 V 面投影，求其 H 面投影 d 的问题。作图步骤如下：

① 连接 ac 和 $a'c'$，即作直线 AC 的 H 面和 V 面投影；

② 连接 $b'd'$，与 $a'c'$ 相交于 l' 点；

③ 根据直线上点的投影特性，在 ac 上作出 l 点的 H 面投影；

④ 连接 bl，在其延长线上求出 d 点；

⑤ 连接 ad 和 cd，即为所求，如图 1-67（b）所示。

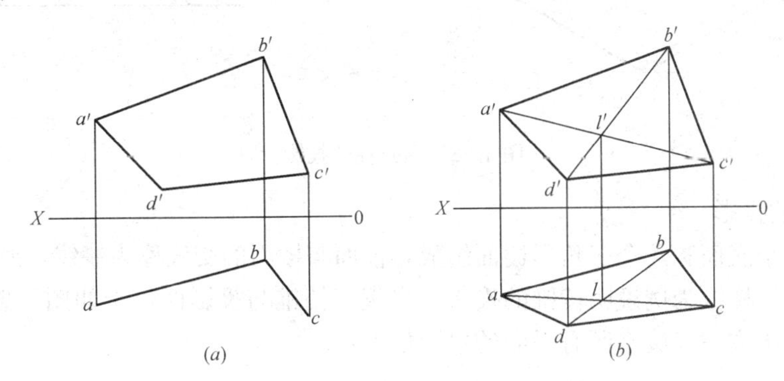

图 1-67　完成四边形平面的水平投影

2.3　基本体及组合体的投影

任何复杂的立体往往都是由一些单一几何形体，如棱柱、棱锥、圆柱、圆锥等组成。工程制图中把单一几何形体称为基本体，由多个基本体组合而成的立体称为组合体。

基本体由一系列面围合而成，根据面的几何性质不同，基本体分为平面体和曲面体两大类。基本体的投影由构成该基本体的所有面的投影总和而组成。

（1）平面体的投影

全部由平面包围而成的基本体称为平面体，常见的平面体有棱柱、棱锥。

1）棱柱的投影

棱柱由两个互相平行且全等的底面和几个四边形棱面组成，棱面与棱面的交线称为棱线。现以正六棱柱为例说明棱柱的投影。当正六棱柱与投影面的关系为如图 1-68（a）所示的位置时，分析围成正六棱柱所有平面的投影如下：

上、下底面——它们是水平面，它们的水平投影重合且反映六边形的实形，正面、侧面投影积聚成直线。

前、后两棱面——它们是正平面，它们的正面投影重合且反映四边形的实形，水平、侧面投影积聚成直线。

其余四个棱面——它们是铅垂面，它们的水平投影积聚成直线，正面、侧面投影两两重合，均为缩小的类似的四边形。

根据以上分析可得正六棱柱的三面投影图，如图 1-68（*b*）所示。当形体对称时应画出对称线，对称线用细单点长画线表示。

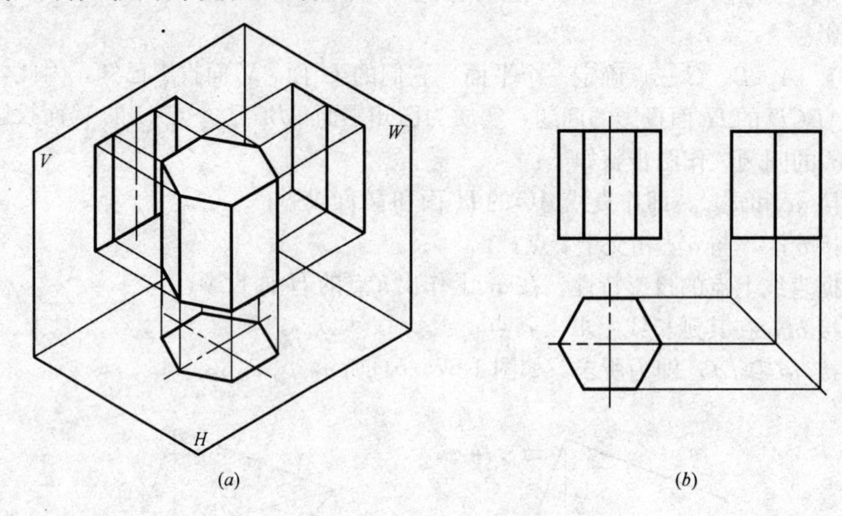

图 1-68　六棱柱的投影

2）棱锥的投影

棱锥由一个底面和几个三角形棱面组成，棱面与棱面的交线称为棱线，所有棱线交于锥顶，现以正三棱锥为例说明棱锥的投影。当正三棱锥与投影面位于如图 1-69（*a*）所示位置时，分析围成正三棱锥所有平面的投影如下：

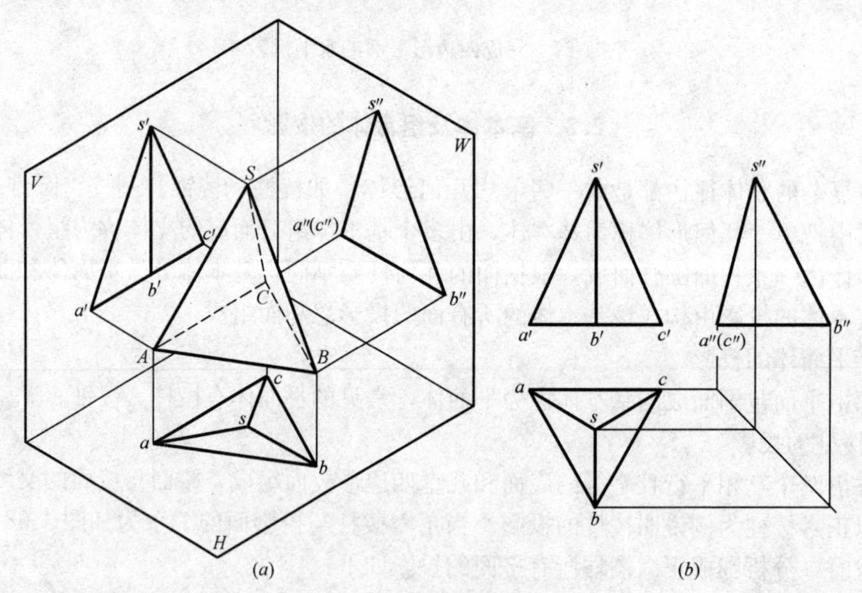

图 1-69　三棱锥的投影

底面为水平面，它的水平投影反映正三角形的实形，正面、侧面投影积聚成直线。

三个棱面中，*SAC* 棱面是侧垂面，它的侧面投影积聚成直线，水平、正面投影为缩小的类似的三角形；*SAB* 和 *SCB* 棱面为一般位置面，它们的三面投影均为缩小的类似的三角形。

根据以上分析可得正三棱锥的三面投影图，如图 1-69（*b*）所示。

3）平面体表面上的点

求平面体表面上的点，其方法与在平面上取点的方法相同。需要注意的是要分析清楚点在平面体的哪个面上。

【例 1-7】 如图 1-70（*a*）所示，已知三棱柱表面上 *K*、*M*、*N* 点的一面投影，完成它们的其余两面投影。

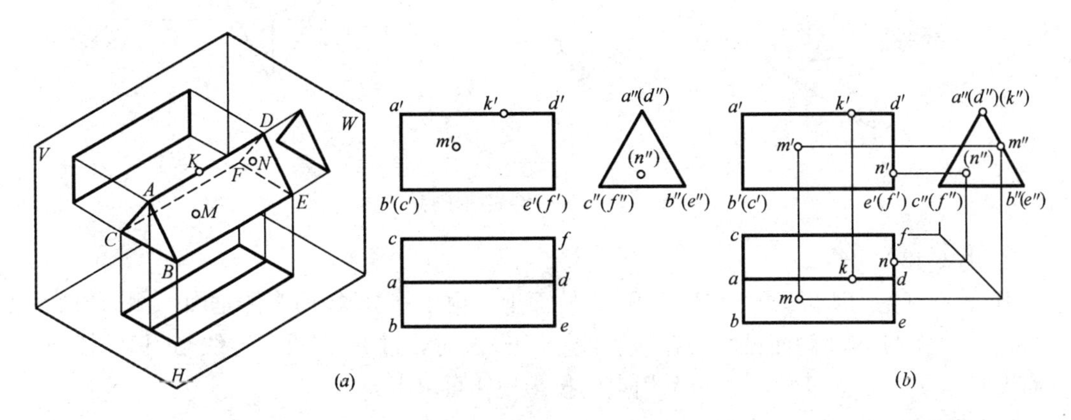

图 1-70　三棱柱表面求点

【分析】 因 k' 在 $a'd'$ 上，所以 *K* 点应位于 *AD* 棱线上。由于 *AD* 棱线为侧垂线，侧面投影积聚为一点，故 *K* 点的侧面投影也积聚在该点上，即 k'' 与 a''（d''）重合。再过 k' 作投影连线与 *AD* 棱线的水平投影 *ad* 相交，交点即为 *k*。

因 m' 可见，所以 *M* 点应位于 *ABED* 棱面上。由于 *ABED* 棱面为侧垂面，侧面投影积聚为直线，故 *M* 点的侧面投影必在该直线上。作图时，过 m' 作投影连线与 *ABED* 棱面的侧面投影相交，交点即为 m''。再利用点的投影规律可求得 *m*。

因 n'' 不可见，所以 *N* 点应位 *DEF* 底面上。由于 *DEF* 底面为侧平面，其侧面投影反映三角形实形，水平、正面投影积聚为直线，故 *N* 点的水平、正面投影必在直线上。作图时，过 n'' 分别作投影连线与 *DEF* 底面的水平和正面投影相交，交点即为 *n* 和 n'。

作图步骤如图 1-70（*b*）所示。

综上分析不难看出，求解棱柱表面上点的投影时，应先利用棱面或底面的积聚性投影求解。

【例 1-8】 如图 1-71（*a*）所示，已知三棱锥表面上 *K*、*M* 点的正面投影，完成它们的其余两面投影。

【分析】 因 k' 可见，所以 *K* 点应位于 *SAB* 棱面上。由于 *SAB* 棱面为一般位置面，三面投影均无积聚性，故 *K* 点的另两面投影无法直接求得，可在 *SAB* 棱面上作辅助线求解，作图步骤如下：

① 过 k' 作辅助线 $s'k'$，并延长交 $a'b'$ 于 d'；

② 由 d' 作投影连线交 *ab* 于 *d*，连接 *sd*；

③ 由 k' 作投影连线交 *sd* 于一点，交点即为 *k*；

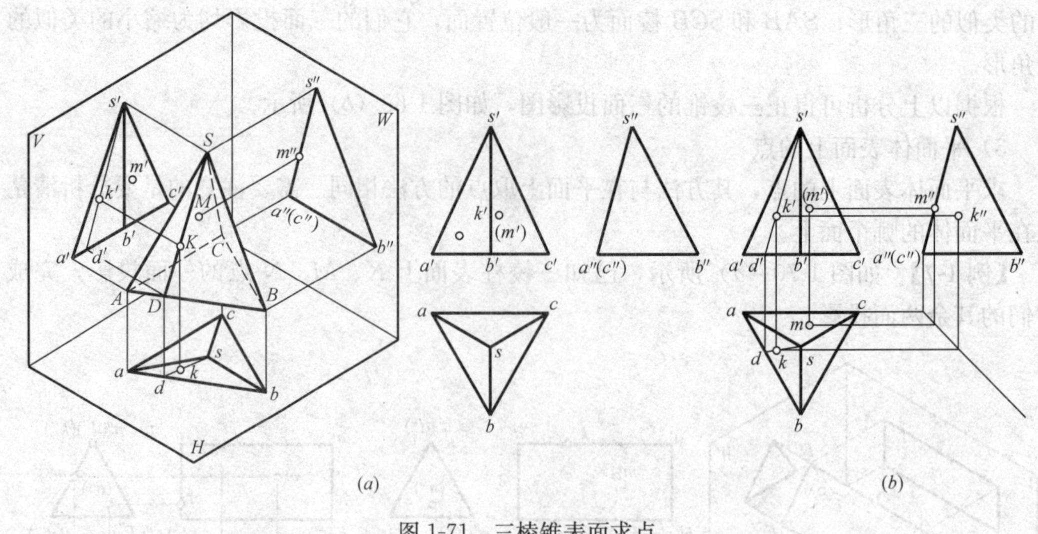

图 1-71　三棱锥表面求点

④ 由 k' 和 k 可得 k''。

因 m' 不可见，所以 M 点应位于 SAC 棱面上。由于 SAC 棱面为侧垂面，侧面投影积聚为直线，故 M 点的侧面投影必在该直线上。作图时，过 m' 作投影连线与 SAC 棱面的侧面投影相交，交点即为 m''。再利用点的投影规律可求得 m。

作图步骤如图 1-71（*b*）所示。

求解棱锥体表面上点的投影时，若点位于无积聚性投影的棱面上，可通过在该面上过点作辅助线求解。

（2）曲面体的投影

全部由曲面围成或由曲面和平面共同围成的基本体称为曲面体。由母线绕轴线旋转而形成的曲面称为回转面，由回转面围成或由回转面和平面共同围成的曲面体称为回转体，如圆柱、圆锥、圆球等。

1）圆柱的投影

如图 1-72（*a*）所示，圆柱由圆柱面和两个底面组成。圆柱面可看成由一直线 LL_1 绕与它平行的轴线 OO_1 旋转而成。直线 LL_1 称为母线，母线旋转至任意具体位置即产生一条素线，故圆柱面由无数条素线组成。现以图 1-72（*b*）所示轴线垂直 H 面放置的圆柱为例分析其投影。

圆柱的上、下底面为水平面，它们的水平投影为一圆，反映底面的实形，且两者重合，正面、侧面投影积聚成直线，其长度等于圆的直径。

圆柱面是光滑的曲面，它的水平投影具有积聚性，积聚成一圆，且与底面的水平投影圆重合，圆柱面上所有素线的水平投影皆积聚在此圆上。

把圆柱面向 V 面投影时，圆柱面上最左和最右两条素线的投影，构成圆柱面正面投影的左右轮廓线，这种素线称为轮廓素线。必须指出，对于不同方向的投影，曲面上的轮廓素线是不同的。我们利用轮廓素线来作回转面的投影。图 1-72（*c*）中，圆柱面的最左轮廓素线 AA_1 和最右轮廓素线 CC_1 的正面投影 $a'a_1'$ 和 $c'c'_1$，与圆柱上下底面的正面投影围成一矩形，即为圆柱的正面投影。同理，圆柱面的最前轮廓素线 BB_1 和最后轮廓素线

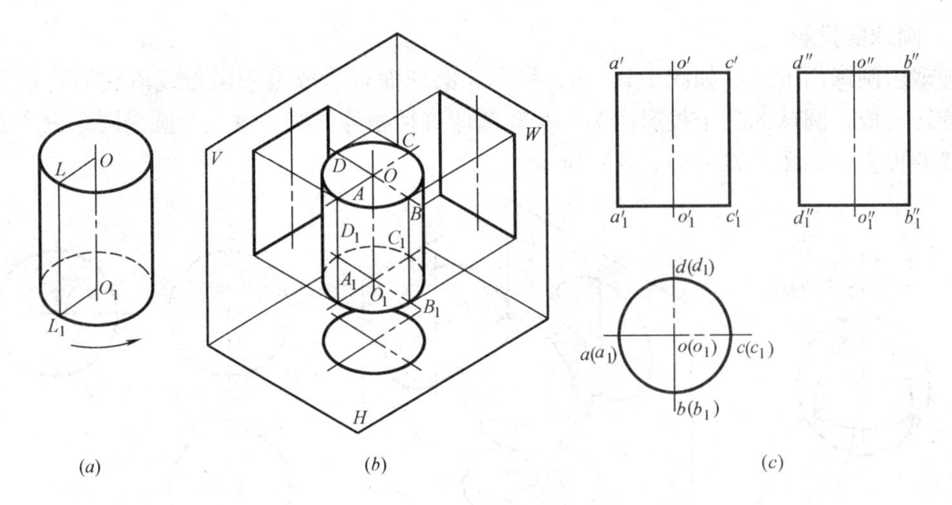

图 1-72　圆柱的投影

DD_1 的侧面投影 $b''b_1''$ 和 $d''d_1''$，与圆柱上下底面的侧面投影围成一矩形，即为圆柱的侧面投影。

不难看出，圆柱投影图的特征：两面投影图为矩形且全等，第三面投影图为圆。

绘制回转体投影图时，要用细单点长画线画出回转轴的投影，还要在投影为圆的投影图上绘制圆的中心线，如图 1-72（*c*）所示。

2）圆锥的投影

如图 1-73（*a*）所示，圆锥由圆锥面和一个底面组成。圆锥面可看成由直线 *SL* 绕与它相交的轴线 *SO* 旋转而成。*S* 称为锥顶，直线 *SL* 称为母线。圆锥面上通过 *S* 的任意直线称为圆锥面的素线。

当圆锥为图 1-73（*b*）所示位置时，圆锥的水平投影为一圆，正面、侧面投影为两个全等的等腰三角形，等腰三角形的两等边表示圆锥面两条轮廓素线的投影，另一边表示底面的积聚性投影。

从图 1-73（*c*）中不难看出圆锥投影图的特征：两面投影图为全等的等腰三角形，第三面投影图为圆。

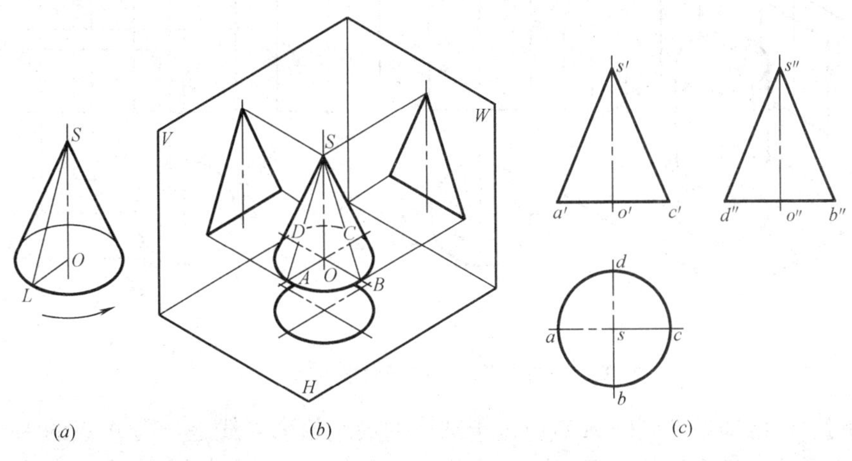

图 1-73　圆锥的投影

3）圆球的投影

圆球由圆球面围成。如图 1-74（a）所示，圆球面可看成是一圆母线以它的直径为回转轴旋转而成。圆球的三个投影图为三个和圆球直径相等的圆，这三个圆是圆球三个方向轮廓线的投影，如图 1-74（b）、（c）所示。

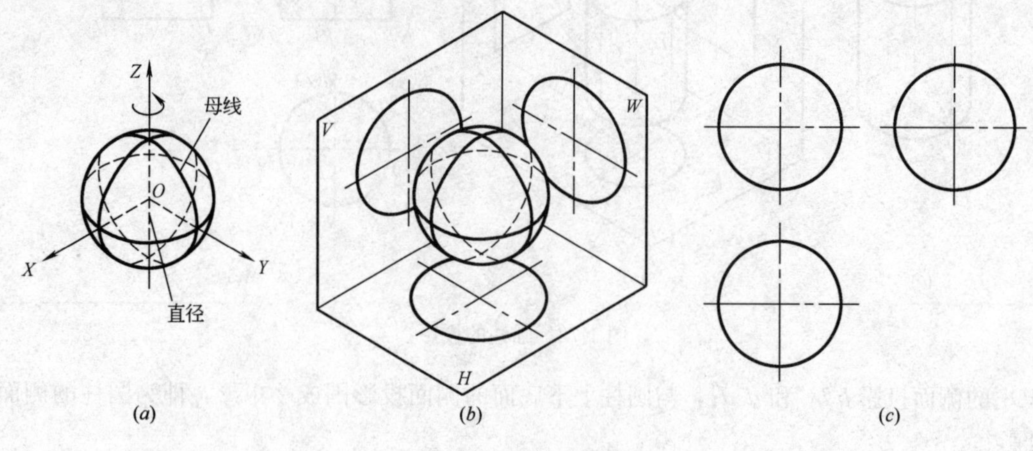

图 1-74　圆球的投影

4）曲面体表面上的点

求曲面体表面上的点，关键要分析清楚点在曲面体的哪个面上。若点在曲面上，还应判断点所在曲面的可见性。某一方向的轮廓素线即为该投影方向上曲面可见与不可见部分的分界线，例如作圆柱正面投影时，最左、最右轮廓素线是区分圆柱面正面投影时可见与不可见部分的分界线，位于分界线前半部分的圆柱面投影时可见，其上点的投影亦可见。作圆柱侧面投影时，最前、最后轮廓素线是区分圆柱面侧面投影时可见与不可见部分的分界线，位于分界线右半部分的圆柱面投影时不可见，其上点的投影亦不可见。

【例 1-9】 如图 1-75（a）所示，已知圆柱表面上 A、B、C 点的一面投影，完成它们的其余两面投影。

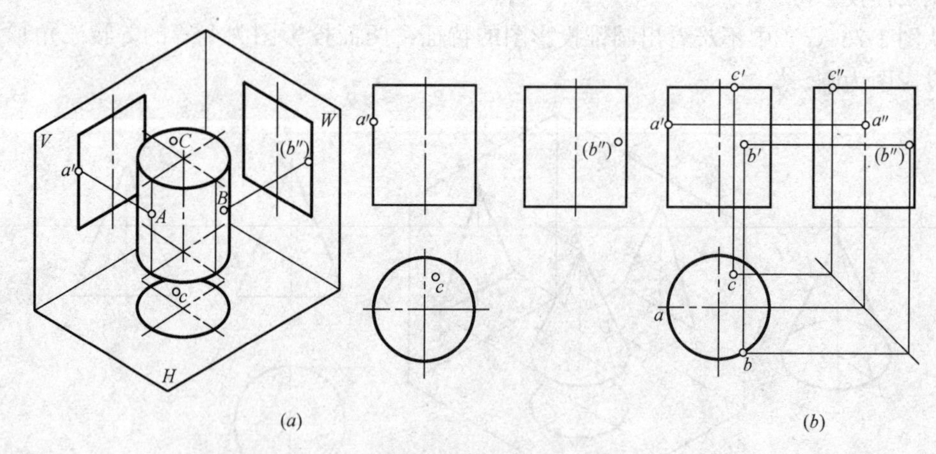

图 1-75　圆柱表面求点

【分析】 由已知条件判断 A 点应位于圆柱的最左轮廓素线上，则 A 点的水平、侧面投影应落在最左轮廓素线的水平、侧面投影上。最左轮廓素线的水平投影积聚为一点，故

A 点的水平投影 a 也积聚在该点上。最左轮廓素线的侧面投影与轴线的侧面投影重合，故过 a' 作投影连线与侧面投影图中点画线的交点即为 a''，且 a'' 可见。

因 b'' 不可见，再根据 b'' 的投影位置可判断 B 点应位于右、前四分之一圆柱面上。由于圆柱面的水平投影有积聚性，积聚为一圆周，故 B 点的水平投影 b 可直接求得：过 b'' 作投影连线交圆周于一点，交点即为 b。再分别过 b 和 b'' 作投影连线，交点即为 b'，且 b' 可见。

由已知条件判断 C 点应位于圆柱的上底面上，则 C 点的正面、侧面投影应落在上底面的正面、侧面投影上。上底面的正面、侧面投影均积聚为一直线，故分别过 c 作投影连线与上底面的正面、侧面投影相交，交点即为 c' 和 c''。

作图步骤如图 1-75（b）所示。

【例 1-10】 如图 1-76（a）所示，已知圆锥表面上 A 点的水平投影，完成其余两面投影。

【分析】 由已知条件判断 A 点应位于左、前四分之一圆锥面上。求圆锥面上点的投影可以采用素线法，也可以采用纬圆法，方法如图 1-76（b）所示。

利用素线法求解：

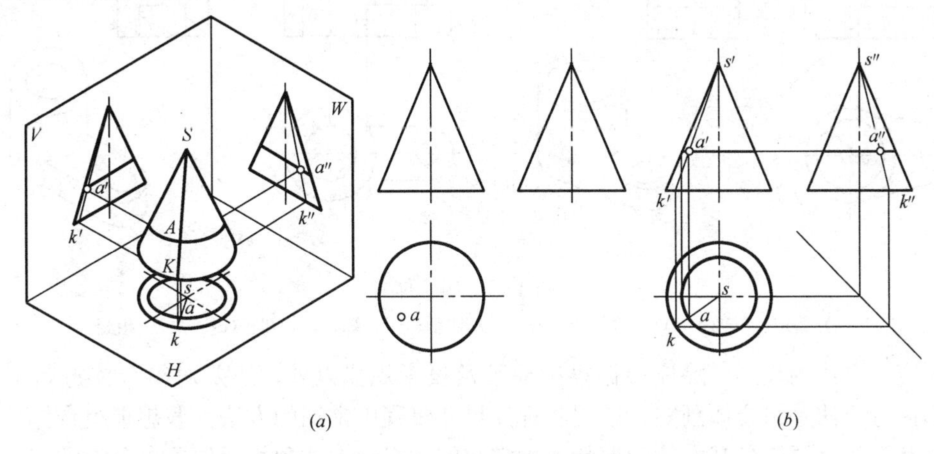

图 1-76　圆锥表面求点

① 作出过 A 点的辅助素线 SK 的三面投影：连接 sa，并延长交圆锥底面的水平投影于 k。因 K 点在底面圆周上，故 K 点的正面、侧面投影应落在底面圆周的正面、侧面投影上。过 k 分别作投影连线交底面圆周的正面、侧面投影于 k' 和 k''，且 k' 和 k'' 均可见。连接 $s'k'$ 和 $s''k''$，即得辅助素线 SK 的三面投影。

② 再在辅助素线 SK 上定出 A 点。过 a 分别作投影连线交 $s'k'$ 和 $s''k''$ 于 a' 和 a''，且 a' 和 a'' 均可见。

利用纬圆法求解：

① 作出过 A 点的纬圆（水平圆）的三面投影：以 s 为圆心、sa 为半径画圆，即得纬圆的水平投影；纬圆的正面、侧面投影积聚为两条水平线，长度等于纬圆的直径。

② 再在纬圆上定出 A 点。过 a 分别作投影连线交纬圆的正面、侧面投影于 a' 和 a''，且 a' 和 a'' 均可见。

（3）组合体的投影

由两个或两个以上基本体组成的立体，称为组合体。

组合体常见的组合方式有：叠加、切割和既有叠加又有切割的综合式三种。叠加型组合体各组成部分之间的表面连接关系有：平齐（共面）、不平齐、相切、相交四种，如图 1-77 所示。画图和读图时，应注意各种表面连接关系的正确表达。

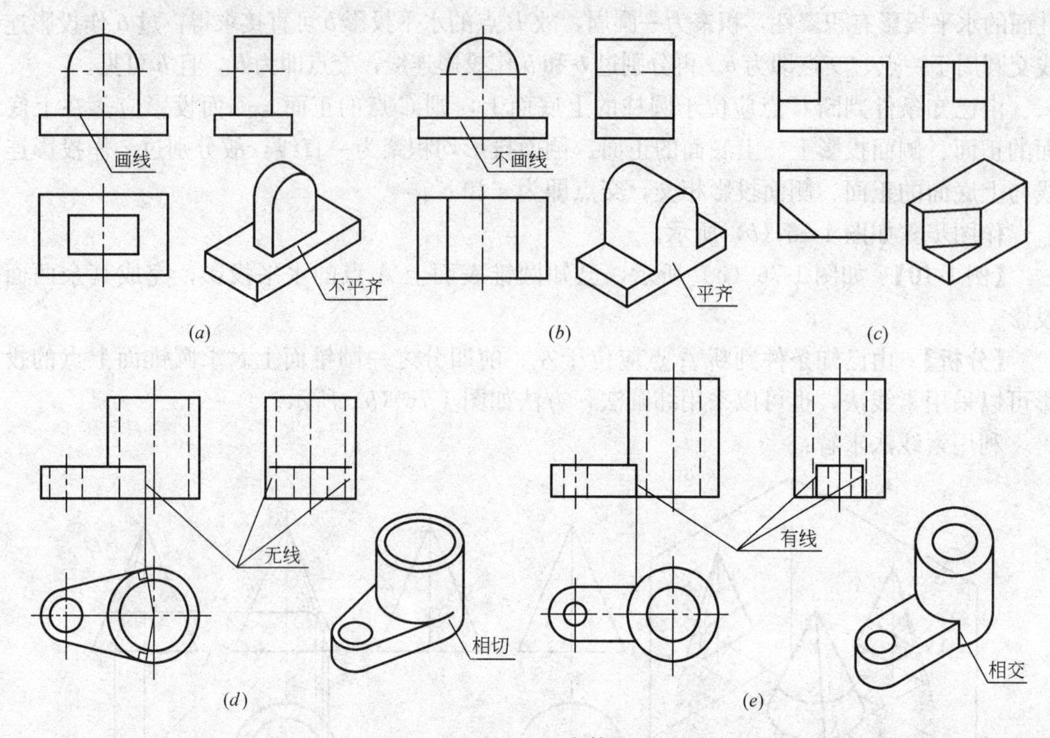

图 1-77　组合体

(*a*) 叠加、不平齐；(*b*) 叠加、平齐；(*c*) 切割；(*d*) 综合、相切；(*e*) 综合、相交

研究组合体的投影，除应遵循投影原理及投影规律以外，还要对组合体进行形体分析。形体分析法是组合体画图、读图和标注尺寸过程中常用的方法。假想把组合体分解为若干个基本体，弄清各基本体的形状，确定它们的组合方式和相对位置，分析它们的表面连接关系，这种分析方法称为形体分析法。运用形体分析法时应注意两点：

A. 把复杂的组合体合理地分解为若干个简单的基本体，把问题简化；

B. 分析基本体之间的表面连接关系，正确绘制其投影。

1）组合体投影图的画法

现以图 1-78（*a*）所示的挡土墙为例，说明组合体投影图的画图步骤。

A. 形体分析

画图前先进行形体分析，对组合体的形体特征有个总的概念。图 1-78（*a*）所示的挡土墙可将它看成由图 1-78（*b*）所示的三部分叠加而成：Ⅰ为底板，底板为六棱柱（因其两个平行且全等的底面为六边形，故称为六棱柱），Ⅱ为直墙，直墙为长方体，Ⅲ为支撑板，其形状为三棱柱。三部分的相对位置及表面连接关系：直墙放在底板上且与底板前后平齐，画图时此处不应画线，支撑板放在底板上且紧靠直墙的左面中部。

B. 正面投影图的选择

对组合体作投影时，组合体一般按工作位置放置，同时还要确定正视方向，即确定正面投影图的投影方向。正视方向不同，得到的投影图也不相同，图 1-79（*a*）、（*b*）分别是

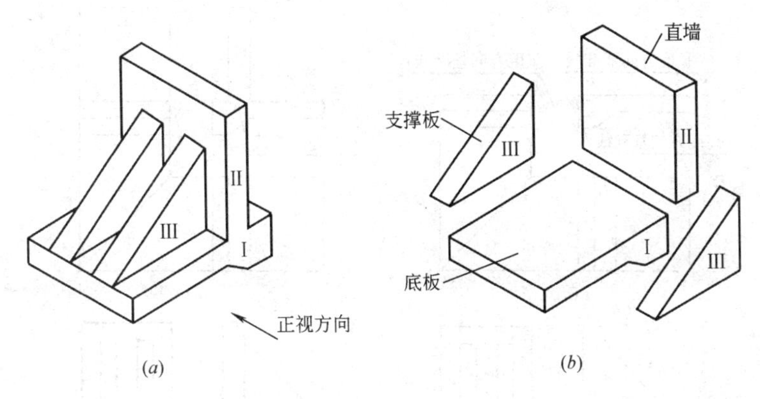

图 1-78　挡土墙的形体分析

按图 1-78（*a*）中箭头方向和箭头相反方向作正视方向得到的投影图，可以看出，图 1-79（*a*）不仅能反映形体各组成部分的特征和相对位置，还使其他投影图上虚线尽量少，表达得更清晰，故选用该方向作正视方向。

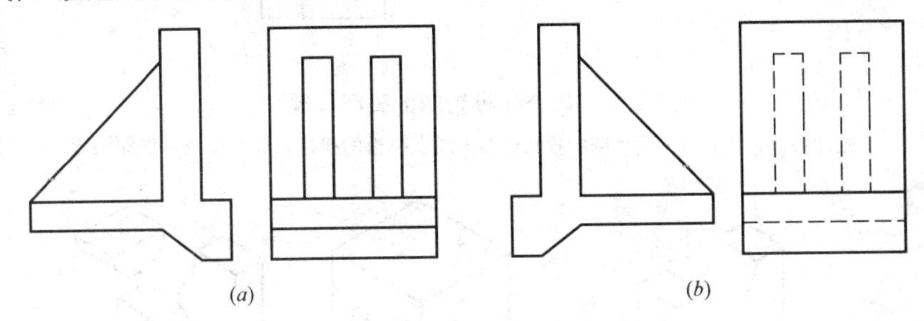

图 1-79　正面投影图的选择

（*a*）好；（*b*）不好

C. 布置图形

三个投影图应均匀地布置在图纸上，图与图之间的距离恰当，并考虑标注尺寸所需的位置。布置好投影图后，应先画出各面投影图的基准线。基准线是指画图时测量尺寸的基准，每面投影图需要有两个方向的基准线。对于对称形体，通常用它的对称线作基准线，非对称形体常用它的端面轮廓线作基准线。图 1-80（*a*）中，正面投影图以底板底面为高度方向的基准线，底板右端面为长度方向的基准线，根据“长对正、高平齐”的投影规律，只需确定水平投影图和侧面投影图宽度方向的基准线，图中以底板后面为宽度方向基准线。

D. 画底稿、校核和加深图线

根据形体分析的结果，按投影规律用细实线依次画出各基本体的投影图，一般先画主要部分，后画细节。同时，要将三个投影图联系起来画，以保证投影正确，尤其要注意水平投影图和侧面投影图宽度和前后方位要相同。画底稿时，可通过绘制 45°辅助斜线保证水平投影图和侧面投影图之间宽相等。

底稿完成，校核无误后，擦除辅助线，加深图线，从而完成全图。具体画图步骤如图 1-80 所示。

图 1-81（*a*）所示的组合体可以看作是由一长方体按图 1-81（*b*）所示的形式切割而

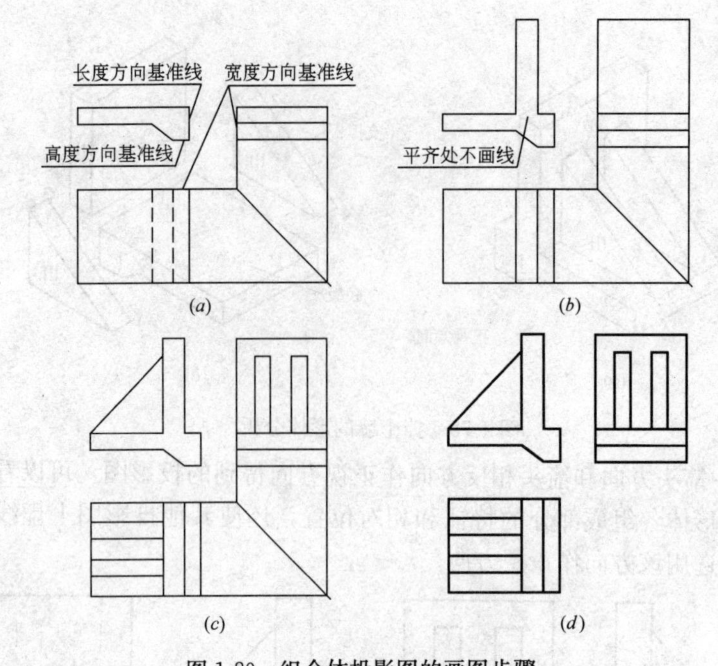

图 1-80　组合体投影图的画图步骤

(*a*) 画底板的投影；(*b*) 画直墙的投影；(*c*) 画支撑板的投影；(*d*) 检查、加深图线

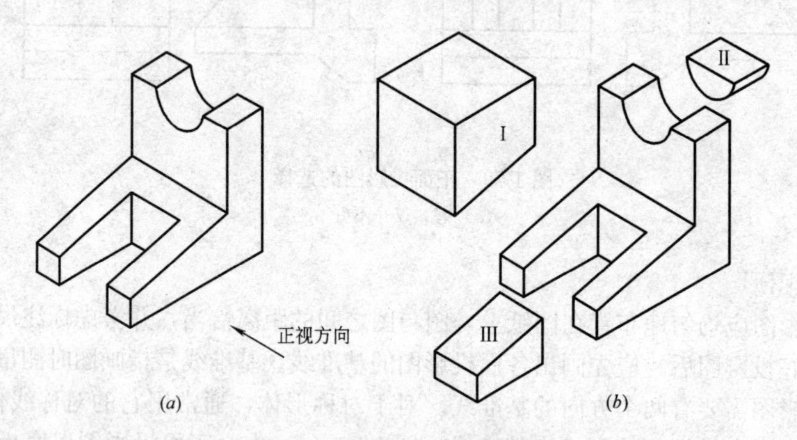

图 1-81　切割型组合体的形体分析

成的。首先在长方体的左侧切去一个四棱柱Ⅰ；在长方体的右上方再切去一个半圆柱Ⅱ；再在左端剩下部分切去一个四棱柱Ⅲ。以箭头所示作为正视方向，可明显地反映形体特征。该组合体投影图的具体画图步骤如图 1-82 所示。

2）组合体的尺寸标注

组合体的投影图只能反映组合体的形状，而组合体的大小是由图上标注的尺寸确定，所以在画好组合体的投影图后，还要进行尺寸标注。

组合体尺寸标注要求：齐全、清晰、正确。

A. 尺寸齐全

尺寸齐全是指所标注的尺寸能够完全确定组合体和组合体各组成部分的大小以及它们之间的相互位置关系。为做到尺寸标注齐全，必须在形体分析的基础上先选择尺寸基准，

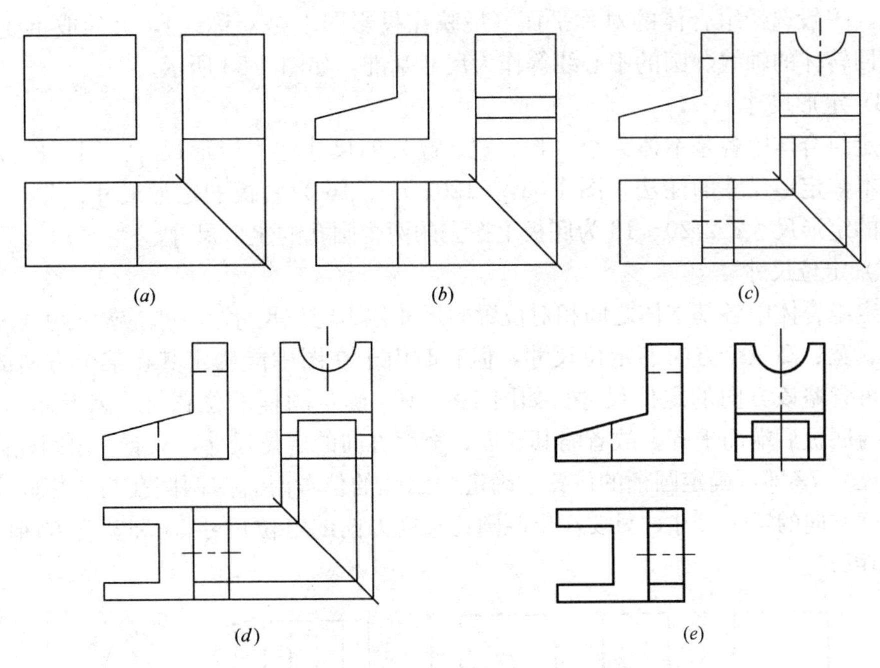

图 1-82　切割型组合体投影图的画法

(a) 画未切割前长方体的投影；(b) 画切去部分Ⅰ的投影；(c) 画切去部分Ⅱ的投影；(d) 画切去部分Ⅲ的投影；(e) 检查、加深图线

然后再标注出下列三类尺寸：定形尺寸、定位尺寸和总体尺寸。

(A) 尺寸基准

标注尺寸的起点称为尺寸基准。标注形体长、宽、高三个方向的尺寸时各选择一个尺

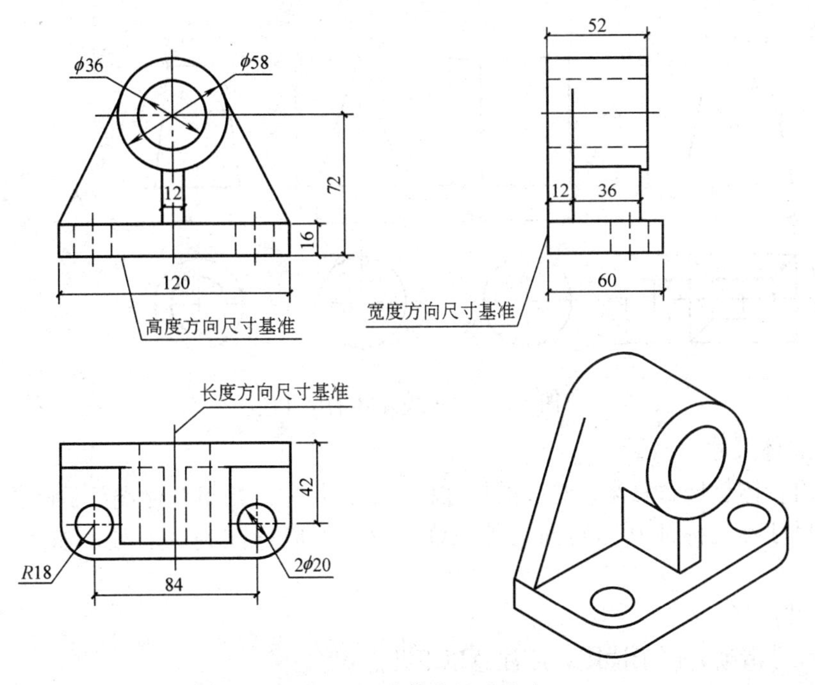

图 1-83　组合体的尺寸注法

寸基准。一般选择组合体的对称平面（反映在投影图上是对称线），大的或重要的底面、端面或回转体的轴线、圆的中心线等作为尺寸基准，如图 1-83 所示。

(B) 定形尺寸

确定组合体中各基本体大小（长、宽、高）的尺寸称为定形尺寸。图 1-84 为常见的几种基本体定形尺寸的注法。图 1-83 中 120、60、16 为底板的定形尺寸；ϕ36、ϕ58、52 为圆桶的定形尺寸；2ϕ20、16 为底板上挖去的两个圆孔的定形尺寸。

(C) 定位尺寸

确定组合体中各基本体之间相对位置的尺寸称为定位尺寸。一般应从尺寸基准注出基本体长、宽、高三个方向的定位尺寸，但有时由于在图中能确定其在某个方向的相对位置，便可省略该方向的定位尺寸。如图 1-83 中，确定圆桶的位置时，因形体左右对称，且圆桶与底板后端面平齐，故省略其长度、宽度方向的定位尺寸，只要注出圆桶高度方向的定位尺寸 72 即可确定圆桶的位置；确定两圆孔的位置时，因两圆孔与底板同高，故省略其高度方向的定位尺寸，只要注出两圆孔长度方向的定位尺寸 84 和宽度方向的定位尺寸 42 即可。

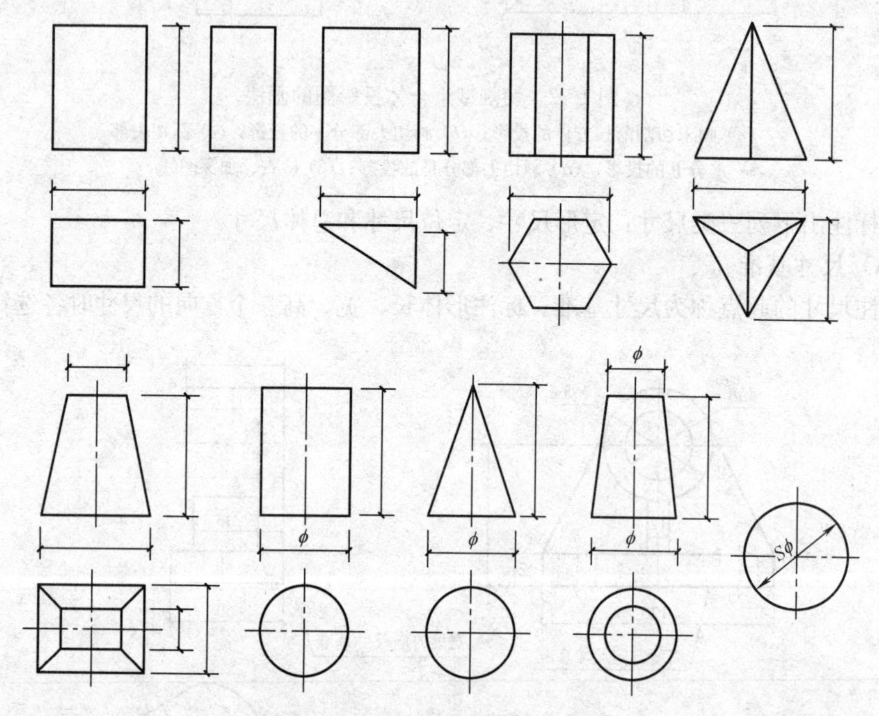

图 1-84　常见基本体的尺寸注法

(D) 总体尺寸

确定组合体总长、总宽、总高的尺寸称为总体尺寸。当组合体端部是回转面时，该方向的总体尺寸不宜标注到回转面的外轮廓线处，而应标注到圆心处，如图 1-83 中的总高 72。

B. 尺寸清晰

为使尺寸清晰，便于读图，应注意以下几点：

(A) 与两个投影图有关的尺寸应尽量集中标注在这两个投影图之间的一个投影图旁，

如图 1-83 中，高度方向的尺寸应标注在正面投影图靠近侧面投影图的一侧。

(B) 为便于读图，定形、定位尺寸应尽量集中标注在一个投影图上。

(C) 尽量避免在虚线上标注尺寸。

(D) 尺寸应尽量布置在投影图之外，且小尺寸在内，大尺寸在外，尺寸线间隔均匀。

(E) 半径尺寸应标注在投影为圆弧的投影图上，直径尺寸应标注在投影为矩形的投影图上。标注圆和圆弧的定位尺寸，一般指定圆心的位置。

C. 尺寸正确

尺寸标注应符合有关制图标准的规定。

D. 尺寸标注示例

标注组合体尺寸时，应先进行形体分析，选择尺寸基准，再依次标出定形尺寸、定位尺寸和总体尺寸。

【例 1-11】 水槽的尺寸标注。

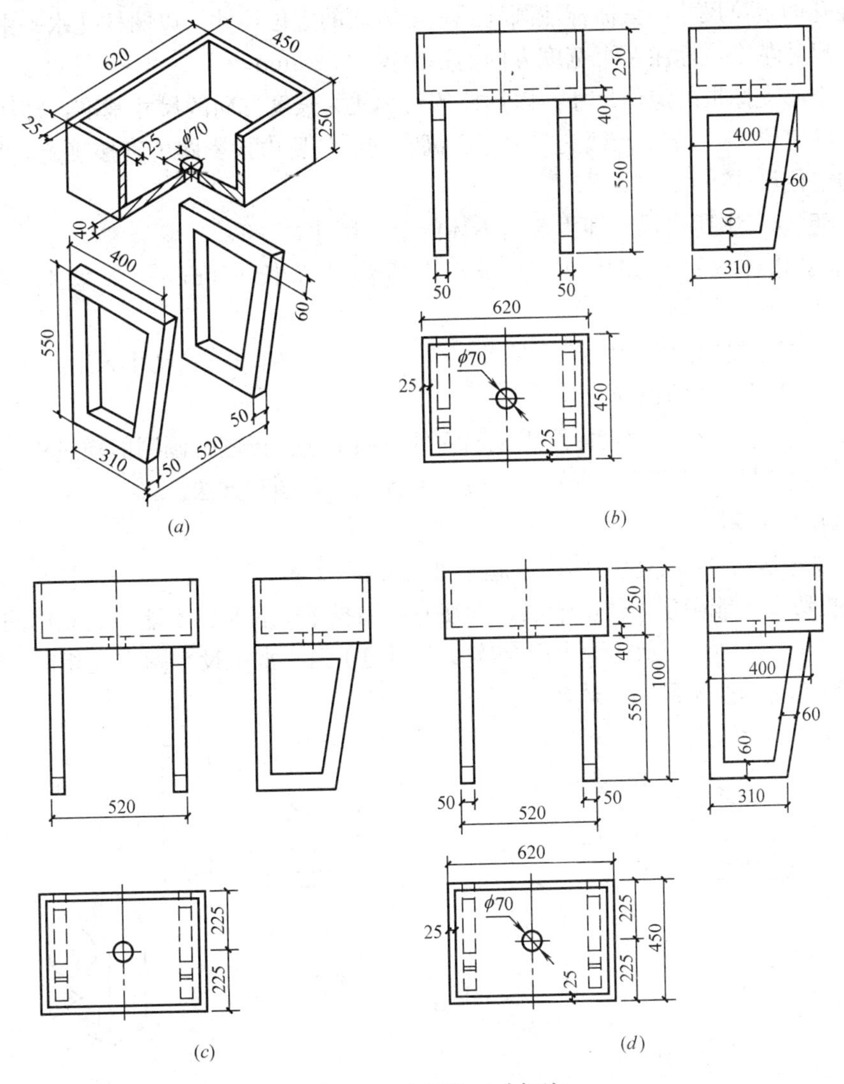

图 1-85　水槽的尺寸标注

【解】 ① 形体分析：水槽由水槽体和直角梯形空心支撑板叠加而成，且水槽体的底板中心处挖有一圆柱形通孔，如图 1-85（*a*）所示。

② 确定长、宽、高方向的尺寸基准：因形体左右对称且水槽底部的圆柱孔居中布置，故选择水槽底部圆柱孔中心线作为长、宽方向的尺寸基准，选择底面作为高度方向的尺寸基准。

③ 标注每个基本体的定形尺寸：

标注水槽体的外形尺寸：长 620mm、宽 450mm、高 250mm；

标注水槽体四周壁厚 25mm，槽底厚 40mm，槽底圆柱孔直径 70mm；

标注梯形空心支撑板的外形尺寸：310mm、550mm、400mm 和板厚 50mm；

标注梯形空心支撑板四条边框宽度 60mm。

图 1-85（*b*）中所注尺寸即为各基本体的定形尺寸。

④ 以尺寸基准为起点，标注各基本体之间的定位尺寸：

圆柱孔的定位尺寸：只需标注圆柱孔宽度方向的定位尺寸。以圆柱孔水平中心线为宽度方向的尺寸基准，标注两个宽度方向的定位尺寸 225mm。

梯形空心支撑板的定位尺寸：以形体的对称线为长度方向的尺寸基准，标注出支撑板长度方向的定位尺寸 520mm，支撑板宽、高方向的位置由投影图可直接确定，故省略宽、高方向的定位尺寸。

图 1-85（*c*）中所注尺寸即为各基本体的定形尺寸。

⑤ 标注总体尺寸：如图 1-85（*d*）中所注的总长 620mm、总宽 450mm、总高 800mm。

⑥ 检查三个投影图中尺寸标注是否齐全、清晰、正确，完成尺寸标注。

3）组合体投影图的识读

读图就是根据组合体的投影图想象出它的空间形状。读图是画图的逆过程。读图时除了熟练地运用投影规律进行分析外，还应掌握读图的要领和方法。

A. 读图的要领

（A）要把所给的全部投影图联系起来进行分析。

一面投影图不能确定立体的形状，即使有两面投影图有时也不能确定立体的形状。在图 1-86 中，（*a*）、（*b*）所示的两个组合体，它们的正面、水平投影图完全相同，但因侧面投影图不同而是两个不同的立体。

图 1-86　投影图和特征图分析

（B）注意找出特征图。

习惯上将构成组合体的各基本体的形状、相互位置关系反映得最充分的投影图称为特征图。如图 1-86 中，两个组合体的正面投影图最能反映它们的形状特征，属于形状特征图，而侧面投影图最能反映它们的相互位置关系的不同之处，属于位置特征图。

（C）利用线框分析组合体表面相对位置关系。

一般情况下，投影图中一个封闭的线框代表一个面（平面或光滑曲面）的投影；不同的线框代表不同的面；相邻线框表示组合体表面必然发生变化，如图 1-87 所示。

（D）注意投影图中反映各基本体之间表面连接关系的图线。

基本体之间表面连接关系的变化，会使投影图中的图线也发生相应的变化。图 1-88（*a*）中的三角形肋板与底板和侧板的连接线是实线，说明它们的前面不平齐，因此三角形肋板应在底板的中间。图 1-88（*b*）中的三角形肋板与底板和侧板的连接线是虚线，说明它们的前面平齐，再根据水平投影图得出三角形肋板有两块，分别在底板的前、后面。

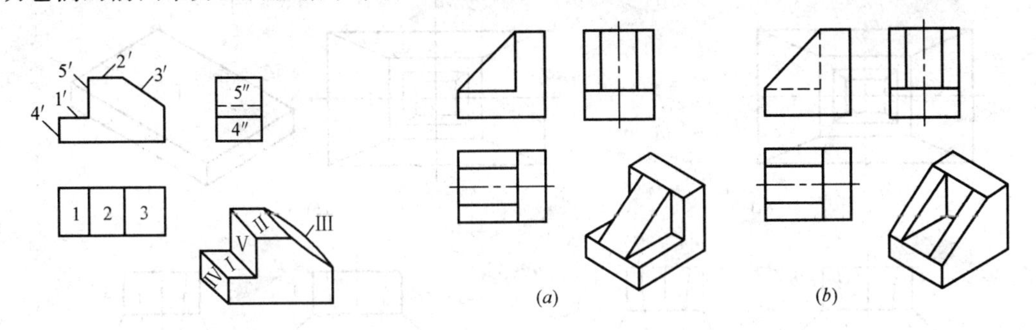

图 1-87　线框分析　　　　图 1-88　表面连接关系分析

B. 读图的方法

读图的基本方法是形体分析法，必要时辅以线面分析。组合体读图的步骤如下：

（A）看投影、分部分。

先大致看一下全部投影图，找出一个形状特征明显的投影图（一般情况下，总是从正面投影图入手），将该投影图分解为若干简单的封闭线框，然后应用形体分析法，依据所分的线框将组合体分解为几个基本部分。

（B）对投影、定形状。

把组合体分解为几个基本部分之后，就要细致地分析投影，确定每个基本部分的形状，即根据“长对正、宽相等、高平齐”的投影规律，借助三角板等工具，将每一部分的三个投影划分出来，然后依据基本体的投影，仔细分析、想象，确定每一部分的形状。

看图的一般顺序是：先看主要部分，后看次要部分；先看整体形状，后看细节形状；先看容易确定的部分，后看难于确定的部分。对难点处，可采用“先假定后验证，边分析边想象”的分析方法。

（C）综合起来想整体。

在看懂每部分形体的基础上，进一步分析它们的组合方式和相对位置，最后综合起来想象出该组合体的整体形状。

C. 读图举例

【例 1-12】 读懂图 1-89（*a*）所示的投影图，想象出该组合体的空间形状。

【解】 ①看投影、分部分。

在对全部投影图有基本了解后，以正面投影图为主，将正面投影图分为四个线框，用对线框、找投影的方法分析得知四个线框代表四个基本体的投影，故将该组合体分解为四个基本部分。

② 对投影、定形状。

按照"长对正、宽相等、高平齐"的投影规律逐个找到这四部分的投影，想象出它们的空间形状，如图 1-89（*b*）、（*c*）、（*d*）、（*e*）所示。

③ 综合起来想整体。

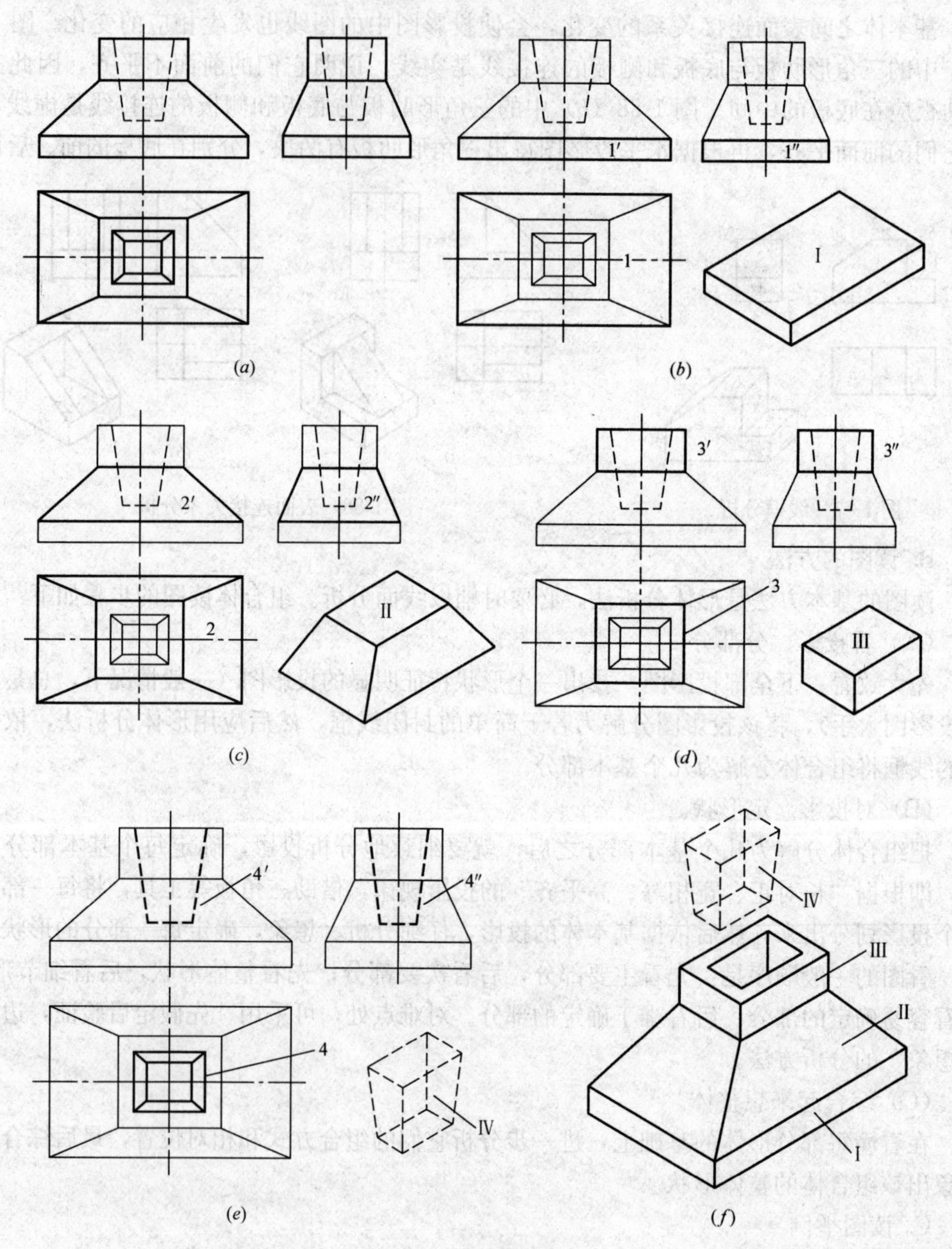

图 1-89　组合体读图

把分析所得各部分的形状，对照投影图上各线框的上下、左右、前后位置关系，想象出组合体的整体形状，如图 1-89（f）所示。

D. 读图练习

为了检查是否读懂图，常采用“已知形体的两面投影图，补画第三面投影图”的形式作为读图练习。

【例 1-13】 补画图 1-90（a）所示组合体的水平投影图。

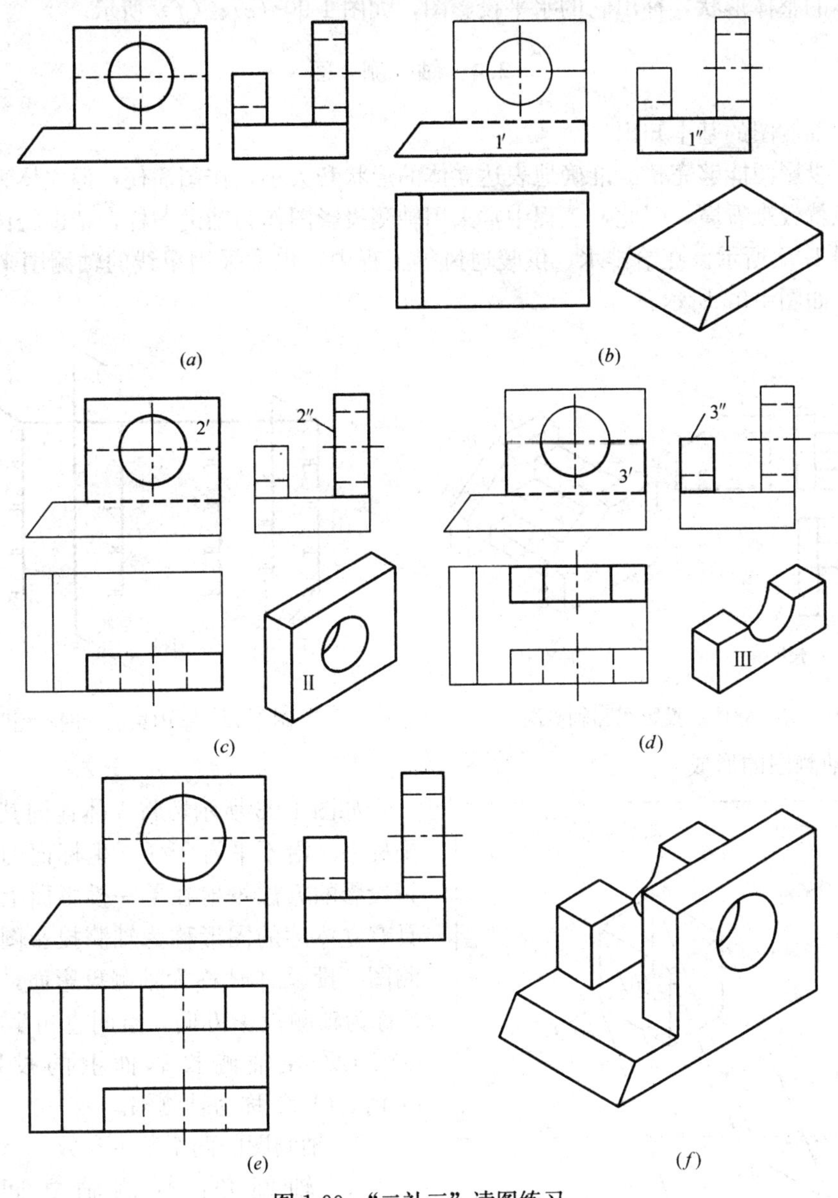

图 1-90 “二补三”读图练习

【解】 ① 看投影、分部分。

本题侧面投影图最能反映该组合体的位置特征，故以侧面投影图为主，将侧面投影图分为三个线框，即该组合体为三个基本体组合而成。

② 对投影、定形状。

根据每部分的正面、侧面投影，结合基本体的投影图特征，想象出一个基本体，使它的正面、侧面投影与已知投影一致，即确定了该部分的形状，如图 1-90（*b*）、（*c*）、（*d*）所示。

③ 综合起来想整体。

把已确定的各部分的形状，对照投影图上各线框的上下、左右、前后位置关系，想象出组合体的整体形状，补出它的水平投影图，如图 1-90（*e*）、（*f*）所示。

2.4 轴 测 图

（1）轴测图的基本知识

三面投影图能够完整、准确地表达立体的形状和大小，作图简便，但立体感差，缺乏读图知识就较难看懂，因此，工程中常采用轴测投影图作为辅助图样，帮助阅读三面投影图，如图 1-91 所示。在给排水、供暖通风等工程中，也常采用单线的轴测图来表达管路的布置，如图 1-92 所示。

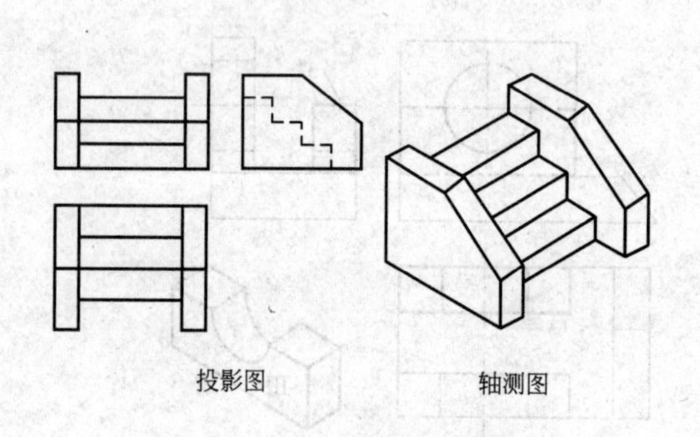

图 1-91　立体的投影图和轴测图

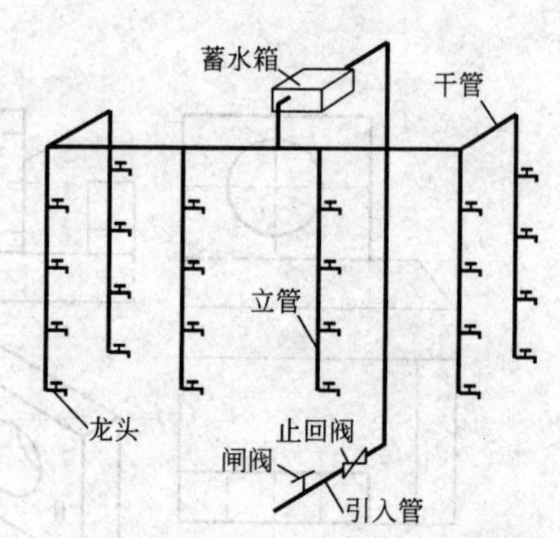

图 1-92　室内给水管网轴测图

1）轴测图的形成

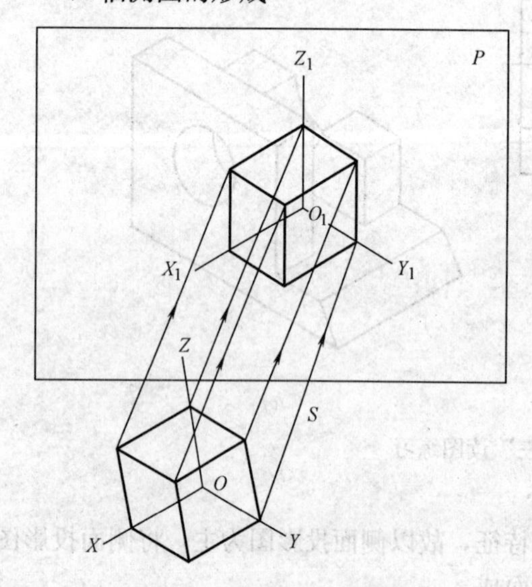

图 1-93　轴测投影的形成

如图 1-93 所示，将立体连同其参考直角坐标系，沿不平行于任一坐标面的方向用平行投影的方法投射在单一投影面上所得到的具有立体感的图形称为轴测投影图，简称轴测图。投影面 P 称为轴测投影面，投影方向 S 称为轴测投影方向，空间直角坐标轴 OX、OY、OZ 在轴测投影面上的投影 O_1X_1、O_1Y_1、O_1Z_1 称为轴测轴。

2）轴测图的两个基本参数

A. 轴间角：轴测轴之间的夹角 $\angle X_1O_1Y_1$、$\angle X_1O_1Z_1$、$\angle Y_1O_1Z_1$ 称为轴间角。

B. 轴向变形系数：空间投影轴上的线段投射到轴测投影面上，长度要发生变化，我们把轴测轴上的单位长度与相应投影轴上的单位长度之比称为轴向变形系数，分别用 p、q、r 表示 OX、OY、OZ 轴的轴向变形系数，即：

$$p=O_1X_1/OX;\quad q=O_1Y_1/OY;\quad r=O_1Z_1/OZ$$

随着立体与轴测投影面相对位置的不同以及投影方向的变化，轴测图的两个基本参数也随之改变，从而可以得到各种不同的轴测图。

3）轴测图的分类

根据轴测投影方向 S 与轴测投影面 P 所成的角度的不同，轴测图可以分为两类：正轴测图（S 垂直于 P）、斜轴测图（S 倾斜于 P）。根据轴向变形系数不同，这两类轴测图又分为三种：

正轴测图：
- 正等测图（$p=q=r$）
- 正二测图（$p=r\neq q$）
- 正三测图（$p\neq q\neq r$）

斜轴测图：
- 斜等测图（$p=q=r$）
- 斜二测图（$p=r\neq q$）
- 斜三测图（$p\neq q\neq r$）

4）轴测图的基本特性

A. 平行性：空间相互平行的线段在轴测图中仍然平行。平行于坐标轴的线段在轴测图中仍然平行于相应的轴测轴。

B. 轴测性：空间平行于某坐标轴的线段，其轴测投影与原线段长度之比等于相应的轴向变形系数。因此，在画轴测图时，只有平行于各坐标轴的线段，才能沿着平行于相应轴测轴的方向画出，并按相应的轴向变形系数测量其尺寸。沿轴才能测量，这就是“轴测”两字的含义。

（2）轴测图的画法

轴测图的类型多样，但作图方法基本相同，主要有坐标法、端面法、叠加法、切割法等。本节着重介绍工程中常用的正等测图和斜二测图的画法。

1）正等测图的画法

A. 正等测图的两个基本参数

正等测图的轴间角 $\angle X_1O_1Y_1=\angle X_1O_1Z_1=\angle Y_1O_1Z_1=120^\circ$，$O_1Z_1$ 成铅垂位置，O_1X_1、O_1Y_1 的位置可以互换，如图 1-94 所示。

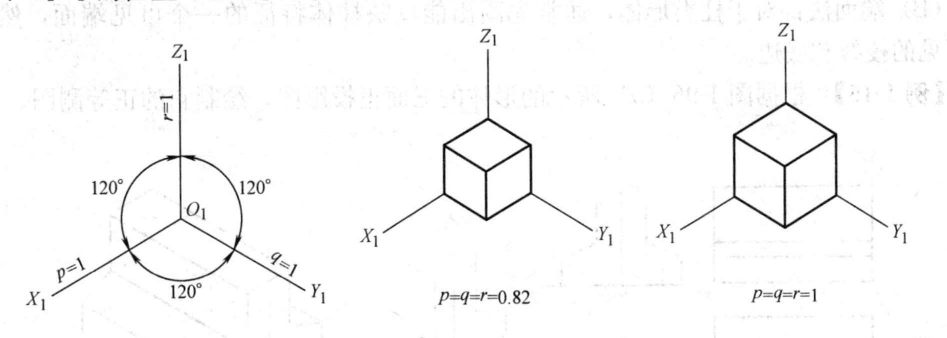

图 1-94　正等测图的两个基本参数

正等测图的轴向变形系数 $p=q=r=0.82$，为了作图方便，采用制图标准规定的简化系数 $p=q=r=1$。用简化系数绘制的正等测图是理论图形的 1.22 倍，但不影响形体的形状及各部分相对位置的表达。

B. 平面体正等测图的画法

绘制平面体正等测图的总体步骤是“由面到体”，即先画出平面体某一表面的投影，然后扩展到整个平面体的投影。

(A) 坐标法：根据立体上各点的坐标，沿轴向测量，画出它们的轴测投影，并依次连接，得到整个立体的轴测图，这种画法称为坐标法。它是画轴测图最基本的方法，也是其他各种画法的基础。

【例 1-14】 画出图 1-95 (*a*) 所示三棱锥的正等测图。

【解】 ① 定立体的参考直角坐标系，从而确定三棱锥各顶点的坐标。为作图方便，定 XOY 坐标面与锥底面重合，X 轴通过 B 点，Y 轴通过 C 点。在正投影图上画出参考直角坐标系的正面、水平投影，如图 1-95 (*a*) 所示。

② 绘制正等测图的轴测轴，沿各方向的轴测轴量取每个顶点的相应坐标值，从而确定各顶点的轴测投影位置，如图 1-95 (*b*) 所示。

③ 依次连接各顶点的轴测投影，得到三棱锥的正等测图，如图 1-95 (*c*) 所示。轴测投影图中，不可见的线段应擦除或用细虚线表示。

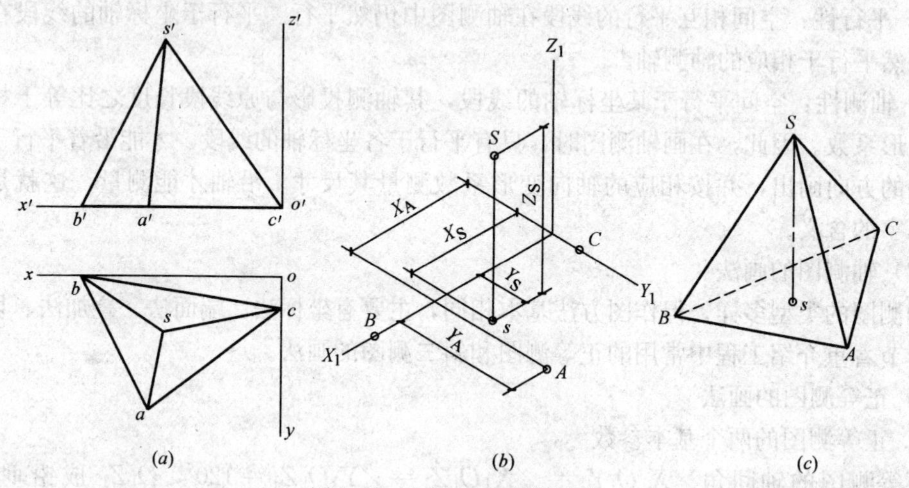

图 1-95 坐标法画正等测图

(B) 端面法：对于柱类形体，通常先画出能反映柱体特征的一个可见端面，然后画出可见的棱线和底边。

【例 1-15】 根据图 1-96 (*a*) 所示的形体的三面正投影图，绘制它的正等测图。

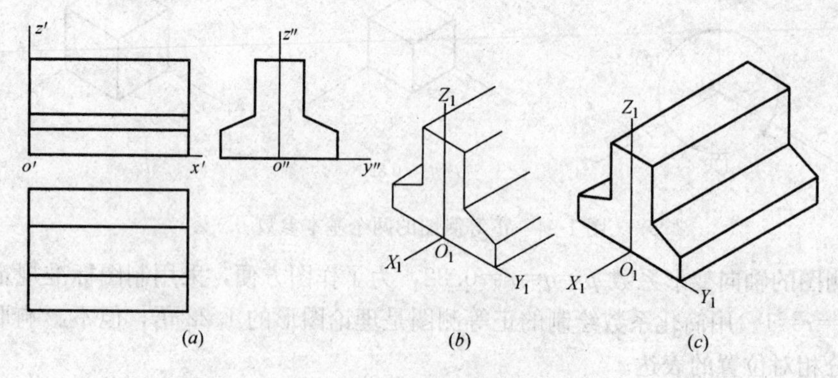

图 1-96 端面法画正等测图

【解】 ① 定立体的参考直角坐标系：定 ZOY 坐标面与左端面重合，坐标原点 O 与左端面底边中点重合，在正投影图上画出参考直角坐标系的正面、侧面投影，如图 1-96（a）所示。

② 绘制正等测图的轴测轴，先画出左端面的轴测投影，再沿 O_1X_1 轴方向按长度引出各条棱线，如图 1-96（b）所示。注意左端面上有两条边线与坐标轴不平行，不能直接量取其长度，必须先确定它们端点的轴测投影位置后才能画出。

③ 依次连接各条棱线的右端点，得到立体的正等测图，如图 1-96（c）所示。

（C）叠加法：对于由几个基本体叠加而成的组合体，应在形体分析的基础上，将各基本体逐个画出，最后完成整个立体的轴测图。画图时应注意各基本体的相对位置要与组合体一致。画图的顺序一般是先大后小。

【例 1-16】 画出图 1-97（a）所示挡土墙的正等测图。

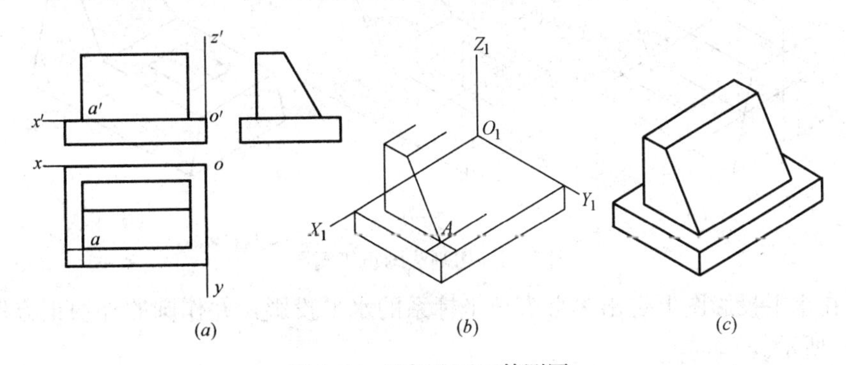

图 1-97 叠加法画正等测图

【解】 ① 形体分析：挡土墙由长方体的基础和梯形柱体的墙身两部分组成。

② 定立体的参考直角坐标系：定 XOY 坐标面与基础上底面重合，坐标原点 O 与上底面的右、后顶点重合，画出参考直角坐标系的正面、水平投影，如图 1-97（a）所示。

③ 绘制正等测图的轴测轴，先画出基础的正等测图，再在基础的上底面上定出墙身上 A 点的轴测投影位置，根据 A 点画出墙身左端面的轴测投影，如图 1-97（b）所示。

④ 用端面法画出墙身，完成挡土墙的正等测图，如图 1-97（c）所示。

（D）切割法：对于从基本体切割而成的立体，可以先画出基本体，然后画切割处，从而得到立体的轴测图。

【例 1-17】 画出图 1-98（a）所示立体的正等测图。

【解】 ① 形体分析：该立体可看成是一横置梯形柱，左上方开一缺口，再挖去一矩形孔而成。

② 画图顺序：定立体的参考直角坐标系，用端面法先画出梯形柱的轴测图，再画左上方切去的部分，在切完后的立体的轴测图上定出矩形孔上 A 点的位置，根据 A 点画出矩形孔的轴测投影，完成整个立体的正等测图，如图 1-98（b）、（c）、（d）、（e）所示。

C. 曲面体正等测图的画法

画曲面体正等测图的关键是画曲面体上圆的正等测图。如图 1-99 所示，平行于坐标面的圆的正等测图都是椭圆。为方便作图，常采用四圆心法近似画上述椭圆。现以平行于 XOY 坐标面的圆（水平圆）为例，说明圆的正等测图的作图步骤：

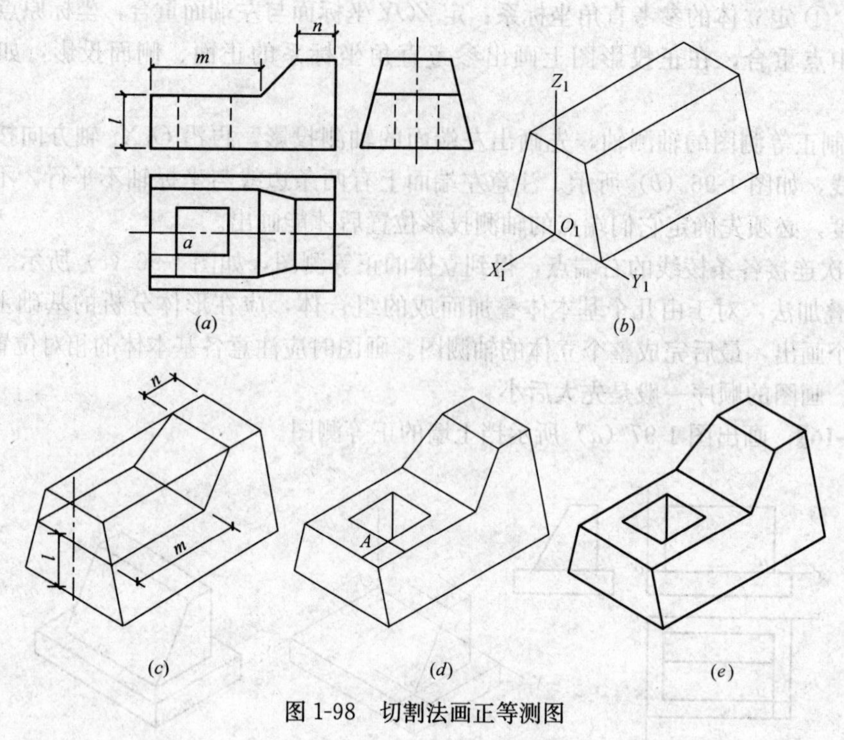

图 1-98　切割法画正等测图

(A) 在水平投影图上定出参考直角坐标系的水平投影，并作圆的外切正方形，如图 1-100（a）所示。

(B) 作出轴测轴 O_1X_1、O_1Y_1，再作出外切正方形 $ABCD$ 的正等测图 $A_1B_1C_1D_1$，如图 1-100（b）所示。由图可知 $A_1B_1C_1D_1$ 为一菱形。

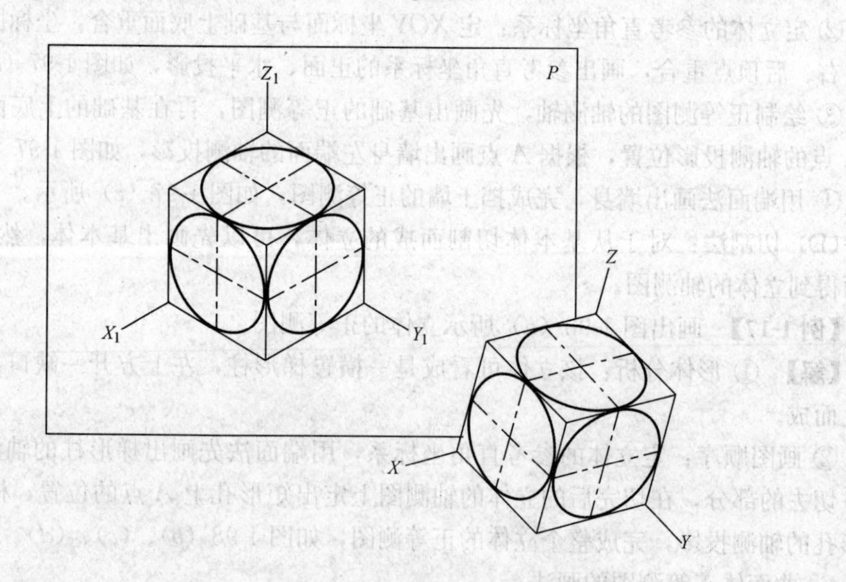

图 1-99　平行于坐标面的圆的正等测图

(C) 连接菱形短对角线的端点和其对面的两个切点，即连接 $1A_1$、$1D_1$ 和 $2B_1$、$2C_1$，得交点 3、4，如图 1-100（c）所示。点 1、2、3、4 即为四圆心法中的四个圆心。

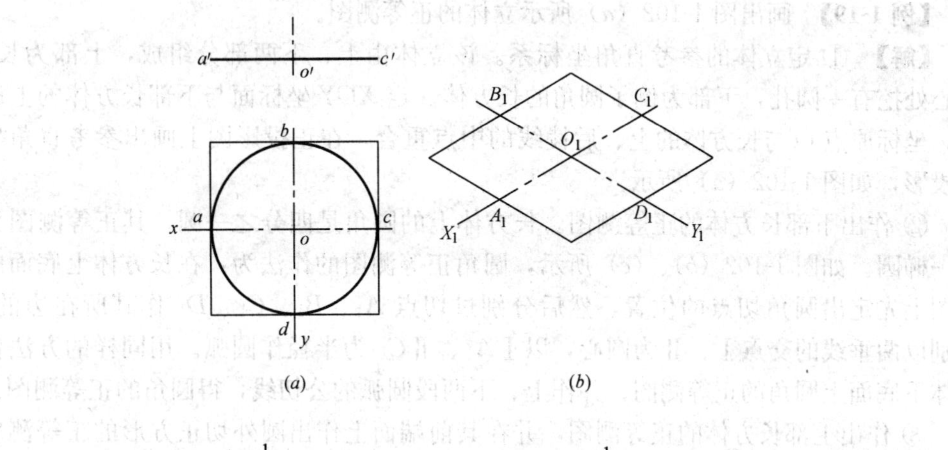

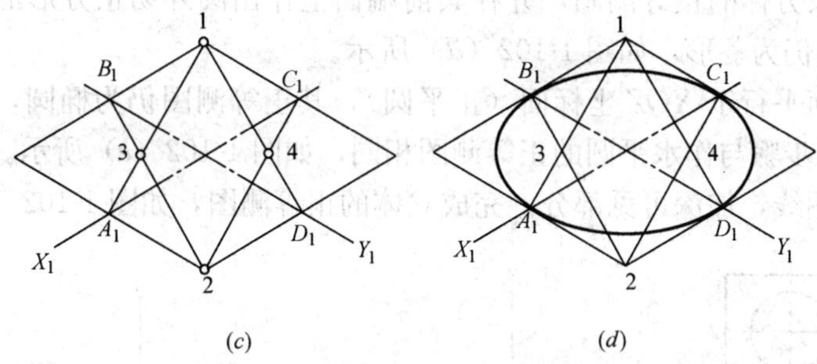

图 1-100　四圆心法画水平圆的正等测图

（D）分别以 1、2 为圆心，以 $1A_1$（或 $2B_1$）为半径作圆弧 A_1D_1 和 B_1C_1，再分别以 3、4 为圆心，以 $3B_1$（或 $4C_1$）为半径作圆弧 A_1B_1 和 C_1D_1，如图 1-100（*d*）所示。四段圆弧构成整个椭圆，即为水平圆的正等测图。

掌握了圆的正等测图的画法后，就可进一步掌握曲面体正等测图的画法。

【例 1-18】 画出图 1-101（*a*）所示圆柱的正等测图。

【解】 ① 定立体的参考直角坐标系：定 XOY 坐标面与上底面圆重合，坐标原点 O 与上底面圆心重合，在正投影图上画出参考直角坐标系的投影，如图 1-101（*a*）所示。

② 作出上、下底面圆（水平圆）的正等测图。作上、下两个椭圆的公切线即圆柱轴测图的轮廓素线，公切线的切点为菱形长对角线与椭圆的交点，如图 1-101（*b*）、（*c*）所示。

③ 擦除多余图线，加深可见部分，完成圆柱的正等测图。

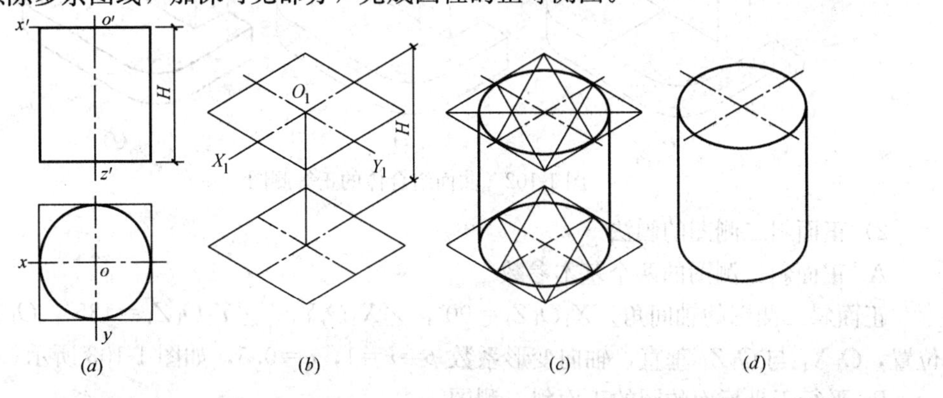

图 1-101　圆柱的正等测图

【例 1-19】 画出图 1-102（*a*）所示立体的正等测图。

【解】 ① 定立体的参考直角坐标系。该立体由上、下两部分组成，上部为长方体，中心处挖有一圆孔，下部为倒了圆角的长方体。定 XOY 坐标面与下部长方体的上底面重合，坐标原点 O 与长方体的上、后棱线的中点重合，在正投影图上画出参考直角坐标系的投影，如图 1-102（*a*）所示。

② 作出下部长方体的正等测图。长方体上的圆角是四分之一圆，其正等测图为四分之一椭圆。如图 1-102（*b*）、（*c*）所示，圆角正等测图的作法为：在长方体上底面的正等测图上先定出圆角切点的位置，然后分别过切点 A_1、B_1、C_1、D_1 作其所在边的垂线，分别以两垂线的交点Ⅰ、Ⅱ为圆心，以ⅠA_1、ⅡC_1 为半径作圆弧。用同样的方法作出长方体下底面上圆角的正等测图，并作上、下两段圆弧的公切线，得圆角的正等测图。

③ 作出上部长方体的正等测图，并在其前端面上作出圆外切正方形的正等测图，该正方形的正等测图仍为菱形，如图 1-102（*d*）所示。

④ 圆孔的圆面平行于 XOZ 坐标面（正平圆），其正等测图仍为椭圆，该椭圆画法仍为四圆心法，作图步骤与作水平圆的正等测图相同，如图 1-102（*e*）所示。

⑤ 擦除多余图线，加深可见部分，完成立体的正等测图，如图 1-102（*f*）所示。

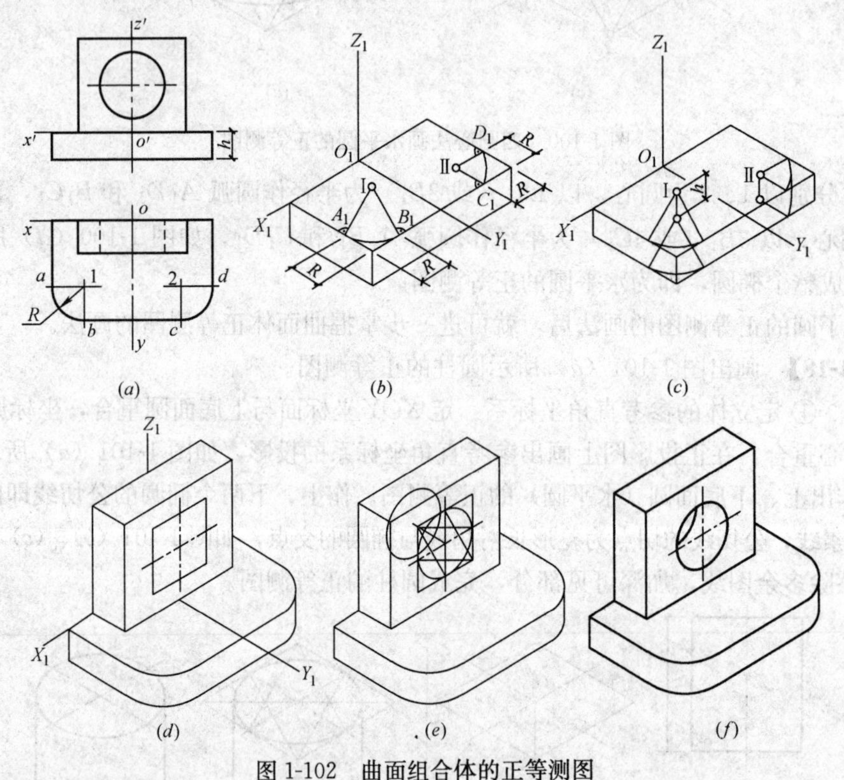

图 1-102　曲面组合体的正等测图

2）正面斜二测图的画法

A. 正面斜二测图的两个基本参数

正面斜二测图的轴间角$\angle X_1O_1Z_1=90°$，$\angle X_1O_1Y_1=\angle Y_1O_1Z_1=135°$，$O_1Z_1$ 成铅垂位置，O_1X_1 与 O_1Z_1 垂直，轴向变形系数 $p=r=1$，$q=0.5$，如图 1-103 所示。

B. 平行于坐标面的圆的正面斜二测图

如图 1-104 所示，平行于 XOZ 坐标面的圆的正面斜二测图仍为圆，平行于 XOY、YOZ 坐标面的圆的正面斜二测图为椭圆。椭圆的长轴分别与 O_1X_1、O_1Z_1 轴成 7°夹角，短轴垂直于长轴，其画法采用坐标法。现以平行于 XOY 坐标面的圆为例说明其正面斜二测图的作图步骤，如图 1-105 所示。

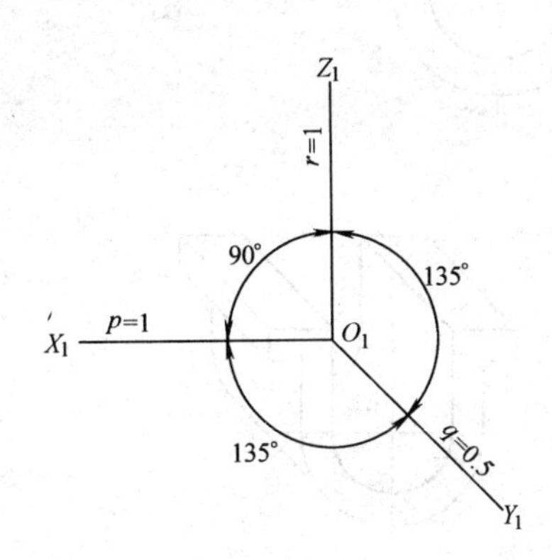

图 1-103　正面斜二测图的基本参数

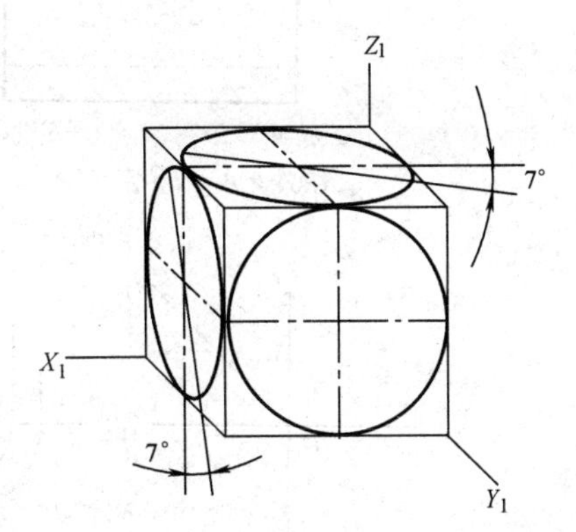

图 1-104　平行于坐标面的圆的正面斜二测图

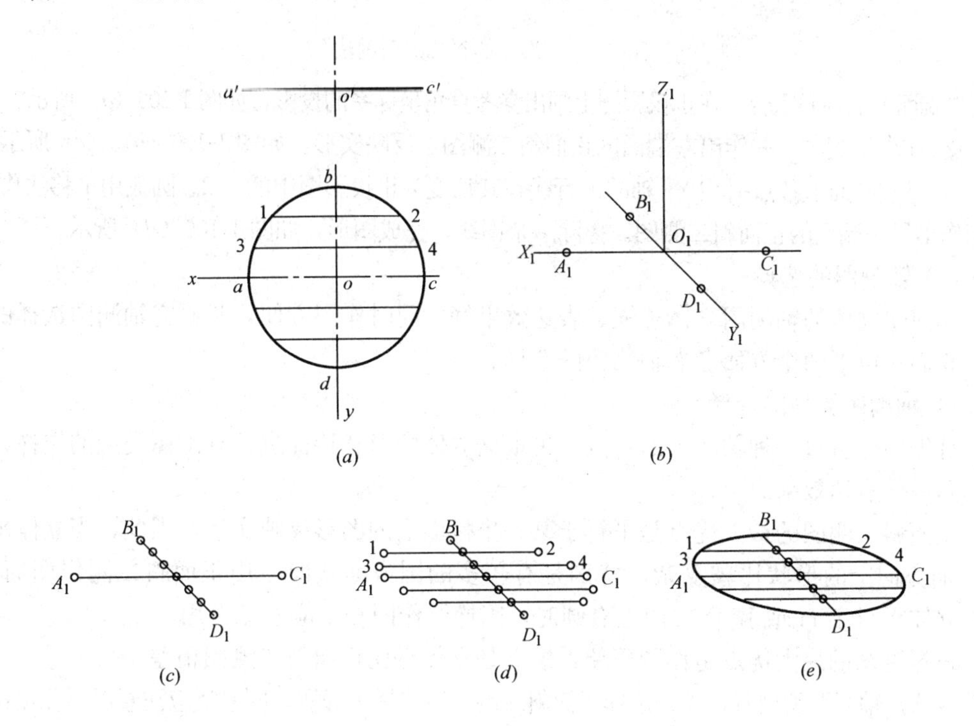

图 1-105　平行于坐标面的圆的正面斜二测图画法

C. 正面斜二测图的作图方法

正面斜二测图的基本作图方法仍是坐标法。由于正面斜二测图中平行于 XOZ 坐标面的所有平面均反映实形，所以，当所绘立体的一面具有较多的圆或圆弧时，选择正面斜二测图较方便。

【例 1-20】 画出图 1-106（*a*）所示立体的正面斜二测图。

【解】 ① 定立体的参考直角坐标系：定 XOZ 坐标面与正投影图中的左端面重合，坐标原点

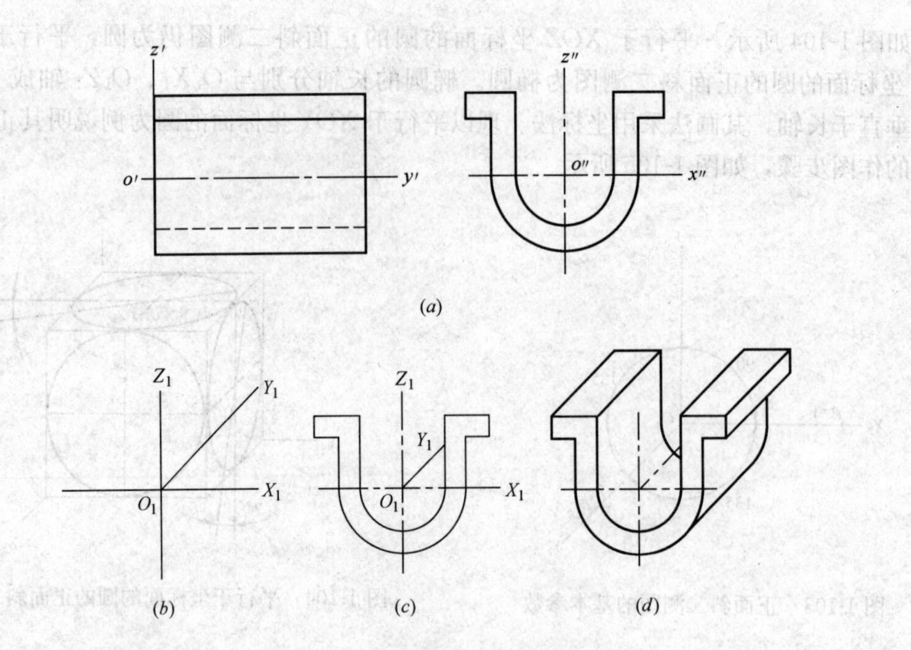

图 1-106　形体的斜二测图画法

O 与左端面上的圆心重合，在正投影图上画出参考直角坐标系的投影，如图 1-106（*a*）所示。

② 作出轴测轴，并作出左端面的正面斜二测图，反映实形，如图 1-106（*b*）、（*c*）所示。

③ 过左端面上各点引 O_1Y_1 轴的平行线，其长度为正投影图中的 1/2。圆弧用平移法作图，进而作出另一端面的正面斜二测图。擦除多余图线，完成图形，如图 1-106（*d*）所示。

（3）轴测图的选择

如何使立体的轴测图立体感强、表达效果好，同时作图方便，是研究轴测图选择的目的。我们从以下两个方面考虑轴测图的选择。

1）轴测图类型的选择

首先要分析每一种轴测图的特点，再根据立体的形状特征进行轴测图类型的选择，以求达到最佳表达效果。

正面斜二测图的最大优点是平行于某一坐标面上的图形反映实形，因此，当立体平行于 V 面方向上的形状比较复杂，特别是有较多的圆或曲线时，用正面斜二测作图简便。而当立体平行于 H 或 W 面方向上有圆时，因椭圆作图复杂应避免选用。

正等测图的最大优点是作图简便，缺点是立体感比正面斜二测图稍差。

故选择轴测图类型时，优先选择正面斜二测，后选择正等测。同时还应注意以下几点：

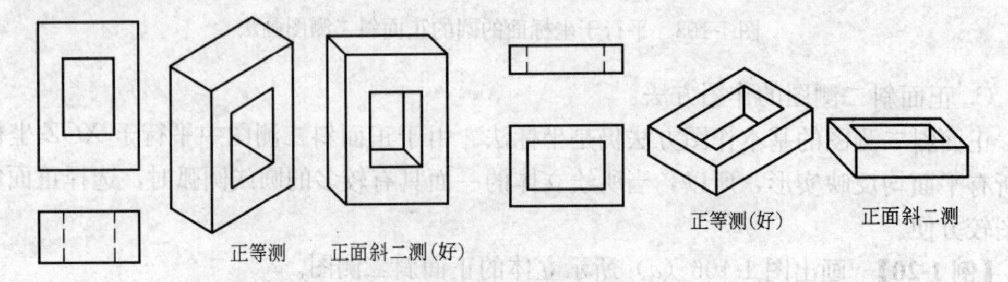

图 1-107　轴测图类型的选择（一）

A. 尽量减少遮挡。轴测图要尽可能将内部构造表达清楚，如图 1-107 所示。

B. 避免转角处的交线投影成一条直线，如图 1-108 所示。

C. 避免有平面的投影积聚成直线，如图 1-109 所示。

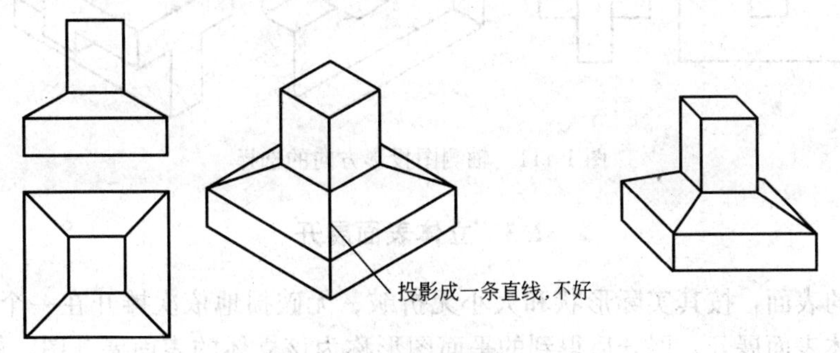

图 1-108 轴测图类型的选择（二）

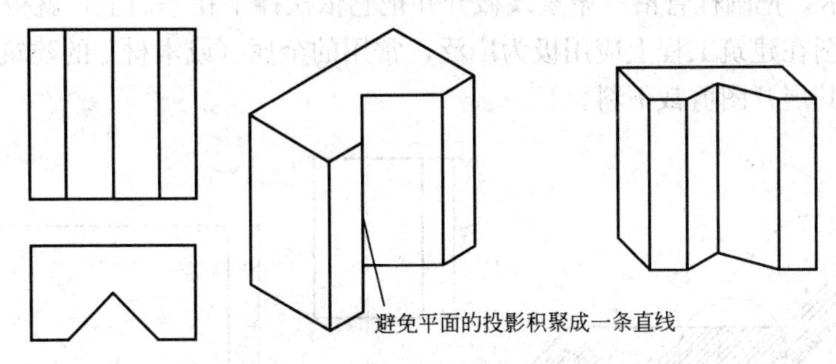

图 1-109 轴测图类型的选择（三）

2）轴测图投影方向的选择

轴测图常用的投影方向有四种，如图 1-110 所示。

选择投影方向应考虑立体的形状特征。图 1-111 是 T 形梁的轴测图，同样是正等测图，从左、前、下方向右、后、上方作投影，比从左、前、上方向右、后、下方作投影表达清楚。

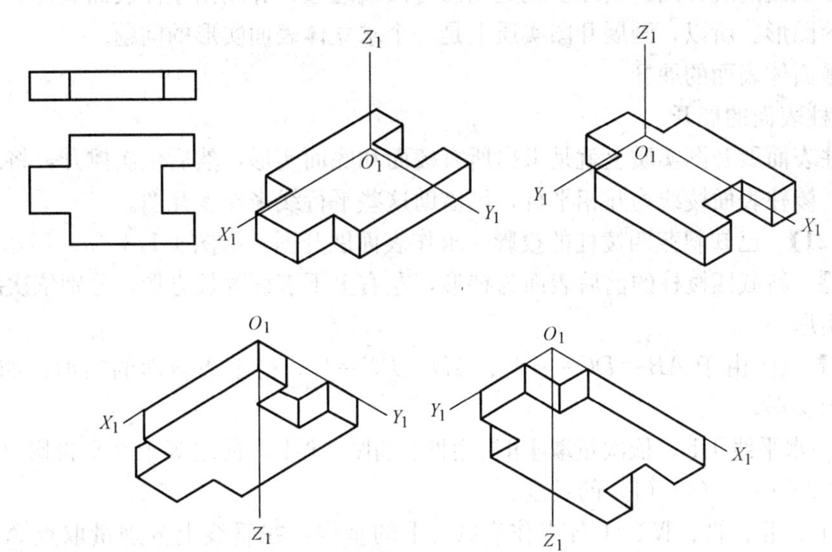

图 1-110 轴测图常用的投影方向

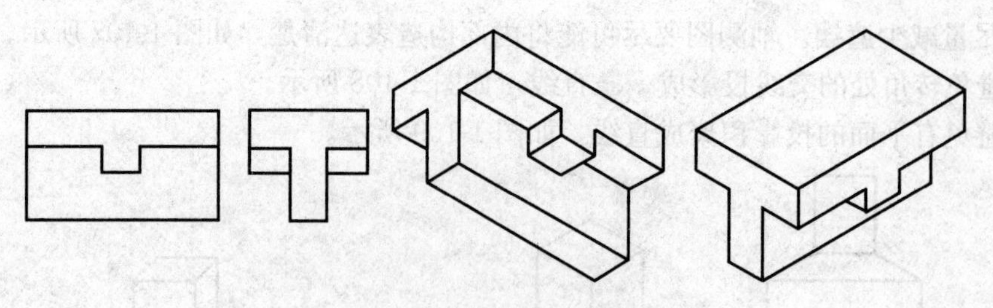

图 1-111　轴测图投影方向的选择

2.5　立体表面展开

把立体的表面，按其实际形状和大小无折皱、无破损地依次摊开在一个平面上的过程，称为立体表面展开，展开后得到的平面图形称为该立体的表面展开图，简称展开图。如图 1-112 所示，把圆柱管沿一条素线截开并把它依次摊平在平面上，就得到该圆柱管的展开图。展开图在建筑工程上应用极为广泛，常用的金属（或木材）的建筑设备构件，在制造时，依据其展开图剪裁下料。

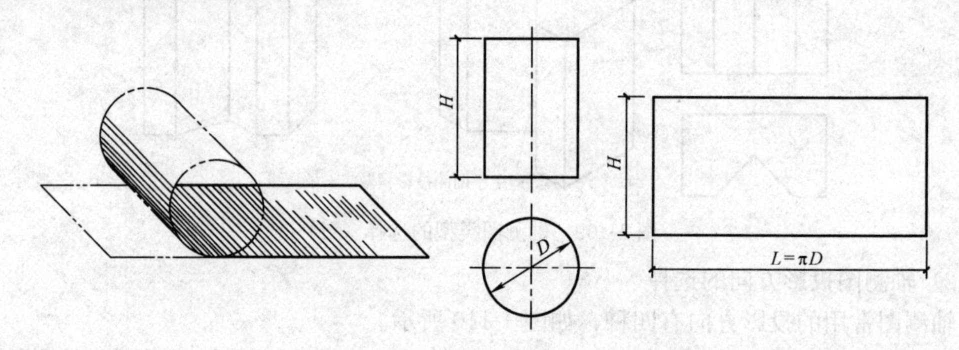

图 1-112　圆柱管的展开

画立体表面的展开图，实际上就是用图解法或通过计算画出立体表面展开后的实际形状和大小的图形。所以，画展开图实质上是一个求立体表面实形的问题。

(1) 平面体表面的展开

1) 棱柱表面的展开

作棱柱表面展开图实质上就是求出所有棱面和底面实形，然后依次摊开，将之画在一个平面上。棱柱表面棱线均互相平行，可借助这些平行线来作展开图。

【例 1-21】 已知斜截四棱柱的投影，求作表面展开图，如图 1-113 (*a*) 所示。

【分析】 斜截四棱柱的前后表面为梯形，左右上下表面为长方形，分别依次画出六个四边形的实形。

【作图】 ① 由于 $AB=DC=a'b'$、$AD=BC=bc$，得上边斜面的实形，如图 1-113 (*a*) 中所示实形。

② 画一水平线ⅠⅠ，依次量取ⅠⅡ、ⅡⅢ、ⅢⅣ、ⅣⅠ，使之等于水平投影 (1) (2)、(2) (3)、(3) (4)、(4) (1) 的长度。

③ 过Ⅰ、Ⅱ、Ⅲ、Ⅳ、Ⅰ各点作直线ⅠⅠ的垂线，在垂线上分别量取点 *A*、*B*、*C*、*D*、*A*，使其高度分别等于 $1'a'$、$2'b'$、($3'c'$)、($4'd'$)、$1a'$。

④ 用直线依次连接各点，再沿 *AB* 和ⅠⅡ边分别画出 *ABCD* 和ⅠⅡⅢⅣ的实形，即得

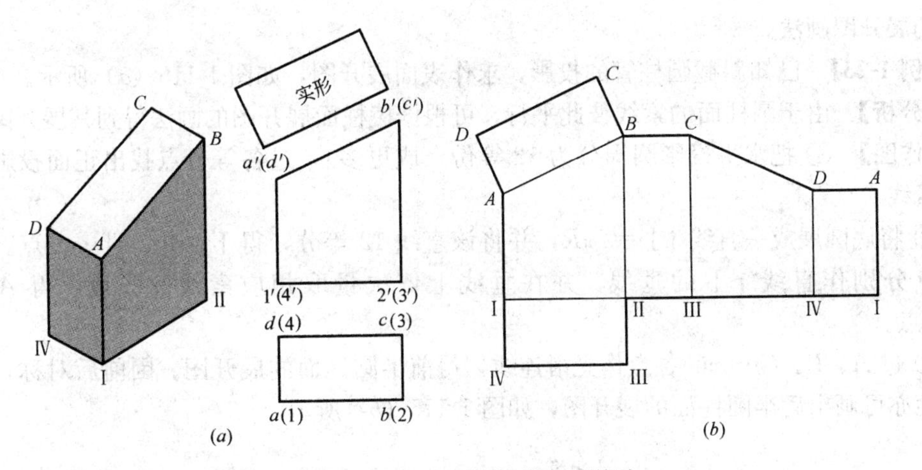

图 1-113 斜截四棱柱的表面展开

展开图，如图 1-113（*b*）所示。

2）棱锥表面的展开

棱锥的侧面都是三角形，因此，只要求出各侧棱和底边的实长，就可以绘出棱锥表面的展开图。

【例 1-22】 求作图 1-114（*a*）所示三棱锥 *S-ABC* 的表面展开图。

【分析】 由于锥底面△*ABC* 为水平面，其水平投影△*abc* 为实形，现只要求出三条棱线 *SA*、*SB*、*SC* 中任一条实长，如 *SA* 的实长，即可得三棱锥的展开图。

【作图】 ① 由直角三角形法求出三条棱线 *SA*、*SB*、*SC* 的实长，图 1-114（*b*）所示为棱线 *SA* 实长的求解方法。

② 画出△*ABC*，分别过 *AB*、*BC*、*AC* 边作出△*SAB*、△*SBC*、△*SAC*，即得展开图，如图 1-114（*c*）所示。

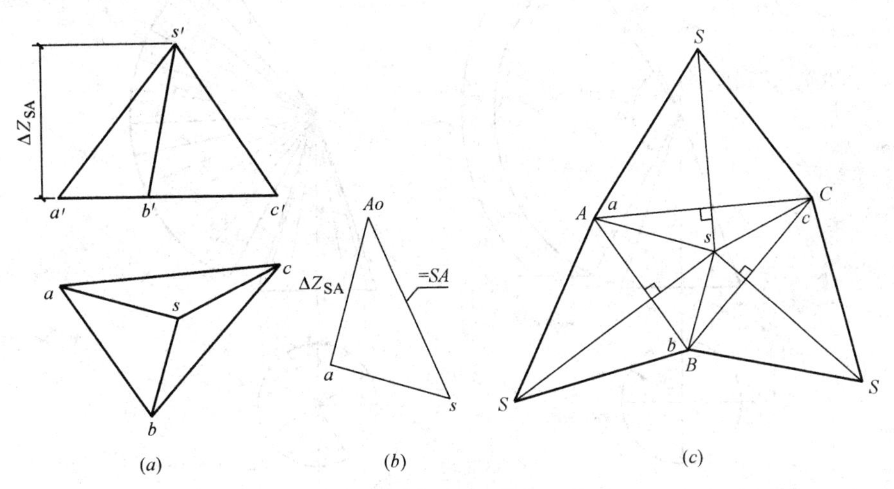

图 1-114 三棱锥的表面展开

(2) 曲面体表面的展开

圆柱和圆锥，它们的相邻素线可以近似看成是共面直线，所以是可以展开的，称为可展曲面。但是双向曲面，如球面和环面则是不可展开的，称为不可展曲面。本书介绍可展曲面的展开图画法。

【例 1-23】 已知斜截圆柱管的投影，求作表面展开图，如图 1-115（a）所示。

【分析】 由于圆柱面的素线彼此平行，可根据棱柱面展开图的画法得到其展开图。

【作图】 ① 把水平投影圆周分为 12 等份（或更多），过各等分点找出正面投影上相应的素线。

② 将底圆展成一直线ⅠⅠ$=2\pi R$，并将该直线 12 等分，得Ⅰ、Ⅱ、Ⅲ……点。过各等分点分别作直线ⅠⅠ的垂线，并在垂线上依次量取相应素线的长度，得 A、B、C……点。

③ 过 A、B、C……G 各点作光滑连线，得前半圆柱面的展开图。因前后对称，利用对称性亦可画出后半圆柱面的展开图，如图 1-115（b）所示。

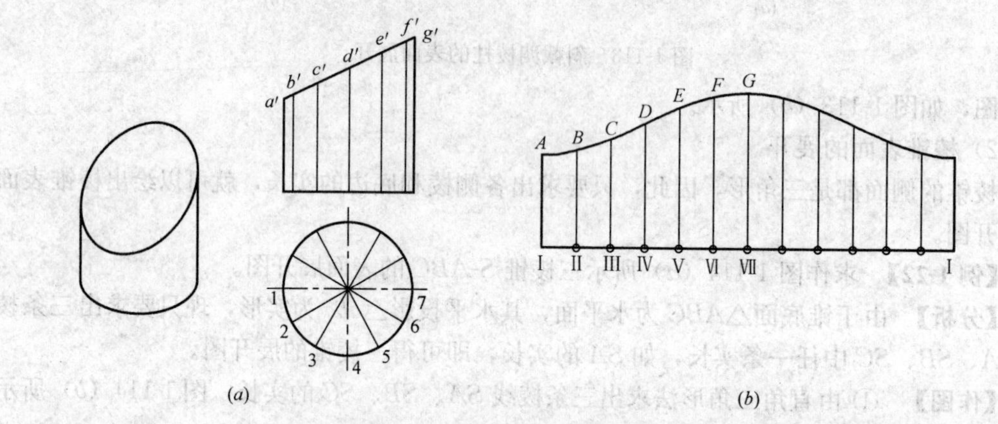

图 1-115　斜截圆柱管的表面展开

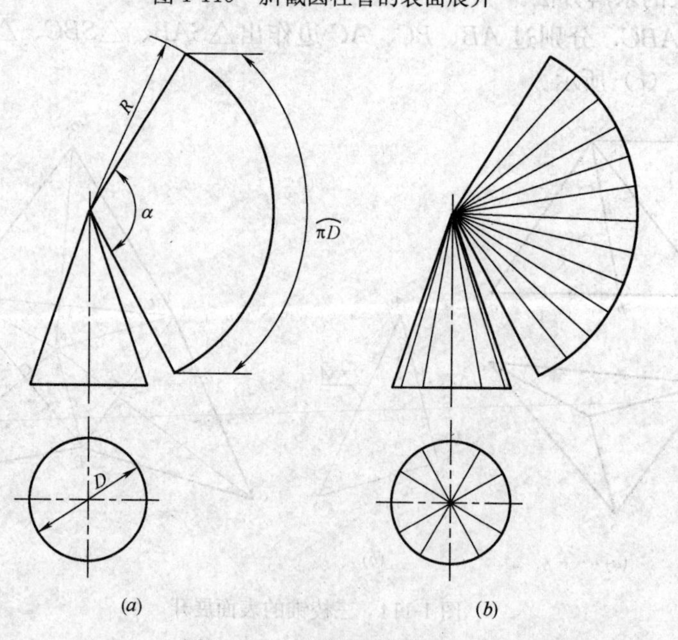

图 1-116　正圆锥面的展开

圆锥或椭圆锥，无论是正的或斜的，都可近似看作是棱线无限多的棱锥，故其展开的一般方法是以内接棱锥来代替它，每个棱面都可看作是相邻两素线构成的一个小三角形，然后按棱锥面展开的方法画出展开图。

图 1-116 所示为正圆锥面展开的画法。其展开图为一扇形。扇形的半径 R 等于锥面素线的实长，弧长等于圆锥底圆周长，圆心角 $\alpha=180\cdot D/R$，D 为圆锥底圆的直径，根据以上数据可画出图 1-116（*a*）所示的正圆锥面的精确展开图。精度要求不高时，可在锥面上作一系列素线将圆锥面分成若干等份，每一等份用一等腰三角形平面代替，按正棱锥面的展开近似代替正圆锥面的展开，如图 1-116（*b*）所示。

（3）变形接头的展开

图 1-117（*a*）、（*b*）所示是一种常用的变形接头（上圆下方），这种接头一端面为圆形，另一端面变成方形，其侧面由 4 个等腰三角形和 4 个相等的倒斜圆锥面所组成。表面展开的步骤如下：

1）分上管口圆周为 12 等分，作出 4 个倒斜圆锥的素线，如图 1-117（*a*）、（*b*）所示。

2）用直角三角形法求出斜锥面上 *A*Ⅰ、*A*Ⅱ素线的实长，如图 1-117（*c*）所示。其中 *A*Ⅰ=*A*Ⅳ、*A*Ⅱ=*A*Ⅲ，*A*Ⅰ、*A*Ⅳ 既是锥面素线又是三角形的腰长。

3）根据所得各边的实长，先作出△*A*Ⅳ*B* 的实形。然后依次在△*A*Ⅳ*B* 两侧作出各斜锥面和三角形的展开图，整个变形接头的展开图如图 1-117（*d*）所示。

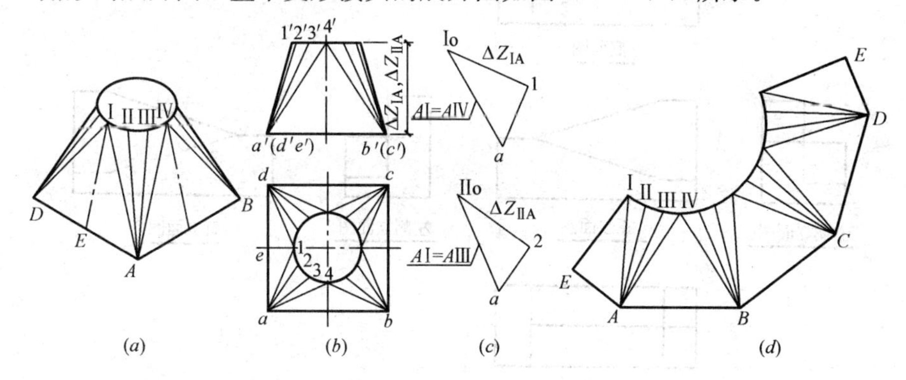

图 1-117　变形接头的展开

课题 3　工程形体的表达方式

对于结构复杂的工程形体，仅用三面投影图有时无法完整、清晰地表达它们。为此，国家制图标准规定了工程形体的多种表达方式。

3.1　视　　图

视图主要用来表达工程形体的外部结构形状，常用的有基本视图和辅助视图。

（1）基本视图

如图 1-118 所示，在已有的三个投影面的基础上，再增加三个投影面组成一个正方形空盒，构成正方形的六个投影面称为基本投影面，物体放置于正方形空盒中，分别向基本投影面投影，得到的投影图称为基本视图。工程中分别称这六个基本视图为：正立面图、平面图、左侧立面图、右侧立面图、底面图、背立面图。

一般应在每个视图下方注写图名，并在图名下绘制一条粗横线。若在同一张图纸上按

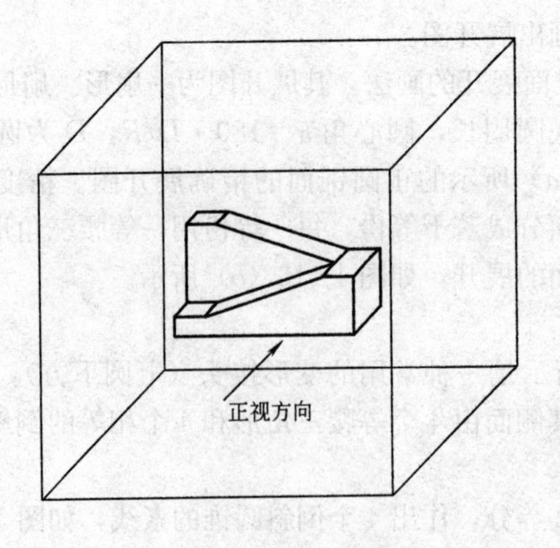

图 1-118 基本视图的形成

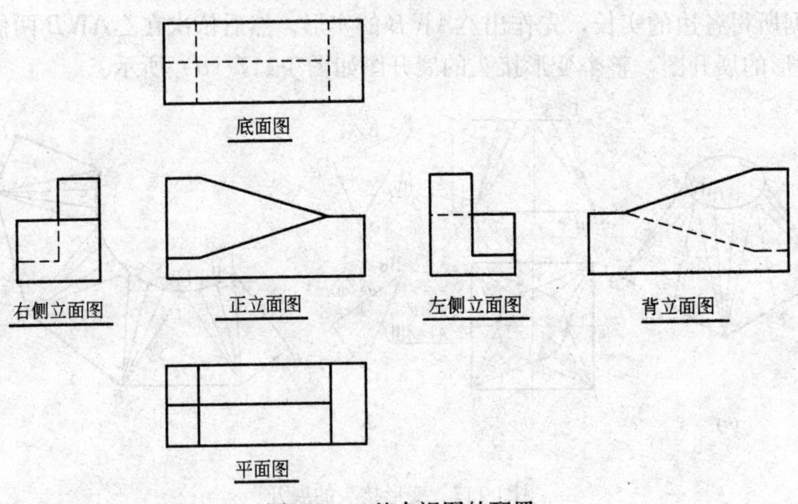

图 1-119 基本视图的配置

图 1-119 所示配置基本视图时，可省略图名。

六个基本视图是三面投影图的完善，亦遵循投影规律：

正立面图、平面图、底面图、背立面图“长对正”；

平面图、左侧立面图、右侧立面图、底面图“宽相等”；

正立面图、左侧立面图、右侧立面图、背立面图“高平齐”。

(2) 辅助视图

表达工程形体时，不一定要画出全部六个视图，应在表达完整、准确的前提下，根据工程形体的形状特征，有选择的使用。有时为使表达更加简洁、清晰，减少绘图工作量，常采用辅助视图。辅助视图不能独立存在，必须与基本视图配合使用。常用的辅助视图有：

1) 局部视图

如图 1-120 所示的弯管，它的主要形状已在两个基本视图上表达清楚，而在箭头所指的方向尚有部分形状未表达出来，此时，没有必要再画出基本视图，只需将没表达清楚的局部结构按箭头方向向基本投影面投影，画出它的投影图。这种将物体的某一部分向基本

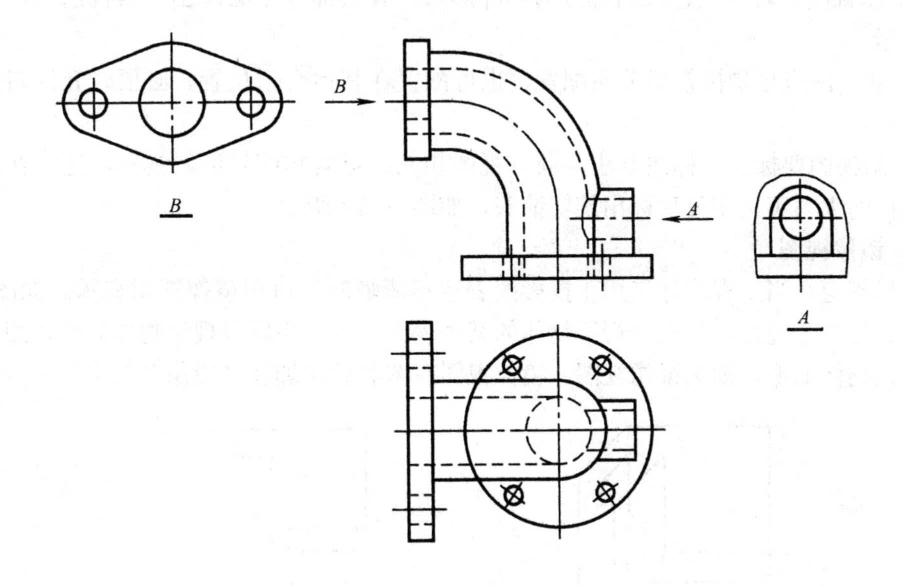

图 1-120　局部视图

投影面投影所得的图形称为局部视图。

画局部视图时的注意事项：

A. 局部视图的边界用波浪线表示，如图 1-120 中的 A 向视图。若表达的局部结构是完整的，且外轮廓封闭，则波浪线可省略不画，如图 1-120 中的 B 向视图。

B. 局部视图应尽量按投影关系配置，也可配置在其他合适位置。

C. 局部视图要标注，标注方法为：在局部视图的正下方用大写英文字母标出视图的名称，在基本视图上，用带箭头的相同字母表示投影部位和方向。箭头表示投射方向，一般投射方向应垂直于需要表达的平面。

2）斜视图

当物体的某部分与基本投影面倾斜时，如图 1-121 中的弯板，在基本视图上就不能反映其表面的真实形状。这时，设立一个与 V 面垂直，且与倾斜表面平行的辅助投影面，将弯板向辅助投影面投影，在辅助投影面上便可得到反映弯板真实形状的投影图。这种向不平行于任何基本投影面的平面投影所得到的投影图称为斜视图。

画斜视图时的注意事项：

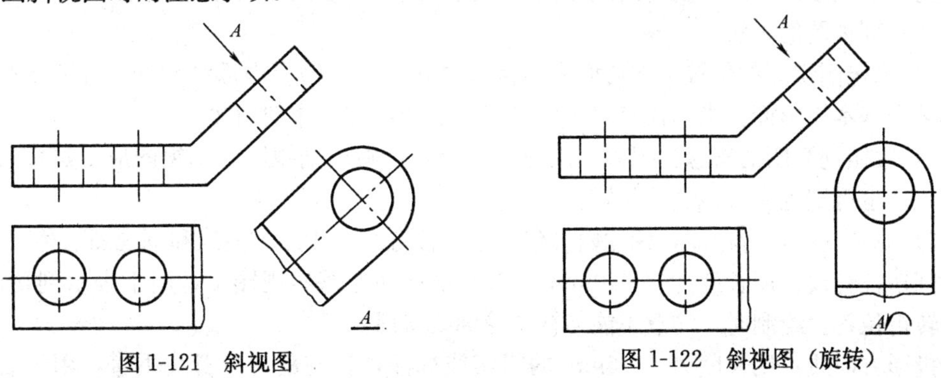

图 1-121　斜视图　　　图 1-122　斜视图（旋转）

A. 斜视图只要求表达倾斜部分的局部形状，其余部分不必画出。斜视图的边界用波浪线表示。

B. 斜视图应尽量按投影关系配置，也可配置在其他合适位置。必要时允许斜视图旋转配置。

C. 斜视图要标注，标注方法与局部视图相同。对旋转配置的斜视图，还应在表示该视图名称的大写英文字母后标出旋转箭头，如图 1-122 所示。

3）镜像视图

国标规定，当工程形体采用正投影图表达不清晰时，可用镜像视图表示。如图 1-123 所示，设置一个镜面，使它平行于物体的某个表面，镜面中则呈现该物体的像，用正投影法画出该物体的像，即为镜像视图。镜像视图在图名后应加注“镜像”二字。

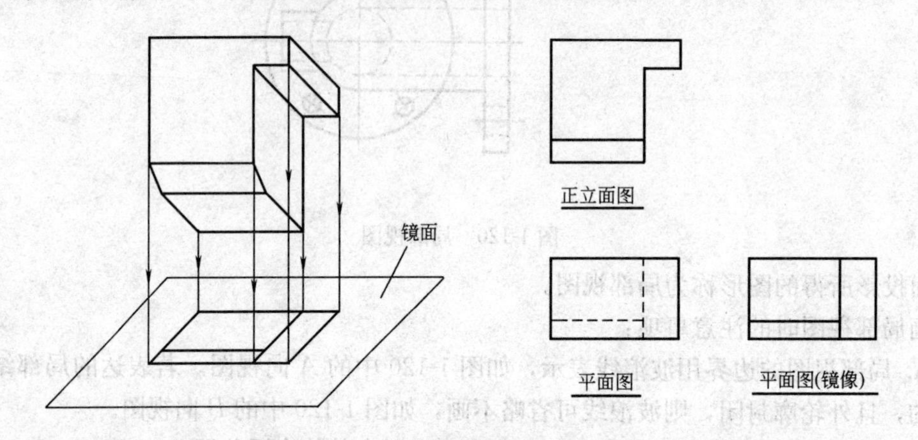

图 1-123 镜像视图

在建筑工程图中，常用镜像视图表达室内顶棚的装饰造型、灯具布置等构造。

3.2 剖 视 图

当工程形体内部结构复杂时，在视图上就会出现许多虚线，如图 1-124 所示。这给读图和标注尺寸带来不便。为此，国家制图标准规定了表达工程形体内部结构的方法——剖视图。

（1）剖视图的概念

如图 1-125 所示，假想用剖切面切开物体，移走观察者和剖切面之间的部分，将剩余部分向基本投影面投影，所得的投影图称为剖视图，建筑制图中称为剖面图。

（2）剖视图的画法

1）确定剖切面的位置。剖切面应尽量通过孔、洞、槽等内部结构处，并要平行或垂直于某个基本投影面。当物体有对称面时，一般选对称面作剖切面。

2）按照剖视图的概念，想象出剖视图的形状，画出剖视图。剖视图应尽量按投影关系配置，也可配置在其他合适位置。

3）对剖视图进行标注，标注内容包括剖切位置线、投影方向线和剖视图名称。

剖切位置线：用长度为 6～10mm 的粗实线标注在基本视图上，用于表示剖切面起、止和转折位置。绘制时，注意不能与视图轮廓线接触。

投影方向线：用长度为 4～6mm 的粗实线标注，且与剖切位置线垂直，用于表示剖

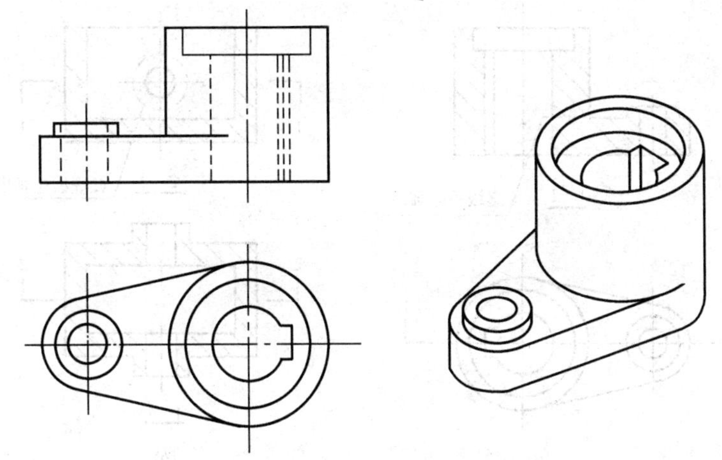

图 1-124　用虚线表示工程形体的内部结构

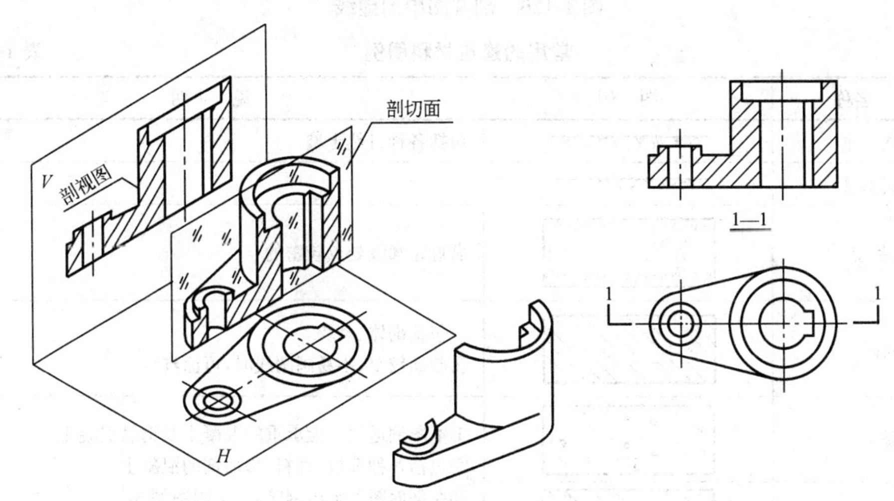

图 1-125　剖视图的形成与画法

视图的投影方向。

剖视图名称：采用阿拉伯数字标注在投影方向线端部，且在剖视图的正下方用相同的数字标注出图名并加粗下划线。

4）在剖切面与物体接触的部分（即断面），按照国家标准规定画出相应的材料图例，以区分断面和非断面，同时说明物体所使用的材料。常用的建筑材料图例如表 1-9 所示。图例中的线均用细实线绘制，斜线一律与水平线成 45°，且间隔均匀，疏密适度。

（3）画剖视图应注意的问题

1）剖视图是在作图时假想把物体切开而得到的，事实上物体并没被切开，也没有被移走一部分。因此，在某个基本投影面上采用剖视图后，在其他投影面上仍按完整物体画出其基本视图。

2）画剖视图时，剖切面后面的可见部分的投影都要画出，不能遗漏。

3）在剖视图或基本视图上已表达清楚的部分，在其他剖视图或基本视图上该部分投影为虚线时，一般不画出，如图 1-126（*a*）所示。如果必须画出虚线才能清楚地表达物体时，允许画出少量的虚线，如图 1-126（*b*）所示。

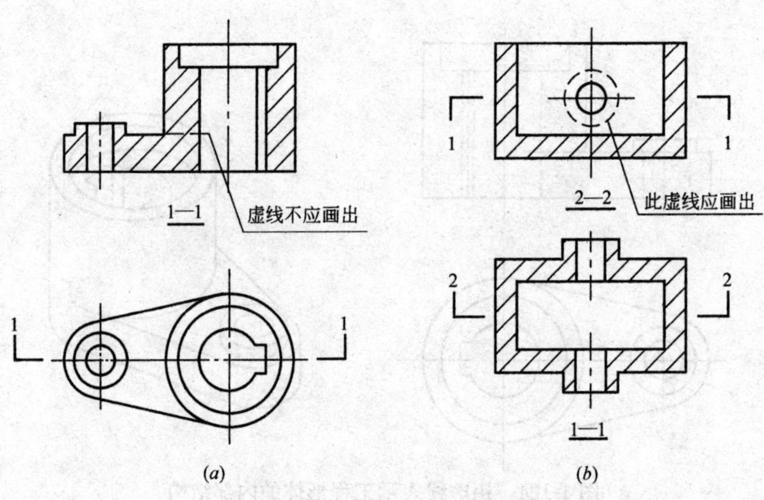

图 1-126　剖视图中的虚线

常用的建筑材料图例　　**表 1-9**

序号	名称	图例	说明
1	自然土壤		包括各种自然土壤
2	夯实土壤		
3	砂、灰土		靠近轮廓线处点较密的点
4	普通砖		①包括砌体、砌块 ②断面较窄，不易画图线时，可涂红
5	混凝土		①本图例适用于能承重的混凝土及钢筋混凝土 ②包括各种等级、骨料、添加剂的混凝土
6	钢筋混凝土		③在剖面图上画出钢筋时，不画图例线 ④断面较窄，不易画图线时，可涂黑
7	金属		①包括各种金属 ②图形小时可涂黑
8	木材		①上图为横断面 ②下图为纵断面
9	毛石		
10	饰面砖		包括铺地砖、陶瓷锦砖、人造大理石等
11	防水材料		上图用于构造层次多或比例大时

(4) 工程中常用的剖视图

国家标准规定剖视图分为全剖视图、半剖视图和局部剖视图三类。常用的剖切方法有：用单一剖切面剖切的单一剖，用几个相互平行的剖切面剖切的阶梯剖，用两相交的剖切面（交线垂直于某个基本投影面）剖切的旋转剖等。工程中常用的剖视图都是一类剖视图与一种剖切方法的组合。

1) 单一全剖视图

用单一剖的方法把工程形体全部剖开后所得的剖视图称为单一全剖视图，如图 1-127 所示。

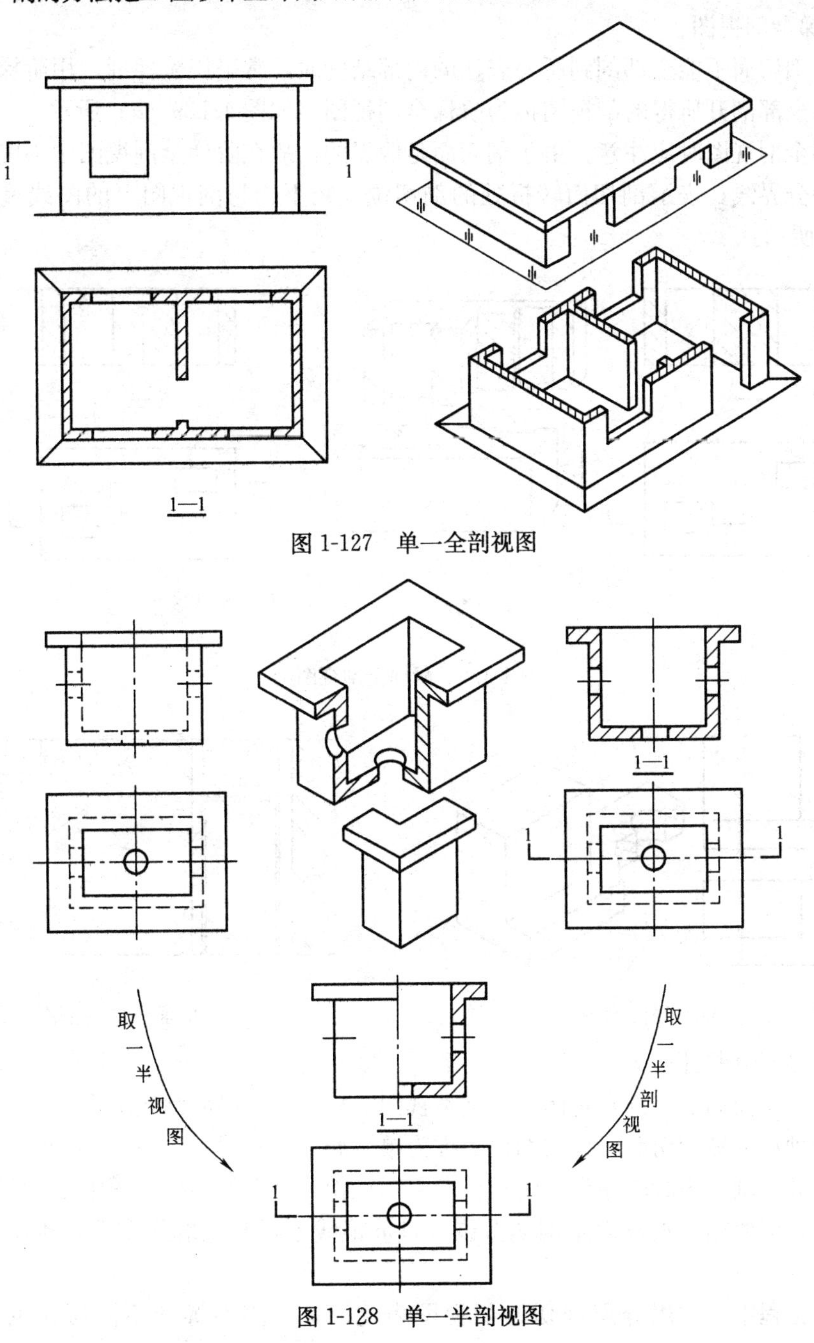

图 1-127　单一全剖视图

图 1-128　单一半剖视图

2）单一半剖视图

当工程形体具有对称面，向垂直于对称面的投影面上投影所得的单一全剖视图，可以以对称中心线为界，一半画成剖视图另一半画成视图，这种剖视图称为单一半剖视图，如图 1-128 所示。由于单一半剖视图可以同时表达物体的内、外形状，所以当物体的内、外形状都需要表达，且其形状对称时，常采用单一半剖视图。

画单一半剖视图时应注意：由于内部结构在剖视部分已表达，故视图中表达内部结构的虚线应省略不画。

3）阶梯全剖视图

用一个剖切面不能全部剖到所要表达的内部结构时，常采用阶梯剖。用阶梯剖的方法将工程形体全部剖开所得的剖视图称为阶梯全剖视图，如图 1-129（*a*）所示。

画阶梯全剖视图时应注意：由于剖切面是假想的，故在阶梯全剖视图中不应画出剖切面转折处的分界线；表示剖切面转折处的剖切位置线不能与剖视图上的图线重合，如图 1-129（*b*）所示。

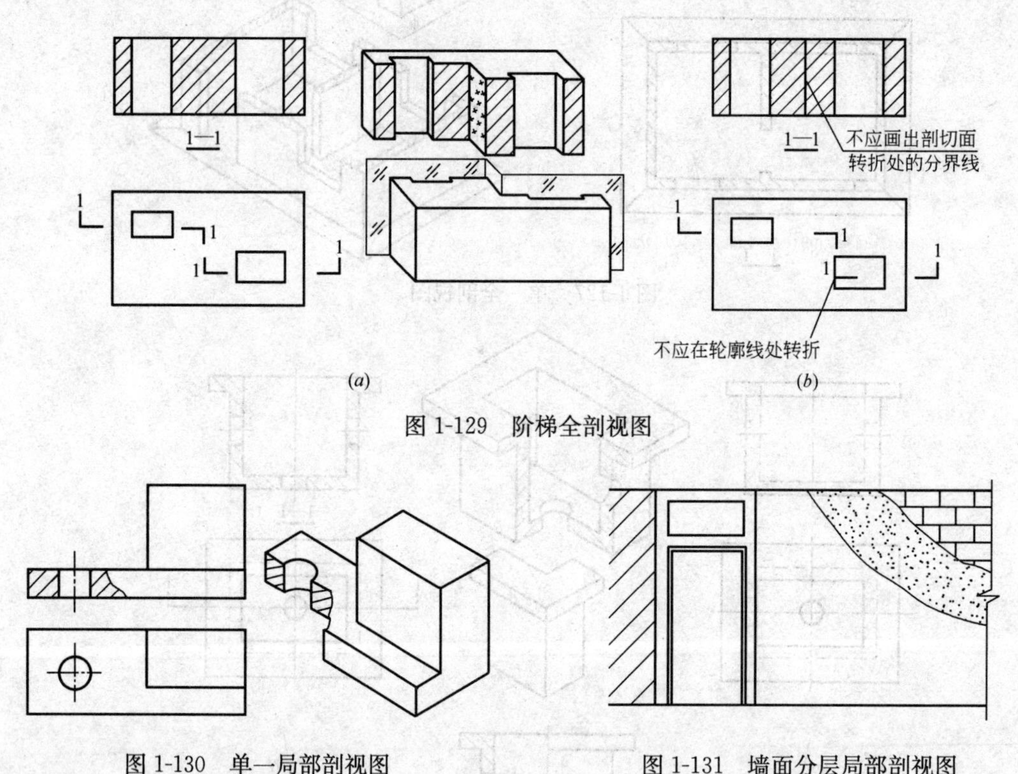

图 1-129　阶梯全剖视图

图 1-130　单一局部剖视图

图 1-131　墙面分层局部剖视图

4）单一局部剖视图

用单一剖切面局部地剖开物体，在基本视图上只将这一局部画成剖视图，其余部分仍为视图，这种局部被剖切后所得的剖视图称为单一局部剖视图，如图 1-130 所示。

画单一局部剖视图时应注意：由于该剖视图是物体整个外形投影图中的一部分，因此不需要标注，但要用波浪线表示剖切范围，且波浪线不得与轮廓线重合，也不得超出轮廓线。

在建筑工程中，常用分层剖切的剖视图表达墙面、路面等的不同层次的构造。图

1-131为墙面局部构造的分层局部剖视图，其剖切面与墙面平行，图中用波浪线将墙面各构造层次隔开。

3.3 断 面 图

断面图常用来表达工程形体某一局部的断面形状及材料。

(1) 断面图的概念

如图 1-132 所示，假想用剖切面将工程形体的某处切开，仅画出剖切面与物体接触部分的图形，称为断面图。在断面上应画出材料图例。

(2) 断面图的标注

在基本视图上用长度为 6～10mm 的粗实线标出剖切面位置，不画投影方向线，而是将阿拉伯数字注写在剖切位置线的一侧表示投影方向，即数字写在的剖切位置线下侧表示向下投影，写在上侧表示向上投影，左右方向亦如此。并在断面图的正下方用相同的数字标注出图名并加粗下划线。

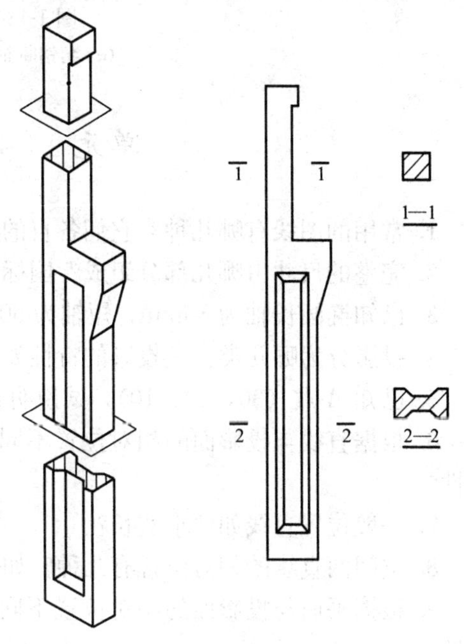

图 1-132 断面图的形成

(3) 断面图的分类

根据断面图绘制时所配置的位置不同分为两类：

1) 移出断面图

画在基本视图外面的断面图称为移出断面图。移出断面图的轮廓线用粗实线绘制。移出断面图应尽量配置在剖切位置线附近，如图 1-132 所示，也可配置在基本视图中断处或其他适当位置，如图 1-133 所示。

2) 重合断面图

重叠画在基本视图内的断面图称为重合断面图。只有当断面形状简单，不影响图形清晰时，才能采用重合断面图。当基本视图中的轮廓线与重合断面图的轮廓线重叠时，应将基本视图的轮廓线完整画出。

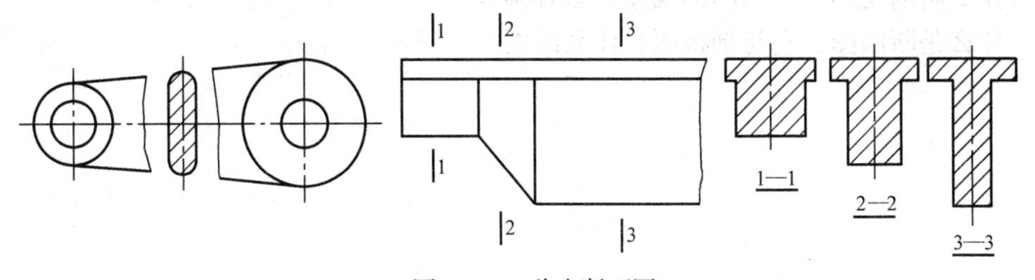

图 1-133 移出断面图

重合断面图不需要标注，只要在断面图的轮廓线内画出材料图例，如图 1-134 (*a*) 所示，当断面尺寸较小，不易画出材料图例时，可将断面涂黑，如图 1-134 (*b*) 所示。

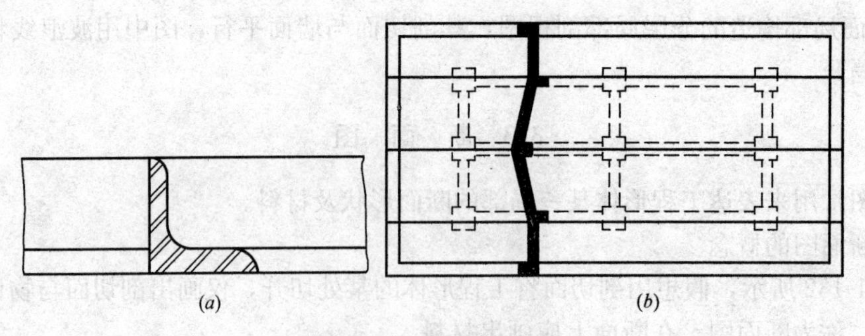

图 1-134　重合断面图
(a) 角钢断面图；(b) 屋面断面图

单元 1　思考题与习题

1. 常用的图线有哪几种？它们各自的用途如何？

2. 完整的尺寸由哪几部分组成？国标对各组成部分有哪些规定？

3. 已知椭圆长轴为 80mm，短轴为 60mm，分别用同心圆法和四圆心法画出该椭圆。

4. 投影分为哪几类？正投影的特性如何？

5. 已知 A 点 (30，20，10)，试说明其坐标值的含义，并作 A 点的三面投影图。

6. 根据直线与投影面的相对位置不同，直线可分为哪几类？各类直线的投影图有何特性？

7. 一般位置直线如何求实长？

8. 空间两直线的相对位置有几种？如何判别空间两直线的位置关系？

9. 根据平面与投影面的相对位置不同，平面可分为哪几类？各类平面的投影图有何特性？

10. 基本体分为哪两类？各类基本体投影图有什么特征？

11. 什么是组合体？组合体尺寸标注有什么要求？

12. 组合体读图的基本方法是什么？读图一般分为哪几步进行？

13. 什么是轴测图的两个基本参数？正等测图和斜二测图的参数各是多少？

14. 什么是立体表面的展开？

15. 常用的辅助视图有哪几种？画图时的注意事项有哪些？

16. 什么叫剖视图？常用的剖视图类型有哪些？

17. 什么是断面图？它与剖视图有什么区别？

单元2 工 程 识 图

知识点：房屋建筑施工图、工程管道图、给排水施工图、采暖施工图、通风空调施工图、室内电气照明施工图、机械工程图的组成、图示方法、图示规定和识读。

教学目标：了解房屋建筑、管道、给排水、采暖、通风空调、室内电气照明、机械等工程图的组成与类型；了解工程图中的平面图、立面图、剖面图、系统图、构件图、零件图、装配图及详图等所能表达的内容与作用；熟悉以上工程施工图的有关图例、规定画法；熟悉图中常用线型、文字符号、图形符号的含义及有关标注要求；掌握常见建筑工程图的识读方法与步骤。

课题1 房屋建筑施工图

1.1 建筑施工图概述

(1) 房屋的分类与组成

房屋是提供人们生活、生产、工作、学习和娱乐的重要场所。房屋按其使用功能可分为民用建筑、工业建筑以及农业建筑。在民用建筑中又可分为两类：居住建筑和公共建筑。如住宅、宿舍、公寓等属于居住建筑，而学校、剧场、医院以及车站、码头、飞机场和体育馆等则属于公共建筑。工业建筑包括厂房、仓库、发电站等。农业建筑包括粮仓、饲养场、农机站等。房屋也可按结构形式分为砖混结构、框架结构、剪力墙结构、排架结构等；或按建筑层数分为单层建筑、多层建筑、高层建筑等。

虽然各种房屋的使用要求、空间组合、外形处理、结构形式、构造方式及规模大小等各有不同，但构成房屋建筑的主要部分是相同或相似的，一般都由基础、墙（或柱）、楼（地）面、屋顶、楼梯、门、窗等基本要素所组成，此外，还有台阶、雨篷、阳台、雨水管、明沟（或散水）以及其他的一些构配件等。

(2) 房屋工程图的内容及分类

房屋工程图是用正投影的方法，将拟建房屋的内外形状、大小，以及各部分的结构、构造、装修、设备等内容，详细而准确地绘制成的图样。

房屋工程图按专业内容和作用的不同，可分为：建筑施工图、结构施工图和设备施工图。

1）建筑施工图

建筑施工图简称建施，主要反映建筑物的整体布置、外部造型、内部布置、细部构造、内外装饰以及一些固定设备、施工要求等，是房屋施工放线、砌筑、安装门窗、室内外装修和编制施工预算及施工组织计划的主要依据。一套建筑施工图一般包括施工总说明、总平面图、建筑平面图、建筑立面图、建筑剖面图、建筑详图和门窗表等。本课题就是学习这些图样的识读。

2）结构施工图

结构施工图简称结施，主要反映建筑物承重结构的布置、构件类型、材料、尺寸和构造做法等，是基础、柱、梁、板等承重构件以及其他受力构件施工的依据。结构施工图一般包括结构设计说明、基础图、结构平面布置图和各构件的结构详图等。

3）设备施工图

设备施工图简称设施，主要反映建筑物的给水排水、采暖通风、电气等设备的布置和施工要求等。设备施工图一般包括各种设备的平面布置图、系统图和详图等。

（3）绘制房屋建筑施工图的有关规定

建筑施工图除了按正投影的原理及剖面图、断面图的基本图示方法绘制外，还应遵守建筑专业制图标准对常用的符号和标注的规定画法。

1）图线

在建筑施工图中，为反映不同的内容和层次分明，图线采用不同的线型和线宽（表2-1）。在同张图纸中三种线宽的组合，一般为b∶0.5b∶0.25b。

线型和线宽 **表2-1**

名称	线宽	线型	用途
粗实线	b		①平、剖面图中被剖切的主要建筑构造（包括构配件）的轮廓线 ②建筑立面图或室内立面图的外轮廓线 ③建筑构造详图中被剖切的主要部分的轮廓线 ④建筑构配件详图中的外轮廓线
中实线	0.5b		①平、剖面图中被剖切的次要建筑构造（包括构配件）的轮廓线 ②建筑平、立、剖面图中建筑构配件的轮廓线 ③建筑构造详图及建筑构配件详图中一般轮廓线
细实线	0.25b	（参考单元1课题1中表1-3）	尺寸线、尺寸界线、图例线、索引符号、标高符号、详图中材料做法的引出线等
中虚线	0.5b		①建筑构造及建筑构配件中不可见的轮廓线 ②平面图中起重机（吊车）轮廓线 ③拟扩建的建筑物轮廓线
细虚线	0.25b		图例线、小于0.5b的不可见轮廓线
粗单点画线	b		起重机（吊车）轨道线
细单点画线	0.25b		中心线、对称线、定位轴线
折断线	0.25b		不需画全的断开界线
波浪线	0.25b		不需画全的断开界线、构造层次的断开界线

2）比例

建筑施工图中，各种图样采用的比例见表2-2。

图样比例 **表2-2**

图名	比例
建筑物或构筑物的平面图、立面图、剖面图	1∶50、1∶100、1∶150、1∶200、1∶300
建筑物或构筑物的局部放大图	1∶10、1∶20、1∶25、1∶30、1∶50
配件及构造详图	1∶1、1∶2、1∶5、1∶10、1∶20、1∶25、1∶30、1∶50

3）定位轴线

定位轴线是用来确定建筑物主要结构及构件位置的尺寸基准线。凡承重构件，如墙、柱、梁、屋架等位置都要画上定位轴线并进行编号，施工时以此作为定位的基准。施工图上，定位轴线应用细单点长画线表示。在线的端部画一直径为 8～10mm 的细实线圆，圆内注写编号。在建筑平面图上编号的次序是横向自左向右用阿拉伯数字编写，竖向自下而上用大写拉丁字母编写，字母 I、O、Z 不用，以免与数字 1、0、2 混淆。定位轴线的编号宜注写在图的下方和左侧，如图 2-1 所示。

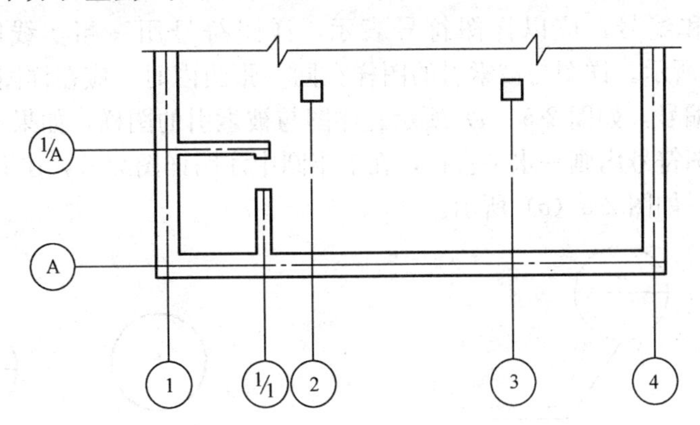

图 2-1　定位轴线编号顺序

对于一些次要构件的定位轴线一般作为附加轴线，编号可用分数表示。分母表示前一轴线的编号，分子表示附加轴线的编号，编号宜用阿拉伯数字顺序编写。

4）尺寸和标高标注法

建筑施工图上的尺寸可分为定形尺寸、定位尺寸和总体尺寸。定形尺寸表示各部位构造的大小，定位尺寸表示各部位构造之间的相互位置，总体尺寸应等于各部分尺寸之和。尺寸除了总平面图及标高尺寸以米（m）为单位外，其余一律以毫米（mm）为单位。

标高是用以表明房屋各部分（如室内外地面、窗台、雨篷、檐口等）高度的标注方法。在图中用标高符号加注高程数字表示，如图 2-2 所示。标高符号用细实线绘制，符号中的三角形为等腰直角三角形，标高的尺寸单位为米，注写到小数点后三位（总平面图上可注到小数点后两位）。涂黑的标高符号，用在总平面图及底层平面图中，表示室外地坪标高。

5）索引符号与详图符号

在图样中的某一局部或构件未能表达清楚而需另见详图，以得到更详细的尺寸及构造做法时，为方便施工时查阅图样，常常用索引符号注明详图所在的位置。按国家规定，标注方法如下：

索引符号的圆及直径均应以细实线绘制，圆的直径为 10mm，如图 2-3 所示。索引出的详图，若与被索引的图样在同一张图内，应在索引符号的上半圆中用阿拉伯数字注明该

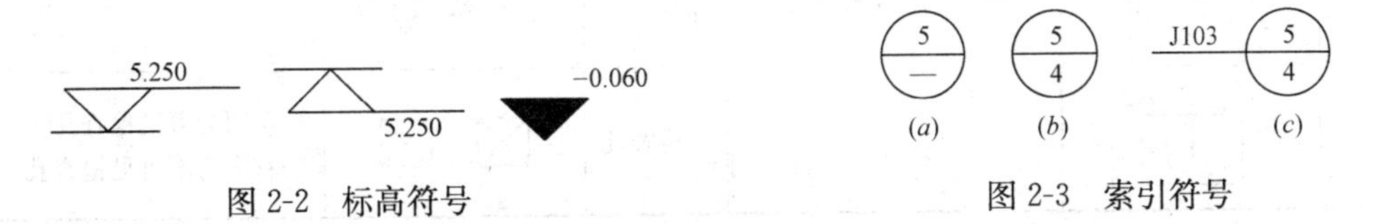

图 2-2　标高符号　　图 2-3　索引符号

详图的编号，并在下半圆中间画一段水平细实线，如图 2-3（*a*）所示；若与被索引的图样不在同一张图内，应在索引符号的下半圆中用阿拉伯数字注明该详图所在图样的图样号，如图 2-3（*b*）所示；若采用标准图集，应在索引符号水平直径的延长线上加注该标准图集的编号，如图 2-3（*c*）所示。

索引符号如果用于索引剖面详图，应在被剖切的部位绘制剖切位置线，并应以引出线引出索引符号，引出线所在的一侧应为剖视方向。图 2-4（*a*）表示剖切后向右投影，图 2-4（*b*）表示剖切后向上投影。

详图的位置和编号，应以详图符号表示，详图符号用一粗实线圆绘制，直径为 14mm，如图 2-5 所示。详图与被索引的图样在同一张图内时，应在详图符号内用阿拉伯数字注明详图的编号，如图 2-5（*a*）所示。详图与被索引的图样，如果不在同一张图内，可用细实线在详图符号内画一水平直径，在上半圆中注明详图编号，在下半圆中注明被索引图样的图样号，如图 2-5（*b*）所示。

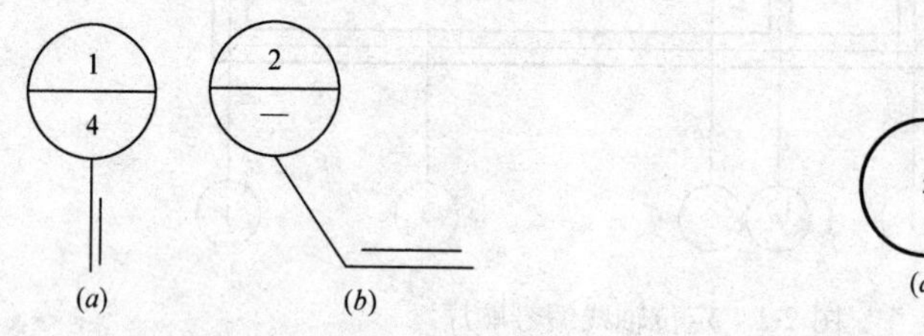

图 2-4　用于索引剖面详图的索引符号

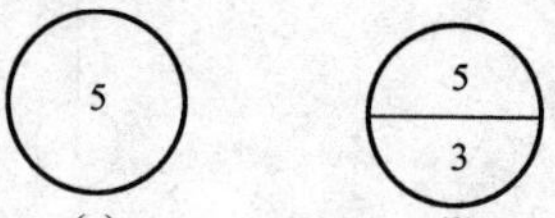

图 2-5　详图符号

6）建筑施工图常用图例

为了简化作图，建筑施工图中常用的建筑构配件图例见表 2-3。建筑材料图例参见单元 1 课题 3 中表 1-9。

建筑构配件图例　　**表 2-3**

名称	图例	说　明	名称	图例	说　明
楼梯	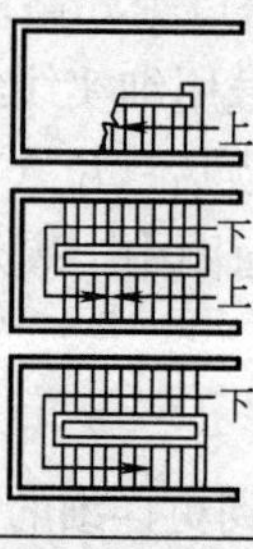	1. 上图为底层楼梯平面图，中图为中间层楼梯平面图，下图为顶层楼梯平面图 2. 楼梯及栏杆扶手的形式和梯段踏步数按实际情况绘制	单扇门（包括平开或单面弹簧）	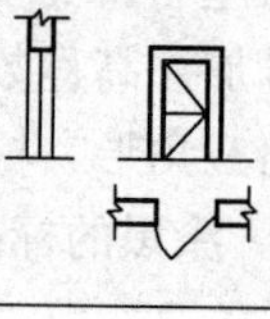	1. 门的名称代号用 M 表示 2. 图例中剖面图左为外、右为内。平面图下为外、上为内 3. 立面图上开启方向线交角一侧为安装铰链的一侧，实线为外开，虚线为内开 4. 平面图上门线应 90°或 45°开启，开启弧线应绘出
			单扇双面弹簧门	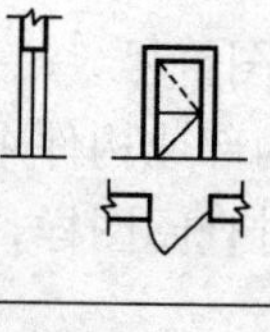	
坡道	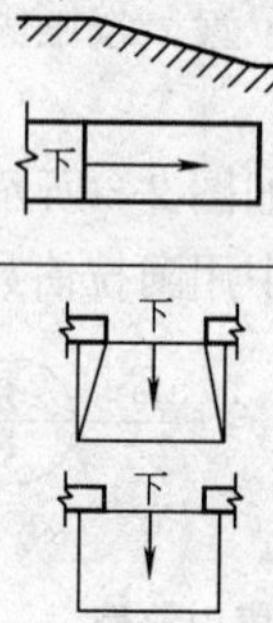	上图为长坡道 下图为门口坡道	双扇门（包括平开或单面弹簧）	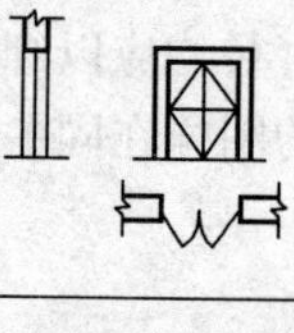	
			检查孔	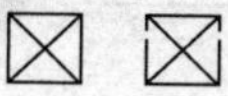	左图为可见检查孔 右图为不可见检查孔

续表

名称	图例	说　明	名称	图例	说　明
空门洞	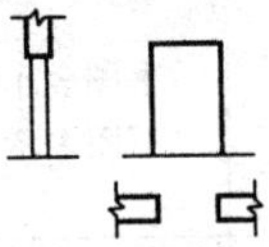		单层外开平开窗	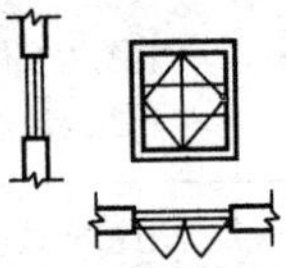	3. 图例中上面图所示左为外，右为内，平面图下为外、上为内 4. 窗的立面形式应按实际绘制
电梯		电梯应注明类型，并给出门和平衡锤的实际位置	推拉窗	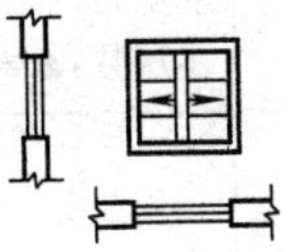	
单层固定窗	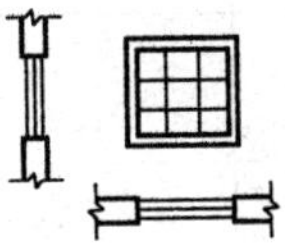	1. 窗的名称代号用C表示 2. 立面图中的斜线表示窗的开启方向。实线为外开，虚线为内开。开启方向线交角的一侧为安装铰链的一侧	高窗	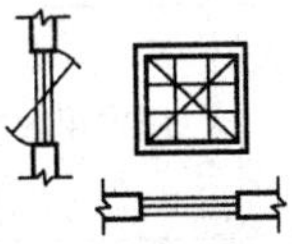	
单层中悬窗	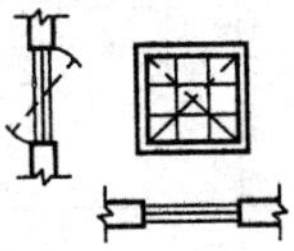		孔		阴影部分可以涂色代替
			坑槽		

1.2　建筑总平面图

(1) 图示方法和内容

建筑总平面图是较大范围内的建筑群和其他工程设施的水平投影图。主要表示新建、拟建房屋的具体位置、朝向、高程、占地面积，以及与周围环境，如原有建筑物、道路、绿化等之间的关系。它是整个建筑工程的总体布局图。

(2) 画法特点及要求

1) 比例

由于总平面图所表示的范围大，所以一般都采用较小的比例绘图，常用的比例有1∶500、1∶1000、1∶2000等。

2) 图例

由于比例很小，总平面图上的内容一般是按图例绘制的，常用图例见表2-4。当标准中所列图例不够用时，也可自编图例，但应加以说明。

3) 图线

新建房屋的可见轮廓用粗实线绘制，新建的道路、桥涵、围墙等用中实线绘制，计划扩建的建筑物用中虚线绘制，原有的建筑物、道路及坐标网、尺寸线、引出线等用细实线绘制。

4) 尺寸标注

总平面图中的距离、标高及坐标尺寸以米为单位（保留至小数点后两位）。新建房屋的室内外地面应标注绝对标高。

5) 注写名称

总平面图上的建筑物、构筑物应注写其名称，当图样比例小或图面无足够位置时，可编号列表标注。

总平面图上常用图例 表 2-4

名称	图例	说明	名称	图例	说明
围墙及大门		上图为实体性质的围墙 下图为通透性质的围墙	坐标	X105.00 Y425.00 A105.00 B425.00	上图表示测量坐标 下图表示建筑坐标
新建建筑物	6	用粗实线表示，图形内右上角的数字或点数表示层数，▲表示出入口	原有的道路		用细实线表示
原有建筑物		用细实线表示	计划扩建的道路		用细虚线表示
计划扩建的建筑物或预留地		用中粗虚线表示	铺砌场地		
			散状材料露天堆场		需要时可注明材料名称
拆除的建筑物		用细实线表示	其他材料露天堆场或露天作业场		
风向频率玫瑰图	北	根据当年统计的各方向平均吹风次数绘制，实线表示全年风向频率，虚线表示夏季风向频率，按6、7、8三个月统计	指北针	北	细实线绘制，圆圈直径为24mm，尾部宽度3mm，指针头部应注“北”或“N”字样

(3) 读图举例

图2-6为某单位培训楼的总平面图，绘图比例1∶500。图中用粗实线表示的轮廓是新设计建造的培训楼，右上角7个黑点表示该建筑为7层。该建筑的总长度和宽度为31.90m和15.45m。右下角指北针显示该建筑物坐北朝南的方位。室外地坪绝对标高为10.40m，室内地坪绝对标高为10.70m，室内外高差300mm。该建筑物南面是新建道路牌楼巷，与西面原有道路环城路相交。西面为绿化用地，北面是篮球场，西北有两栋单层实验室，东北分别有4层办公楼和5层教学楼，东面是将来要建的4层服务楼。培训楼南面距离道路边线9.00m，东面距离原教学楼8.40m。

1.3 建筑平面图

(1) 图示方法和内容

建筑平面图一般是沿建筑物门、窗洞位置做水平剖切并移去上面部分后，向下投影所形成的单一全剖视图，主要表示建筑物的平面形状和大小、房间布局、门窗位置、楼梯和走道安排、墙体厚度及承重构件的尺寸等。平面图是建筑施工图中最重要的图样。

多层建筑的平面图一般由底层平面图、中间层平面图、顶层平面图组成。所谓中间层是指底层到顶层之间的楼层，如果这些楼层布置相同或者基本相同，可共用一个标准层平面图，否则每一楼层均需画平面图。

(2) 画法特点及要求

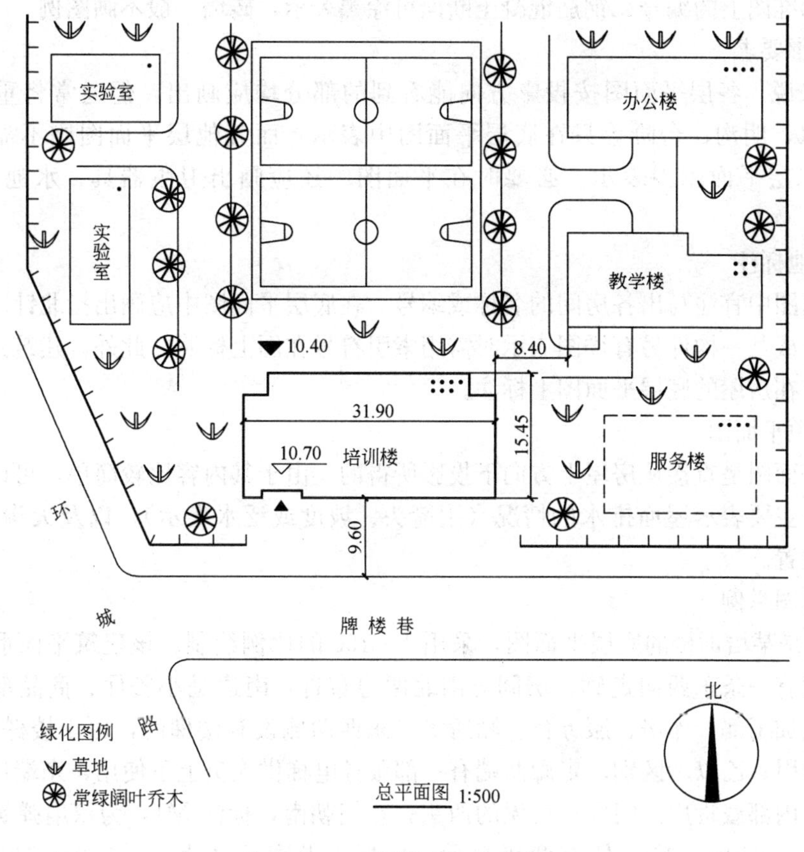

图 2-6　培训楼总平面图

1）比例

建筑平面图常用的比例为 1∶100、1∶200。

2）定位轴线

定位轴线的画法和编号已在本课题 1.1 中详细介绍。建筑平面图中定位轴线的编号确定后，其他各种图样中的轴线编号应与之相符。

3）图线

被剖切到的墙、柱轮廓线画粗实线，没有剖切到的可见轮廓线如窗台、台阶、楼梯等画中实线，尺寸线、标高符号、图例线等用细实线画出。如果需要表示高窗、通气孔、槽、地沟及起重机等不可见的部分，则应以虚线绘制。

4）尺寸标注

平面图中标注的尺寸主要有三道。第一道是最外面的尺寸，为总体尺寸，表示建筑物的总长、总宽。中间第二道为轴线间的尺寸，它是承重构件的定位尺寸。第三道是细部尺寸，表明门、窗洞、窗间墙的尺寸。这道尺寸应与轴线相关联。建筑平面图中还应注出室内的地面标高和室外地坪标高。

5）代号及图例

平面图中门、窗用图例表示，并在图例旁注写它们的代号和编号，代号“M”用来表示门，“C”表示窗，相同的门或窗采用同一编号，编号用阿拉伯数字按顺序编写，也可直接采用标准图上的编号。钢筋混凝土断面可涂黑表示，砖墙一般不画图例。

6）投影要求

一般来说，各层平面图按投影方向能看到的部分均应画出，但通常将重复之处省略，如散水、明沟、台阶等只在底层平面图中表示，而其他层平面图则不需画出，雨篷也只在二层平面图中表示。必要时在平面图中还应画出卫生器具、水池、橱、柜、隔断等。

7）其他标注

在平面图中宜注写出各房间的名称或编号。在底层平面图中应画出指北针。当平面图上某一部分或某一构件另有详图表示时需用索引符号在图上标明。此外，建筑剖面图的剖切符号也应在房屋的底层平面图上标注。

8）屋顶平面图

屋顶平面图是直接从房屋上方向下投影所得的。由于其内容比较简单，可以用较小比例绘制。它主要表示屋面排水的情况（用箭头、坡度或泛水表示），以及天沟、雨水管、水箱等的位置。

（3）读图举例

图 2-7 是某培训楼的底层平面图，采用 1∶100 的比例绘制。该建筑平面形状基本为矩形，中间有一条东西向走廊，房间分南北两边布置，南边是小餐厅、商品部、接待室等，北边是加工部、库房、服务台、厕所等。东西两侧设有楼梯间，由于楼梯构造不同，分别标注出甲、乙以示区别。走廊西端有一部服务电梯供人员上下使用，东端还有一部成品提升机供内部载货用。门厅在房屋的西头，正门朝南，标注 M1，为双扇弹簧门，门外平台标高－0.040m，平台外有两级台阶。门厅、走廊标高为－0.030m，比房间地面±0.000略低。

该建筑为框架结构，主要承重构件为钢筋混凝土柱，由于其断面太小所以涂黑表示，断面尺寸为 400mm×450mm。剖切到的墙用粗实线双线绘制，墙厚 200mm。

房屋的定位轴线是以柱的中心位置确定的，横向轴线从①～⑩，纵向轴线从Ⓐ～Ⓖ。图中除了主轴线外还编有附加轴线，如(1/1)和(2/1)分别表示①轴线右侧附加的第一根轴线和第二根轴线，(1/A)表示Ⓐ轴线上方附加的第一根轴线。

沿内走廊两侧的柱旁设有管井，主要是为满足给排水管道安装的需要。管井构造可见有关详图。厕所间右上角标注的(13/10)符号是详图索引符号，它表明厕所另画有详图，详图在第 10 张图纸上。

因为在平面图上培训楼前、后、左、右的布置不同，所以沿图四周都标注了三道尺寸。最外面一道尺寸反映培训楼的总长 31900mm、总宽 15450mm，第二道反映柱子的间距，第三道是柱间墙或柱间门、窗洞的尺寸。

图 2-8 是培训楼的二层平面图，与底层平面图相比，减去了室外的附属设施台阶及指北针。东西两端的楼梯表示方法与底层不同，不仅画出本层上第三层的部分楼梯踏步，还将由本层下至第一层的楼梯踏步画出。房间布置也有很大的变化，东部是一大餐厅，西部是教室和会议室，并利用正门雨篷上方的区域改建为平台花园。位于Ⓐ轴线和③～⑨轴线间的墙体外移 200mm，建筑物总宽度尺寸也因此改为 15450mm。其他图示内容与底层平

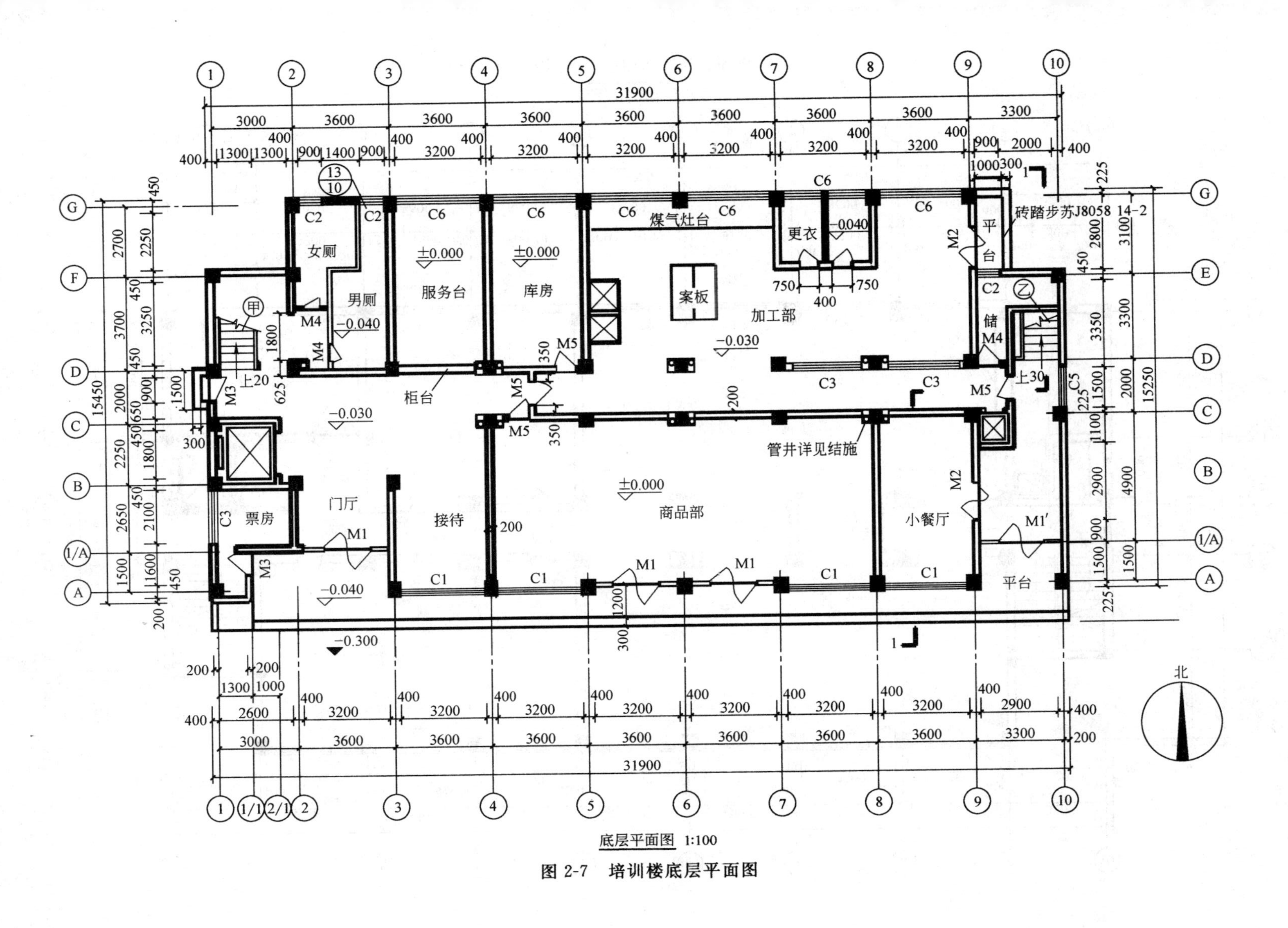

底层平面图 1:100

图 2-7　培训楼底层平面图

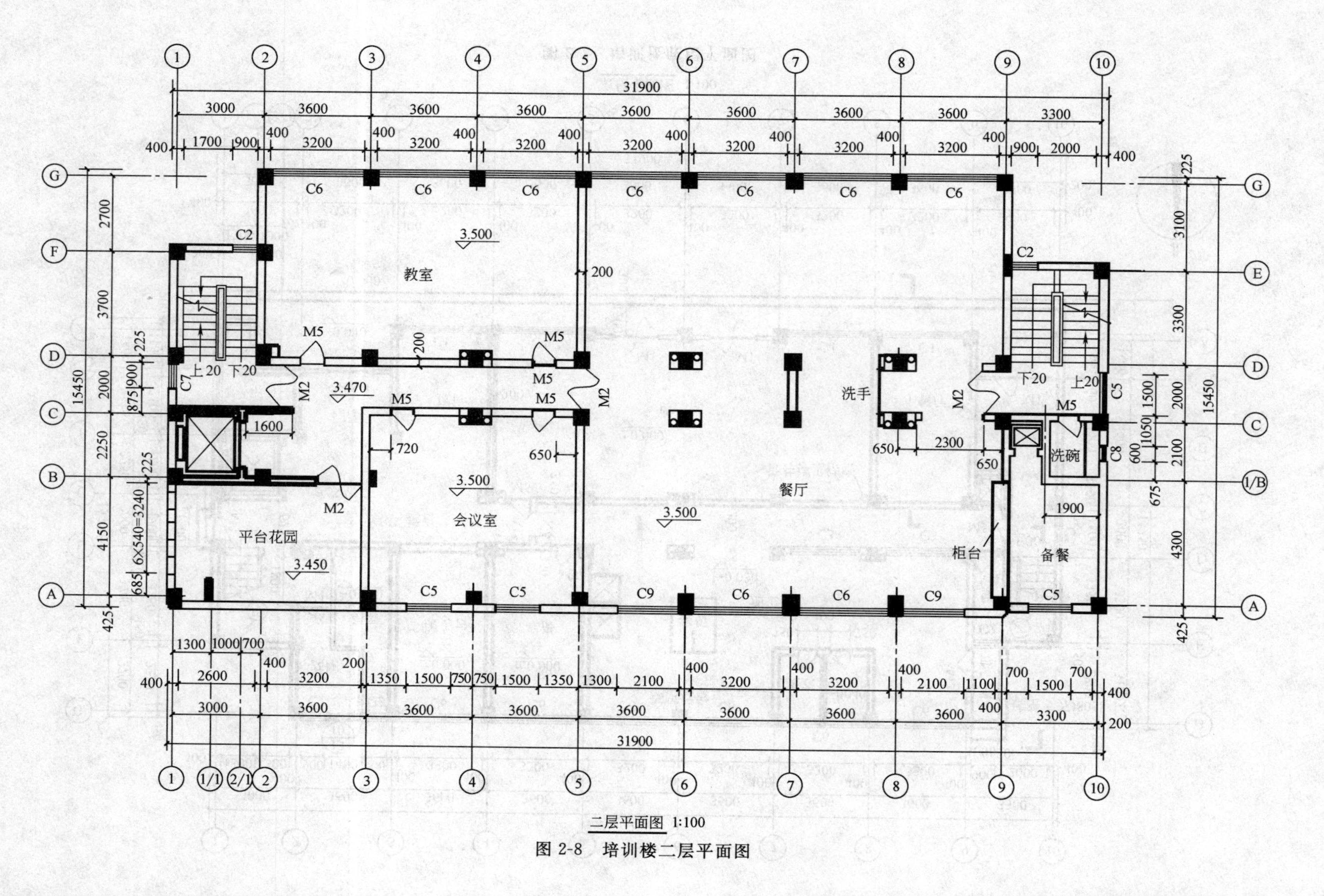

图 2-8 培训楼二层平面图

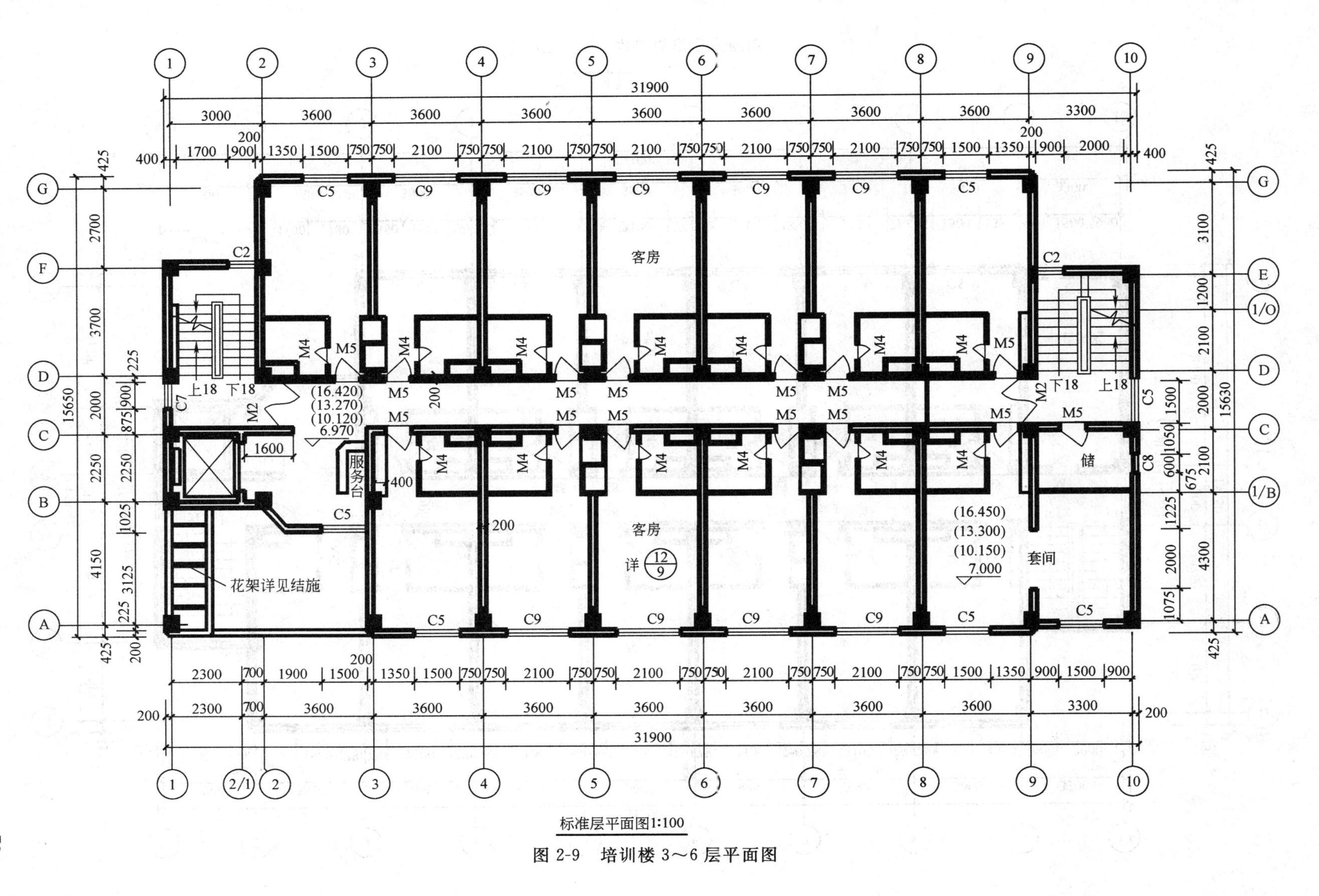

图 2-9　培训楼 3～6 层平面图

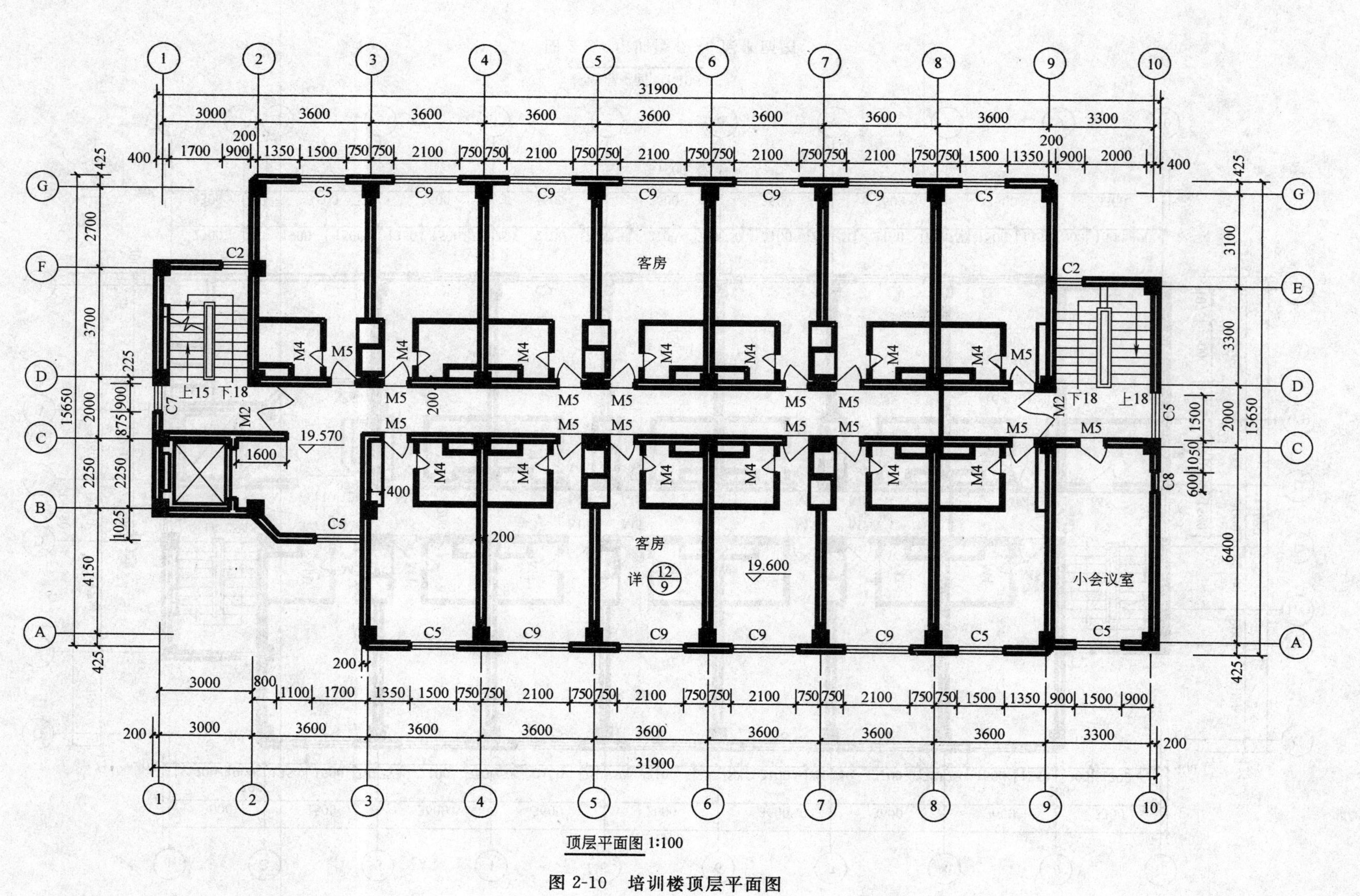

顶层平面图 1:100

图 2-10　培训楼顶层平面图

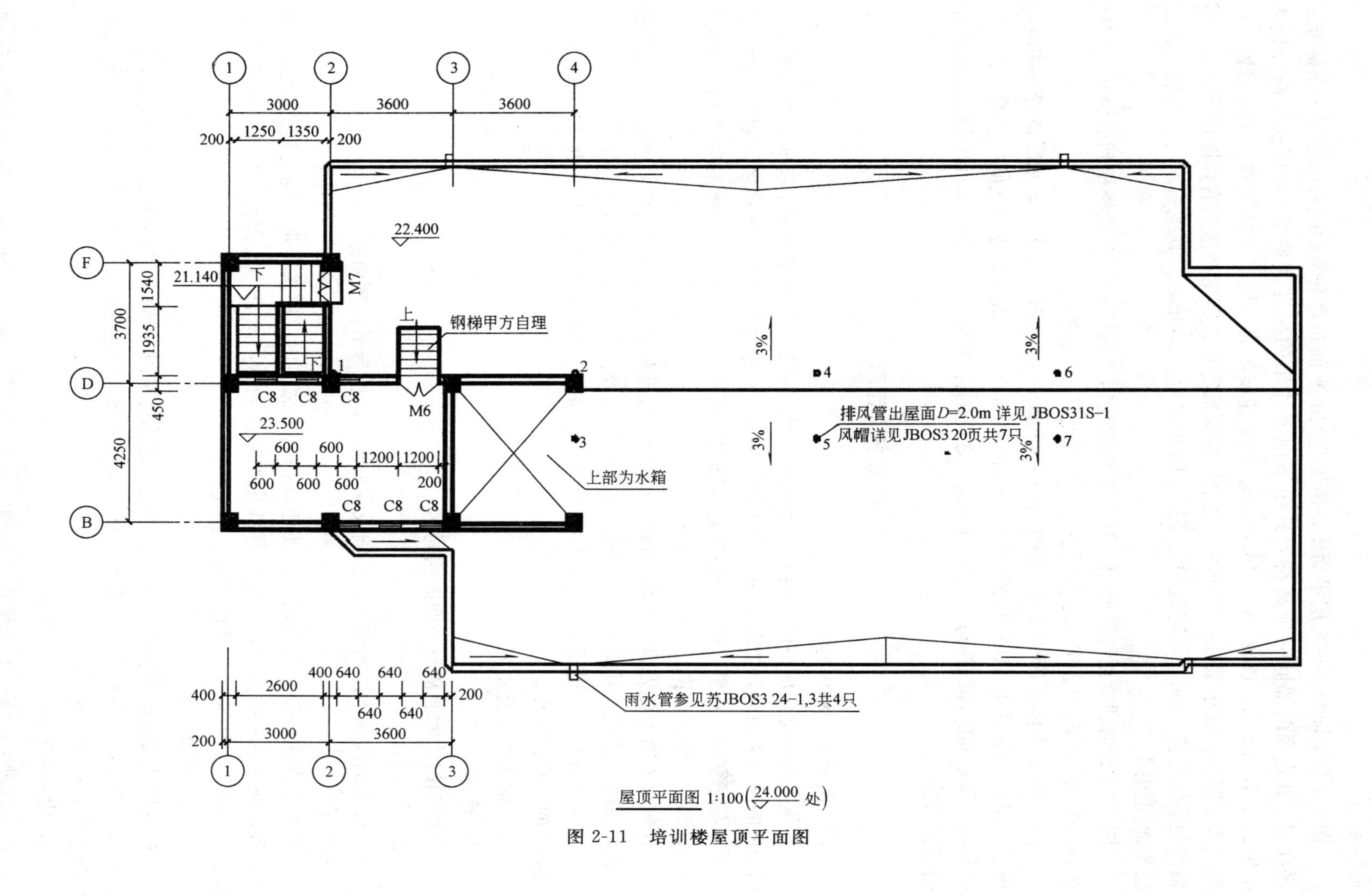

屋顶平面图 1:100（24.000 处）

图 2-11　培训楼屋顶平面图

面图相同。

图 2-9 是培训楼三～六层平面图，由于它们的平面布置基本相同所以合用一张标准层平面图。在走廊西部同一标高符号处由下向上注出的标高表明 3～6 层的标高分别为 6.970m、10.120m、13.270m、16.420m。西端花架仅为三层平面图所有。房间布置：走廊两边是客房，除东端有一套间外，其余均为标准客房。客房构造另有详图说明。位于Ⓖ轴线的墙体外移 200mm，建筑物总宽尺寸因此改为 15650mm。其他图示内容与底层和二层平面图相同。

图 2-10 是培训楼顶层平面图。其西端楼梯还需通向屋面，东端楼梯到此为止。房间布置除东端套间改为客房和小会议室外，其他与 3～6 层相同。

图 2-11 是主体屋顶平面图。图中除画有泛水 3%、水箱、天沟、雨水管位置外还画有顶层到屋面、屋面到电梯机房的楼梯，表明了屋面与电梯机房和屋顶之间的关系。此外屋面与雨水管之间的详细构造，屋面与排风管之间的详细构造，均参见标准图集苏 J8053 中的有关部分。

1.4 建筑立面图

（1）图示方法和内容

建筑立面图是房屋不同方向的立面正投影图。通常一个房屋有四个朝向，立面图可根据房屋的朝向来命名，如东立面、西立面等。也可以根据主要入口来命名，如正立面、背立面、左侧立面、右侧立面。一般有定位轴线的建筑物，宜根据立面图两端轴线的编号来命名，如①～⑩立面图，Ⓐ～Ⓖ立面图等。

建筑立面图主要表明建筑物的体貌和外形，以及外墙面的面层材料、色彩，女儿墙的形式，线脚、腰线、勒脚等饰面做法，阳台的形式及门窗布置，雨水管位置等。

建筑立面图应画出可见的建筑外轮廓线，建筑构造和构配件的投影，并注写墙面做法及必要的尺寸和标高。

（2）画法特点及要求

1）比例

立面图的比例通常与平面图相同。

2）定位轴线

一般立面图只画出两端的定位轴线及编号，以便与平面图对照。

3）图线

为了加强立面图的表达效果，使建筑物的轮廓突出、层次分明，通常选用的线型如下：最外轮廓线画粗实线，室外地坪线用加粗线表示，所有凸出部位如阳台、雨篷、线脚、门窗洞等画中实线，其他部分画细实线。

4）尺寸标注

高度尺寸用标高的形式标注，主要包括建筑物室内外地坪，出入口地面，窗台，门窗洞顶部，檐口，阳台底部，女儿墙压顶及水箱顶部等处的标高。各标高注写在立面图的左侧或右侧且排列整齐。

5）代号及图例

由于比例小，按投影很难将所有细部都表达清楚，如门、窗等都是根据图例来绘制的，且只画出主要轮廓线及分格线。

6）投影要求

建筑立面图中，只画出按投影方向可见的部分，不可见的部分一律不表示。

7）其他标注

房屋外墙面的各部分装饰材料、做法、色彩等用文字说明。

（3）读图举例

图 2-12 是培训楼的①～⑩立面图，即南立面图。绘图比例为 1∶100。南立面是建筑物的主要立面，它反映该建筑的外貌特征及装饰风格。建筑物主体部分为 7 层，局部为 8 层。底层西端有一入口是正门，正门左侧是平台，门前有一通长的台阶，台阶踏步为两级。正门右侧墙面用大玻璃窗装饰，室内采光效果好，是临街建筑常用的手法。中间有两扇门是对外服务商品部入口，门之间的柱采用镜面板包柱形式。东端墙面略向内缩，并设有供内部工作人员进出的入口。二层有三扇推拉窗和一扇组合金属窗，组合窗由两端的推拉窗和中间的单层固定窗组成。3～7 层每层七扇窗均为金属推拉窗。屋顶是女儿墙包檐形式。雨水管设在建筑物主体部分的两侧。正门上部是雨篷，雨篷的外缘与外墙面平齐。雨篷的上方是平台花园，其左侧是花架。

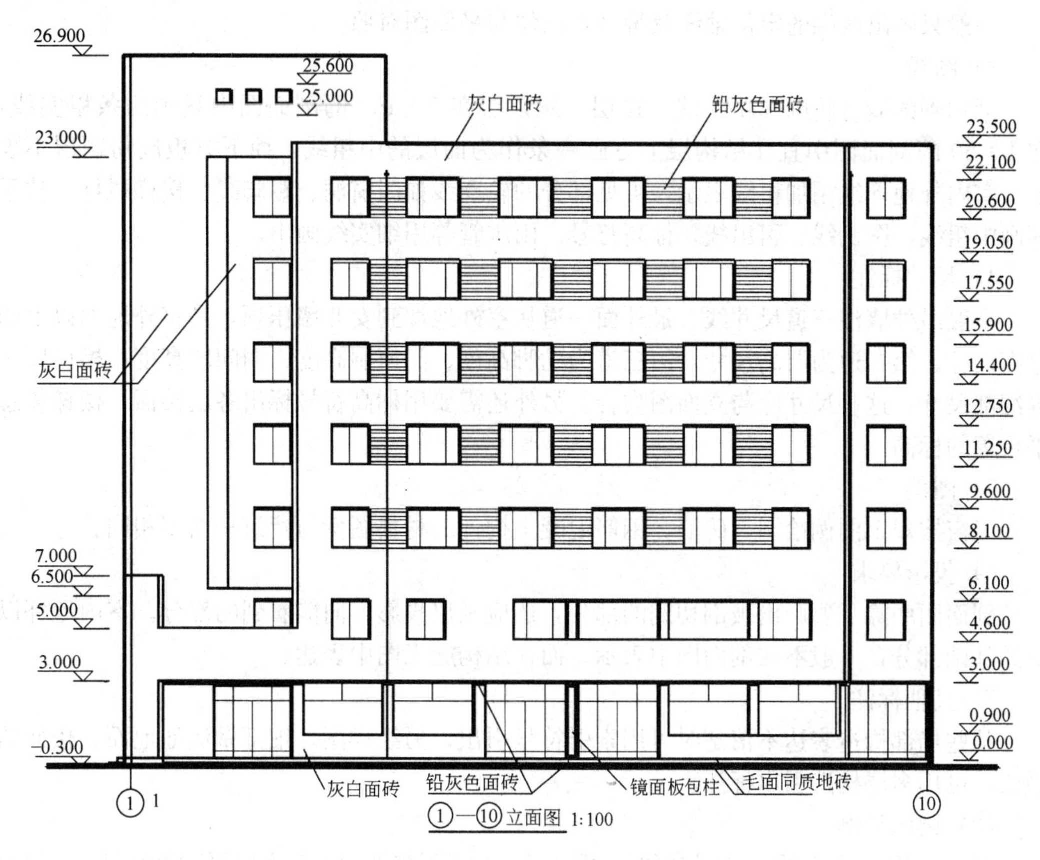

图 2-12　培训楼①～⑩立面图

外墙装饰主要采用灰白色面砖贴面，局部地方如三层以上窗间墙及底层窗间墙顶部用铅灰色面砖。

培训楼的外轮廓用粗实线，室外地坪线用加粗线，其他凸出部分用中粗线，门窗图例、雨水管、引出线、标高符号等用细实线画出。

由于立面图左右不对称，所以两侧分别注有室内外地坪、窗台、门窗洞顶、雨篷、女儿墙压顶等处的标高。

1.5 建筑剖面图

(1) 图示方法和内容

建筑剖面图是用直立平面剖切建筑物所得到的剖面图。它表示建筑物内部垂直方向的主要结构形式、分层情况、构造做法以及组合尺寸。剖面图的剖切部位应根据图纸的用途或设计深度，在平面图上选择能反映全貌和构造特征，以及有代表性的剖切部位。根据房屋的复杂程度和实际需要，剖面图可绘制一个或数个。

(2) 画法特点及要求

1) 比例

剖面图的比例通常与建筑平面图相同。

2) 定位轴线

一般只画出两端的定位轴线及编号，以便与平面图对照。

3) 图线

剖切到的墙身轮廓画粗实线，楼层、屋顶层在 1∶100 的剖面图中只画两条粗实线，在 1∶50 的剖面图中宜在结构层上方画一条作为面层的中粗线，而下方板底粉刷层不表示，室内外地坪线用加粗线表示。可见部分的轮廓线如门窗洞、踢脚线、楼梯栏杆、扶手等画中粗线，图例线、引出线、标高符号、雨水管等用细实线画出。

4) 尺寸标注

一般沿外墙注三道尺寸线，最外面一道从室外地坪到女儿墙压顶，是室外地面以上的总高尺寸，第二道为层高尺寸，第三道为勒脚高度、门窗洞高度、洞间墙高度、檐口厚度等细部尺寸，这些尺寸应与立面图吻合。另外还需要用标高符号标出各层楼面、楼梯休息平台等的标高。

5) 图例

门窗按规定图例绘制，砖墙、钢筋混凝土构件的材料图例与建筑平面图相同。

6) 投影要求

剖面图中除了要画出被剖切到的部分，还应画出投影方向能看到的部分。室内地坪以下的基础部分，一般不在剖面图中表示，而在结构施工图中表达。

7) 其他标注

某些局部构造表达不清楚时可用索引符号引出，另绘详图。细部做法如地面、楼面的做法，可用多层构造引出标注。

(3) 读图举例

图 2-13 是培训楼的 1—1 剖面图。图中 1—1 剖面是按图 2-7 底层平面图中 1—1 剖切位置绘制的。一般建筑剖面图的剖切位置都选择通过门窗洞和内部结构比较复杂或有变化的部位。如果一个剖切平面不能满足上述要求时，可采用阶梯剖面。1—1 剖切面通过东端楼梯间且转折经过小餐厅，这样不仅可以反映楼梯的垂直剖面，还可以反映培训楼七层

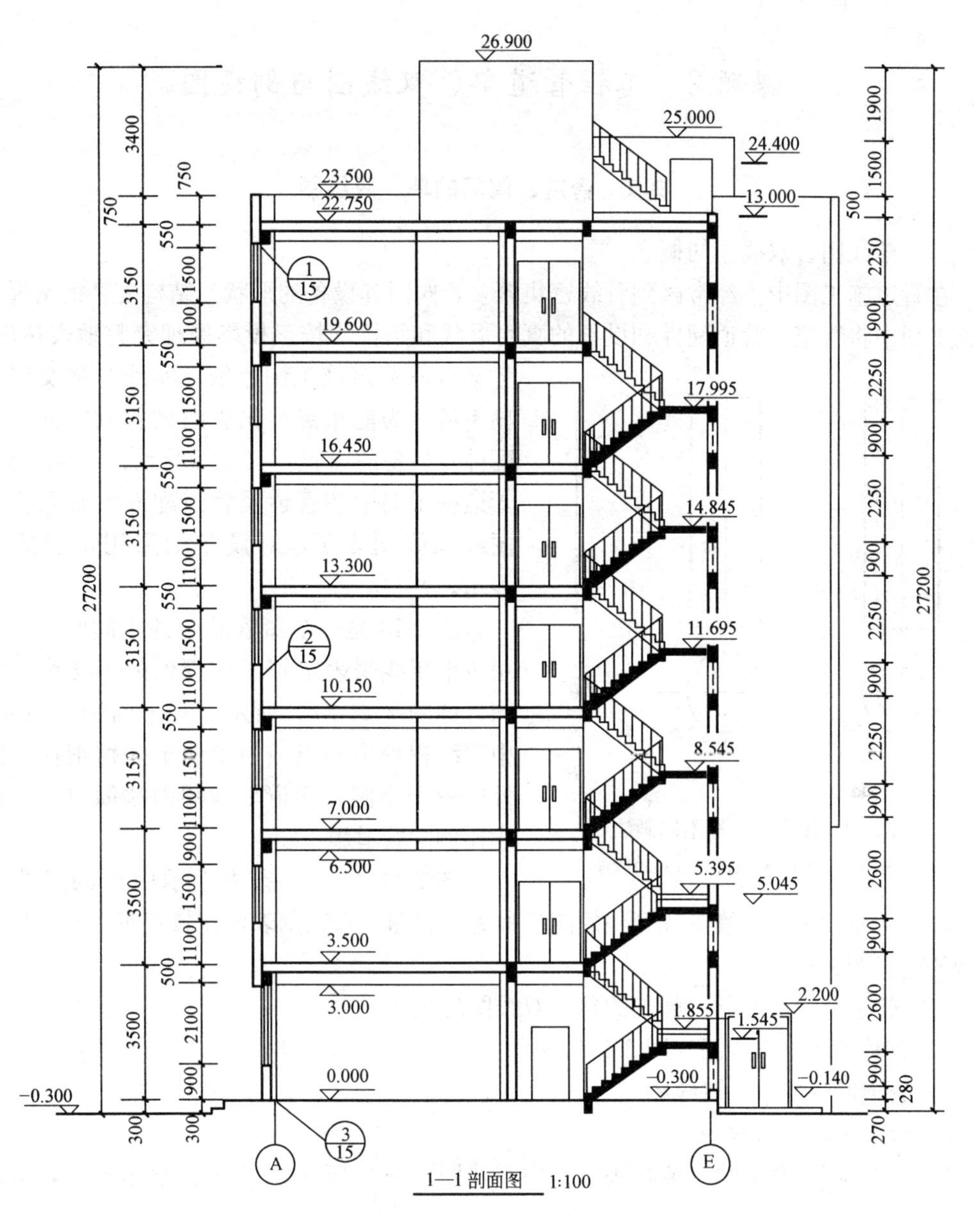

图 2-13 培训楼的 1—1 剖面图

部分主要房间的结构布置、构造特点及屋顶结构。

1—1 剖面图的比例为 1∶100，室内外地坪线画加粗线，地坪线以下部分不画，墙体用折断线隔开，剖切到的楼面、屋顶用两条粗实线表示，剖切到的钢筋混凝土梁、楼梯均涂黑表示。每层楼梯有两个梯段，称作双跑楼梯。一、二层楼层高 3.5m，其他楼层高 3.15m。为了统一梯段，一、二层每层在两个梯段之间增加了两级踏步。屋面铺成一定坡度，在檐口处或其他位置设置天沟，以便屋面雨水经天沟排向雨水管。屋面、楼面做法以及檐口、窗台、勒脚等节点处的构造需另绘详图，或套用标准图。1—1 剖面图中还画出未剖到而可见的梯段、栏杆、门、屋面水箱、机房及Ⓔ～Ⓖ轴线间的墙体等。Ⓔ轴线上的窗是用虚线表示的，因为剖切位置未经过窗洞位置。

课题2　工程管道单、双线图与剖视图

2.1　管道、阀门的单、双线图

（1）单线图、双线图的概念

在管道施工图中，经常碰到管线密集繁多，阀门和设备的形状、结构复杂的情况。若在施工图中将管道、管道配件和设备的真实形状和结构均按正投影原理完整地表达出来，势必造成管道施工图虚线、实线纵横交错、模糊不清。为能重点突出管线的排列走向，管道配件及设备的布置，又能简化绘图，便于识读，管道施工图中的管道及管道配件常常采用单线图或双线图表示，对设备则采用示意的图形表示。

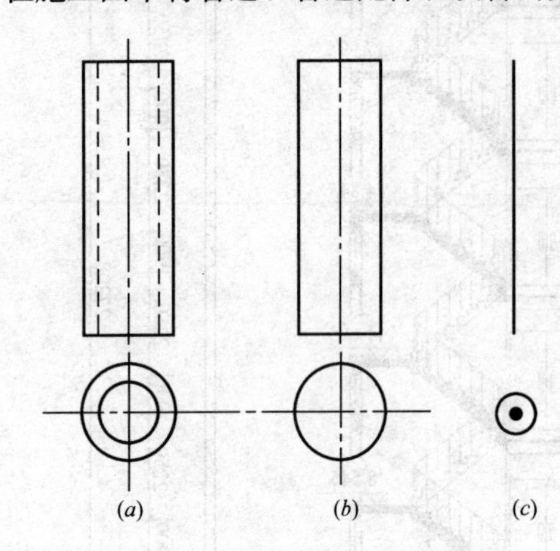

图2-14　短管的三种不同画法

（a）投影图；（b）双线图；（c）单线图

图2-14是一个短管的三种不同画法，其中用单根粗线来表示管子或管件的图样称为单线图，如图2-14（c）所示。其平面图（俯视图）中管线积聚为一点，为了便于区别则在小圆点外画一个小圆。管道单线图画法简单，常用于小比例的管道施工图。

图2-14（b）中省去表示内径的虚线或内圆，仅用两根线来表示管子或管件的图样称为双线图。双线图表示比较直观，经常用于大比例的施工图和详图。

（2）管道及管道配件、阀门的单、双线图的画法

1）直管的单、双线图（图2-14b、c）

2）管道配件的单、双线图

A. 弯头的单、双线图

图2-15为90°弯头的三种画法。其中双线图，图2-15（b）中不需显示壁厚，可以省

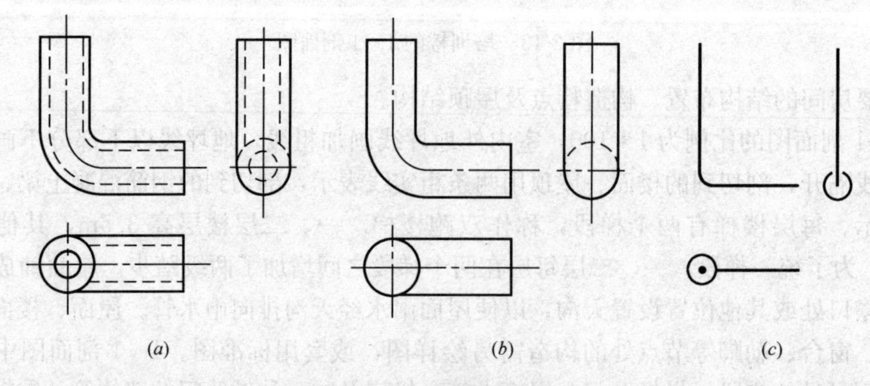

图2-15　90°弯头的三种画法

（a）弯头的投影图；（b）弯头的双线图；（c）弯头的单线图

略弯头投影的虚线部分和内径圆线。单线图，图 2-15（*c*）中立面图，用单线表示出弯头的外形；平面图上因先见立管的断口后见横管，故将立管画成圆心点的小圆，横管画在小圆边上；在侧视图（左视图）上，先见立管，横管的断口在背面不可见，横管画成小圆，立管画到小圆圆心。

45°弯头的单、双线图画法与 90°弯头相似，只是在管子弯曲处画成半圆，其他不变，如图 2-16 所示。

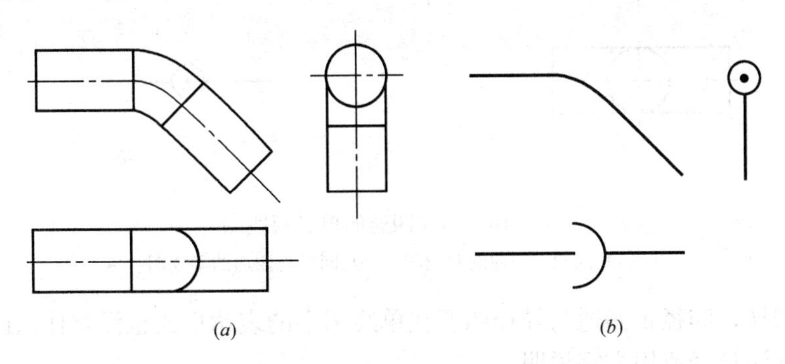

图 2-16　45°弯头的单、双线图

（*a*）45°弯头的双线图；（*b*）45°弯头的单线图

B. 三通的单、双线图

图 2-17 是同径正三通的三种画法。在投影图 2-17（*a*）中，立管与横管的相贯线是两个 1/2 的椭圆，此相贯线在主视图中反映为相交两直线；在俯视图和左视图中具有积聚性。在双线图 2-17（*b*）中，反映管壁的虚线省略不画。在单线图 2-17（*c*）中，立面图看出立管与横管的外形和走向；平面图（俯视图）因先见立管的断口，把立管画成一个有圆心的小圆，横管画到小圆边上；左视图中，先见横管的断口，横管画成一个有圆心的小圆，立管画到小圆边上。

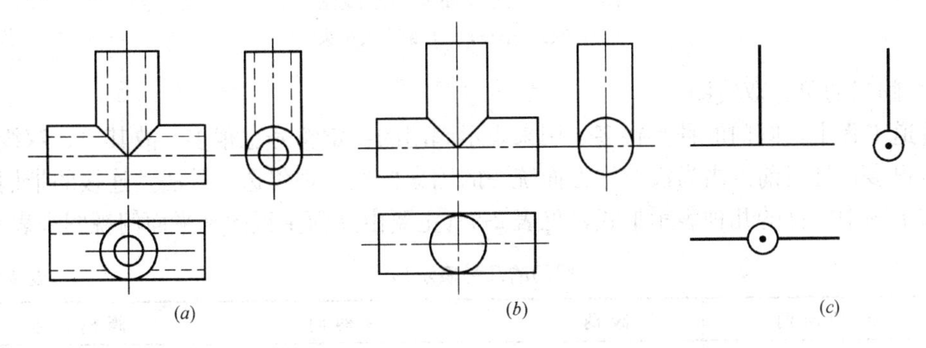

图 2-17　同径正三通的三种画法

（*a*）投影图；（*b*）双线图；（*c*）单线图

要说明的是，同径正（斜）三通与异径正（斜）三通，它们在单线图中的主视图表达形式没有什么区别，如果需要区别，可标注管径或用文字说明。

C. 四通的单、双线图

图 2-18 是同径四通的单、双线图，其画法的原理与三通的单、双线图近似，即：双线图中两管的交接线在主视图呈“X”形直线，单线图的平面图与左视图中实线也是画到

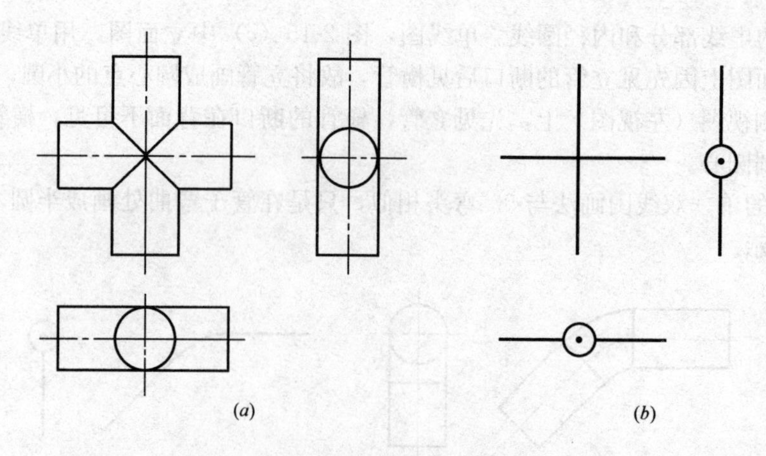

图 2-18　同径四通的单、双线图

(a) 同径正四通的双线图；(b) 同径正四通的单线图

小圆边上。同样，同径正四通与异径四通在单线图中的表达形式也没有什么区别，如果需要区别，可标注管径或用文字说明。

D. 大小头（变径管）的单、双线图

图 2-19 是同心大小头和偏心大小头的单、双线图。对于同心大小头，其单线图有等腰梯形和等腰三角形两种画法。对于偏心大小头的单、双线图，其平面图（俯视图）的画法与同心大小头相同，为便于区别可标注“偏心”两字。

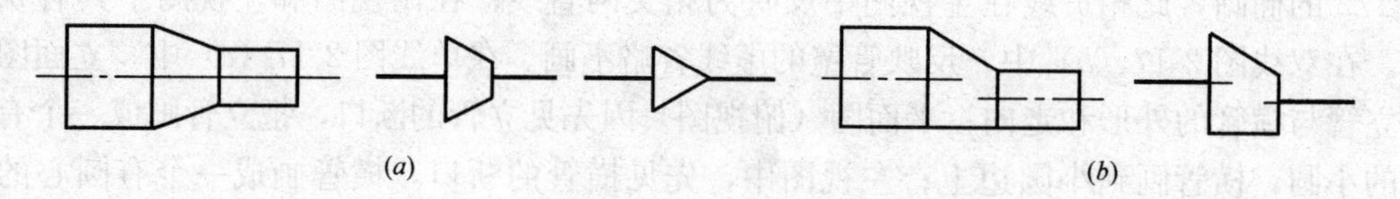

图 2-19　大小头的单、双线图

(a) 同心大小头；(b) 偏心大小头

3）阀门的单、双线图

管道工程中，阀门的种类很多，用来表示阀门的特定符号也很多，故其单、双线图的图样也很多，且目前国内尚没有这方面统一的国家标准。现仅选一种法兰连接的带柄截止阀在施工图中常见的几种表示形式，见表 2-5（主要由立面主视图和平面俯视图来表示）。

阀门的几种表示形式　　**表 2-5**

	阀柄向前	阀柄向后	阀柄向右	阀柄向左
单线图				

续表

	阀柄向前	阀柄向后	阀柄向右	阀柄向左
双线图	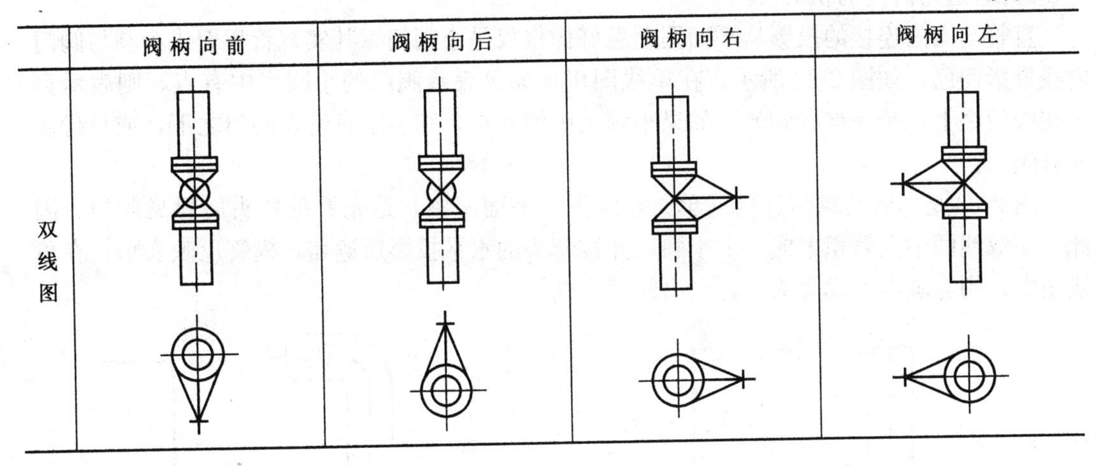			

2.2 管道积聚、重叠、交叉

(1) 管道的积聚

管道的积聚指管线垂直于投影面时，其双线图表示的管线在该投影面上的投影为一个小圆，用单线图表示的管线投影为一个点，为便于识别在小圆点外面再画一个小圆。这种投影特性称为积聚。

1) 直管的积聚

其画法见图 2-14 中的 (*b*)、(*c*)。

2) 弯管的积聚

弯管是由直管和弯头组成，其中直管积聚的投影用双线图表示就是一个小圆，用单线图表示则为画成一个带圆心点的小圆；而与直管相连接的弯头，在拐弯前的投影也积聚成小圆，并同直管积聚成小圆的投影重合，如图 2-20 所示。

如果先看到横管弯头的背部，在平面图上显示的仅仅是弯头背部的投影，与它相接的直管部分积聚成小圆，并且被弯头的投影所遮盖，因此要用虚线表示，如图 2-21 所示。

用单线图表示时，图 2-20 所示的弯管先看到立管断口，后看到横管的弯头，因此把立管画成带圆心点的小圆，代表横管的直线画到小圆边。图 2-21 所示的弯管则要把横管的直线画至圆心。

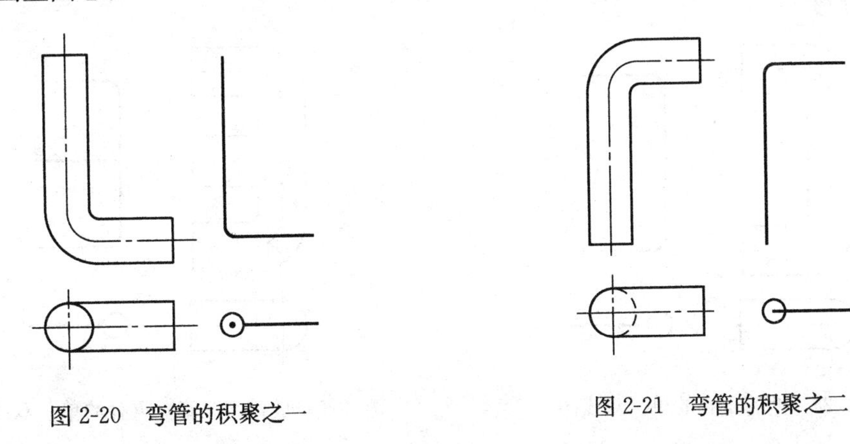

图 2-20 弯管的积聚之一　　图 2-21 弯管的积聚之二

3）管道与阀门的积聚

直管与阀门连接的投影从平面图上看好像仅仅是个阀门，其实直管积聚成小圆与阀门内径重影而已，如图 2-22 所示。在单线图里，如果表示阀门的小圆当中有点，则表示直管在阀门之上，是先被看到的；如果小圆当中没有点，则表示直管在阀门之下，或只代表一只阀门。

图 2-23 是弯管与阀门连接的单、双线图。平面图中，是先看见弯头后看见阀门。因此，在双线图中立管积聚成一个小圆，并被弯头的水平投影所遮盖，横管反映实形；在单线图中，则先画出单线弯头，再画出阀门手柄。

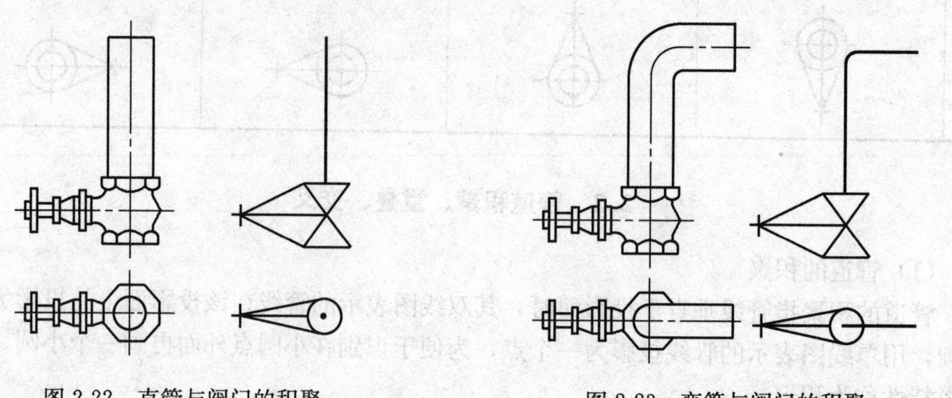

图 2-22 直管与阀门的积聚　　　　图 2-23 弯管与阀门的积聚

如果弯管在阀门的下面，则不论阀门和弯管都显示得完整。而在平面图上，由于积聚的原因，将只能看到横管的一部分，弯管的另一部分被阀门所遮盖。请读者据此分析，画出直管和弯管在阀门下方连接的单、双线图。

(2) 管道的重叠

管道的重叠是指直径相同（或相近）的两根（或多根）管线在同一个平面上（例如同一垂直面或同一水平面）时，在其相垂直的投影面上的投影完全重合的现象。

1）两管重叠和多管重叠

图 2-24 是两管重叠的单、双线图。在平面图中，只见上方弯管和立管的积聚性投影，下方横管被遮盖而不可见。

图 2-25 是成排（三管）重叠的单、双线图，它们的水平投影都重合在一起，好像一根弯管的投影。

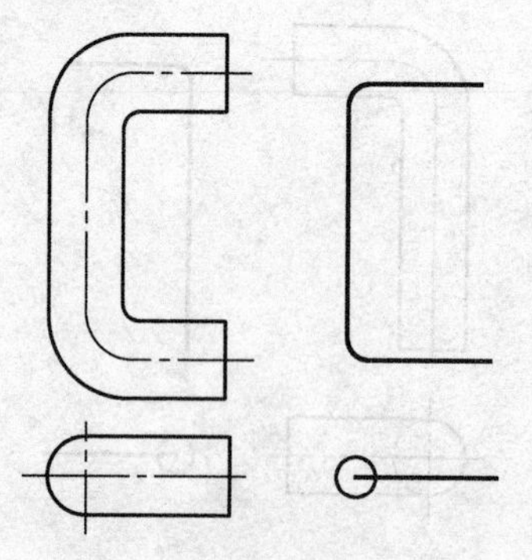

图 2-24 两管重叠的单、双线图

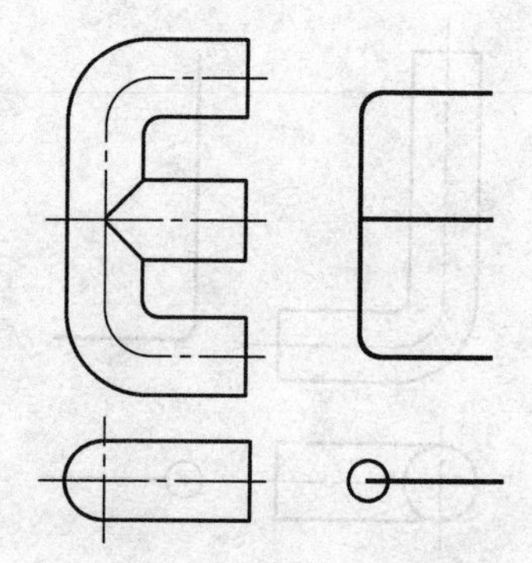

图 2-25 成排（三管）重叠的单、双线图

2）管线重叠的表示方法

为了识读方便，对重叠管线作了如下两种表示方法规定：

A. 折断显露法：当管线出现投影重叠时，假想将前方（或上方）的管子截去一段（用折断符号“ʃ”表示），以显露出后方（或下方）的管子。图 2-26（*a*）是两根重叠管子的平面图，表示断开的管子高于中间显露的管子（若此图为立面图，则断开的管子表示在前，中间显露的管子在后）；图 2-26（*b*）是三根重叠管子的折断显露图，显露时从上（前）往下（后）依次折断，并分别用一曲、二曲、三曲折断符号等等依次表达所折断的管子根数。

图 2-27 是弯管与直管重叠的平面图（或立面图）。当弯管高于（或前于）直管时，它的平面图（或立面图）如图 2-27（*a*）所示，画起来一般是让弯管和直管稍微断开 3～4mm（断开处可加折断符号，也可不加折断符号），以示弯管在上（或在前），直管在下（或在后）。当直管高于（或前于）弯管时，则需用折断符号将直管折断，并显露出弯管，它的平面图（或立面图）如图 2-27（*b*）所示。

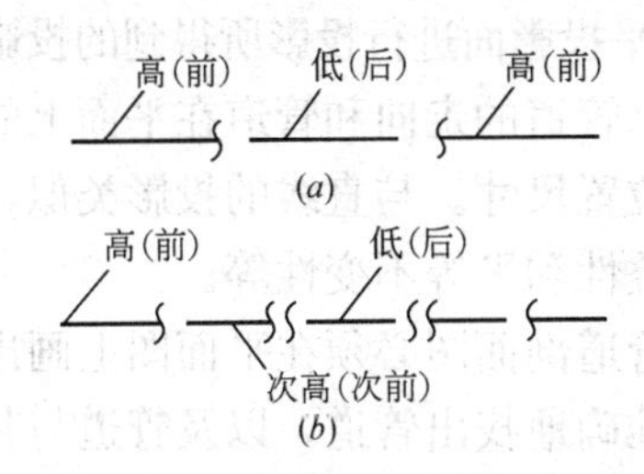

图 2-26　重叠直管的折断显露法

（*a*）两根重叠管子；（*b*）三根重叠管子

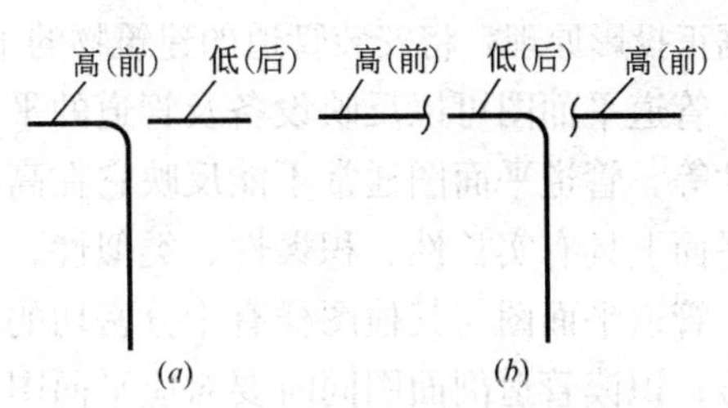

图 2-27　弯管与直管重叠的折断显露法

（*a*）弯管高于（或前于）直管；

（*b*）直管高于（或前于）弯管

B. 管号标注法：将重叠的管子按其相对位置依次编号，说明它们的高（低）前（后）。图 2-28 为四根成排管子的平、立面图。从平面图中管号标注可知：管 1 最高，管 2 次高，管 3 次低，管 4 最低。

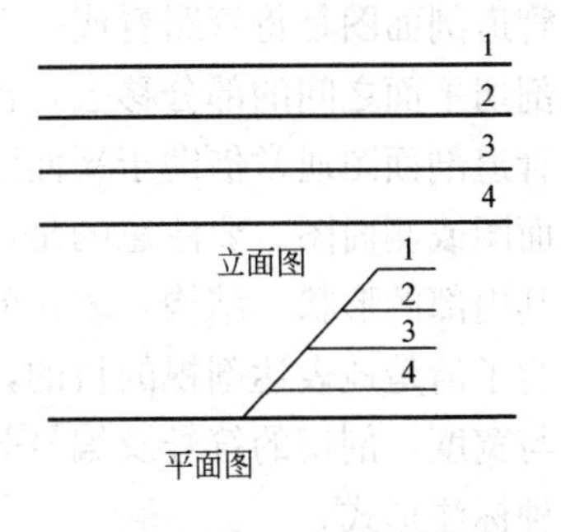

图 2-28　用管号标注法表示四根重叠直管

（3）管道的交叉

管道的交叉是指空间既不平行又不相交的两根（或多根）管子之间的关系。

两根管子的交叉，管线的投影，高的管子不论是单线还是双线都是完整显示。对于低的管子在交

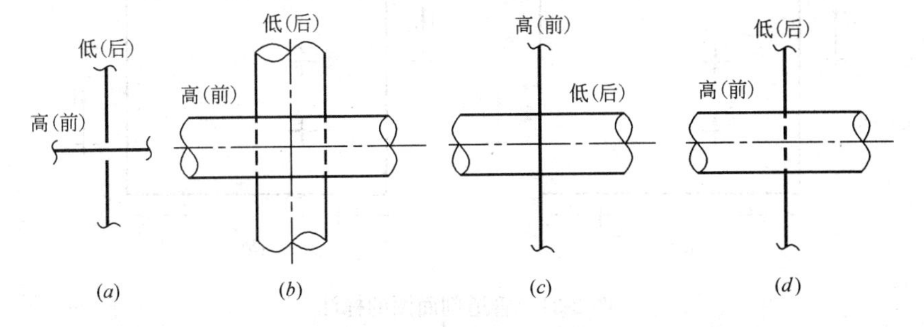

图 2-29　两根管子的交叉

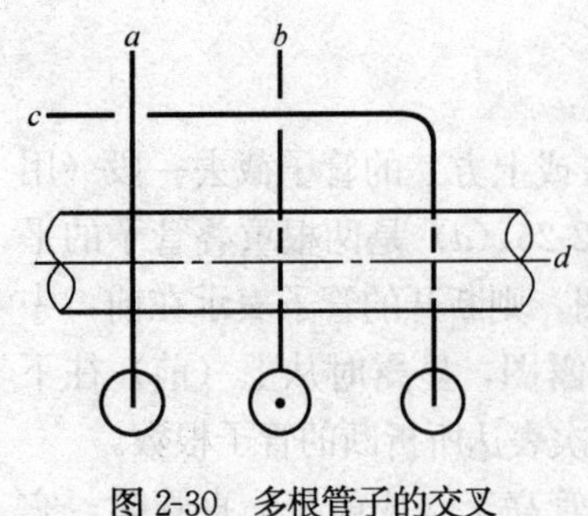

图 2-30　多根管子的交叉

叉处的表示有四种情况（图 2-29）：单线图中要断开表示，如图 2-29（*a*）所示；双线图中用虚线表示，如图 2-29（*b*）所示；高的单线、低的双线都完整显示，如图 2-29（*c*）所示；高的双线，低的单线用虚线表示，如图 2-29（*d*）所示。

图 2-30 是由 *a*、*b*、*c*、*d* 四根管子交叉投影的平面图。从图中可知，*a* 管为最高，*d* 管为次高，*c* 管为次低，*b* 管为最低。如果图 2-30 是立面图，则 *a* 管为最前，*d* 管为次前，*c* 管为次后，*b* 管为最后。

2.3　管道的剖面图

（1）管道平面图的概念

管道平面图是管道施工图中最基本的图样，是施工中主要的依据。所谓管道平面图就是根据正投影原理，将安装管道的建筑物的水平面作为水平投影面进行投影所得到的投影图。

管道平面图可以反映设备及管道的平面布置情况，管道的走向和管道在平面上的长宽尺寸等。管道平面图通常不能反映它在高度方向上的位置尺寸。与直线的投影类似，管道在平面上具有实长性、积聚性、类似性、相交性、重叠性和平等不变性等。

管道平面图与其他图样有十分密切的联系。绘制管道剖面图必须在平面图上画出剖切符号；识读管道剖面图同时要对应平面图去看，才能准确地找出管道，以及管道与其他阀门、设备之间的关系；管道轴测图也是根据各管道在平面图上的位置和轴测投影原理来绘制的；管道轴测图的识读及详图的表示也都离不开管道平面图等。

（2）管道剖面图的概念

管道剖面图是将管路看成一个整体，并假想用一个剖切平面将其切开，并把处在观察者和剖切平面之间的部分移去，再将留下的部分向投影面重新投影所得到的投影图。

管道剖面图通常借助于平面图上的剖切符号所确定的剖切位置和投影方向，来看对应的立面图或侧面图。要注意的是，管道剖面图表达的重点并不是把管道沿其中心线剖开来反映其内部的形状、结构，表达的重点是管线的连结和走向。

为了清楚地表达剖视的目的，并便于识读管道剖面图，应对剖切平面的位置，剖视的方向与宽度，剖切的符号及编号等进行正确的标注。图 2-31（*a*）、（*b*）是管道剖面图常用的两种标注形式。

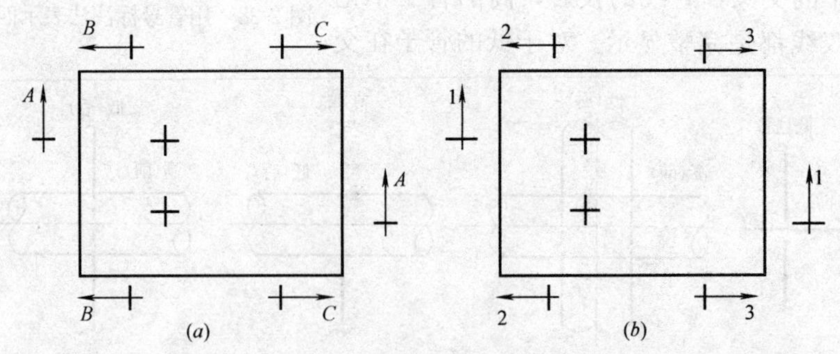

图 2-31　管道剖面图的标注

（*a*）按《机械制图》标准标注；（*b*）按《建筑制图》标准标注

(3) 单根管道和多根管道的剖面图

单根管道的剖面图，并不是把管子本身沿管子的中心线剖切开来而得到的图样，而是利用剖切符号既能表示剖切位置线又能表示投影方向特点的管线的某个投影面。图 2-32 中，A—A 剖面和 B—B 剖面反映的图样，从三视图投影的角度来看就是主视图和左视图，但其摆放的位置关系并没有三视图那么严格，因此而显得灵活。

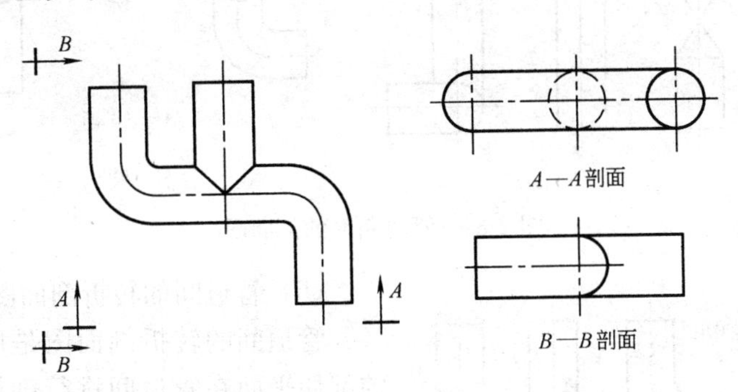

图 2-32 单根管道剖面图的表示

多根管道的剖面图是指在两根或两根以上的管道间，用假想的剖切平面将之切开，把剖切平面前面部分的所有管移去，对保留下来的管道重新进行投影所得的投影图。图 2-33 (*a*) 是由三路管道组成的平面图，图 2-33 (*b*) 则是用假想剖面 A—A 在 1 号管和 2 号管之间剖切所得的剖面图。从 A—A 剖面图上可以清楚明了地反映出 2 号管和 3 号管在垂直高度上的关系，即 2 号水平管道在 2.6m 标高上，3 号水平管道在 2.8m 标高上。

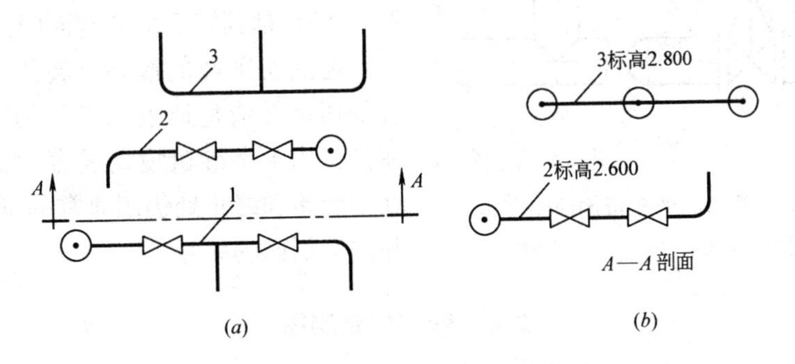

图 2-33 多根管道间剖面图的表示

(4) 管道断面的剖面图

管道断面的剖面图是指假想用一个剖切平面在管道断面上切开，把观察者与剖切平面之间的管道部分移去，对剩下部分进行投影所得的投影图。管道断面的剖面图不是用来表达断面的实形，而是着重表达管道走向的。

图 2-34 (*a*) 是某三路管道（假定同标高）组成的平面图，图 2-34 (*b*) 是剖面 A—A剖切所得的剖面图。1 号管道剖切后，反映在剖面图上的是一个小圆下连着方向朝左的弯头；2 号管道本身是直管，在剖面图看到的图样仅仅是一个小圆；3 号管道剖切后，摇头弯部分移去，带弯头的那部分管段留下，在剖面图上看到的是小圆连着方向朝下的弯头。

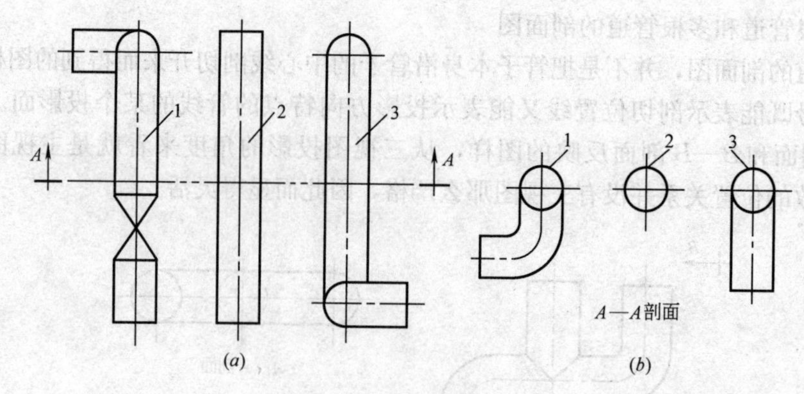

图 2-34　管道断面的剖面图

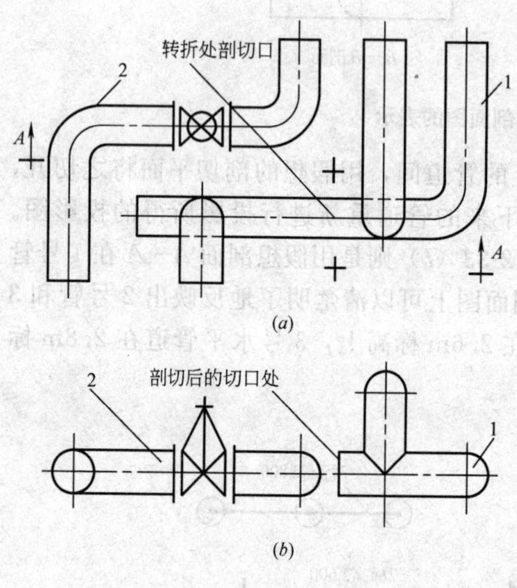

图 2-35　管道间的转折剖面图
(*a*) 管道的平面图；(*b*) *A*—*A* 剖面图

（5）管道间的转折剖面图

管道间的转折剖面图是用两个相互平行的剖切平面在管道间进行剖切所得到的剖面图，亦称阶梯剖。

在管道之间所进行的剖切一般来说剖切位置线是一条直线，但有时会碰到在一条剖切线上只需要剖切一部分管道，而另一部分管道又非留下不可的情况，这时用转折剖切的方法就比较适用。按制图规定，管道间的转折只允许一次，如图 2-35（*a*）所示。图 2-35（*b*）是其转折剖的剖面图。

在剖切平面的起始、转折、终止处，应有剖切符号清楚地表示出剖切的位置线。具体是：用十字形粗短划线表示剖切面的转折处，起始和终止处仍用通常的剖切符号表示，并注上剖面的编号。

2.4　管道的轴测图

（1）管道轴测图的概念

管道轴测图是能在一个平面上同时反映管道空间走向（长、宽、高方向）和实际位置的立体图，即它是利用平面图上相互垂直的三根坐标轴直线来确定管道在空间上下、左右、前后的位置与具体尺寸的。由于管道轴测图能比较清晰直观地反映管道空间布置情景，空间感强，故其广泛地应用于采暖通风、给水排水和化工工艺管道施工图中，并在施工图中占有重要的地位。

管道施工中常用的轴测图根据投影线与投影面的不同位置有管道的正等轴测图和管道的斜等轴测图两类。

（2）管道的正等轴测图

管道的正等轴测图是指投影线垂直于轴测投影面，简称正轴测图。其特征是投影面上

三根轴测轴 X、Y、Z 的轴间角相等，为 120°；三轴的轴向缩短率相等，为 0.82，如图2-36所示。在管道工程的正等测图上，为了方便量取图中沿轴向的实长，通常将各轴向长度的放大比例定为 1.22∶1。

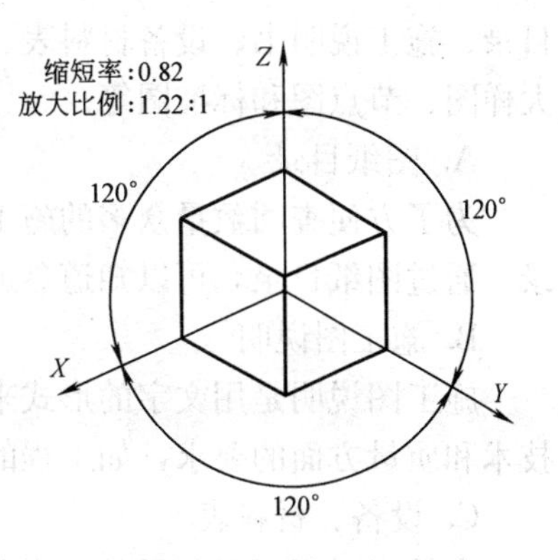

图 2-36　正轴测图

在管道的正轴测图中，三根轴测轴 X、Y、Z 可分别与前后、左右、上下方位相对应。例如图 2-37（a）所示的某管线的平、立面图，其包括的六段管线中，1 号和 4 号管段是上下走向，2 号和 5 号管段是前后走向，3 号和 6 号管段是左右走向，并有一只阀门在 5 号管段上（手柄朝上）。该管线的正轴测图如图 2-37（b）所示。

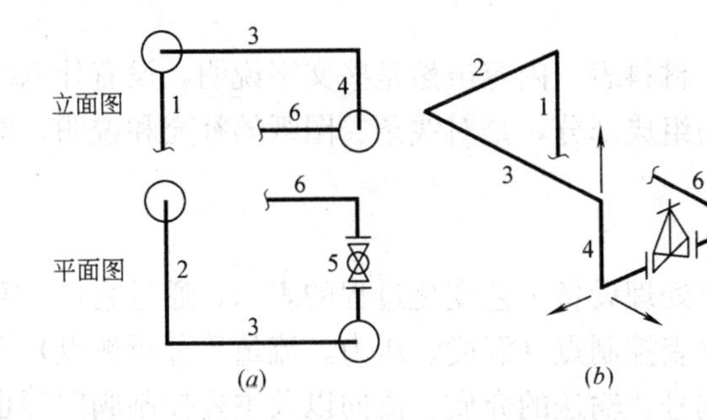

图 2-37　管线的正轴测图和斜轴测图

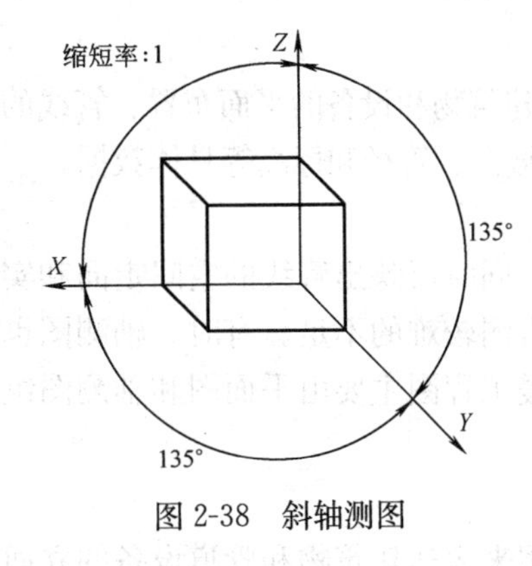

图 2-38　斜轴测图

（3）管道的斜等轴测图

管道的斜等轴测图是指投影线倾斜于轴测投影面，简称斜轴测图。其特征是轴测轴 X 通常水平放置，轴测轴 Z 垂直放置，轴测轴 Y 倾斜放置，并与 X、Z 的轴间角相等，为 135°；三轴的轴向缩短率相等，为 1，如图 2-38 所示。

在管道的斜轴测图中，三根轴测轴 X、Y、Z 可分别与左右、前后、上下方位相对应，如图 2-37（c）所示。

2.5　管道施工图的识读

（1）管道施工图的分类

1）按专业分类

管道施工图按专业可分为化工工艺管道施工图、采暖通风管道施工图、动力管道施工图、给排水管道施工图等。每一个专业里又可分为许多具体的工程施工图。例如，给排水工程施工图可分为给水管道施工图、排水管道施工图和卫生工程施工图；采暖通风管道施工图可分为采暖、通风、空气调节和制冷管道施工图；动力管道施工图又可分为氧气管道、煤气管道、空压管道、乙炔管道和热力管道等具体的专业管道施工图。

2）按图形及其作用分类

按图形及其作用，管道施工图可分为基本图和详图两大部分。其中，基本图包括图纸目录、施工说明书、设备材料表、流程图、平面图、轴测图和立（剖）面图等；详图包括大样图、节点图和标准图等。

A. 图纸目录

为了方便查阅数量众多的施工图纸，图纸通常按一定的图名和顺序归纳编排成图纸目录。通过图纸目录，可以知道参加设计的单位、工程名称、工程地点、图纸编号及名称。

B. 施工图说明

施工图说明是用文字的形式来表达图样中无法表示，而又必须使施工人员知道的一些技术和质量方面的要求，如工程的主要技术数据、施工和验收要求以及注意事项等。

C. 设备、材料表

它是指工程项目所需的各种设备和各类管道、管件以及防腐、保温材料的名称、规格、型号、数量的明细表。

图纸目录、施工图说明和设备、材料表三内容虽然是些文字说明，没有什么线条和图形，但它们是施工图纸中必不可少的组成部分，是对线条、图纸的补充和说明。对这些内容的了解，有助于管道图的识读。

D. 流程图

流程图是对一个生产系统或一个处理设备工艺变化过程的表示，通过它可以对设备的位号、构筑物的名称及整个系统的仪表控制点（温度、压力、流量等分析测点）有一个全面的了解。同时，对管道的规格、编号、输送的介质、流向以及主要控制阀门等也有一个确切的了解。

E. 平面图

平面图是施工图中最基本的一种图样，主要用来表示建筑物和设备的平面布置、管线的走向、排列和各部分的长宽尺寸，以及每根管子的坡度、坡向、管径和标高等具体数据。

F. 轴测图

轴测图是重要的管道施工图样，它能在一个平面图上同时反映出管线的空间走向和实际位置，能帮助想象管线的布置情况，弥补平、立面图看图较难的不足。有时，轴测图也能代替立面图或剖面图，例如，室内的给、排水图或采暖工程图主要由平面图和轴测图组成，一般不再绘出立面图和剖面图。

G. 立面图和剖面图

立面图和剖面图是施工图中最常见的图样，它主要用来表达建筑物和管道设备的立面布置，管线垂直方向上的排列和走向，以及每路管线的编号、管径和标高等具体数据。

H. 节点图

节点图是用来清楚表示某一部分管道详细结构与尺寸的详图，是对平面图（或其他施工图）所不能反映清楚的某点图形的放大。节点图应有节点代号来表示它所在的位置，如“*A* 节点”图，就是表达对应于平面图上用“*A*”所表示的部位图。

I. 大样图

大样图是表示一组设备的配管或一组管配件组合安装的一种详图。它的特点是用双线图表示，对实物有真实感，并对组装体各部位的详细尺寸都做了注记。

J. 标准图

标准图是一种具有通用性质的图样。标准图一般出自国家或有关部委出版的，作为国家标准或部标准的标准图集中，它通常对成组的管道、设备或部件具有具体的图形和详细的尺寸。标准图虽不用来作为单独进行的施工图使用，但它是施工图的一个组成部分或是某一部分的详图。

（2）管道施工图的表示方法

1）标题栏

标题栏具体的格式没有统一的规定，它所提供的内容要比图纸目录更深一层，常见的格式如表 2-6 所示，有关内容是：

设计项目：根据该项目工程的某一车间或工段的具体工程名称定。

图名或标题：表明本图纸主要内容的名称。

设计（项目）号：设计部门对该工程的编号，或是该工程的代号。

设计阶段（图别）：表明本图所属的专业和设计阶段。

图号：表明本专业图纸的编号顺序。

比例：管道图纸上的长短与实际大小的比值。如比例标注 1∶50，则表示图纸上的 1m 代表实际尺寸的 50m。管道施工图中常用的比例有：1∶25、1∶50、1∶100、1∶200、1∶500、1∶1000 等。

标　题　栏　　**表 2-6**

<table>
<tr><td colspan="7">（设计单位名称）</td></tr>
<tr><td>设计</td><td></td><td></td><td colspan="4" rowspan="3">（图名或标题）</td></tr>
<tr><td>校核</td><td></td><td></td></tr>
<tr><td>审核</td><td></td><td></td></tr>
<tr><td colspan="2">设计(项目)号</td><td></td><td rowspan="2">比例</td><td rowspan="2"></td><td rowspan="2">图号</td><td rowspan="2"></td></tr>
<tr><td colspan="2">图别</td><td></td></tr>
</table>

2）线型

管道施工图上各种不同的线型具有不同的含意和作用。表 2-7 是管道图中常用的几种线型及使用情况。

管道图中常用的几种线型　　**表 2-7**

序号	名称	线　型	宽度	适　用　范　围
1	粗实线		b	①主要管线；②图框线
2	中实线		$b/2$	①辅助管线；②分支管线
3	细实线		$b/4$	①管件、阀件的图线；②建筑物及设备轮廓线；③尺寸线
4	粗点画线		b	主要管线（有别于粗实线代表的管线）
5	点画线		$b/4$	①定位线；②中心线
6	粗虚线		b	①地下管线；②被设备遮盖的管线
7	虚线		$b/2$	①设备内辅助管线；②不可见轮廓线
8	波浪线		$b/4$	①管件、阀件断裂处边界线；②构造层次的局部界线

3）管路的规定代号

管线一般采用粗实线表示。为了区别各种不同类别的管路，常在图中管线中间注上代表不同管路的字母规定符号（表 2-8），例如介质为水的管路用 S 表示（图 2-39）。

管路的规定代号 表 2-8

类别	名称	规定符号	类别	名称	规定符号	类别	名称	规定符号
1	上水管	*S*	9	煤气管	*M*	17	乙炔管	*YI*
2	下水管	*X*	10	压缩空气管	*YS*	18	二氧化碳管	*E*
3	循环水管	*XH*	11	氧气管	*YQ*	19	鼓风管	*GF*
4	化工管	*H*	12	氮气管	*DQ*	20	通风管	*TF*
5	热水管	*R*	13	氢气管	*QQ*	21	真空管	*ZK*
6	凝结水管	*N*	14	氩气管	*YA*	22	乳化剂管	*RH*
7	冷冻水管	*L*	15	氨气管	*AQ*	23	油管	*Y*
8	蒸汽管	*Z*	16	沼气管	*ZQ*			

S

S_1

S_2

S_3

图 2-39 上水管的规定符号

在施工图中，若仅有一种管路或同一图上大多数是相同的管路，其符号可以省略不标，只需在图纸中加以说明；若同一类别的管路又分若干情况，则可在管路符号的右下角标注数字来区别，如生产上水管、生活上水管和消防水管分别用 S_1、S_2 和 S_3 来区别。

4）管道图例

管道施工图中的管件和阀件通常都用规定的图例符号来表达。这些图例符号不完全反映实物的形象，仅是示意性地表示具体的设备或管、阀件。各种专业的管道图例是不尽相同的，表 2-9 是常用的图例符号，供参考。

管道施工图中常用的图例符号 表 2-9

名称	图例符号	备注
外露管		表示介质流向
管线固定支架		
保温管线	或	
带蒸汽伴热的保温管线		
法兰盖（盲板）		注明厚度
8字盲板		注明操作开（或关）
椭圆型封头		
过渡器		箭头表示介质流向
孔板		注明法兰间距
活接头		内外螺纹连接
快速接头		
方形补偿器		
波形补偿器	或	

名称	图例符号	备注
闸阀	法兰连接 螺纹连接	应注明型号
截止阀（阀门）		①应注明介质流向 ②应注明型号
止回阀（单向阀）		①应注明介质流向 ②应注明型号
旋塞阀		应注明型号
减压阀		应注明型号
取样阀		
疏水阀		应注明型号
角式截止阀		应注明型号
液动阀（气动阀）		应注明型号

5）标高

管道的高度用标高表示。在立（剖）面图中，为表明管线的垂直间距，一般只注写相对标高而不注写间距尺寸。立（剖）面图的标高符号与平面图的相同，在需要标注的部位作一引出线，如图 2-40（*a*）所示。对于需要标注管中标高或管底、管顶标高的管子可用图 2-40（*b*）所示标高符号表示。

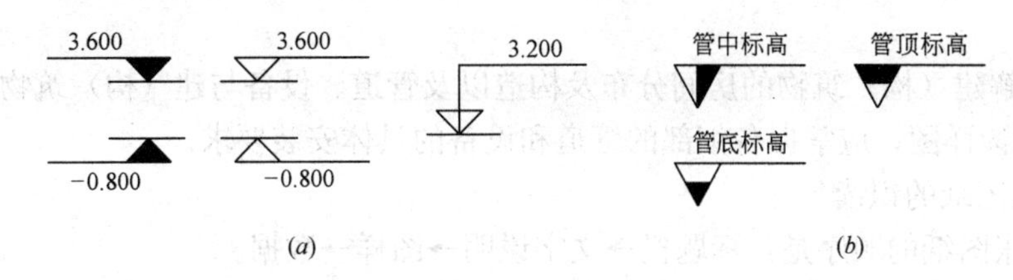

图 2-40 标高符号及注法

管道的标高一般指管子中心线的标高，但排水管标注在管内底处，轴测图中往往标注在管道的下方。

管道的标高一般是以建筑底层室内地坪为正负零的相对标高，比地坪低的用负号表示，比地坪高的用正号表示（正标高数字前可省略正号）。标高单位一般以“m”为单位，标高数字一般标注至小数点以后第三位。

6）坡度及坡向

如图 2-41 所示，坡度符号为“*i*”，在其等号后的数字为坡度值。坡向符号用箭头表示，箭头方向表示低向。

i=0.003
管线
管线
i=0.003

图 2-41 坡度及坡向的表示

7）管子连接的表示方法

管子连接的常用形式有螺纹连接、焊接连接、法兰连接、承插连接和活接头连接等，它们的连接符号如表 2-10 所示。

管子连接形式及其符号 **表 2-10**

管子连接形式	符 号	管子连接形式	符 号
螺纹连接		焊接连接	
法兰连接		承插连接	
活接头连接			

（3）管道施工图的识读

1）整套图纸的识读

识读整套图纸的顺序是：图纸目录→施工图说明书→设备材料表→流程图→平、立（剖）面图和轴测图→详图。

A. 对识读流程图应掌握的内容

(A) 了解设备数量、规格、型号、名称及管子、管件、阀门、仪表的规格、型号等情况；

(B) 了解物料介质的流向及变化情况。

B. 对识读平、立（剖）面图和轴测图应掌握的内容

(A) 掌握管道、设备、阀门和仪表等在空间的分布情况及有关施工图中所要表示的内容；

(B) 了解建（构）筑物的房间分布及构造以及管道、设备与建（构）筑物的关系。

C. 对识读详图，应掌握各细部的管道和设备的具体安装要求。

2) 单张图纸的识读

识读单张图纸的顺序是：标题栏→文字说明→图样→数据。

通过标题栏，可知图纸名称、工程项目、设计阶段、比例等；通过文字说明，可知对该图纸的施工要求，了解图例的意义等；通过图样可知管线、设备的布置、排列，管子的走向、坡度、标高及具体数据等。

识读单张图纸的关键是识读管道的正投影图样。

3) 识读管道的正投影图

A. 识读的方法和步骤

(A) 看视图，想形状：首先应搞清楚用几个视图表达管线的形状、排列和走向，然后看平面图与立（剖）面图、立（剖）面图与侧面图、侧面图与平面图之间的关系，想象出管线的大概轮廓形状。

(B) 对线条，找投影：管线在各个视图之间的投影关系，尤其是积聚、重叠和交叉管线之间的投影关系，可以用对线条（即长对正、高平齐、宽相等的三等关系）来找出。

(C) 合起来，想整体：看懂了各视图的各部分形状后，再根据它们的投影关系，综合起来想象，对各路管线形成一个完整的认识。这样，就可以在头脑里把整个管线的立体形状和空间走向完整地勾画出来。

B. 识图举例

【例 2-1】 图 2-42 螺纹连接管线双线图的识读。

由图 2-42 分析可知，横管 *A*、*B* 和立管 *C* 位于正平面内，*A*、*B* 两管在水平面上的投影重叠，*A*、*B*、*C* 三管均有实长性和积聚性。三只阀门在正面立面图上呈三角形，手柄向前；在水平面上阀门 1 和阀门 2 的投影重叠，阀门 3 有积聚性；在侧面图上阀门 3 反映侧面实形，阀门 1 和阀门 2 的阀体则分别被立管上的两只三通所遮，不能全部看到，主要看到的是阀体的手柄。

【例 2-2】 图 2-43 冷却器及其配管图的识读。

通过图分析可知：该系统由三路管线和两台冷却器组成，冷却器编号为 201、202，三路管线编号分别为 1、2、3。在正立面图中，201、202 这两台冷却器显示完整，1 号管线在冷却器的前面接入，2 号管线和 3 号管线在冷却器的后面接出；1 号管线右上角有个圆心带点的小圆表示 1 号管线管口断面的投影，2 号管线上有个圆心带点的小圆表示 2 号管线管口断面的投影；2 号管线和 3 号管线有一部分被冷却器遮挡，因此用虚线表示。

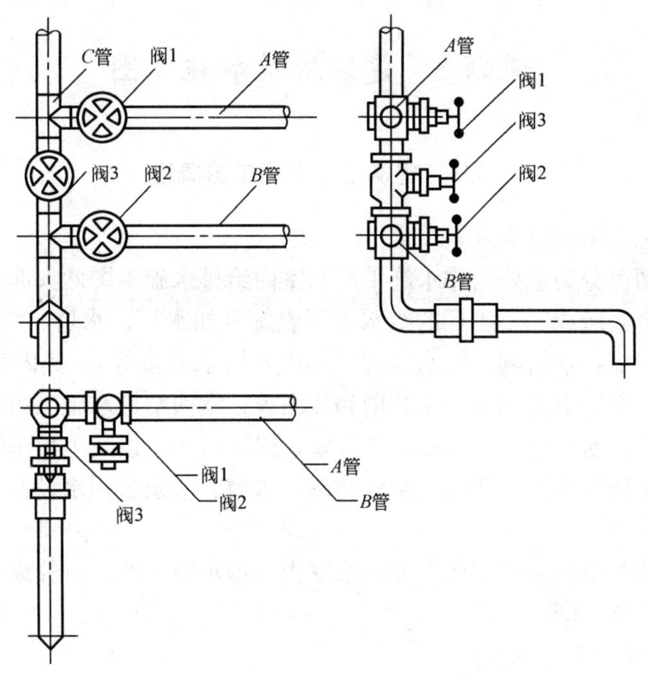

图 2-42　螺纹连接管线的双线图

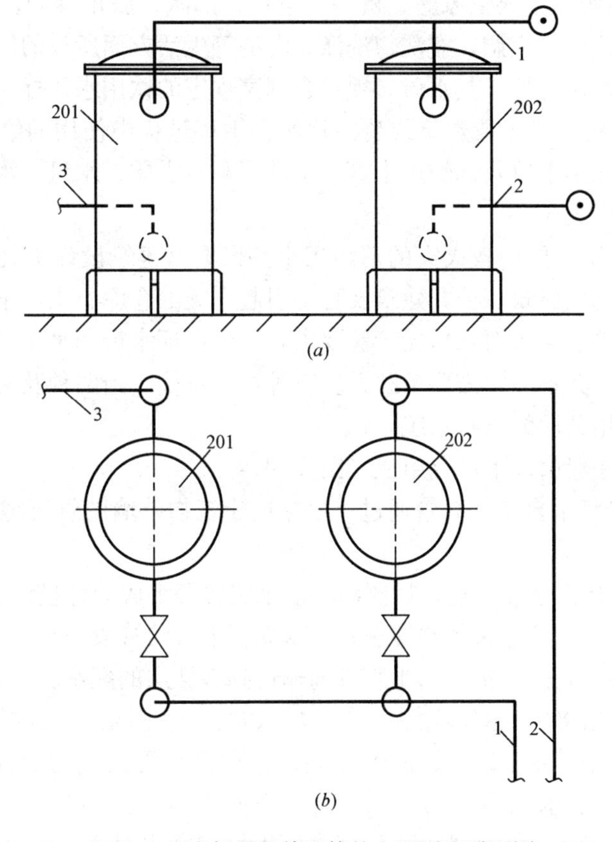

图 2-43　冷却器及其配管的立面图和平面图

(a) 正立面图；(b) 平面图

课题3 建筑给排水施工图

3.1 建筑给排水施工图概述

(1) 给排水施工图的分类及其组成

给排水施工图可分为室外给排水施工图和室内给排水施工图两大部分。室外给排水施工图表示的是一个区域或一个工厂的给水工程设施（如水厂、水塔、泵站、给水管网等）和排水工程设施（如排水管网、污水处理厂和提升污水的泵等），其内容包括管道总平面布置图、流程示意图、纵断面图、工艺图和详图等；室内给排水施工图表示的是一幢建筑物内用水房间（如厕所、浴室、厨房、实验室、锅炉房等）以及工厂车间的给水和排水设施，其内容包括平面布置图、管路系统轴测图、水箱、水泵、用水设备、卫生器具等的安装详图。

通常所说的建筑给排水施工图主要是指室内给排水施工图，可分成室内给水系统施工图和室内排水系统施工图。

1) 室内给水系统分类和组成

室内给水系统根据用途的不同一般可分为三类：

A. 生活给水系统：主要供家庭、机关、学校、部队、旅馆等居住建筑、公共建筑以及工业企业内部的饮用、烹调、盥洗、洗涤、淋浴等生活方面所设的供水系统。该系统除满足需要的水量和水压之外，其水质必须符合国家规定的饮用水质标准。

B. 生产给水系统：指工业建筑或公共建筑在生产过程中使用的给水系统，如空调系统中的制冷设备冷却用水以及锅炉用水等。生产用水对水质、水量、水压及可靠性的要求由于工艺不同差别很大。

C. 消防给水系统：供扑救火灾的消防用水。根据《建筑设计防火规范》的规定，对于某些层数较多的民用建筑、公共建筑及容易引起火灾的仓库、生产车间等，必须设置室内消防给水系统。消防给水对水质无特殊要求，但要保证水量和水压。

在一幢建筑内，并不一定需要单独设置三种给水系统，当两种及两种以上用水的水质相近时，应尽量采用共用的给水系统。

室内给水系统一般由以下部分组成（图2-44）：

A. 引入管：指将水自室外总管通过一根穿过建筑物外墙的管道将水引向室内的水平管段，又称进户管。

B. 水表节点：指由水表及前、后阀门，泄水装置等组成的计量设备。

C. 干管：指将引入管送来的水转送到给水立管中去的管段。

D. 立管：指将干管送来的水沿垂直方向输送到各楼层的配水支管中去的管段。

E. 配水支管：指将水从立管输送至各个配水龙头或用水设备处的供水管段。

F. 给水附件：为了便于取用、调节和检修，在给水管路上需要设置各种给水附件，例如管路上各种阀门、水龙头等。

G. 升压和贮水设备：当室外给水管网水压不足或室内对安全供水和稳定水压有要求时，需要设置各种附属设备，例如水泵、水箱以及气压给水设备等。

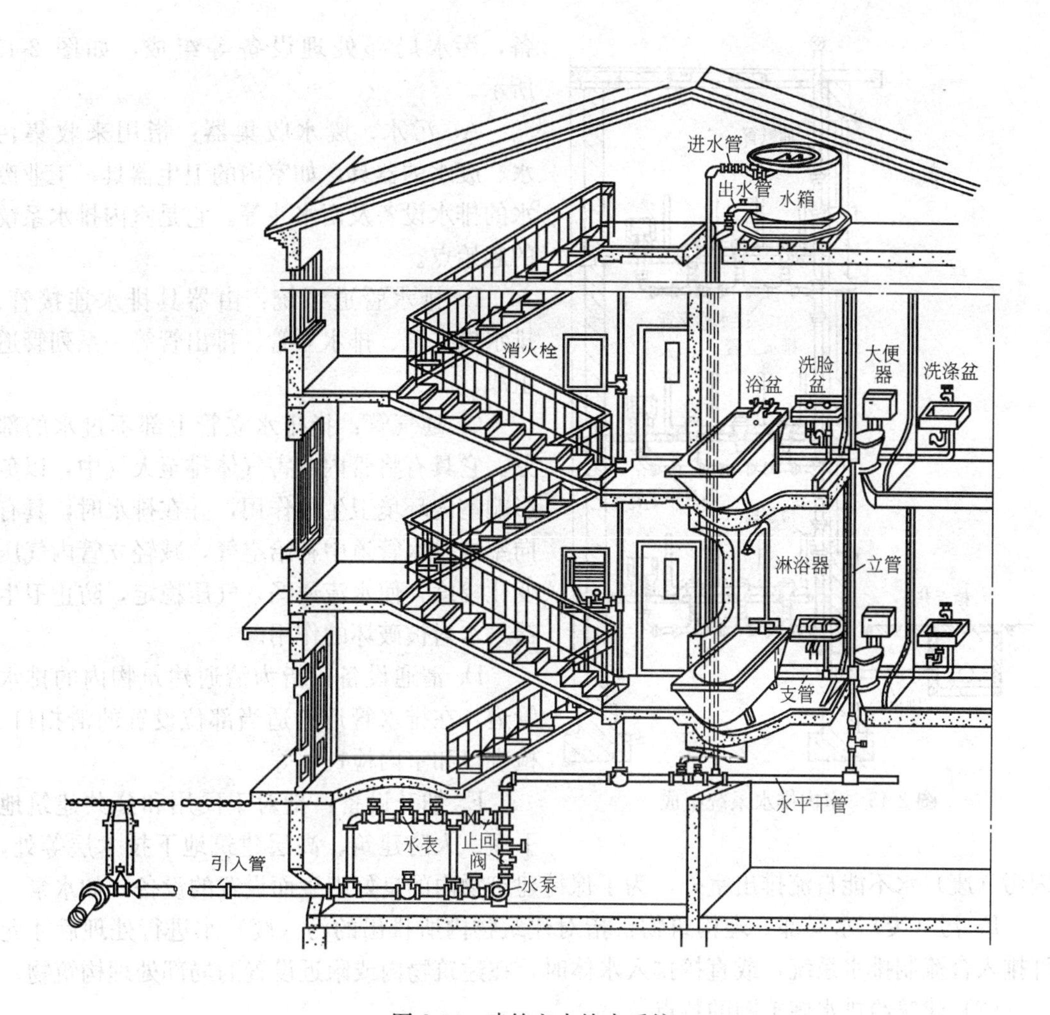

图 2-44　建筑室内给水系统

H. 室内消防设备：根据《建筑设计防火规范》的要求，需要设置室内消防给水时，一般应设消火栓，有特殊要求时，还应设置自动喷水灭火设备、水幕消防系统等。

2）建筑室内排水系统的分类与组成

建筑室内排水系统通常分为以下几类：

A. 生活排水系统：指排除人们日常生活中的盥洗、洗涤、洗浴的生活废水和卫生器具（大、小便器）产生的生活污水的系统。生活排水主要有生活废水和生活污水。

B. 生产排水系统：指排除工业生产过程中产生的生产废水和冷却废水的系统。

C. 雨、雪水排水系统：指排除降落在屋面的雨水、雪水排水措施。

D. 其他排水：从公共厨房排出的含油脂的废水经隔油池处理排入废水管道，冲洗汽车的废水，亦须单独收集，局部处理后排放。还有游泳池排水等。

上面所述生活污水、工业废水及雨雪水三类污水、废水，若分别设置管道系统将之排出建筑物外，则称为分流制排水系统；若将性质相近的污水、废水管道组合起来合用一套排水系统，则称合流制排水系统。

室内排水系统一般由污水、废水收集器，排水管系统，通气管，清通设备，抽升设

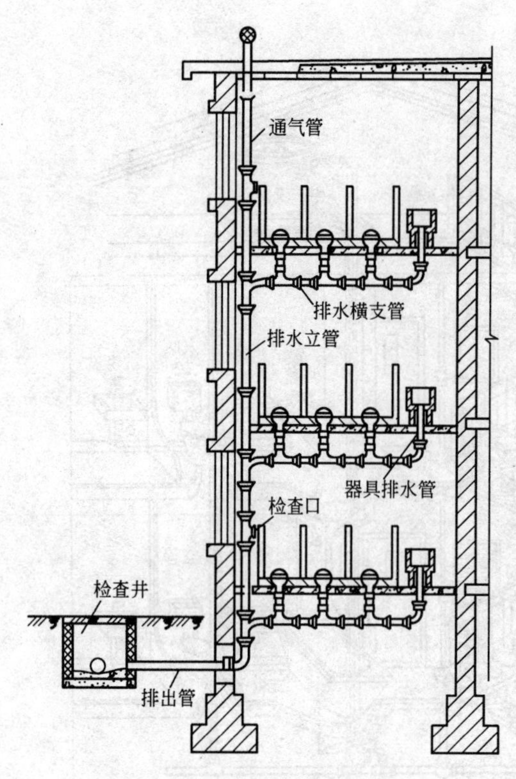

图 2-45　室内排水系统组成

备，污水局部处理设备等组成，如图 2-45 所示。

A. 污水、废水收集器：指用来收集污水、废水的器具，如室内的卫生器具、工业废水的排水设备及雨水斗等。它是室内排水系统的起始点。

B. 排水管道系统：由器具排水连接管、排水横支管、排水立管、排出管等一系列管道组成。

C. 通气管：指排水立管上部不过水的部分。它具有将管内有害气体排至大气中，以免影响室内环境卫生的作用，并在排水时，具有向室内排水管道中补给空气，减轻立管内气压变化幅度，使水流通畅，气压稳定，防止卫生器具水封被破坏的作用。

D. 清通设备：指为清通建筑物内的排水管道，在排水管道的适当部位设置的清扫口、检查口和室内检查井等。

E. 抽升设备：指对于民用和公共建筑地下室、人防建筑、高层建筑地下技术层等处，因污（废）水不能自流排出室外，为了保持建筑物内的良好卫生而设置的设备，如水泵。

F. 污（废）水局部处理构筑物：指对建筑物内所排出的污（废）水进行处理后才允许排入合流制排水系统，或直接排入水体时，在建筑物内或附近设置的局部处理构筑物。

（2）建筑给排水施工图的特点

建筑给排水管道平面布置图和管路系统轴测图中的管线、阀门、卫生器具及其他设备都是用统一的图例符号表示。因此，要识读建筑给排水施工图必须对与图纸有关的图例及其表示的内容有所了解（如课题 2 中的表 2-9）。表 2-11～表 2-14 所列的是室内建筑给排水施工图中其他常用的图例符号。

给排水施工图中其他常用附件的图例符号　　**表 2-11**

名称	图例符号	名称	图例符号	名称	图例符号
防水套管		检查口		地沟管	
软管		滑动支架		多孔管	
可挠曲橡胶接头		清扫口	或	排水明沟	
存水弯		通气帽	或	排水暗沟	
自动冲洗水箱		雨水斗		防护套管	
圆形地漏		排水漏斗		方形地漏	

给、排水其他常用阀门的图例符号 **表 2-12**

名称	图例符号	名称	图例符号	名称	图例符号
三通阀		蝶阀		水泵接合器	
四通阀		弹簧安全阀		消防喷头（开式）	
电动阀	M	平衡锤安全阀		消防喷头（闭式）	
液动阀		延时自闭冲洗阀		洒水龙头	
底阀		自动排气阀		脚踏开关	
球阀		室外消火栓		水龙头	
隔膜阀		压力调节阀		消防报警阀	
气开隔膜阀		室内消火栓（单口）		温度调节阀	
气闭隔膜阀		室内消火栓（双口）		浮球阀	

卫生器具与水池的图例符号 **表 2-13**

名称	图例符号	名称	图例符号	名称	图例符号
水池、水盆		立式小便器		沉淀池	CC
带箅洗涤盆		挂式小便器		降温池	JC
洗脸盆		蹲式大便器		中和池	ZC
立式洗脸盆		坐式大便器		雨水口	
污水池		小便槽		放气井	
化验盆洗涤盆		饮水器		阀门井检查井	
妇女卫生盆		淋浴喷头		泄水池	
盥洗槽		矩形化粪池	HC	水封井	
浴盆		圆形化粪池	HC	跌水井	
水表井		除油池	YC		

给、排水设备与仪表的图例符号　　　　表 2-14

名称	图例符号	名称	图例符号	名称	图例符号
泵 L		开水器		流量计	
离心水泵		喷射器		自动记录流量计	
真空泵		水锤消除器		转子流量计	
手摇泵		过滤器		自动记录压力表	
定量泵		磁水器		电接点压力表	
管道泵		浮球液位器		压力计	
热交换器		搅拌器		减压孔板	
水-水热交换器		温度计		水流指示器	

3.2　室内给水、排水施工图识读

室内给水、排水施工图是表示一幢建筑物自给水房屋引入管和污水排出管范围内的给水工程和排水工程，主要包括给排水工程的平面布置图、系统轴测图和详图。图中可标注有关图例、施工说明以及采用的标准图名称等。下面以某一幢 4 层集体宿舍的给排水工程图为例来进行室内给水、排水施工图的识读。

（1）平面布置图（图 2-46）

给排水工程平面布置图通常表明建筑物内给排水管道及设备的各层平面布置，一般包括如下内容：

1）用水设备，如洗涤盆、大便器、小便器、地漏等的类型及位置；

2）各立管、水平干管及支管的各层平面位置、管径尺寸、各立管的编号以及管道的安装方式（明管或暗管）；

3）各管道配件如阀门、清扫口的平面位置；

4）给水引入管和污水排出管的管径、平面位置以及与室外给水、排水管网的联系。

从图 2-46 的底层和楼层（2～4 层）的平面布置图中可以看出：各层均设有盥洗台、拖布盆、蹲式大便器及小便槽等用水设备，各水龙头的间距为 600mm，给水管管径分别

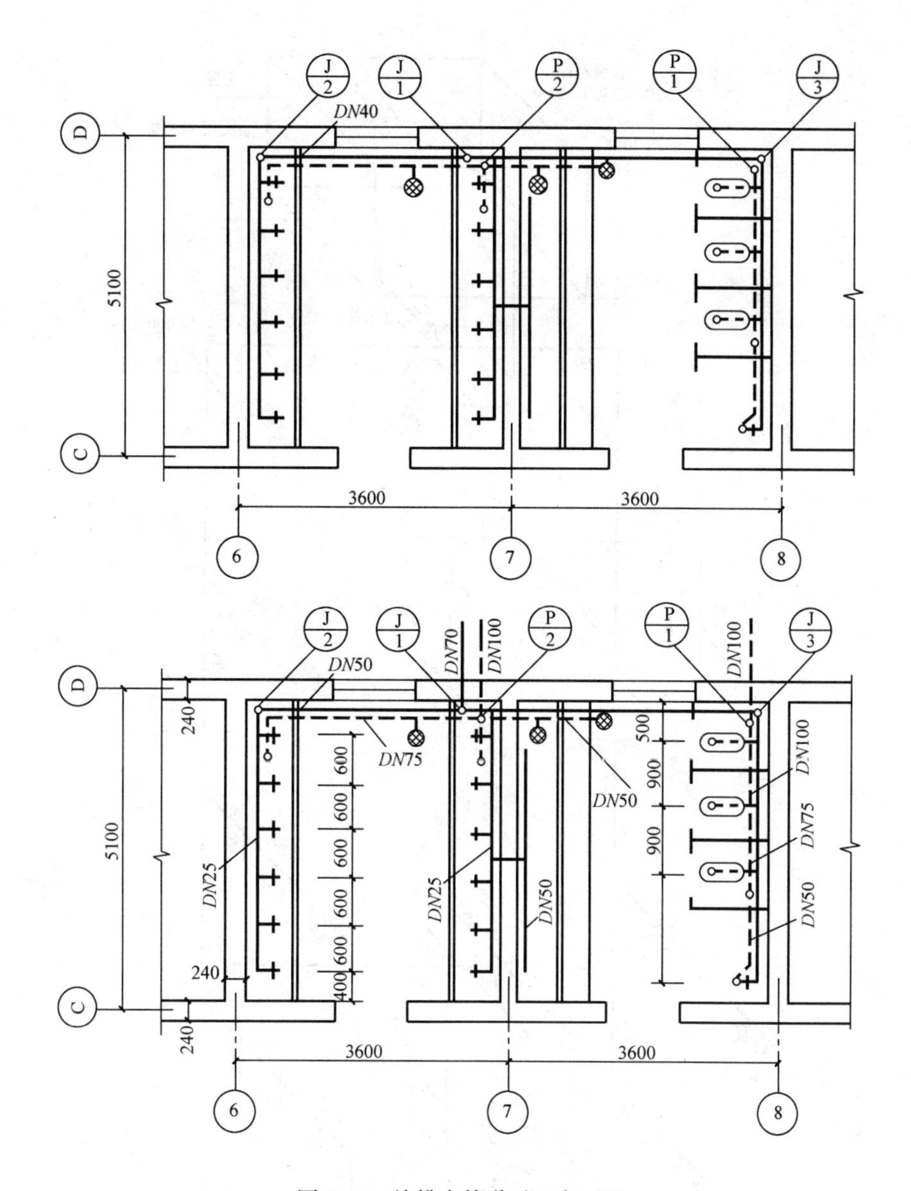

图 2-46　给排水管道平面布置图

为 70mm、50mm、40mm、25mm、15mm 等，3 根给水立管编号为$\frac{J}{1}$、$\frac{J}{2}$、$\frac{J}{3}$。除引入管外，室内给水管均以明管方式安装；各污水管下水口间距为 900mm、1400mm 等，污水管管径分别为 100mm、75mm、50mm 等，两根污水立管编号为$\frac{P}{1}$、$\frac{P}{2}$。图中还标明了阀门、清扫口、地漏等零件的位置及给水引入管、污水排出管的位置。

(2).系统轴测图（图 2-47、图 2-48）

给排水系统轴测图可分为给水系统轴测图和排水系统轴测图，它们是根据各层平面布置图中用水设备、管道等平面位置及竖向标高用斜轴测投影绘制而成，分别表明给水系统和排水系统的上下层之间、左右前后之间的空间关系。在系统轴测图上除注有各管径尺寸及立管编号外，还注有管道的标高和坡度。把系统轴测图与平面布置图对照阅读，可以了

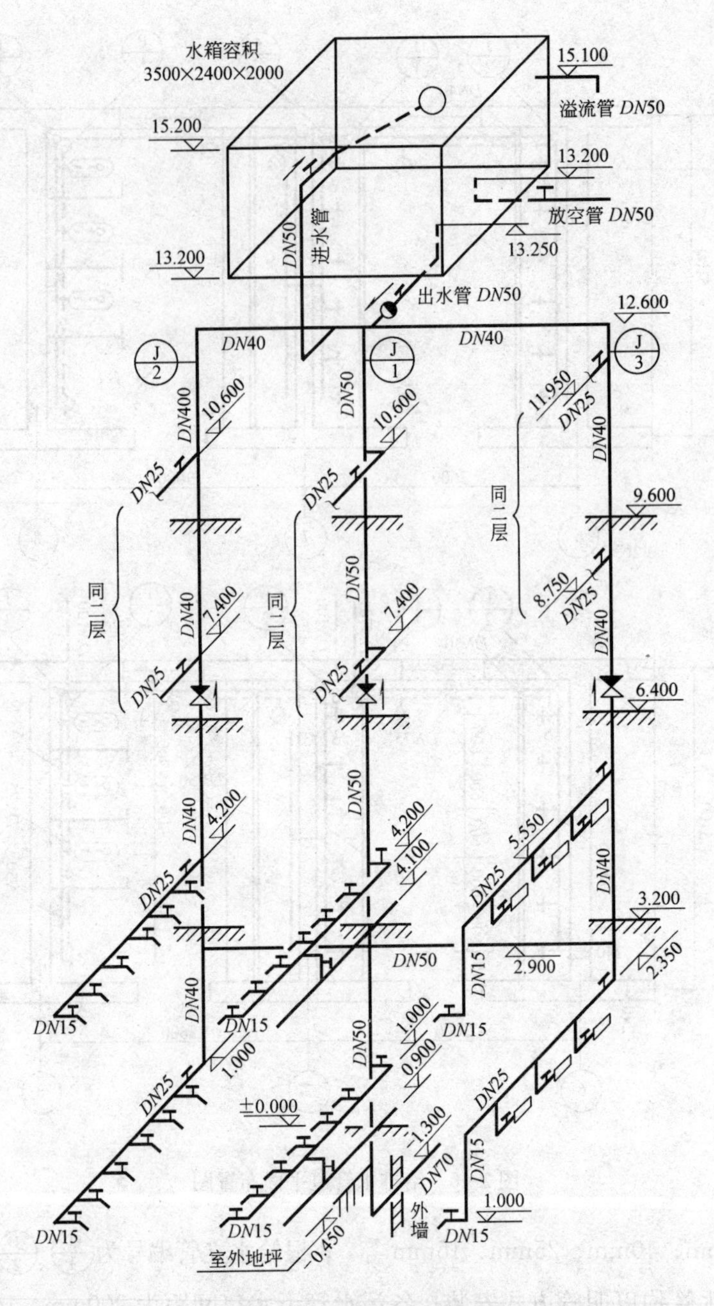

图 2-47　给水管道系统轴测图

解整个室内给排水管道系统的全貌。

阅读给水系统轴测图时，可由房屋引入管开始，沿水流方向经干管、支管到用水设备而进行。图 2-47 所示的给水管道系统轴测图表明：房屋引入管管径为 70mm，进户位置在立管$\frac{J}{1}$下部标高－1.300m 处；进户后经管径 *DN*50 的立管$\frac{J}{1}$至标高 2.900m 处引出管径为 *DN*50 的水平干管；再由水平干管引出管径为 *DN*40 的两根立管$\frac{J}{2}$、$\frac{J}{3}$；在各立管上引出各层水平支管通至用水设备。

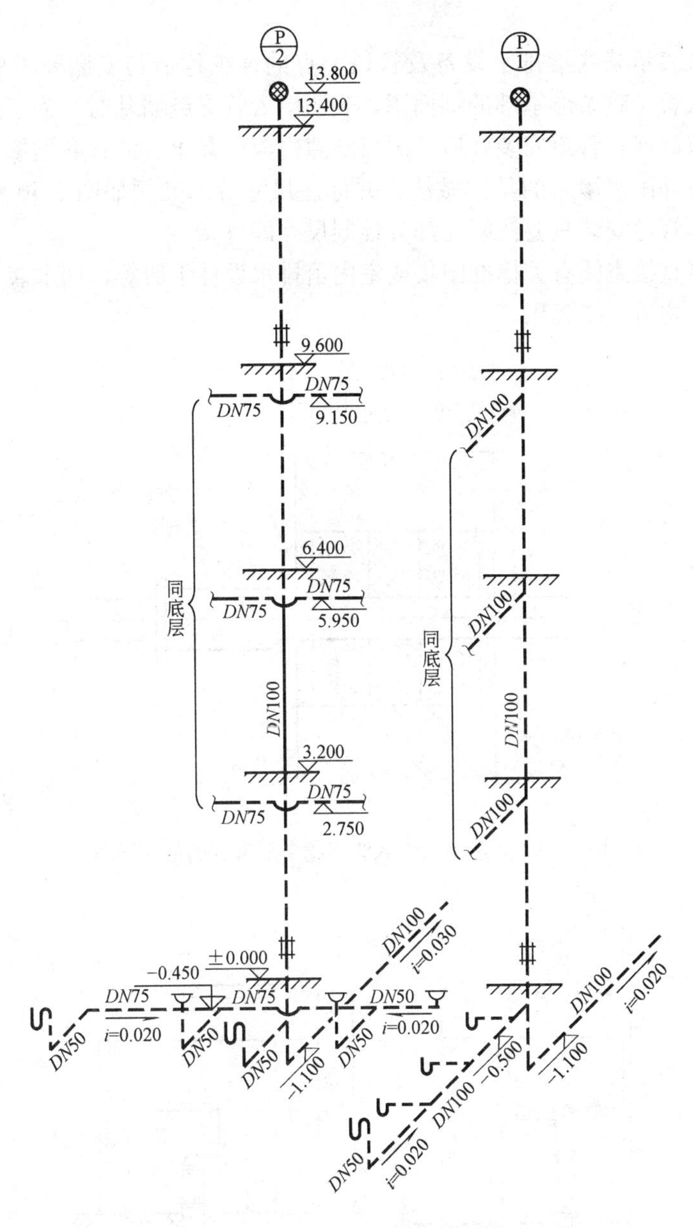

图 2-48　排水管道系统轴测图

阅读排水系统轴测图时，可由上而下，自排水设备开始，沿污水流向，经支管、立管、干管到排出管。图 2-48 所示的排水管道系统轴测图表明：各层大便器污水是流经各水平支管以 $i=0.020$ 的坡度到管径为 $DN100$ 的立管$\left(\frac{P}{1}\right)$，向下至标高－1.100m 处由水平干管、污水排出管排至室外化粪池；各层的小便槽和盥洗台的污水是经各水平支管以 $i=0.025$ 的坡度到管径为 $DN100$ 的立管$\left(\frac{P}{2}\right)$，向下至标高为－1.100m 处由水平干管及污水排出管排至室外排水管渠中去。

在平面布置图中只表明了各管道穿过楼板和墙的平面位置，而在系统轴测图中，还表明了各穿越处的标高（图 2-47、图 2-48）。

(3) 详图

详图是用来表示某些给排水设备及管道节点的详细构造与安装要求的。例如图 2-49 所示的给水引入管穿越条形基础的剖面图，表明引入管穿越墙基时，为了避免墙基下沉压坏管道，应预留洞口，管道安装好后，洞口空隙内应用黏土、沥青麻丝填实，外抹 M5 水泥砂浆以防止室外雨水渗入的具体做法，并标注尺寸等。又例如图 2-50 所示的拖布池安装详图，其具体管道安装只要注明几部分控制尺寸即可。

有些详图可直接查阅有关标准图集或室内给排水设计手册等，如水表安装详图、卫生设备安装详图等均可直接套用。

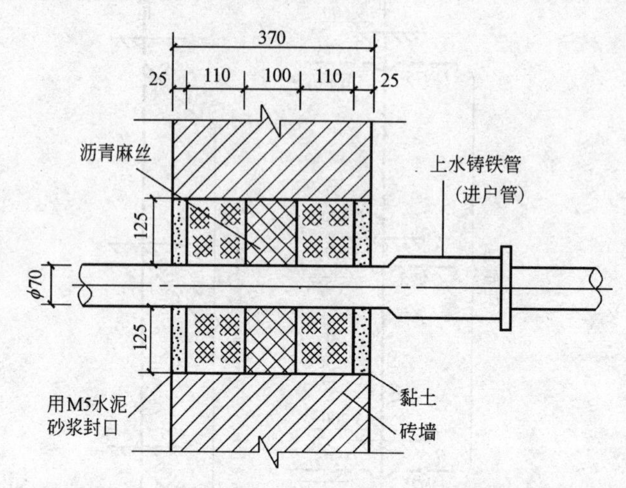

图 2-49 房屋给水引入管穿越条形基础的剖面详图

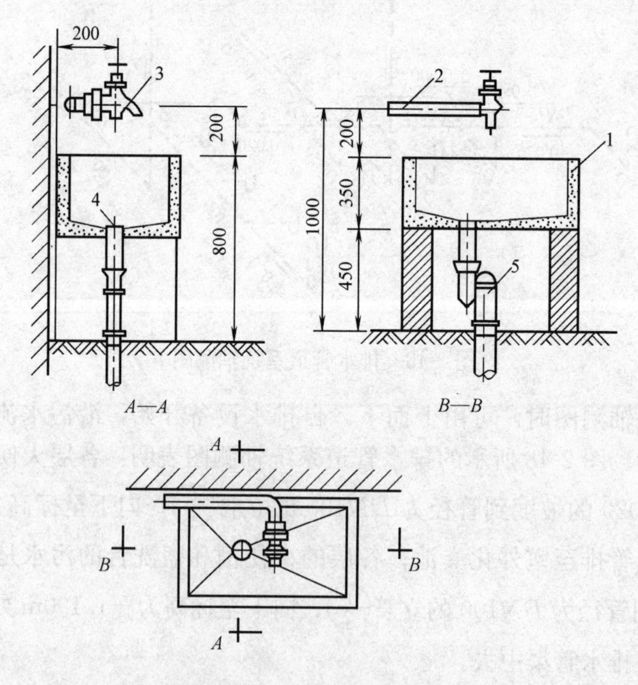

图 2-50 拖布池安装详图

1—拖布池；2—供水支管；3—水龙头；4—出水口；5—存水弯

课题4　建筑采暖施工图

4.1　采暖施工图的基本知识

(1) 建筑采暖的基本概念

1) 供热系统、采暖系统及供暖系统的概念

在寒冷地区，尤其是我国的北方地区，室外温度远低于室内温度，室内的热量会通过建筑物的外墙、门窗、屋顶、地面等围护结构不断地传向室外。为了维持室内的温度，满足人们正常进行工作和生活的要求，就必须向室内供给相应的热量。这种向室内提供取暖热量的工程设施叫做供暖系统，它通常由室外的供热系统（外网）和室内的采暖系统（内网）两部分组成。供热系统不仅用于向建筑物采暖提供热量，而且还用于向热水供应、通风、空气调节和生产工艺系统等用热设施提供热量。

所谓建筑采暖就是在寒冷季节，为维持人们日常生活、工作和生产活动所需要的环境温度，用一定的方式向室内补充由于室内外温差引起的室内热损失量。建筑采暖系统主要由热源（如热水、蒸汽、热风等热媒）、输热管道系统（由室内管网组成的热媒输配系统）和散热设备（如散热器）三个基本部分构成。

2) 建筑采暖系统的基本类型

A. 按采暖的范围分：

(A) 局部采暖系统：指采暖系统的三个主要组成部分——热源、管道和散热器（设备）——在构造上连成一个整体的采暖系统。

(B) 集中采暖系统：指采用锅炉或水加热器对水集中加热，通过管道向一幢或数幢房屋供热的采暖系统。

(C) 区域采暖系统：指以集中供热的热网作为热源，向城镇某个生活区、商业区或厂区采暖供热的系统，其规模比集中采暖系统更大。

(D) 单户采暖系统：指仅为单户住宅而设置的一种独立采暖系统，如太阳能热水采暖系统、燃气热水炉采暖系统等。

B. 按热媒的不同分：

(A) 热水采暖系统：其热媒是热水，是依靠热水在散热设备中所释放出的显热（热水温度下降所放出的热量）来采暖的。根据供水温度的不同，热水采暖系统可分为低温水采暖系统和高温水采暖系统（习惯认为温度低于或等于100℃的热水称为低温水，大于100℃的热水称为高温水）；根据热水在系统中循环的动力不同，热水采暖系统又可分为自然循环热水采暖系统、机械循环热水采暖系统和蒸汽喷射热水采暖系统。

(B) 蒸汽采暖系统：热媒是蒸汽，主要是依靠水蒸气在采暖系统的散热设备中放出的潜热（蒸汽凝结成水所释放出的热量）来采暖的。根据蒸汽的（起始）压力大小，蒸汽采暖系统可分为高压（绝对压力$>1.7\times10^5$Pa）蒸汽采暖系统、低压（绝对压力$\leqslant1.7\times10^5$Pa）蒸汽采暖系统和真空（绝对压力<大气压力）蒸汽采暖系统；根据凝结水回水的情况又可分为重力回水蒸汽采暖系统和机械回水蒸汽采暖系统两类。

(C) 热风采暖系统：它是以热空气作热媒的采暖系统。运行时，首先通过空气加热

器设备将空气加热，使其温度达到 35～50℃，然后将高于室温的空气送入室内，放出热量，从而达到采暖的目的。空气加热一般是利用蒸汽或热水通过金属壁的传热来实现的，也可通过热风炉的烟气来加热空气。

(D) 烟气采暖系统：它是直接利用燃料在燃烧时所产生的高温烟气，在流动过程中通过传热面向房间内散出热量来达到采暖目的的。如火炉、火墙、火炕等形式，在我国北方广大乡镇中有较普遍的使用。

本课题主要是讲一幢建筑物（民用住宅或工厂车间）内热水或蒸汽采暖系统的平面布置图、系统轴测图和详图。

3）建筑采暖系统的基本图式

A. 单管式与双管式：单管式系统是指与散热器连接的立管只有一根（图 2-51 右侧），又分顺流式（图右侧Ⅲ）、跨越式（或称闭合式，图右侧Ⅳ）和跨越式与顺流式相结合的系统形式（图右侧Ⅴ）；双管式系统是指与散热器连接的立管均有两根（图 2-51 左侧Ⅰ、Ⅱ）。

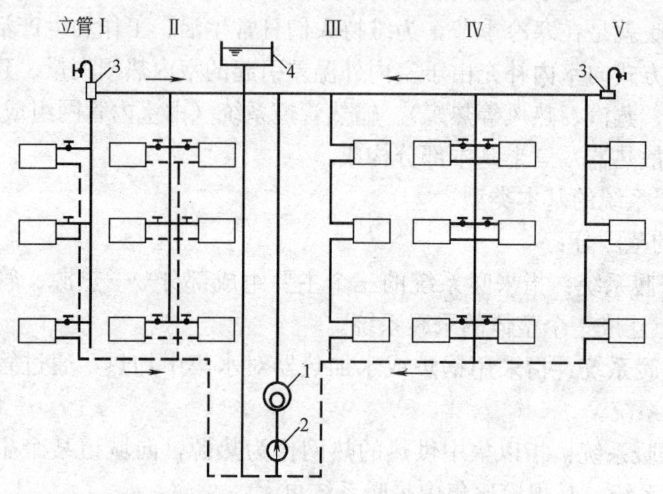

图 2-51　机械循环上供下回式热水采暖系统
1—热水锅炉；2—循环水泵；3—集气装置；4—膨胀水箱

B. 垂直式与水平式：垂直式系统指上下层的散热器是由立管连接起来的（图 2-51）；而水平式系统则指同一层的散热器是由水平管连接起来（图 2-52），它也具有顺流式连接和跨越式连接两种形式。

C. 上供式与下供式、下回式与上回式：“上供”是指供水（或供汽）的水平干管敷设于最高层散热器上部，然后接立管、支管通向散热器（图 2-51、图 2-55、图 2-56）；“下供”是指供水（或供汽）水平干管敷设于最底层散热器下部，然后接立管、支管通向散热器（图 2-53、图 2-54）；“下回”是指回水干管敷设于最底层散热器下，与回水立管连接（图 2-51、图 2-53、图 2-55、图 2-56）；“上回”是指回水干管敷设于最高层散热器上部与回水立管连接（图 2-54）。

D. 异程式与同程式：异程式系统是指通过各个立管的循环环路的总长度不相等，如图 2-51、图 2-53 和图 2-55 所示；同程式系统是指通过各个立管的循环环路的总长度基本相等，如图 2-56 所示。

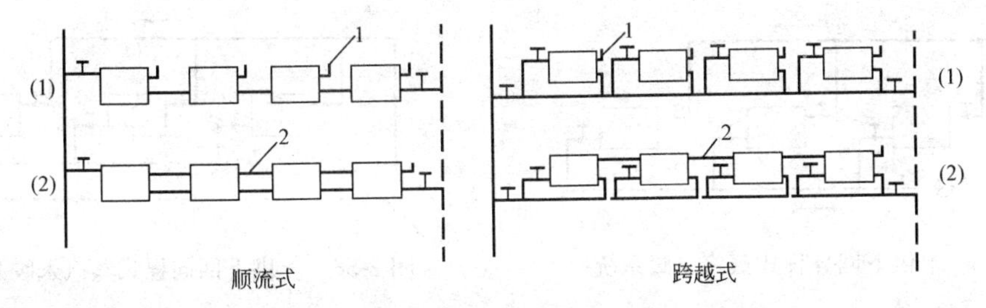

图 2-52　水平式系统

（1）在散热器上设置冷风阀 1 分散排气；（2）串联一根空气管 2 集中排气

1—分散排气的冷风阀；2—集中排气的空气管

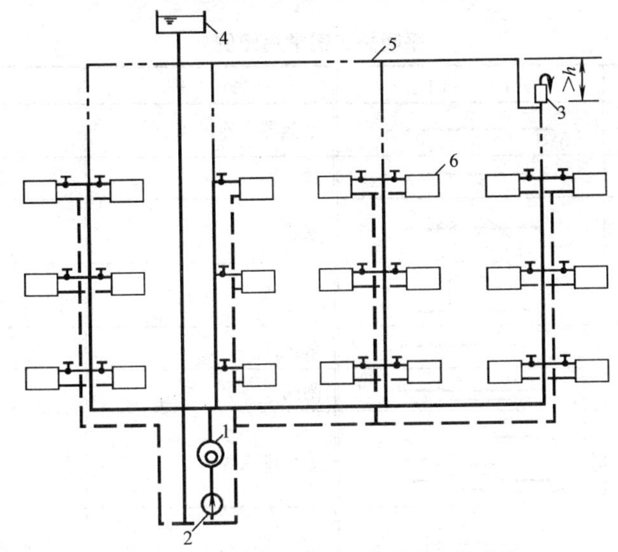

图 2-53　机械循环下供下回式双管系统

1—锅炉；2—水泵；3—排气阀；4—膨胀水箱；5—集气管；6—散热器

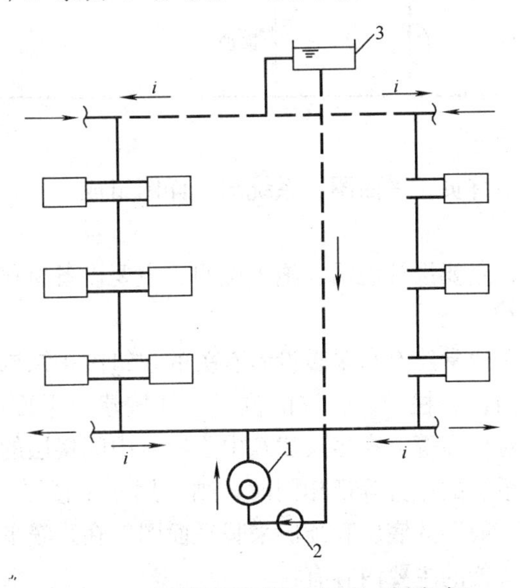

图 2-54　机械循环下供上回式（倒流式）

1—锅炉；2—水泵；3—膨胀水箱

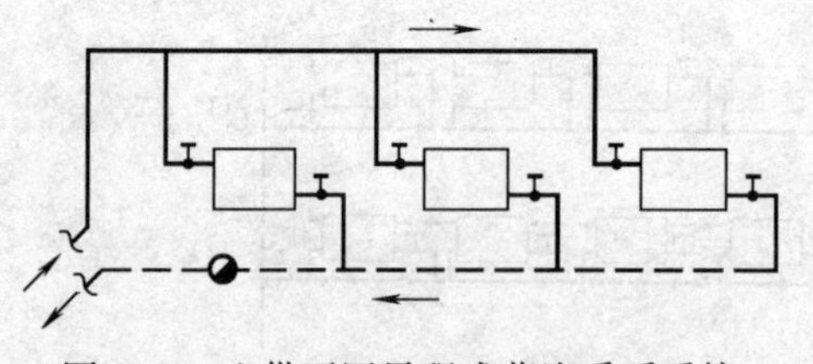

图 2-55　上供下回异程式蒸汽采暖系统

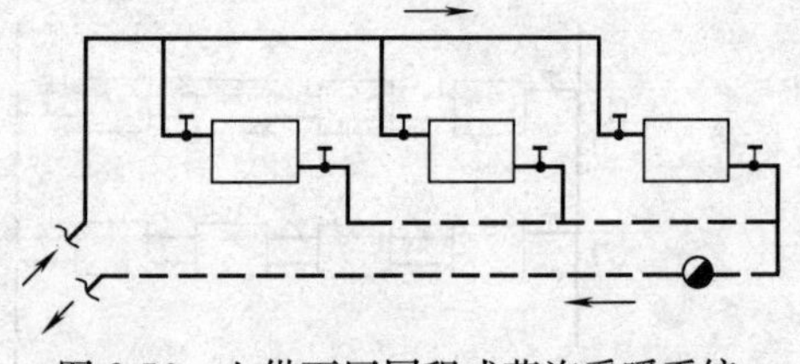

图 2-56　上供下回同程式蒸汽采暖系统

（2）采暖施工图基本表示方法

建筑采暖施工图是指建筑物（民用住宅或工厂车间）热水（或蒸汽）采暖管道的平面布置图、系统轴测图和详图，它们也都是用图例符号表示的。常用的图例符号见表 2-15。

采暖施工图常用图例　　　　**表 2-15**

名　称	图　例	名　称	图　例
采暖热水(蒸汽)管		散热器上冷风阀	
采暖回(凝结)水管		疏水器	
保温管(或用说明)		水箱	
方形补偿器		止回阀	
固定支架		截止阀	
活动支架		闸阀	
散热器(立面图) (平面图)		手动排气阀	
集气罐		自动排气阀	
水泵		锅炉	

（3）建筑采暖施工图

建筑采暖施工图是由首页、平面图、系统图、详图组成。

1）首页（顶层）

首页包括图纸目录、主要设计说明、施工说明、主要设备材料表及不统一的图例等。

2）平面图

采暖施工平面图中，通常绘有与采暖设施有关的建筑围护结构、轴线、开间尺寸、总尺寸，楼梯、卫生间、门窗、柱子、管沟的位置，并按建筑平面图注明房间的名称、编号、各层有关部位的相对标高等。在多层建筑中除绘有中间楼层的采暖平面图（若中间楼层的散热器和采暖管道系统的布置等都相同时，则可用一个楼层，即标准层采暖平面图）外，通常还绘有不同于一般层的底层和顶层采暖平面图。在采暖平面图中能表明建筑物各层供暖管道和设备平面布置的主要内容有：

A. 房间的名称、编号，散热器的类型、位置与数量（片数）及安装方式；

B. 引入口位置、系统编号、立管编号；

C. 供水（蒸汽）总管，供水干管、立管、支管的位置、走向、管径和回水支管、立管、干管及总管的位置、走向、管径；

D. 补偿器型号、位置、固定支架的位置；

E. 室内地沟（包括过门管沟）的位置、走向、尺寸；

F. 热水供暖时，应标明膨胀水箱、集气罐等设备的位置及其连接管，且注明型号规格；

G. 蒸汽供暖时，标明管线间及管线末端疏水装置的位置及型号规格；

H. 标明平面图比例，常用1：200、1：100、1：50等。

3）系统轴测图

系统轴测图表明整个供暖系统的组成及设备、管道、附件等的空间布置关系，标明了立管编号，各管段的直径、标高、坡度，散热器的型号与数量（片数），膨胀水箱和集气罐及阀件的位置与型号规格等。

4）详图

供暖详图包括标准图与非标准图。标准图包括供暖系统及散热器安装，疏水器、减压阀、调压板安装，膨胀水箱的制作与安装，集气罐的制作与安装，热交换器的安装等。非标准图的节点与做法，要另出详图。

4.2 采暖施工图的识读

识读采暖施工图应按热媒在管内所走的路程顺序进行，以便掌握全局；识读其系统图时，应将系统图与平面图对照结合进行，以便弄清整个采暖系统的空间布置关系。

（1）平面图的识读

采暖平面图是采暖施工图的主体图纸，它主要表明采暖管道、散热设备及附件在建筑平面图上的位置及它们之间的相互关系。识读时，应着重掌握如下主要内容：

1）弄清热引入口在建筑平面上的位置、管道直径、热媒来源、流向、参数及其做法等。

引入口数一般为一个，当建筑物很大时，可设两个及两个以上。大引入口常设在建筑物底层的专用房间内，小引入口可设在入口地沟内或地下室内。当有入口地沟时，应查明地沟的断面尺寸和沟底的标高与坡度等。

引入口装置一般由减压阀、混水器、疏水器、分水器、分汽缸、除污器及控制阀门等组成。如果平面图上注明有引入口的标准图号，识读时则按给定的标准图号查阅标准图；如果热入口有节点图，识读时则按平面图所注节点图的编号查找热入口大样图进行识读。

2）了解水平干管的布置方式、干管上的阀件、固定支架、补偿器等的平面位置和型号以及干管的管径。

识读时须查明干管敷设在最高层、中间层，还是最底层。供水（汽）干管敷设在顶层顶棚下（或内），则说明是上供式系统；供水（汽）干管敷设在中间层、底层，则分别说明是中供式、下供式系统；在一层平面图上绘有回水干管或凝结水干管（虚线），则说明是下回式系统。如果干管最高处设有集气罐，则说明为热水供暖系统；若散热器出口处和底层干管上出现有疏水器，则说明干管（虚线）为凝结水管，从而表明该系统为蒸汽采暖系统。

识读时应注意补偿器与固定支架的种类、形式、平面位置及其安装要求。凡热胀冷缩较大的管道，在平面图上均用图例符号注明了固定支架的位置，要求严格时还注明有固定支架的位置尺寸。采暖系统中的补偿器常用方形补偿器和自然补偿器。方形补偿器的形式和位置，平面图上均应标明，但自然补偿器在平面图中均不需特别说明，它完全是利用固定支架的位置来确定的。

3）按立管编号弄清立管的数量和布置位置。

立管编号的标志是在直径8～10mm的圆圈内写有表示立管的字母L和表示立管编号的阿拉伯数字。单层且建筑简单的系统有的不进行编号。

4）弄清建筑物内散热器（暖风机、辐射板）的平面布置、种类、数量（片数）以及散热器的安装方式（即明装、暗装、半暗装）。

散热器一般布置在房间外窗内侧的窗台下，有的也沿内墙布置，其目的是使室内空气温度分布均匀。楼梯间的散热器应尽量布置在底层，如为高层建筑应按一定比例分配在高层建筑的下部各层。

散热器的种类除可用图例符号识别外，一般在施工图纸说明中有注明。散热器的种类有翼形（圆翼、长翼）散热器、柱形散热器、光管散热器、钢管串片散热器、扁管式散热器、板式散热器、钢制辐射板和暖风机等。

散热器的片数都标注在散热器的边上，可一目了然识读。

散热器的安装方式，一般都在图纸说明书注明。通常散热器以明装较多，而当房间装修要求较高或热媒温度高需防烫伤人时（如宾馆、幼儿园、托儿所等），才采用暗装。一般情况，若图纸未说明，则散热器为明装。

5）在蒸汽采暖系统平面图上，还表示有疏水装置的平面位置及其规格尺寸。

一般情况下，散热器出口处、凝结水干管始端、水平干管抬头登高的最低点、管道转弯的最低点等要设疏水器。在平面图上，一般要标注疏水器的公称直径。但注意：疏水器的公称直径与其所连管道的公称直径不同，一般小1～2级。

6）在热水采暖系统平面图上，还表示有膨胀水箱、集气罐等设备的位置、型号和规格尺寸。

热水采暖系统的集气罐一般装在供水干管的末端或供水立管的顶端。注意图例符号，装于立管顶端的为立式集气罐，装于供水干管末端的则为卧式集气罐。卧式比立式应用较多。立式与卧式集气罐的型号有1、2、3、4号，它们的直径分别为100mm、150mm、200mm、250mm，高度（长度）分别为300mm、300mm、320mm、430mm。若平面图中只给出其型号，则可知集气罐的尺寸。

（2）系统轴测图的识读

采暖系统轴测图是表示从热媒入口到热媒出口的供暖管道、散热设备、主要阀件、附件的空间位置及相互关系的图形。识读时应掌握的主要内容如下：

1）查明热媒引入口装置的组成及各种设备、附件、仪表、阀门之间的关系，了解引入口处热媒来源、流向、坡向、标高、管径等，如有节点详图时要查明编号，以便更细致地掌握。

2）弄清各管段的管径、坡度、坡向，水平管道和设备的标高，各立管的编号。

一般情况下，系统轴测图中各管段两端均注有管径，即变径管两侧要注明管径。供水干管坡度一般为0.003，坡向总立管，散热器供回水支管的坡度往往在系统图中未标出，一般是沿水流方向下降的坡度。

立管的编号在系统轴测图和平面图中是一致的。

3）了解散热器类型、规格及片数。当散热器为光管散热器时，要查明散热器的型号(A型或B型)、管径、排数及长度；当散热器为翼型散热器或柱型散热器时，要查明规格与片数及带脚散热器的片数；当散热器采用其他特殊采暖散热设备时，应弄清设备的构造和底部或顶部的标高。

4）弄清阀件、附件、设备在空间中的位置。凡系统图已注明规格尺寸的，均须与平面图、设备材料表等进行核对。

（3）详图的识读

对于建筑采暖施工图中的详图包括有标准图的节点详图。标准图是采暖施工图的一个重要组成部分，它包括有散热器连接、膨胀水箱的制作和安装、集气罐及其连接、补偿器和疏水器的安装和加工详图等。平面图和系统轴测图由于所用比例较小，对局部位置只能示意性地给出，通常不能反映供热管、回水管与采暖设备、附件或阀件之间的具体连接形式、详细尺寸和安装要求。由于设计人员通常只绘出平面图、系统图和通用标准图中没有的局部节点图，因此在施工中要么能熟练掌握这些标准图，要么使用备有的有关《采暖通风国家标准图集》手册。

图2-57是供水干管与立管连接的详图，从图中不仅可了解干管与立管实际是通过乙字弯或弯头连接的，而且还可知道它们安装的具体尺寸要求。

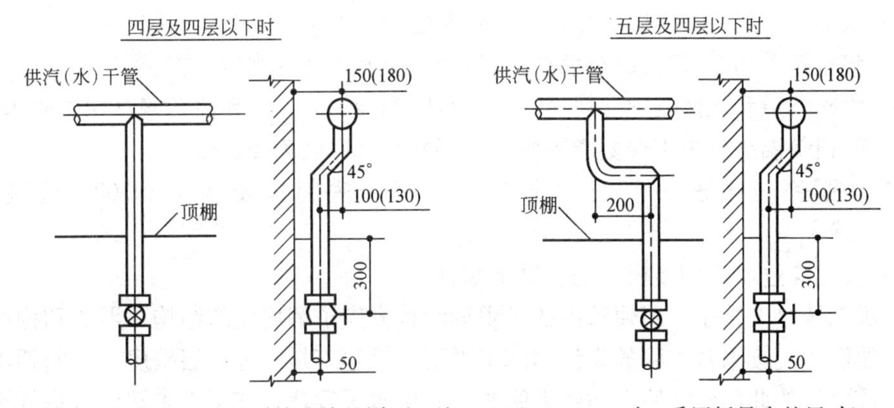

图2-57　顶棚内立管与干管连接的详图（注：$DN \geqslant 100$mm时，采用括号内的尺寸）

图2-58是一组散热器安装的详图，由图可以看出采暖支管与散热器和立管之间的连接方式，散热器与地面、墙面之间的安装尺寸、组合方式以及组合处本身的构造等。图2-58中表明散热器、立管与支管均为明装，两组散热器一侧连接立面图，散热器为立地安装。散热器支管坡度均为1%，坡向：供水支管坡向散热器，回水支管坡向回水立管。

（4）识图实例

图2-59、图2-60、图2-61和图2-62分别为某一建筑采暖施工图的一层、二层、三层平面图和系统轴测图。并有图纸说明如下：

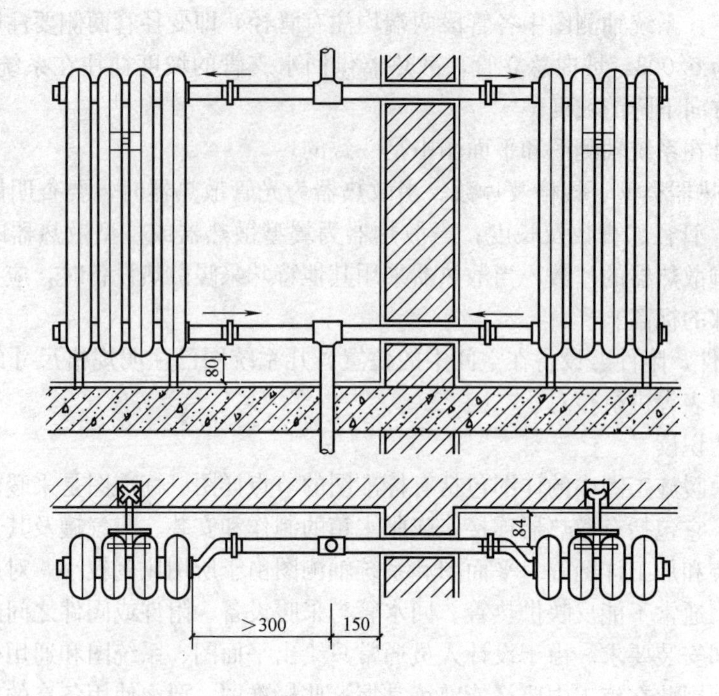

图 2-58　散热器安装详图

1）采暖管道材料采用低压流体输送用焊接钢管。管径小于或等于 32mm 者，采用螺纹连接；管径大于 32mm 者采用焊接或法兰连接。

2）散热器采用 M132 型，挂装于半砖深的墙槽内。

3）集气罐采用 2 号卧式集气罐，放气管引至开水间污水池上方。

4）供暖管道和散热器均除锈后，刷红丹防锈漆二遍，银粉漆两遍（保温管道除外）。

5）管道保温材料采用聚氨脂硬质泡沫塑料，其厚度为 45mm。

6）供暖系统及散热器安装见 N112，集气罐制作安装见 N103，管道保温见 87R411-1。

7）管道穿过墙壁和楼板，均装设钢套管。

采暖系统是安装于房屋建筑内的，识读时首先应了解房屋的结构、形式和构造的基本情况，然后再阅读采暖工程的设计与施工说明。该建筑是一栋 3 层楼房，正面朝南，锅炉房设于该建筑的北面；顶屋平面图表明布置有供水干管，且该干管末端设有集气罐；底层平面图上也表明布置干管，则说明该系统为机械循环上供下回式热水采暖系统。

采暖平面图和系统图是采暖施工图中的主要图样，看图时应相互联系和对照。一般是从热媒入口开始，顺热媒流向，按下列顺序阅读：热媒入口→供热总管→供热干管→各供热立管→各供热支管→散热器→回水支管→回水立管→回水干管→回水总管→热媒出口，这样就能较快地掌握整个采暖系统的来龙去脉。

1）热媒引入口及底层干管

从底层平面图知道，热媒引入口设于该建筑的中部，由北往南在管沟内引入，一直沿管沟到南外墙内侧止。从标注的 1.0m×1.2m，可知管沟宽 1.0m，高 1.2m。回水总管出

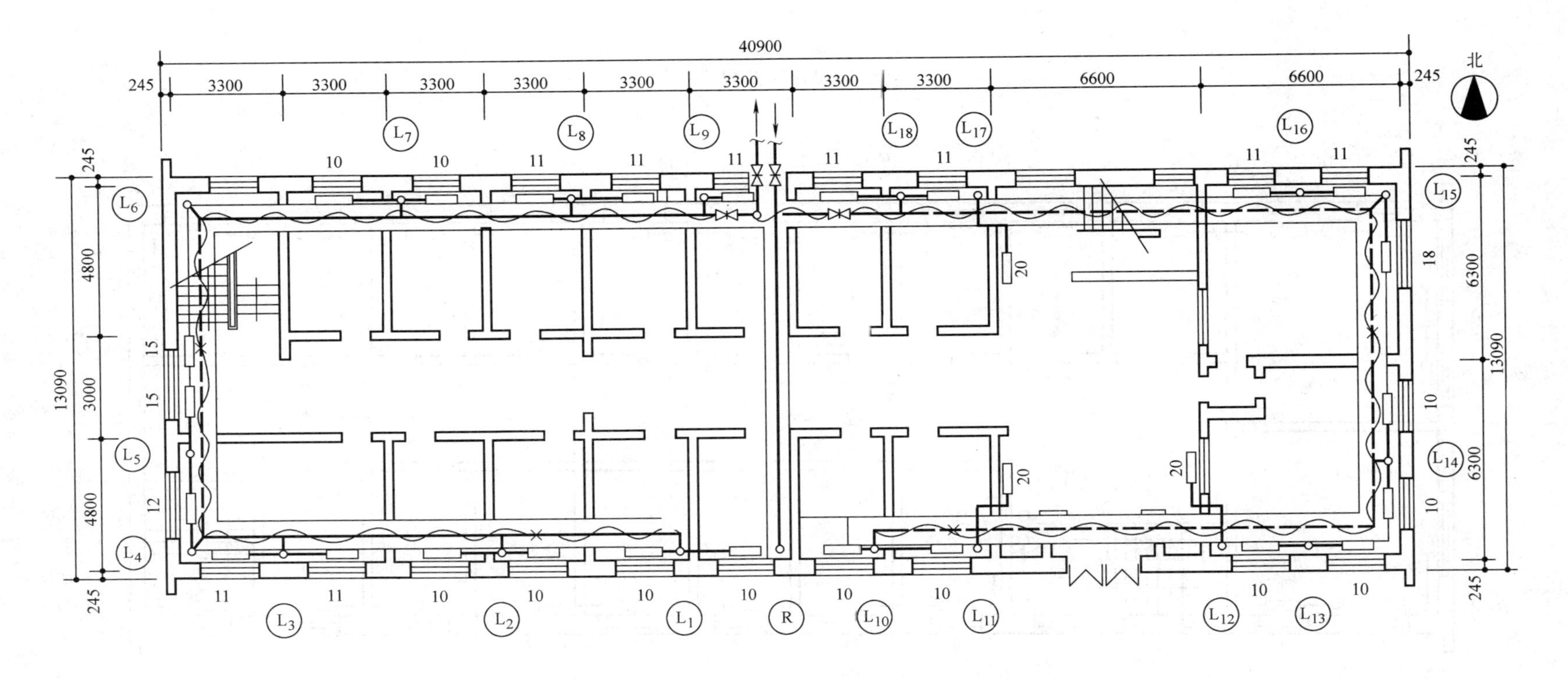

图 2-59　一层采暖平面图（1：100）

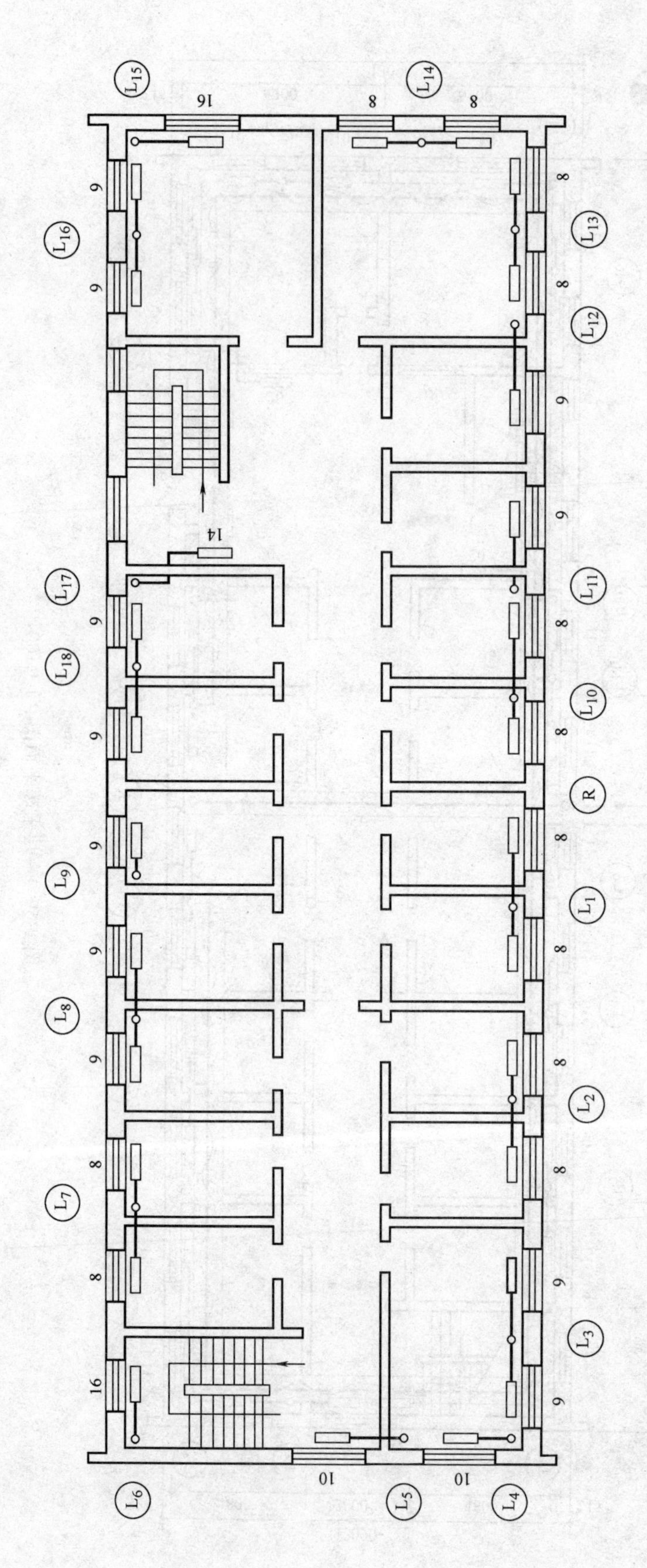

图 2-60 二层采暖平面图（1：100）

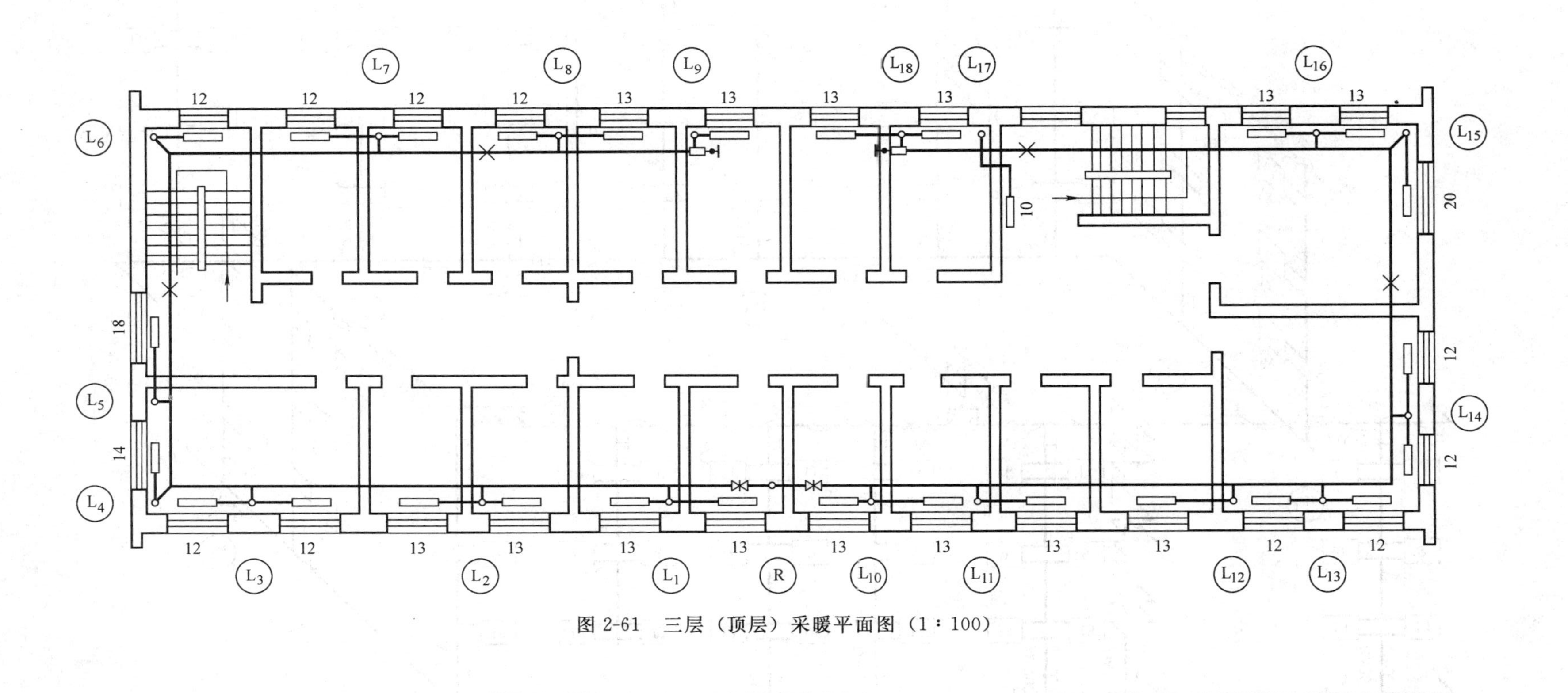

图 2-61　三层（顶层）采暖平面图（1：100）

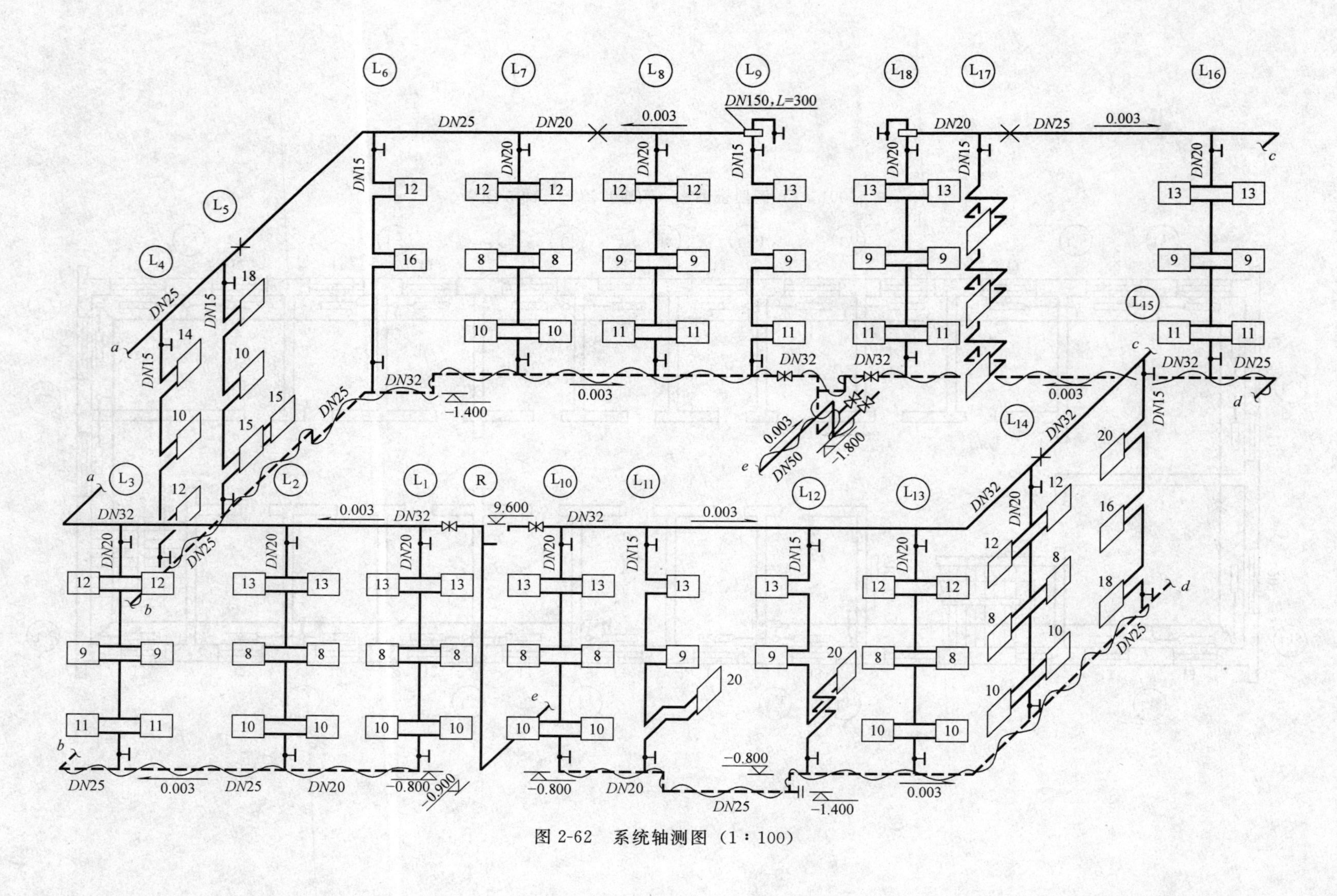

图 2-62　系统轴测图（1∶100）

口与供水总管入口在同一位置。且看出，保温的回水干管沿该建筑四周外墙内侧全部敷设于1.0m×1.2m的管沟内。

热媒引入口处的供水总管和回水总管管径为$DN50$，标高为－1.800m。引入口到南外墙地沟内的供水总管管径为$DN50$，标高为－0.900m。底层回水干管标高为－0.800m，管径为$DN20$、$DN25$、$DN32$三种，坡度为0.003，坡向回水总管出口，穿过门厅、东侧及西侧两个楼梯间的回水干管。由于该处地面标高较室内地坪标高低0.6m，故管沟也深，标高也较别处回水干管低，并在最低点设泄水阀一个。

2）顶层干管

由顶层平面图和系统图看出，供水总立管R由标高－0.900m上升至标高9.60m处，向东西两个方向分出水平干管，干管起端各设闸阀一个，干管坡度为0.003，坡度方向与水流方向相反，供水干管上接各立管。供水干管末端各设卧式集气罐一个，型号为2号，尺寸为：$DN150$、$L-300$mm，放气管接至本层楼开水间污水池上方，放气管管径一般为$DN15$。

3）立管

由平面图和系统图看出，立管编号有R、L_1～L_{18}，共19根立管，R立管为$DN50$，L_4、L_5、L_6、L_9、L_{11}、L_{12}、L_{17} 7根立管径为$DN15$，其余11根立管管径均为$DN20$。两个楼梯间散热器分别接于单独设置的立管L_6、L_{17}。除L_3、L_{14}为沿两外窗之间的墙面中心线布置外，其余各立管均布置于外墙角。各立管均为单管，各层散热器均串联于单立管上，故为单管垂直串联方式。

顶层供水干管与底层回水干管水流方向相同，各循环环路所经过的路径长短相同，故该系统为上供下回、单管、垂直、串联、同程式的机械循环低温热水供暖系统。

4）散热器安装

从各层平面图看出，各散热器均设在外窗的窗台下。各组所需散热器片数均可在平面图中散热器相应外窗外侧标注的数字或在系统图散热器图例符号内所注数字查得。从图纸说明可知，散热器为M132，挂装于外墙窗台下半砖深的墙槽内。

课题5　通风与空调施工图

5.1　通风与空气调节概述

(1) 通风与空气调节的概念

所谓通风就是把室外的新鲜空气经过适当的处理（例如过滤、加热等）后送入室内，并把室内不符合卫生标准的污浊空气或废气经适当除害消毒处理（符合排放标准）后排至室外，从而保持室内空气的新鲜程度。通风系统的目的主要在于消除生产过程中产生的灰尘、有害气体、余热和余湿的危害。

对于空气调节（简称空调），不仅要保持室内的空气温度和洁净度，同时还要保持一定的干湿度及流动的方向与速度。空调系统的目的是用人工的方法使室内空气温度、相对湿度、洁净度和气流速度等技术参数达到一定的要求，以满足生产、生活对空气质量更高、更精确的要求。空调的主要任务是对空气进行加热、冷却、加湿、干燥和过滤等处理，然后将经过处理的空气输送到各个房间，以保持房间内空气温度、湿度、洁净度和气流速度稳定在一定范围内，以满足各类房间对空气环境的不同要求。由此可见，空调也可以看成是更高级的通风。

(2) 通风系统的分类与组成

1) 通风系统的分类

按照通风的原理，通风系统可分成自然通风和机械通风两大类。其中，自然通风是依靠室外“风压”和内外空气温差造成的“热压”，通过在建筑物适当位置上设置门窗、气窗等简单设备装置来实现空气流动通风的。

自然通风是一种不需设置什么专门设备，也不消耗能源的一种经济、方便的通风方式，它能得到较大的通风量，但通风效果不稳定，通风量受气候影响较大。

机械通风是由风机提供动力造成室内空气流动。其特点是不受自然条件的限制，可以通过风机把空气送至室内任何指定地点，也可以从室内任何指定地点把空气排出。

按通风系统应用范围的不同，机械通风可分为局部通风和全面通风。其中局部机械通风又可分为局部排风和局部送风两种，如图 2-63 和 2-64 所示；机械全面通风又可分为全面排风、全面送风和全面送排风三种类型，如图 2-65、图 2-66 和图 2-67 所示。

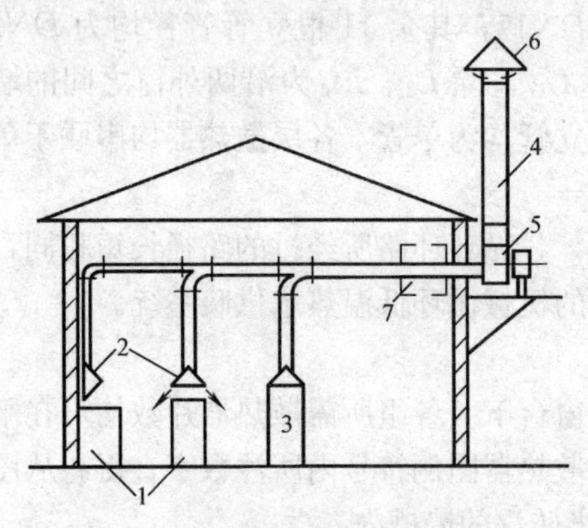

图 2-63　局部机械排风系统

1—工艺设备；2—局部排风罩；3—排风柜；4—风道；5—风机；6—排风帽；7—排风处理设备

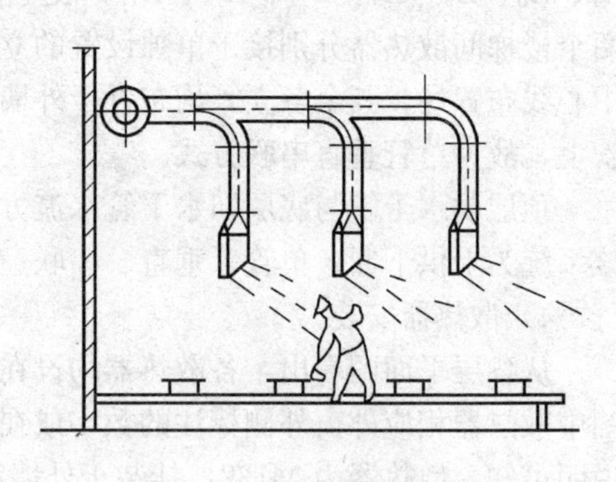
图 2-64　局部机械送风系统

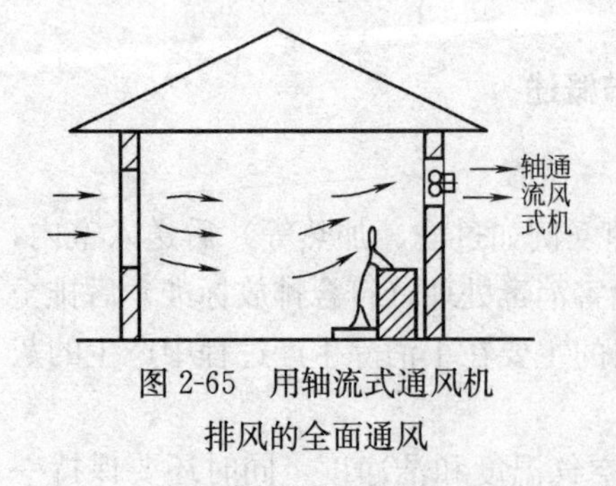

图 2-65　用轴流式通风机排风的全面通风

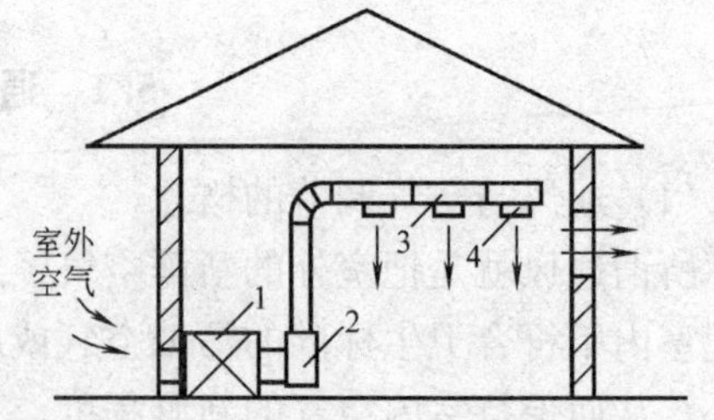

图 2-66　用离心式风机送风的全面通风

1—空气处理室；2—风机；3—风管；4—送风口

2) 机械通风系统的组成

机械通风系统相对自然通风来说，则由较多的构件和设备组成，主要有风道、阀门、进排风装置、风机、空气净化与过滤装置和空气加热器等。

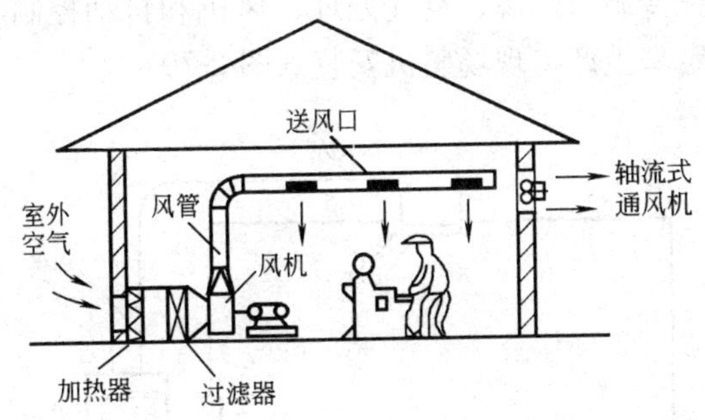

图 2-67　同时设有机械送风和机械排风的全面通风系统

(3) 空调系统的分类与组成

1) 空调系统的分类

空调系统有很多类型，其分类方法也有很多种。就空调系统的空气处理设备的集中程度来分，可分成集中式、局部式和半集中式三大类。

集中式空调系统（图 2-68）的空气处理设备等都集中设在专用的空调机房内。按其利用回风的情况不同，它又可分为直流式（无回风或全新风）、混合式（半回风或半新风）和封闭式（全回风）三类（图 2-69）。

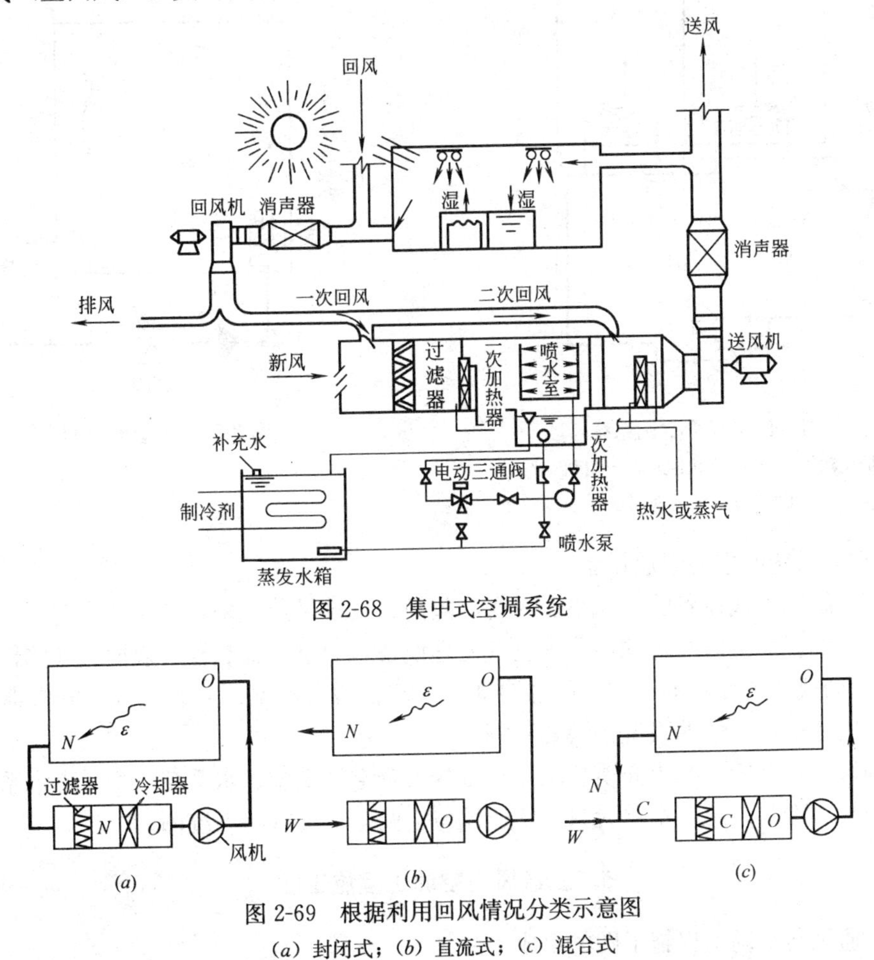

图 2-68　集中式空调系统

(a)　(b)　(c)

图 2-69　根据利用回风情况分类示意图

(a) 封闭式；(b) 直流式；(c) 混合式

局部式空调系统是把冷源、热源、空气处理、风机和自动控制等所有设备装成一体，组成空调机组，由工厂定型生产，现场整机安装（图 2-70）。

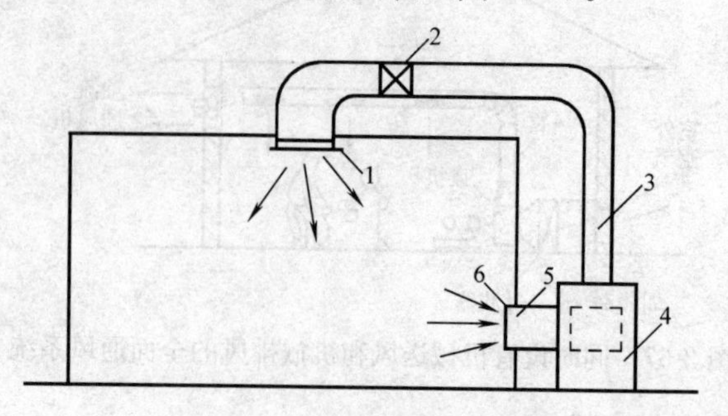

图 2-70　局部空调系统示意图

1—送风口；2—电加热器；3—送风管道；

4—空调机组；5—回风道；6—回风口

半集中式空调系统是指既有集中处理，又有局部处理的空调系统。它主要有风机盘管系统和诱导系统两种（图 2-71、图 2-72）。

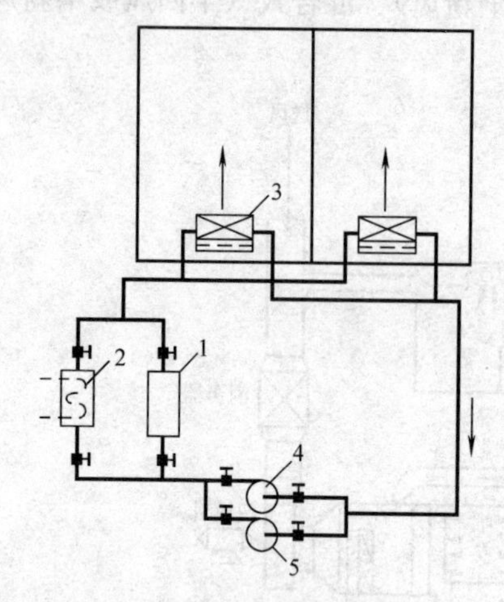

图 2-71　风机盘管空调系统

1—锅炉换热器；2—冷水机组；3—风机盘管

4—冬季用水泵；5—夏季用水泵

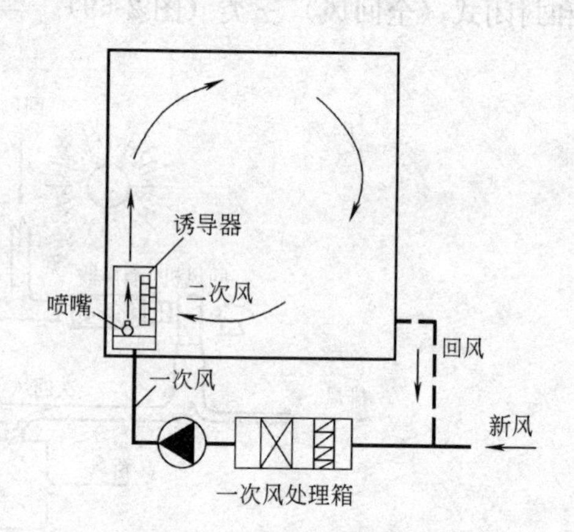

图 2-72　诱导器空调系统

2）空调系统的主要组成设备

空调系统的组成设备除了风机、风管、阀门、进排风装置外，还主要有对空气进行加热、冷却、加湿、减湿及过滤净化等空气处理设备，如空气加热器（表面式加热器、电加热器）、表面式空气冷却器、空气的加湿（喷水室、蒸汽加湿器）和空气的除湿器（冷冻除湿机、固体的或液体的吸湿剂装置）等。

空调系统根据所用的媒介质情况，又可分为全空气系统、水系统（冷、热水系统、冷却水系统）和冷剂系统。本单元只介绍通风与空调全空气管路系统图。

5.2　通风与空调工程施工图

（1）通风与空调工程施工图的组成

通风与空调工程的施工图是由文字说明、平面图、剖面图及系统轴测图、详图等组成。详图包括部件的加工制作和安装的节点图、大样图及标准图，如采用国家标准图、省（市）或设计部门标准图及参照其他工程的标准图时，在图纸目录中附有说明，以便查阅。

1）文字说明

文字说明包括设计施工说明、图例、设备材料明细表等。

A. 通风与空调工程设计施工说明

设计施工说明包括采用的气象数据，通风空调系统的划分及具体施工要求等。通常内容有：

（A）需要敷设通风空调系统的建筑概况。

（B）通风空调系统采用的设计依据、范围和参数。工程设计依据是根据甲方提供的委托设计任务书及建筑专业提供的图纸，并依照供暖通风专业现行的国家颁发的有关规范、标准进行设计的。设计范围是说明本通风空调工程设计的内容、系统的划分（包括系统编号、系统所服务的区域）与组成的。设计参数是基于建筑物所在的地区，说明设计计算时所用的室外计算参数及建筑物室内所要求的计算参数等。

室外空气的计算参数主要指温度、相对湿度、风速、风向等，它们应按《采暖通风与空气调节设计规范》（GB 50019—2003）的规定采用。例如，北京地区夏季通风室外计算温度取30℃，相对湿度取64%，平均风速为1.9m/s，风向为N；上海地区夏季通风室外计算温度取32℃，相对湿度取67%，平均风速为3.2m/s，风向为SE；北京地区夏季空气调节室外计算干球温度取33.2℃，湿球温度取26.4℃；冬季室外计算温度取－12℃，相对湿度取45%；江苏南京地区夏季空气调节室外计算干球温度取35℃，湿球温度取28.3℃，冬季室外计算温度取－6℃，相对湿度取73%。

室内空气的计算参数主要指温度 t、湿度 φ 及风速 v 等，是根据人体舒适性的要求以及生产工艺、卫生条件确定的。这些参数的选定，直接关系到通风系统的初期投资及运行费的高低，关系到生产工艺、劳动条件以及人体的舒适性。我国颁布的《采暖通风与空气调节设计规范》（GB 50019—2003），明确规定：在舒适性空调中，室内设计参数要按下列数据范围选取：

夏季：		冬季：	
	室内温度：24～28℃；		室内温度：18～22℃；
	相对湿度：40%～65%；		相对湿度：40%～60%；
	风速：≤0.3m/s。		风速：≤0.2m/s。

对于建筑物内空调房间室内的其他设计参数，如要求的送风量（m^3/h）、新风量（m^3/h）、设计负荷（kW）、换气次数（次/h）、平均风速（m/s）、气流组织、室内噪声等级、含尘量等都应有说明。

（C）空调系统的设计运行工况（只有要求自动控制时才有）。

（D）风管系统，包括统一规定、风管材料及加工方法、支吊架要求、阀门安装要求、减振做法、保温做法说明和风管穿越机房、楼板、防火墙、沉降缝、变形缝等处的做法说明等。例如说通风及空调系统风管一般采用镀锌钢板制作；排烟风管采用普通钢板制作，外刷防火漆，在需要软接时采用金属软风管。

（E）水管系统，包括统一规定、管材、连接方式、支吊架做法、减振做法、防腐、保温要求、阀门安装、管道分段试压和整体试压、冲洗的说明等。例如空调水系统的工作压力和试验压力值的说明。

(F) 设备，包括制冷设备、空调设备、供暖设备、水泵等的安装要求及做法。

(G) 油漆，包括风管、水管、设备、支吊架等的除锈、油漆的要求及做法。

(H) 调试和运行方法及步骤。

(I) 应遵守的施工规范、规定，工程的主要技术数据、施工验收要求以及特殊注意事项等。

其他未说明部分，可按《建筑给水排水及采暖工程施工质量验收规范》(GB 50242—2002)、《通风与空调工程施工质量验收规范》(GB 50243—2002)、《机械设备工程施工及验收规范》(JGJ 71—1990)、《建筑设备施工安装图集》(91SB6)，以及其他的国家标准或布业标准进行施工。

B. 图例

通风与空调施工图中常用的图例见表 2-16。

通风与空调施工图常用图例 **表 2-16**

图　例	名　称	图　例	名　称
A×B(h) A×B(h)	风管及尺寸 [宽×高(标高)]		风管软接头
	送风管： 上图为可见剖面 下图为不可见剖面		排风管： 上图为可见剖面 下图为不可见剖面
	方圆变径管		矩形变径管
L=	消声器		伞形风帽
	消声弯头		带导流片弯头
	蝶阀		插板阀
	手动对开多叶调节阀		电动对开多叶调节阀
	风管止回阀		防火阀
	三通调节阀		光圈式启动调节阀

续表

图例	名称	图例	名称
	送风口		回风口
FS	方形散流器	YS	圆形散流器
	风机 （由底边流向顶点）		轴流风机
	加湿器	M	离心风机
	电加热器		空气过滤器
⊕	空气加热器	⊖	空气冷却器
±	风机盘管		送风气流方向
			回风气流方向

C. 设备材料明细表

为设计人员将通风与空调工程所需的各种设备和各类管道、管件、阀门以及防腐、保温材料的名称、规格、型号、数量而列出的明细表。

2）通风空调系统平面图

通风空调系统平面图主要表明各层通风空调设备和系统风道的平面布置。一般包括下列内容：

平面图中的工艺设备和通风空调设备，如风机、送风口、回风口、风机盘管、消音弯头、调节阀门、风管导流片等分别有标注或编号，并将之列入设备及主要材料表中，说明了型号、规格、单位和数量。注明弯头的曲率、半径 R 值，注明通用图、标准图索引号等。

平面图中绘有设备的轮廓线，标注有设备的定位尺寸；注明了通风空调系统管道各风管的截面尺寸和定位尺寸；标明通风空调管道的弯头、三通或四通、变径管等的位置；风口旁标注的箭头方向，是表明风口的空气流动方向的。

在平面图中，对于比较复杂的通风管道系统，常在需要的部位画有剖切线、剖切符号，把复杂的部位用剖面图进一步表示清楚。

对恒温恒湿的空调房间，常注明有各房间的基准温度和精度要求。房间的基准温度是指空调区域内按设计规定所需保持的空气基准温度；空调精度是指空调区域内空气温度允许的波动幅度。例如图中某房间注有 $t=20\pm0.5$℃，表明该空调房间的基准温度为 20℃，空调精度为±0.5℃，即：空调房间的温度控制在 19.5～20.5℃范围内便满足了空调要求。

3）空调系统剖面图

剖面图是表示通风与空调系统管道和设备在建筑物高度上的布置情况，它一般包括下列内容：

A. 标注有建筑物地面和楼面的标高，通风空调设备位置尺寸和标高（设备通常标在中心）以及管道的位置尺寸和标高（圆管标中心，矩形管标管底边）。

B. 用双线表示的对应于平面图的风道、设备、零部件（其编号应与平面图一致）的位置尺寸和有关工艺设备的位置尺寸。

C. 注明风道直径（或截面尺寸）；送、排风口的形式、尺寸、标高和空气流向；风管穿出屋面的高度，风帽标高。

4）系统轴测图

通风与空调系统轴测图是表示通风与空调系统管道在空间的曲折和交叉情况及其设备、管件的相对位置和空间的立体走向，并注有相应的尺寸。其内容一般包括：

A. 画有系统主要设备的轮廓，注明了主要设备、部件的编号、型号、规格等（编号与平面图一致）。

B. 注明有风管管径（或截面尺寸）、标高、坡度、坡向等。

C. 标注出风口、调节阀、检查口、测量孔、风帽及各异形部件的标高、位置尺寸和型号规格，并画有风口及空气的流动方向符号。

D. 标注各设备的名称及型号规格。

在比较复杂的通风与空调系统轴测图中，通常标有系统的设置编号，如空调系统 K-1，新风系统 X-1，排风系统 P-1，排烟系统 PY-1 等。

5）原理图

通风空调原理图是表明整个系统的原理与流程的。其主要内容包括空调房间的设计参数、冷（热）源、空气处理、输送方式、控制系统之间的相互关系以及设备、管道、仪表、部件等。

6）详图

详图是表示通风与空调系统设备的具体构造和安装情况的，并注明有相应的尺寸。通风空调工程的详图较多，如空调器、过滤器、除尘器、通风机等设备的安装详图；各种阀门、测定孔、检查门、消声器等设备部件的加工制作详图；风管与设备保温详图等。

各种详图大多有标准图供选用，在施工图纸上注明有相应标准图的编号。对于特殊性的工程设计，则由设计部门设计施工详图，以指导施工安装。

5.3 通风与空调工程施工图的识读

（1）识图基本方法

1）识读顺序

对系统而言，识读顺序可按空气的流向和空气处理的过程进行。送风系统为：进风口→进风管道→通风机→主干风管→分支风管→送风口；排风系统为：排气（尘）罩类→吸气管道→排风机→立风管→风帽；全空气空调系统为：新风口→新风管道→空气处理设备→送风机→送风干管→送风支管→送风口→空调房间→回风口→回风机→回风管道（同时读排风管、排风口）→二次回风管→空气处理设备。

对图纸而言识读顺序一般为平面图、剖面图、系统图、详图。看剖面图与系统图时，应与平面图对照进行。看平面图可以了解设备、管道的平面布置位置及定位尺寸；看剖面图可以了解设备、管道在高度方向上的位置情况、标高尺寸及管道在高度方向上的走向；看系统图可以了解整个系统在空间上的概貌；看详图可以了解设备、部件的具体构造、制作安装尺寸与要求等。

2）识图的步骤与方法

A. 阅读图纸目录

根据图纸目录了解该工程图纸的概况，包括图纸张数、图幅大小及名称、编号等信息。

B. 阅读施工说明

根据施工说明了解该工程概况，包括空调系统的形式、划分及主要设备布置等信息，在这基础上，确定哪些图纸是代表着该工程特点，哪些是这些图纸中的典型或重要部分，图纸的阅读就从这些重要部分开始。

C. 阅读有代表性的图纸

在第二步中确定了代表该工程特点的图纸，然后根据图纸目录，确定这些图纸的编号，并找出这些图纸进行阅读。

在通风空调施工图中，有代表性的图纸基本上都是反映空调系统布置、空调机房布置、冷冻机房布置的平面图，因此通风空调施工图的阅读基本上都是从平面图开始的，先是总平面图，然后是其他的平面图。

阅读系统图要注意，平、剖面图中的风管是用双线表示的，而系统图中的风管则是按单线绘制的。

D. 阅读辅助性图纸

对于平面图上没有表达清楚的地方，就要根据平面图上的提示（如剖面位置）和图纸目录找出该平面图的辅助图纸进行阅读，这包括立面图、侧立面图、剖面图等。对于整个系统可参考系统轴测图。

E. 阅读其他内容

在读懂整个通风空调系统的前提下，再进一步阅读施工说明与设备主要材料表，了解通风空调系统的详细安装情况，同时参考加工、安装详图。从而完全掌握图纸的全部内容。

（2）识图举例

1）以某铸造车间通风系统施工图为例

图 2-73、图 2-74 和图 2-75 分别为铸造车间通风系统的平面图、剖面图和风管系统轴测图。

由图 2-73 至图 2-75 可以看出，通风系统风机出口中心的安装位置尺寸是：离地面±0.000高 1.800m，距北面墙面 1600mm，距②轴线柱子中心 1000mm；风机出口与方圆变径管（560×540/ϕ545）连接，将方形出口变成圆形口，以便与圆形接口的风机启动阀连接；为了减轻风机振动的传动，在方圆变径管后接有风管软接头（长 150mm），然后再与风机启动蝶阀相接；风机启动蝶阀后又接有一个方圆变径管（ϕ545/800×320），将圆形口重新变成方形口；后面依次接上矩形直风管、弯头、来回变（偏心 250mm）和水平干风管；水平干直风管上依次的 4 个三通和末端的弯头分别接出 5 个支管，它们通过各自的

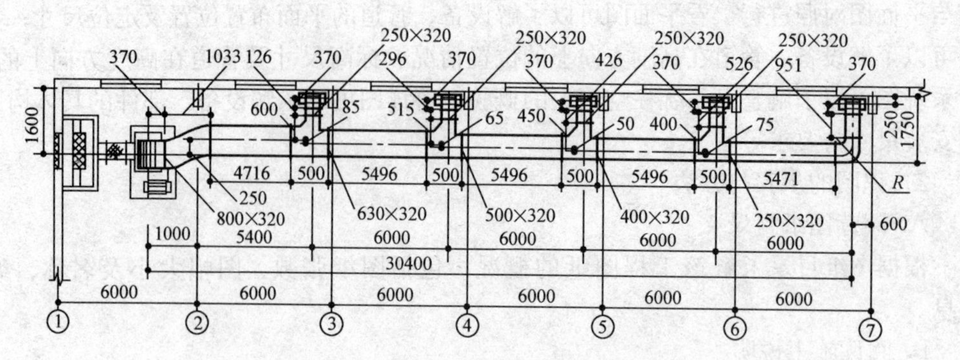

图 2-73　某铸造车间通风系统平面图

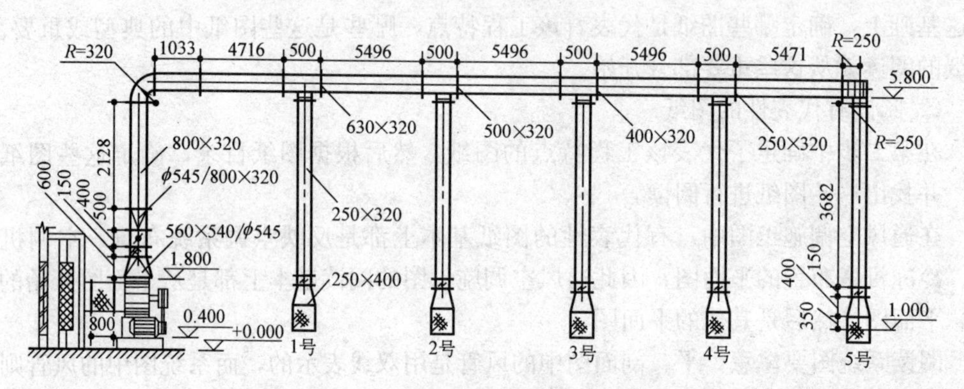

图 2-74　某铸造车间通风系统立面图

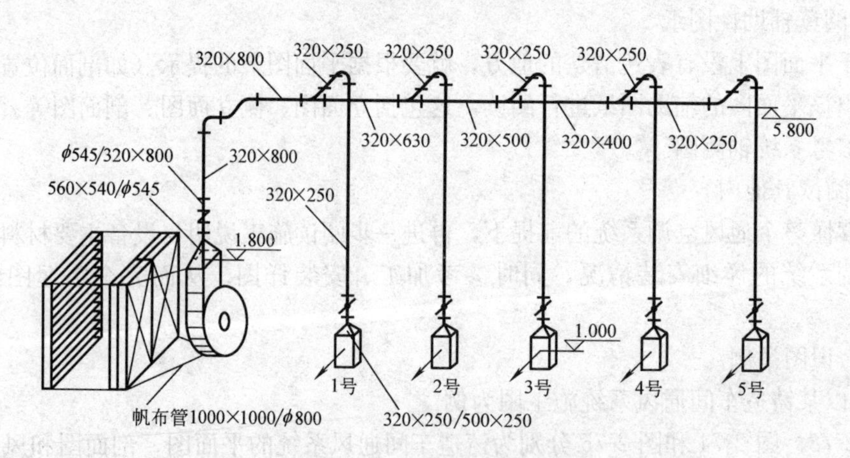

图 2-75　通风管网系统图

短管、弯头、竖直管、矩形蝶阀、方圆变径管与空气分布器连接。

各末端空气分布器送风口中心的安装位置尺寸是：离地面±0.000 高 1.000m，距北面墙面 250mm，距相应轴线柱子中心 600mm（如 5 号末端送风口与⑦轴线柱子中心的距离）。

通风水平干管的管底标高是 5.8m，外侧面离墙面间离是 1750mm；水平干管三通分支后，风管截面积依次缩小为 320mm×630mm、320mm×500mm、320mm×400mm、320mm×250mm，但风管截面的高度不变，为 320mm。

图 2-76 和表 2-17 是通风系统风管、管件及配件等编号与加工的明细表。

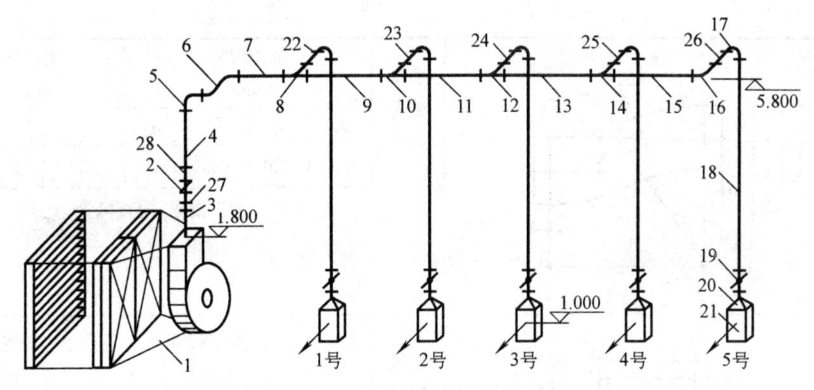

图 2-76　通风系统中的风管、管件及配件编号

铸造车间通风系统的管、配件加工的明细表　　　　表 2-17

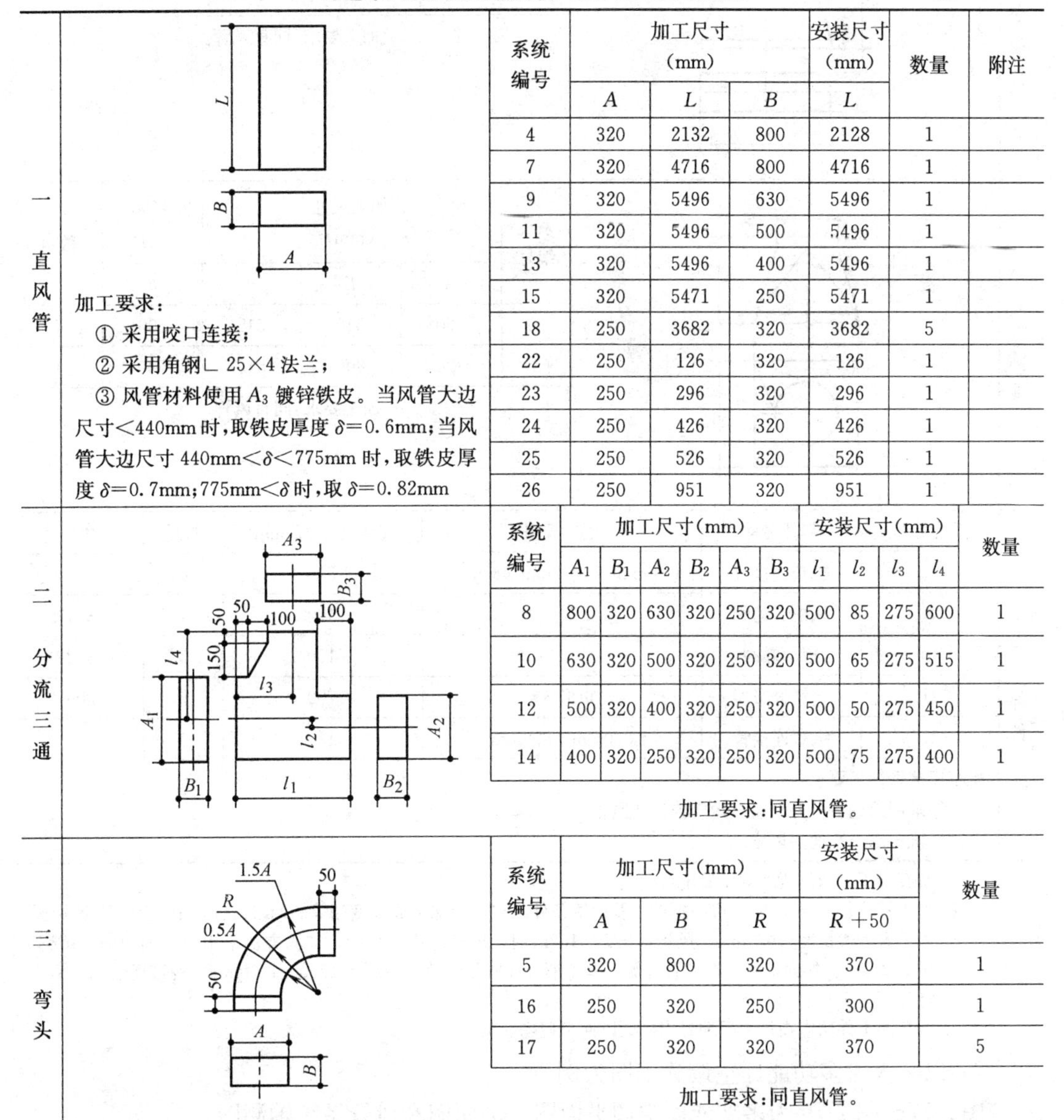

一　直风管

加工要求：

① 采用咬口连接；

② 采用角钢∟ 25×4 法兰；

③ 风管材料使用 A_3 镀锌铁皮。当风管大边尺寸<440mm 时，取铁皮厚度 $\delta=0.6$mm；当风管大边尺寸 440mm<δ<775mm 时，取铁皮厚度 $\delta=0.7$mm；775mm<δ 时，取 $\delta=0.82$mm

系统编号	加工尺寸(mm) A	加工尺寸(mm) L	加工尺寸(mm) B	安装尺寸(mm) L	数量	附注
4	320	2132	800	2128	1	
7	320	4716	800	4716	1	
9	320	5496	630	5496	1	
11	320	5496	500	5496	1	
13	320	5496	400	5496	1	
15	320	5471	250	5471	1	
18	250	3682	320	3682	5	
22	250	126	320	126	1	
23	250	296	320	296	1	
24	250	426	320	426	1	
25	250	526	320	526	1	
26	250	951	320	951	1	

二　分流三通

系统编号	加工尺寸(mm) A_1	B_1	A_2	B_2	A_3	B_3	安装尺寸(mm) l_1	l_2	l_3	l_4	数量
8	800	320	630	320	250	320	500	85	275	600	1
10	630	320	500	320	250	320	500	65	275	515	1
12	500	320	400	320	250	320	500	50	275	450	1
14	400	320	250	320	250	320	500	75	275	400	1

加工要求：同直风管。

三　弯头

系统编号	加工尺寸(mm) A	B	R	安装尺寸(mm) R +50	数量
5	320	800	320	370	1
16	250	320	250	300	1
17	250	320	320	370	5

加工要求：同直风管。

续表

四 来回弯

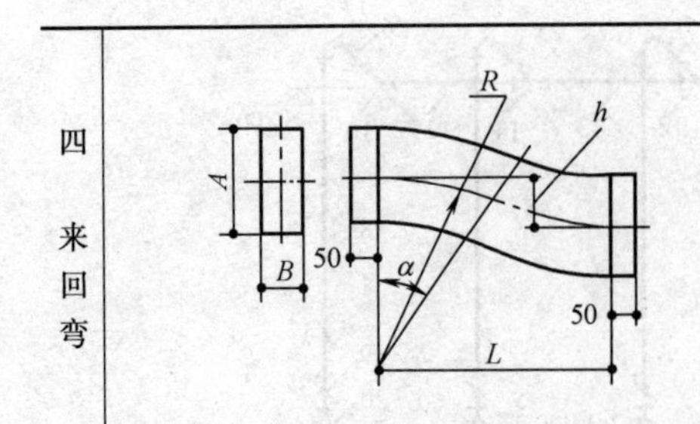

系统编号	加工尺寸（mm）				安装尺寸（mm）		数量
	A	B	R	α	h	$L+100$	
6	800	320	933	30°	250	1033	1

加工要求：同直风管。

五 变径管

系统编号	加工尺寸（mm）				安装尺寸（mm）	数量
	A_1	B_1	A_2	B_2	H	
20	250	320	500	250	400	5

加工要求：同直风管。

六 天圆地方

系统编号	加工尺寸（mm）			安装尺寸（mm）	数量
	A	B	d	h	
28	560	640	545	600	1
3	320	800	545	500	1

加工要求：同直风管。

七 部件

系统编号	部件名称	型号规格	安装尺寸 H(mm)	数量	图号
1	帆布连接管	1000mm×1000mm/ϕ800mm	800	1	
2	风机启动阀	7#	400	1	T301-5
19	矩形蝶阀		150	5	T302-9
21	空气分布器	矩形 3#	700	5	T206-1
27	帆布连接管	320mm×800mm	150	1	

帆布连接管加工要求：

①采用角钢法兰并与帆布短管连接要紧密；

②帆布刷干性油漆两度。

注：1. 所有加工件两侧均按规定装配好法兰。

2. 当风管管长 $L>5$m 时，可根据施工及运输条件，将风管加工成长度相等的两段风管，中间用法兰连接。

3. 当风管大边长度≥630mm，风管管长 $L>1.2$m 时，风管应进行加固。加固方法采用角钢加固框，角钢采用∟25×4。加固框铆接在风管外侧，框与框（或框与法兰）间距为1200～1400mm，铆钉规格 $\phi4\times8$，铆钉间距为150～200mm。

4. 所有加工件均应在加工后编号出厂，以便于现场安装。

2）以某大厦多功能厅空调施工图为例

图2-77～图2-79为多功能厅空调平面图、剖面图和风管系统轴测图。

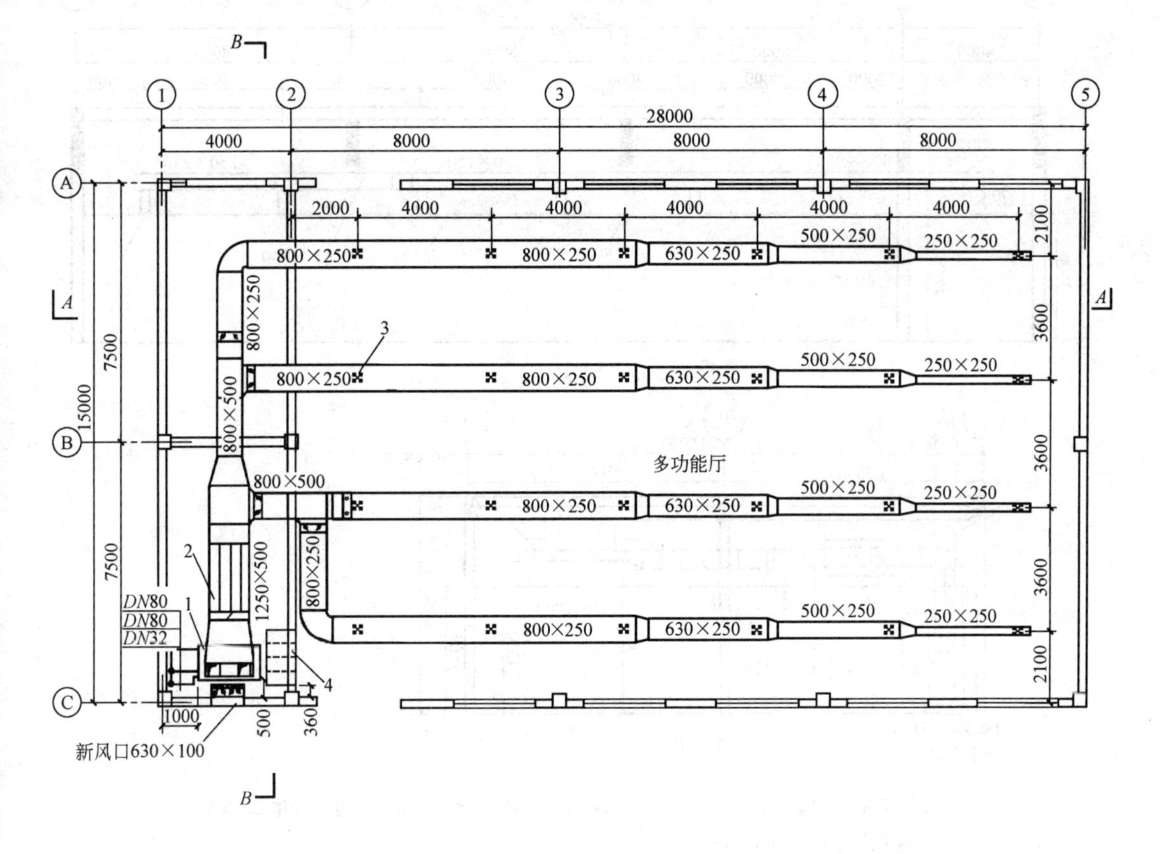

1. 变风量空调箱 BFP×18，风量 18000m³/h，冷量 150kW，余压 400Pa，电机功率 4.4kW；
2. 微穿孔板消声器 1250mm×500mm；
3. 铝合金方形散流器 240mm×240mm，共 24 只；
4. 阻抗复合式消声器 1600mm×800mm，回风口。

图 2-77　多功能厅空调平面 1∶150

由图 2-77～图 2-79 可以看出，变风量空调机组箱 1 侧面离墙面一边是 1000mm，一边 500mm，其出口距地面高 2405mm（=150+2255mm）；出口通过风管软接头、短直风管与矩形变径管相连接，使风管截面变成 500mm×1500mm；再通过变截面后的直风管进入吊顶（标高 3500mm）再与弯头相接；弯头又通过矩形变径管（500mm×1500mm/500mm×1250mm）与水平干管相连接，并在水平干管上设有微穿板消声器 2；水平干管的管底标高是 4.000m，后面通过两个三通和末端的弯头分别与三个矩形支管（截面尺寸分别是：800mm× 500mm、800mm × 250mm、800mm × 250mm，管底标高依次是 4.000m、4.250m、4.250m）连接，并在每一个分支处设置有手动对开式多叶调节阀；在第一条支管线上又通过一个三通分出两条支管（截面尺寸都为 800mm×250mm，管底标高变成 4.250m），在分支处也设置有手动对开式多叶调节阀；在上述四条支管线上均匀布置有 4×6 个铝合金方形散流器 3（支管之间相距 3600mm，支管上的散流器相距 4000mm），支管截面尺寸也从 800mm×250mm 逐步缩小为 630mm×250mm→500mm×250mm→250mm×250mm。

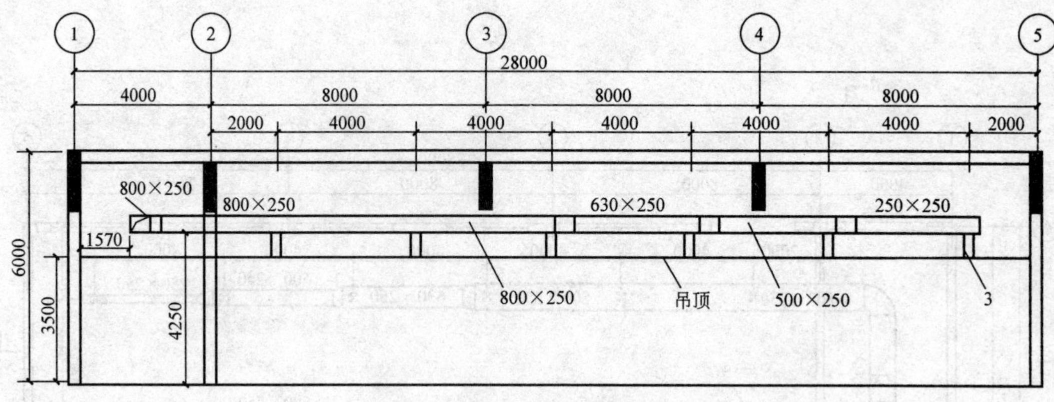

A—A剖面1:150

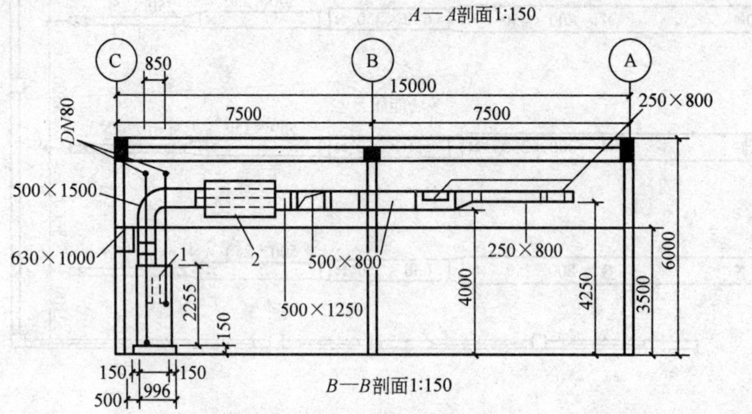

B—B剖面1:150

1. 变风量空调箱 BFP×18，风量 18000m³/h 冷量 150kW，余压 400Pa。电机功率 4.4kW；
2. 微穿孔板消声器 1250mm×500mm；
3. 铝合金方形散流器 240mm×240mm，共 24 只。

图 2-78　多功能厅空调剖面图

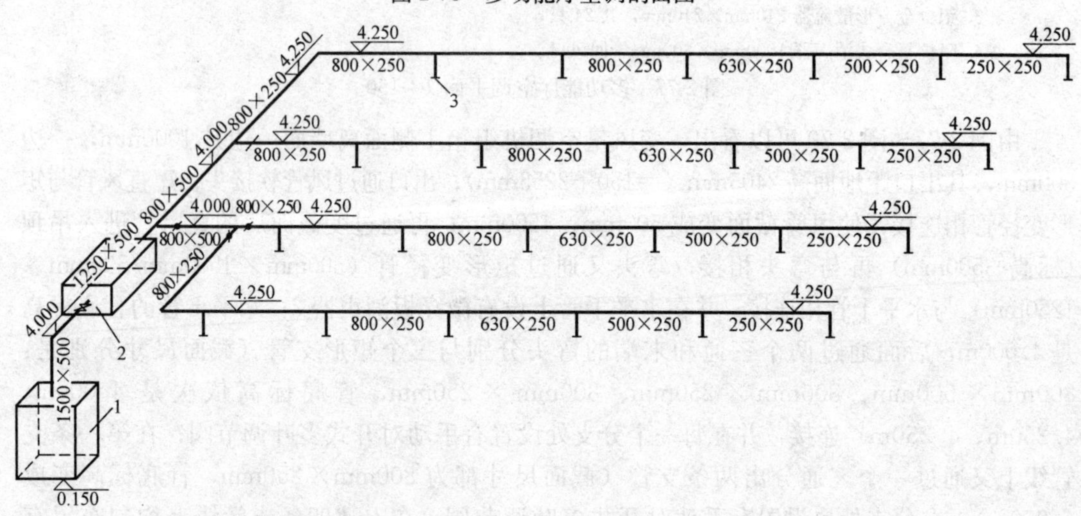

1. 变风量空调箱 BFP×18，风量 18000m³/h 冷量 150kW，余压 400Pa。电机功率 4.4kW；
2. 微穿孔板消声器 1250mm×500mm；
3. 铝合金方形散流器 240mm×240mm，共 24 只。

图 2-79　多功能厅空调风管轴测图

课题6 室内建筑电气照明施工图

6.1 室内建筑电气照明系统概述

通常，把建筑物内能满足人们需求的一切电气设备和系统称为建筑电气设备系统。建筑电气设备系统的内容十分广泛，种类繁多，一般可分为供配电系统和用电系统两大类，后者用电系统根据用电设备的不同又可分为强电系统（如建筑电气照明系统、建筑动力系统等）和弱电系统（如电话通信系统、有线广播电视系统、火灾自动报警系统、安全防范系统、建筑物自动化系统等）。本课题主要介绍室内建筑电气照明系统及其施工图的识读。

（1）室内建筑电气照明系统的任务

室内建筑电气照明系统是一种将电能转化为光能以满足人们在建筑物内生产、学习、生活及美化环境要求的系统，简称室内电气照明系统。它能将电力从室外电网引入室内，经过配电装置，然后用导线与照明装置及各电器插座相连，构成一个完整、可靠、安全，并能有效控制的用电系统。

（2）室内电气照明系统的组成

室内电气照明系统由电源进户线、配电箱、配电线路、开关、插座和电气照明器等组成。

1）电源进户线

电源进户线是室外电网与房屋内总配电箱相连接的一段供电总电缆线。室外电网一般为三相四线制供电，三根相线（或称火线）分别用 L_1、L_2、L_3 表示，一根中性线（或称零线）用 N 表示。相线与相线间的电压为 380V，称为线电压，相线与中性线间的电压为 220V，称为相电压。根据整个建筑物内用电量的大小，电源进户线有单相二线制（负荷电流小于 30A）和三相四线制（负荷电流大于 30A）两种形式。

2）配电箱

配电箱是对室内电气照明线路进行控制、计量、分配和过载与短路保护的成套装置，也称为配电盘。一般包括：熔断器、电度表和电路开关等。

3）配电线路

室内建筑电气照明的配电线路一般包括：干线（从总配电箱敷设到房屋的各个用电地段，与分配电箱相连接）、支线（从分配电箱连通到各用户的电表箱）和用户配线（从用户电表箱连接至照明灯具、开关、插座等，组成配电回路）。

4）开关

开关是用来控制电气照明器电路的。开关的种类很多，按使用方式可分为拉线式、跷板式等；按控制数量可分为单联的、双联的和三联的；按控制方式分可分为单控的、双控的、三控的及定时的等；按安装方式可分为明装的和暗装的。

5）插座

插座主要用来插接移动电气设备和家用电气设备，如电脑、打印机、复印机、电视机、电冰箱、电风扇、空调器、电热器等。插座按相数可分为单相、三相插座，常用的单相插座又分两眼、三眼的插座；按安装方式可分为明装和暗装插座。

6）电气照明器

电气照明器是电光源与灯具的总称。电光源是指将电能转换成光能的器具，如白炽灯、卤钨灯、荧光灯、高压钠灯等；灯具则是电光源的配套设备，俗称灯罩，可用来改变光源光学性能，并起固定、保护光源，美化装饰，使光源和电源可靠连接的作用。

(3) 线路敷设方式

室内电气照明线路的敷设方式可分为明敷和暗敷两种。

线路明敷时常用瓷夹板、塑料管、电线管、槽板等配线，线路沿墙、天棚、屋架或预制板缝敷设，线路明敷施工简单，经济实用，但不够美观。

线路暗敷时常用焊接钢管、电线管、塑料管配线，先将管道预埋入墙内、地坪内、顶棚内或预制板缝内，在管内事先穿好铁丝，然后将导线引入，有时也可利用空心楼板的圆孔来布设暗线。线路暗敷不影响建筑的外观，防潮防腐，但造价较高且施工麻烦。

(4) 室内电气照明线路的接线方式

室内电气照明线路的接线方式有放射式、树干式和链式三种基本形式。

1) 放射式（图 2-80）

是从总配电盘引出多条出线，且每一条线路上都接一个分配电盘或设备的接线方式。它供电可靠性较高，配电设备集中，检修方便，但线路及线路上相应设备增多，有色金属消耗量增大，投资大。这种方式多用于大容量或要求集中控制或重要的设备。

2) 树干式（图 2-81）

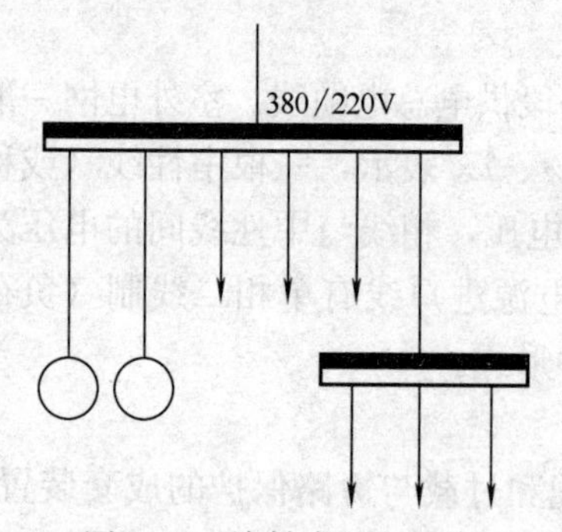

图 2-80　放射式配电系统

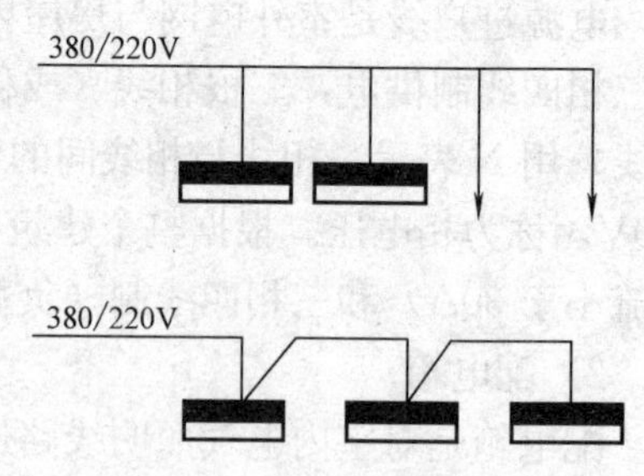

图 2-81　树干式配电系统

是一条配电干线上接多个分配电盘或设备的接线方式。它所需配电设备及有色金属消耗量较少，投资省，但干线故障或检修时影响范围大，供电可靠性较差。一般适应于用电设备比较均匀，容量较小或对供电可靠性要求不高的设备。

3) 链式（图 2-82）

与树干线式相似，也是在一条供电干线上带多个用电设备或分配电箱的接线方式，但与树干式不同的是后面设备的电源引自前面设备的接线端子，即线路的分支点在用电设备上或分配电箱内。其优点是线路上无分支点，节省有色金属。缺点是线路或设备故障以及检修时，相连设备全部停电，供电的可靠性差。此接线方式适用于彼此相距较近的不重要的小容量用电设备。连接的设备一般不超过 5 台，不宜超过 3 台或 4 台，且总容量小于 10kW。

在实际工程中，照明配电系统不是单独某一种形式，多数是综合形式，如在一般民用住宅中所采用的配电形式多数为放射式与链式的结合，而在高层建筑或大型建筑中，可能是放射式、树干式、链式的多种组合形式。

6.2 室内电气照明施工图的特点和有关规定

(1) 导线的表示法

在电气照明线路中，有时是两根线在一起，有时是 3～8 根线在一起。在工程施工图中，一般只要是同一个回路的线路，都用一条图线表示，叫单线图。导线根数可以在单线图中进行标注。如果要表示该组导线的根数，可加画相应数量的斜短线表示，如图 2-83 (*a*) 所示；或只画一条斜短线，注写数字表示导线的根数，如图 2-83 (*b*) 所示。若只有两根导线就不用标注了，因为一个电气回路至少有两根导线。

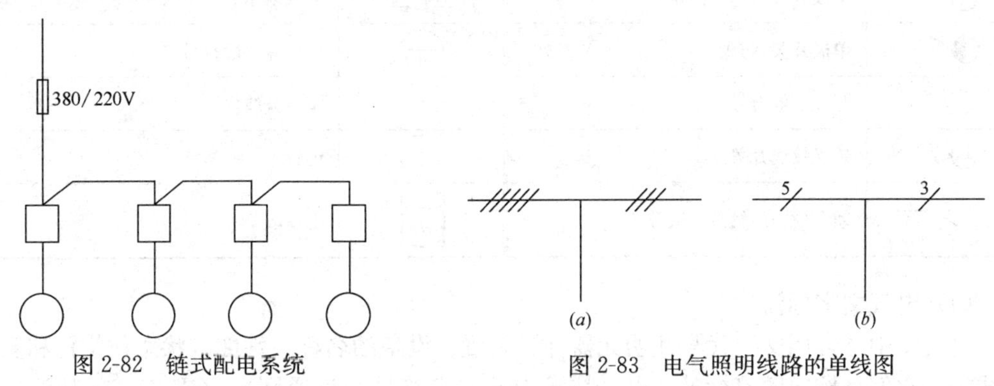

图 2-82 链式配电系统

图 2-83 电气照明线路的单线图

(2) 电气照明图形符号

电气照明图中包含有大量的电气图形符号，各种元器件、装置、设备等都是按照国家标准规定的符号表示，如《电气图用图形符号》(GB/T 4728—1996～2000) 和《建筑电气工程设计常用图形和文字标准》(OODX001—2001) 等。建筑电气施工图中常用的图形符号见表 2-18。

常用电气照明图例符号 **表 2-18**

图形符号	名　称	图形符号	名　称
	多种电源配电箱(屏)		灯或信号灯一般符号
	动力或动力-照明配电箱		防水防尘灯
	信号板或信号屏		壁灯
	照明配电箱(屏)		球形灯
	单相插座(明装)		花灯
	单相插座(暗装)		局部照明灯
	单相插座(密封、防水)		顶棚灯
	单相插座(防爆)		荧光灯一般符号
	带接地插孔的三相插座(明装)		三管荧光灯
	带接地插孔的三相插座(暗装)		避雷器

续表

图形符号	名　称	图形符号	名　称
	带接地插孔的三相插座(密封、防水)		避雷针
	带接地插孔的三相插座(防爆)		断熔器一般符号
	单极开关(明装)		接地一般符号
	单极开关(暗装)		多极开关一般符号 单线表示
	单极开关(密封、防水)		多线表示
	单极开关(防爆)		分线盒一般符号
	开关一般符号		室内分线盒
	单极拉线开关		电铃
	动合(常开)触点一般开关	Wh	电度表

（3）电气文字标注

电气图中还常用文字代号注明元器件、装置、设备的名称、性能、状态、位置和安装方式等，它们是按照国家标准《电气技术中的文字符号制订通则》（GB 7159—1987）和《建筑电气工程设计常用图形和文字标准》（OODX001—2001）的要求来标注。常用电气照明文字标注见表2-19。

常用电气照明文字标注 **表 2-19**

表达线路			表达灯具		
相序		交流系统：	常用灯具	J	水晶边罩灯
	L_1	电源第一相		S	搪瓷伞形罩灯
	L_2	电源第二相		T	圆筒形罩灯
	L_3	电源第三相		W	碗形罩灯
	U	设备端第一相		P	玻璃平板罩灯
	V	设备端第二相	灯具安装方式	X	吊线式
	W	设备端第三相		L	吊链式
	N	中性线		G	吊杆吊管式
线路敷设方式	M	明敷设		B	壁装式
	A	暗敷设		D	吸顶式
	CP	瓷瓶瓷珠敷设		R	嵌入式
	CJ	瓷夹瓷卡敷设		Z	柱上安装
	S	钢索敷设	灯具标注		$a-b\frac{c\times d\times L}{e}f$
	QD	铝夹片敷设		a	灯数
	CB	木板、塑料等槽板敷设		b	灯具型号或符号
	GG	穿钢管敷设		c	每盏灯具的灯光数
	DG	穿电线管敷设		d	灯泡容量(W)
	VG	穿硬塑料管敷设		e	安装高度(m)
线路敷设部位	L	沿梁、跨梁		f	安装方式
	Z	沿柱、跨柱		L	光源种类
	Q	沿墙			
	P	沿天棚			
	D	敷在地下或地板下			

(4) 线路的标注方法

配电导线的表示方式为：

$$a-b(c\times d)e-f$$

式中 a——回路编号（有时回路数较少时，可省略）；

b——导线型号，如 BLVV 为铝芯塑料护套线，BVV 为铜芯塑料护套线，BLV 为铝芯聚氯乙烯绝缘线，BV 为铜芯塑料绝缘线，XLV 为铝芯橡胶绝缘电缆；

c——导线根数；

d——导线截面；

e——导线敷设方式（包括管材、管径等），见表 2-19；

f——敷设部位。

6.3 电气照明施工图识读

电气照明施工图是将照明供电系统中的导线及各种设备用统一规定的图形、文字符号，按照规定的画法来表达照明供电系统原理及施工方法的图样。它是设计方案的集中表现，也是工程施工的主要依据。

电气照明施工图主要有系统图、平面图、设计说明、主要设备材料表等。下面主要介绍电气照明施工图中的系统图和平面图两部分。

现以一栋 3 层三个单元的居民住宅楼进行识读、介绍电气照明施工图。

图 2-84 为该楼的电气照明系统图。图 2-85 为该楼一单元二层的电气照明平面图。

(1) 电气照明系统图

电气照明系统图用来表示照明工程的供配电系统内各设备之间的网络关系，配电线路（包括进户线、干线、支线）分布情况极其相应线路的规格、型号、敷设方式、计算负荷的功率和电流大小等等。通过系统图可以表明以下几个方面：

1) 进户线供电电源的种类与引入

如图 2-84 中，进户线旁边的标注为：3N～50Hz，380V/220V，表示三相四线制（N 代表零线）电源供电，电源频率为 50Hz，电源电压为 380V/220V。

通常，一幢建筑物对同一个供电电源只设一路进户线。当建筑物体较长，用电负荷较大或有特殊要求时，可考虑设置多路进户线。进户线需做重复接地，接地电阻小于 4Ω。进户线的引入方式有架空引入和电缆引入。

2) 进户线、干线、支线和用户配线的接线方式与标注情况

从系统图上可以直接表示出从总配电箱到各分配电箱的接线方式是放射式、树干式，还是混合式。一般多层建筑中，干线多采用混合式。

在系统图中要标注进户线和干线的型号、截面、穿管管径和管材，敷设方式及敷设部位等，而用户配线一般均用 1.5mm 的单芯铜线或 2.5mm 的单芯铝线，所以只在设计说明中作统一说明（见本课题 6.3 的（3）设计施工说明 5)）。干线、支线若采用三相电源的相线则应在导线旁用 L_1、L_2、L_3 注明。本例干线、支线属同一相线，故支线标注可省略。

例如，在图 2-84 的 L_3 回路，该段干线的标注为：

$$BX500V(2\times2.5)GG\phi15-DA$$

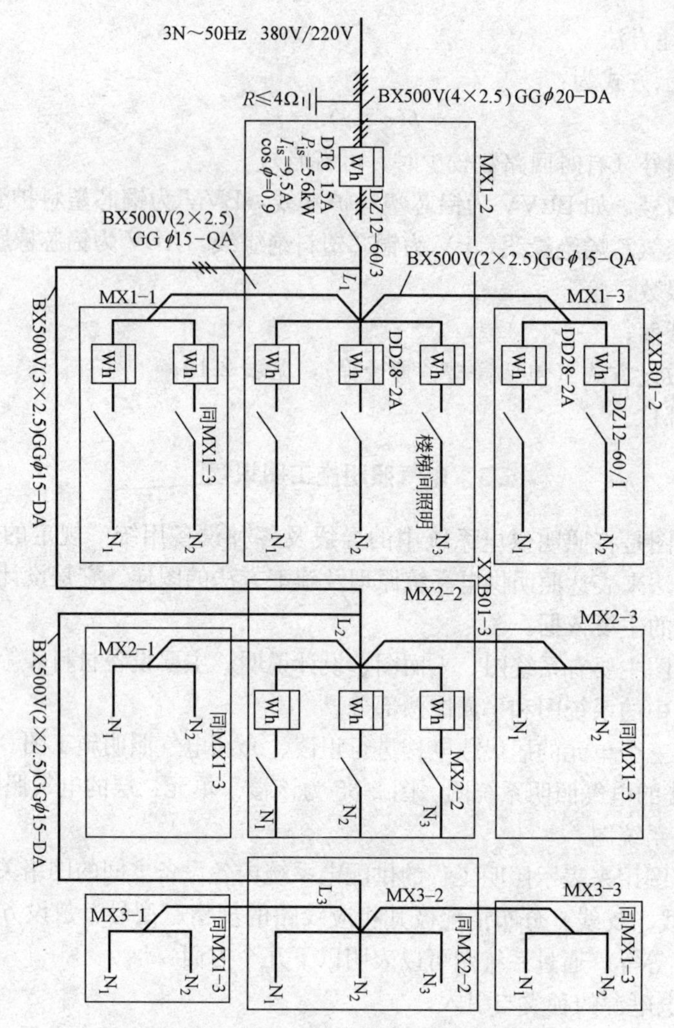

图 2-84 某栋 3 层楼的电气照明系统图

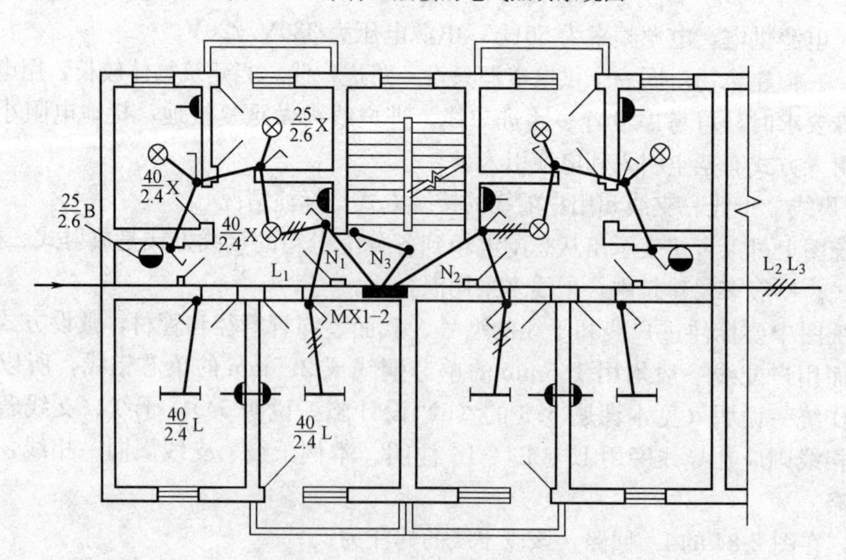

图 2-85 该楼一单元二层的电气照明平面图

表明 L_3 回路的干线采用 BX 型铜芯橡皮绝缘线，两根 $2.5mm^2$ 的导线，穿管径为 15mm 的钢管，沿地板暗敷。

为了识图方便，在系统图和平面图上，各支路的有相应的编号，通常用 N_1、N_2、N_3 等标注在支路导线的旁边。

从分配电箱中的电度表引至灯具、插座及其他用电设备的配电线路，称为用户配线。用户配线所组成的电路，称为用户分支路。在系统图上需标出支路的计算功率、计算电流和功率因数。

3）配电箱

配电箱是接受电能和分配电能的装置。对于用电量较小的建筑物，可只安装一个配电箱。对于多层建筑物可以在某层（例如二层）设置总配电箱，并由此引出干线到其他楼层设置的层间分配电箱。

在平面图上只能表示配电箱的位置和安装方式，配电箱内安装的开关、熔断器、电度表等电气元件必须在系统图中表明。配电箱较多时，要进行编号，如图 2-84 中的 MX_1-1、MX_1-2 等。选定产品时，应在旁边标明型号，自制配电箱应画出箱内电气元件布置图。

三相电源的零线不能接开关和熔断器，应直接接在配电箱内的零线板上。零线板固定在配电箱内的一个金属条上，每一单相回路所需的零线都可以从零线板上引出。

为了计量负荷消耗的电能，在配电箱内要装设电度表。考虑到三相照明负荷的不平衡，故在计量三相电能时应采用三相四线制电度表。对于民用住宅，应采用一户一表，以便控制和管理。

控制、保护和计量装置的型号、规格应标注在图上电气元件的旁边。如图 2-84 中，本例在总配电箱 MX1-2 内设有三相四线制电度表进行总电能的计量，该电度表的型号及规格为：DT6-15A，DZ12-60/3 是总三极自动开关。分配电箱（即用户配电箱，向每单元每层的两个用户供电）内装有 DZ12-60/1 单极自动开关、DD28-2A 单相电度表（图中未标），XXB01-2 和 XXB01-3 为配电箱的型号。配电箱 MX_1-2 内的 N3 支路为该单元一～三层楼梯间的照明，用一块单相电度表单独计量。

4）计算负荷的标注

照明供电线路的计算功率、计算电流、计算时取用的需要系数等均应标注在系统图上。因为计算电流是选择开关的主要依据，也是自动开关整定电流的主要依据，所以每一级开关都必须标明计算电流。图 2-84 中，三相自动开关处标明总计算电流为 9.5A，则三相自动开关的型号可选 DZ12-60/3，整定电流为 10A。

民用建筑中的插座，在无具体设备连接时，每个插座可按 100W 计算；住宅建筑中的插座，每个可按 50W 计算。

（2）电气照明平面图

电气照明平面图是用来表明进户点、配电箱、灯具、开关、插座等电气设备的平面位置及安装要求的，同时还可以表明配电线路的根数及走向。当建筑物是多层时，应逐层画出电气照明平面图。当各层或各单元均相同时，可以只画出标准层的电气照明平面图。平面图可以表明以下几点：

1）进户线、配电箱的位置

多层建筑物的进户线一般沿二层或三层地板引至总配电箱。由平面图 2-85 所示的进户线是由建筑物的侧墙沿二层地板引至一单元二层总配电箱的，由此确定了进户点的位置。配电箱画于墙外，为明装；画于墙内，为暗装。图 2-85 中，配电箱均为暗装。

在一项工程的系统图和平面图中，各个电气产品的编号标注必须一致。例如，本例中的数个配电箱，MX_1-2 不同于 MX_1-1，也不同于 MX_2-2。而 MX_1-1 与 MX_1-3 的型号虽然相同，但安装位置不同，前者在一层，后者在三层。若配电箱选用了定型产品，应将型号一并标注在相应的配电箱上。配电箱的外形尺寸可标在系统图上，也可写在设计说明中，以便与土建工程配合，做好配电箱的预留洞工作。

2）干线、支线的走向

在图 2-85 中比较清楚地反映出干线的走向、支线的走向及支路的供电范围，即哪些灯具、插座、开关等属于一个回路。例如，L_1 相电源是供给一单元的单相电源，它不仅供给二层，还要通过立管分别引入一层和三层。在平面图上只能用箭头符号表示该相电源线引上和引下的关系，为了表达完整，常在系统图和平面图上互相补充。由于支线条数较多，支线常采用同一种规格的导线和相同的方式进行敷设，所以，在平面图上只标出导线的根数。支路导线的型号、截面、敷设方式等可放在设计说明中表述完整。

3）灯具、开关、插座的位置

各种电气元件、设备的平面安装位置都可在平面图上得到很好的体现。由图 2-85 可知，灯具是设在室内中心位置的。卫生间的壁灯设在墙上。插座和灯开关在各个房间的位置也很明确。但要反映安装要求，还需通过标注的方式进一步说明。灯具的表示方式见表 2-19。

当选用普通型灯具，室内灯安装数量较少时，可简化标注，如图 2-84 中某灯具的标注为：(40/2.4) L，根据图形符号可判断其为单支荧光灯，该荧光灯的额定功率为 40W，悬挂高度为 2.4m，安装方式为吊链式的。

各种灯具的开关，一般情况下不必在图上标注哪个开关控制哪个灯具。安装时，只要根据图中导线走向、导线根数，结合一般电气常识和规律，就能正确判断出来。

(3) 设计施工说明

在系统图和平面图上未能表明而又与施工有关的问题，可在设计施工说明中补充说明。如进户线的距地高度，配电箱的安装高度，灯具开关及插座的安装高度均需说明之。又如进户线重复接地时的做法及其他需要加以说明的条款，均需在设计施工说明中表述清楚。如图 2-84 和图 2-85 设计说明如下：

1）本工程采用交流 50Hz、380V/220V 三相回线制电源供电，架空引入。进户线沿二层地板穿钢管暗敷至总配电箱。进户线距室外地面高度≥3.6m（距地高度在设计中是根据工程立面图的层高来确定的）。进户线需做重复接地，接地电阻 $R \leqslant 4\Omega$。

2）电箱外形尺寸为：宽×高×厚（mm），MX_1-1 为：350×400×125；MX_2-2 为：500×400×125，均为定型产品。箱内元件见系统图，箱底边距地 1.4m，应在土建施工时预留孔洞。

3）跷板开关距地 1.3m，距门框 0.3m。

4）插座距地 1.8m。

5）导线除标注外，均采用 BLX-500V-2.5mm^2 的导线穿 15mm 的钢管暗敷。

6）施工做法，参见《建筑电气工程施工质量验收规范》(GB 50303—2002)。

(4) 材料表

材料表应将电气照明施工图中各电气设备、元件的图例、名称、型号及规格、数量、生产厂家等表示清楚。它是保证电气照明施工质量的基本措施之一，也是电气工程预算的主要依据之一。图 2-84 和图 2-85 的部分材料见表 2-20。

图 2-84 和图 2-85 住宅楼部分材料表 **表 2-20**

材 料 表							
序号	图例	名称	型号及规格	数量	单位	生产厂家	备注
1		白炽灯(螺钉头)	220V 40W	36	个		当地购买
2		壁灯(螺口灯座)	220V 15W	18	个		当地购买
3		防水防尘白炽灯	220V 25W	18	个		当地购买
4		顶棚白炽灯	220V 40W	9	个		当地购买
5		带罩日光灯	220V 40W	36	套		当地购买
6		单相插座	220V 10A	72	个		当地购买
7		跷板开关	220V 6A	117	个		当地购买
8		总配电箱		1	套		定做
9		分配电箱	XXB01-2	6	套	北京光明电器开关厂	《建一集》JD3 50
10		分配电箱	XXB01-3	2	套	北京光明电器开关厂	《建一集》JD3 50
11	Wb	三相电度表		1	块		装于配电箱内
12	Wh	单相电度表		21	块		装于配电箱内
13		三相自动开关		1	个		装于配电箱内
14		单相自动开关		21	个		装于配电箱内
15		铜芯橡胶绝缘线	BX500V-2.5mm^2		m		
16		铝芯橡胶绝缘线	BLX500V-2.5mm^2		m		
17		水、煤气钢管	$\phi20\phi15$		m		

课题 7 机械工程图

7.1 标准件和常用件的识读

在机械零件中，螺钉、螺栓、螺母、垫圈、齿轮、键、轴承、弹簧等是机械中的常用零件，简称常用件。这些常用件中有的规格和尺寸都已实行标准化，凡标准化了的常用件叫做标准件。对标准件的形状不必按真实投影画出来，只要按照机械制图国家标准中的规定画法绘制，并注上相应的规定代号和标记，这样就可提高制图的效率，而不影响机械图的明显性。

下面介绍一些常用件和标准件的基本常识、代号和标记。

(1) 螺纹和螺纹连接件

1) 螺纹

螺纹是指螺栓、螺钉、螺母和丝杆等零件上起连接与传动作用的牙形部分。在圆柱外表面上的螺纹称外螺纹；在圆孔表面上的螺纹称内螺纹。图 2-86 和图 2-87 分别是外螺纹和内螺纹的画法；对于不穿孔螺纹的画法见图 2-88，孔尖顶角为 120°；图 2-89 是螺纹连接的画法。

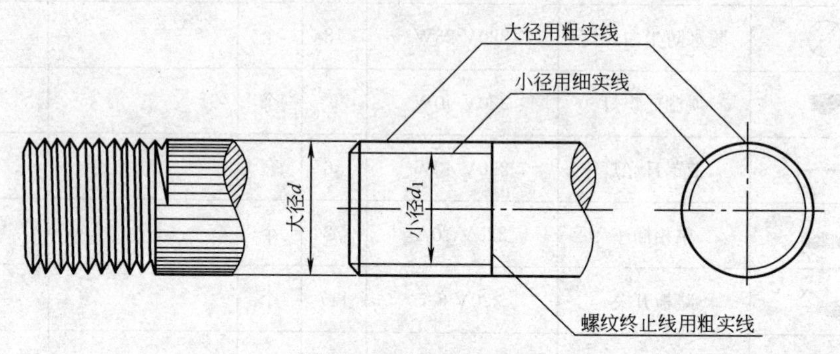

图 2-86　外螺纹的画法

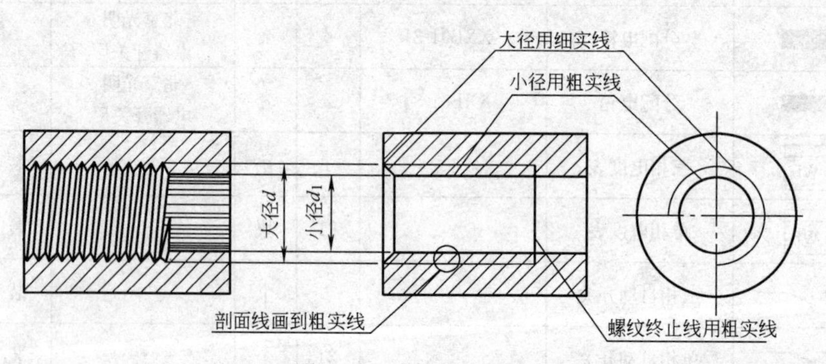

图 2-87　内螺纹的画法

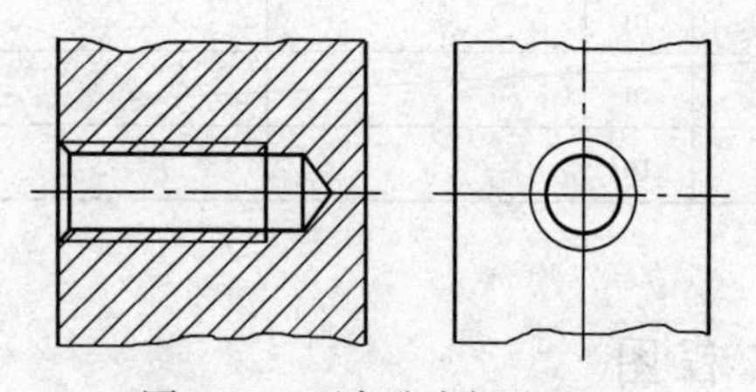

图 2-88　不穿孔内螺纹画法

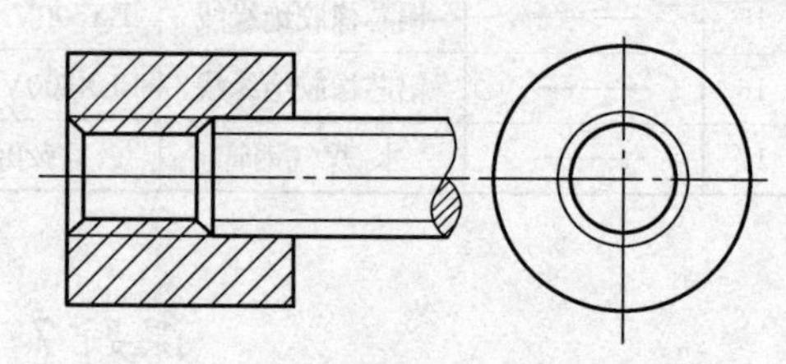

图 2-89　螺纹连接的画法

螺纹的形状由大径 d、小径 d_1、牙形（三角形 M、梯形 Tr、锯齿形 S 等）、线数 K 和旋向（左旋和右旋）五个要素决定，改变其中任何一个要素，都会得到不同规格的螺纹。国家标准对螺纹的牙形、大径、螺距等都作了规定，凡这三个要素都符合国家标准的螺纹称为标准螺纹。

图纸上，螺纹的画法都相同，螺纹种类是通过螺纹的标注来区别的。螺纹的标注方式如下：

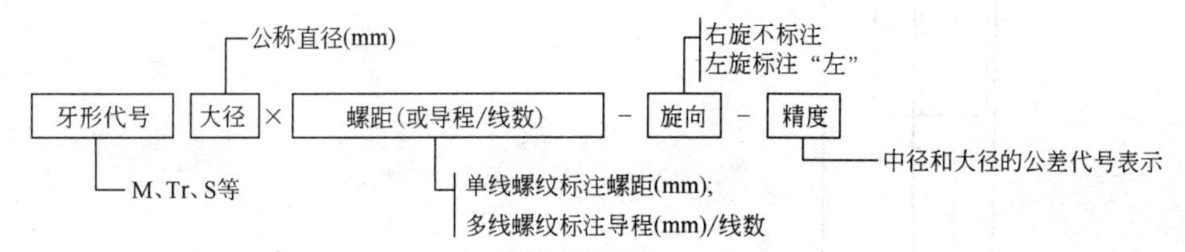

例如图 2-90 中，图 2-90（*a*）的 M20-6g 表示普通三角形外螺纹，大径 20mm，螺距 2.5mm，右旋，中径与大径公差带代号相同均为 6g；图 2-90（*b*）的 M10-6H 表示普通三角形内螺纹，大径 10mm，右旋，中径与大径公差带代号相同均为 6H；图 2-90（*c*）的 M16×1.5-5g6g 表示普通三角形外螺纹，大径 16mm，螺距为 1.5mm，右旋，中径公差带代号为 5g，大径公差带代号为 6g；图 2-90（*d*）的 Tr32×6 左-7e 表示梯形外螺纹，公称直径 32mm，螺距 6mm，左旋，中径与大径公差带代号相同均为 7e。

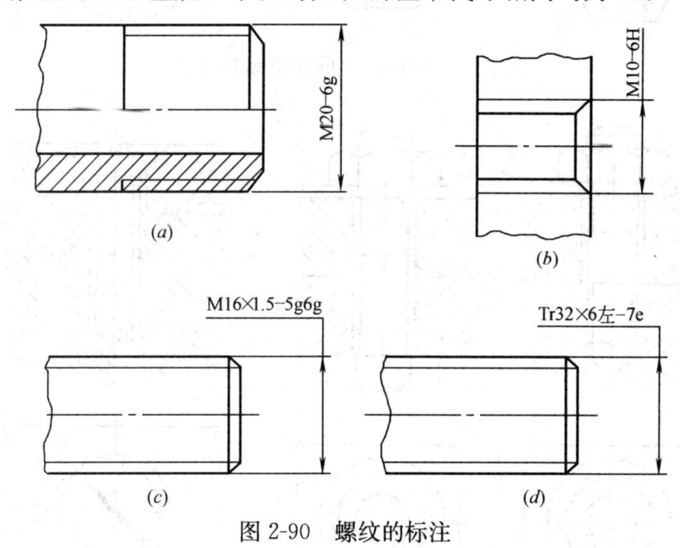

图 2-90　螺纹的标注

2）螺纹连接件

常用的螺纹连接件主要有螺柱、螺栓、螺钉、螺母和垫圈等，并且都已标准化。图 2-91 是螺栓、螺母和垫圈的画法。

3）装配图中常用螺纹连接的画法

常见的螺纹连接有螺栓连接、双头螺柱连接和螺钉连接，它们的常规画法如图 2-92 所示。

（2）齿轮与齿轮传动

1）圆柱齿轮

齿轮是广泛用于机械中的常用传动零件，它既可传递动力，又可改变转速和方向。齿轮的种类很多，使用最多的圆柱齿轮可分成直齿、斜齿和人字齿等，常用于两平行轴之间的传动。现以直齿圆柱齿轮为例了解一下它的各部分的主要名称、参数和画法。

如图 2-93 所示，直齿圆柱齿轮各部分的主要名称、参数有：分度圆（参数：分度圆直

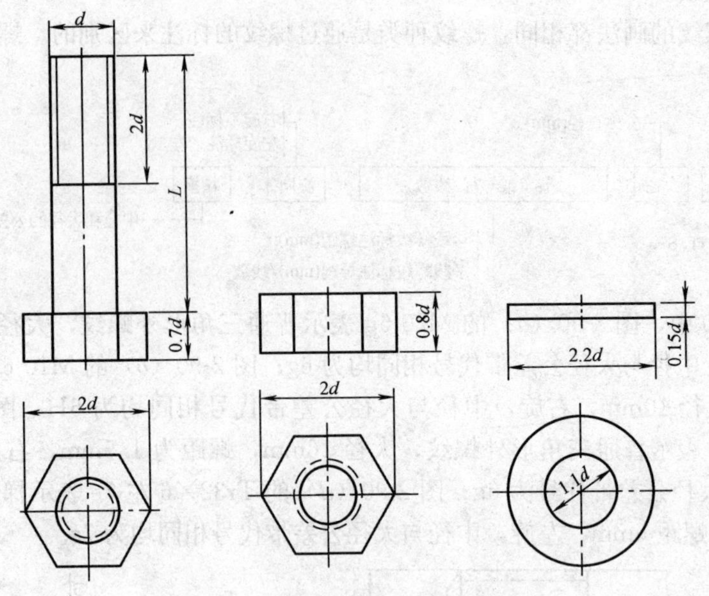

图 2-91 螺栓、螺母和垫圈的画法

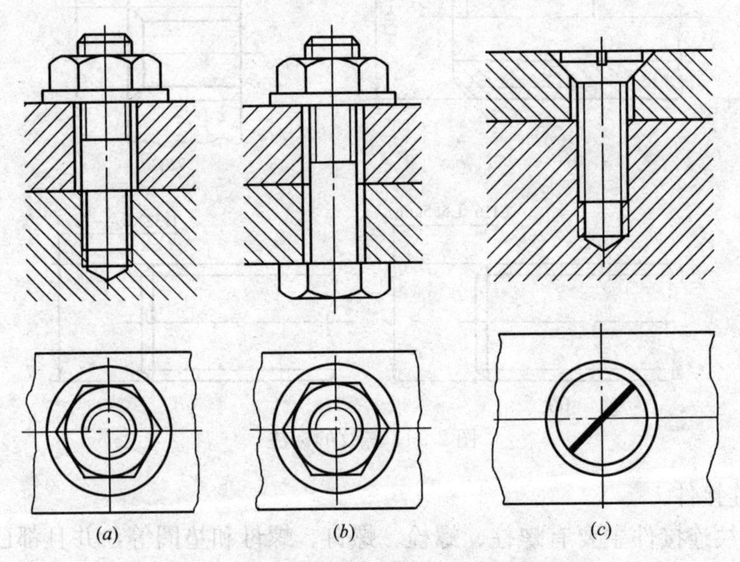

图 2-92 装配图中常用螺纹连接的画法

(a) 螺栓连接；(b) 双头螺柱连接；(c) 螺钉连接

径 d)、齿顶圆（参数：齿顶圆直径 d_a)、齿根圆（参数：齿根圆直径 d_f)、齿高（h)、齿数（z）和模数（参数：$m=d\sqrt{z}$）等。

单个圆柱齿轮的画法如图 2-94 所示。

2）齿轮传动

常用的齿轮传动形式有圆柱齿轮传动、圆锥齿轮传动和蜗轮与蜗杆传动等。图 2-95 是两个圆柱齿轮啮合的画法；图 2-96 是圆锥齿轮啮合的画法；图 2-97 是蜗轮与蜗杆啮合的画法。

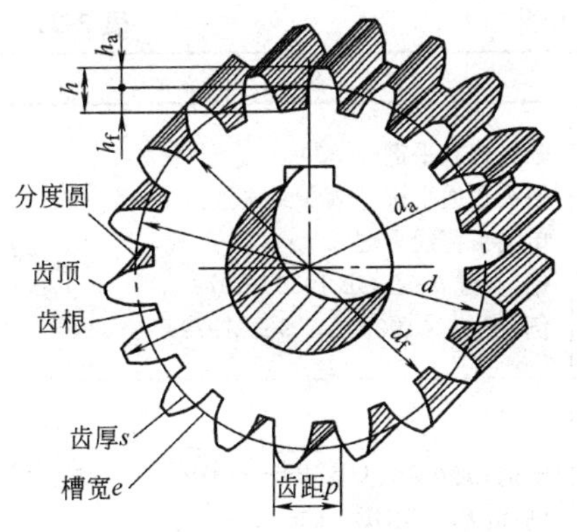

图 2-93　直齿圆柱齿轮各部分的名称

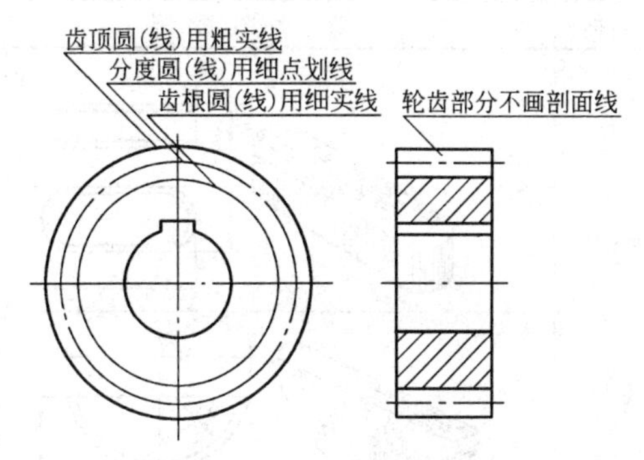

图 2-94　单个圆柱齿轮的画法

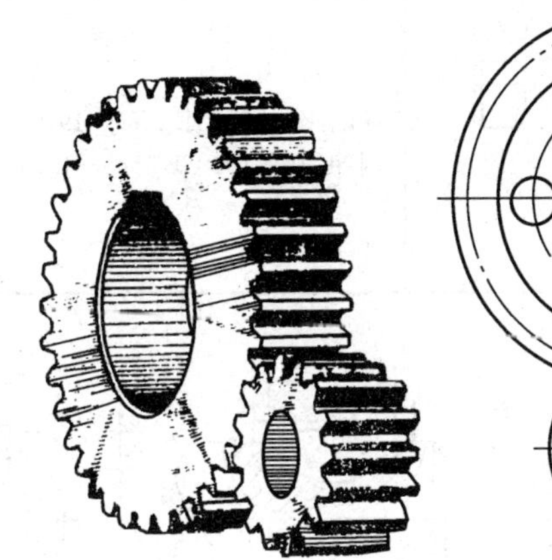
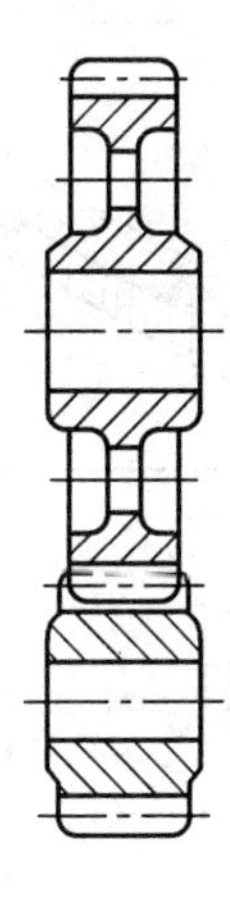

图 2-95　两个圆柱齿轮啮合的画法

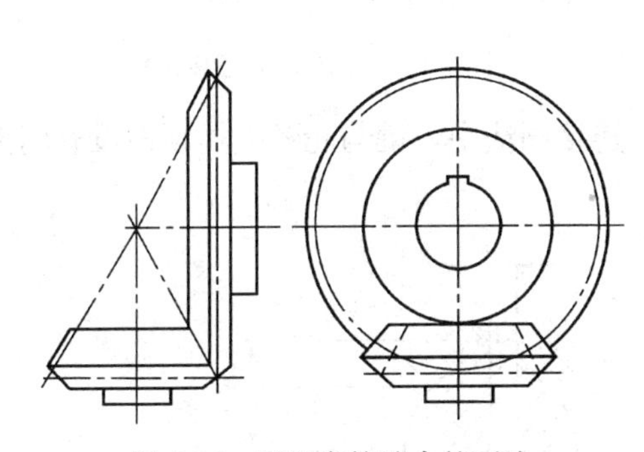

图 2-96　圆锥齿轮啮合的画法

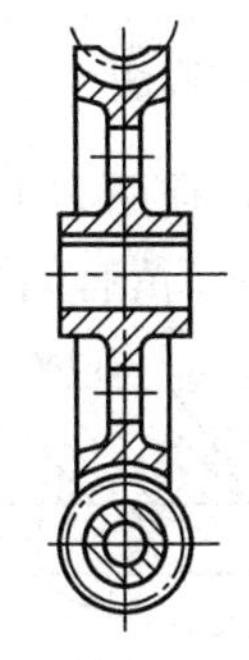
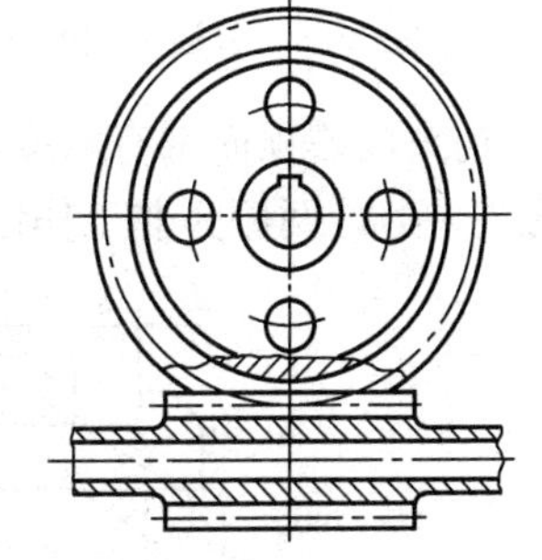

图 2-97　蜗轮与蜗杆啮合的画法

（3）键与键连接

键用来连接轴与轴上的零件，传递扭矩。键分为常用键与花键。常用键包括普通平键、半圆键、钩头楔键；花键按齿形分为矩形花键与渐开线花键。

1）常用键

A. 常用键的形式、标准号、标记示例见表 2-21。

B. 常用键连接的画法

普通平键与半圆键的工作面均为键的侧面，故在连接画法中，键与轮毂键槽两侧没有间隙（图 2-98、图 2-99），顶面为非工作面，留有间隙。

常用键的形式和标记示例 **表 2-21**

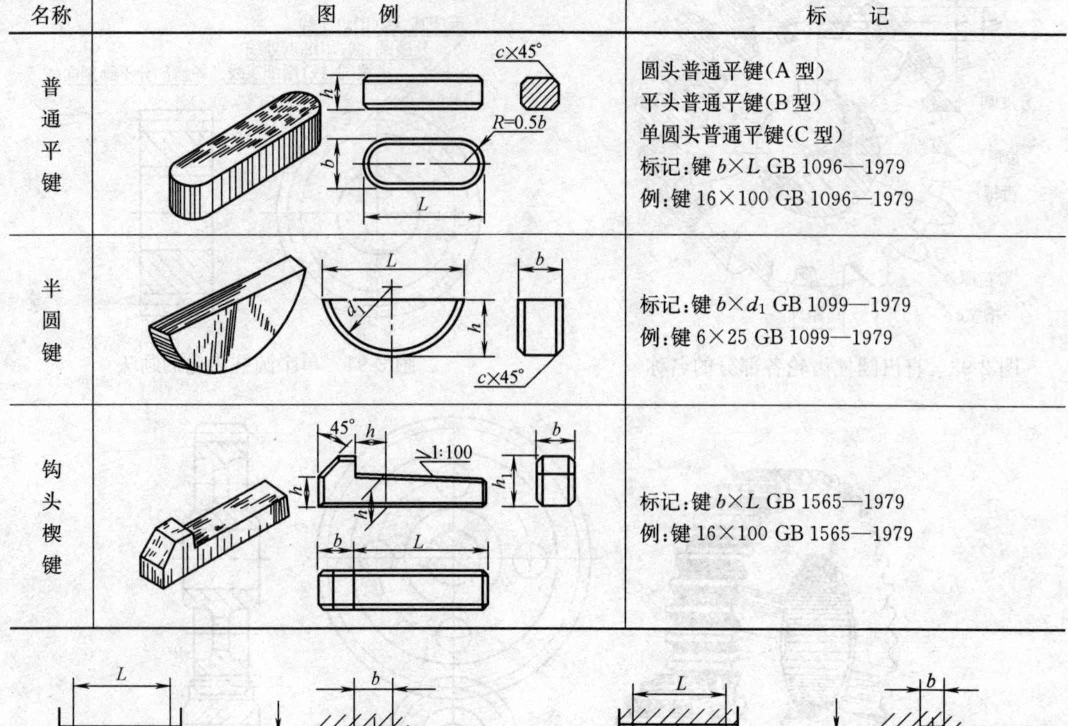

名称	图例	标记
普通平键		圆头普通平键(A 型) 平头普通平键(B 型) 单圆头普通平键(C 型) 标记：键 $b \times L$ GB 1096—1979 例：键 16×100 GB 1096—1979
半圆键		标记：键 $b \times d_1$ GB 1099—1979 例：键 6×25 GB 1099—1979
钩头楔键		标记：键 $b \times L$ GB 1565—1979 例：键 16×100 GB 1565—1979

图 2-98 普通平键的连接画法

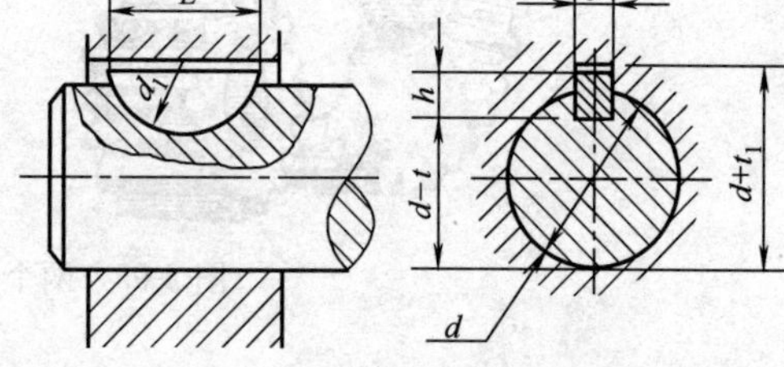

图 2-99 半圆键的连接画法

钩头楔键顶面带有斜度，顶面为工作面，在连接画法中，键与轮毂键槽顶面没有间隙(图 2-100)，两侧为非工作面，留有间隙。

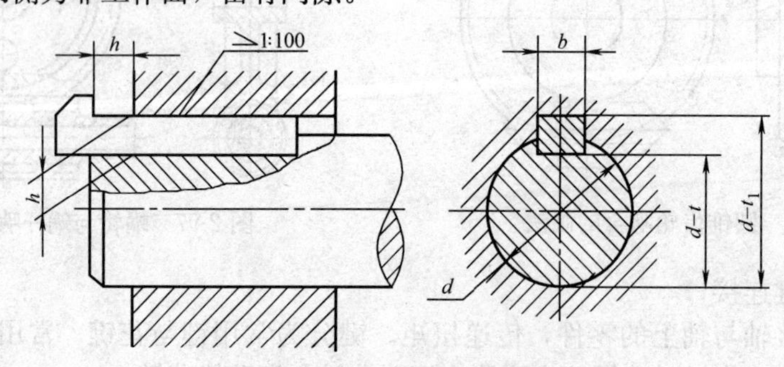

图 2-100 钩头楔键的连接画法

2）花键

A. 花键画法

花键有外花键和内花键之分，键形又有矩形花键和渐开线花键等。图 2-101 是矩形外花键的画法及标注；图 2-102 是矩形内花键的画法与标注；图 2-103 是渐开线花键的画法。

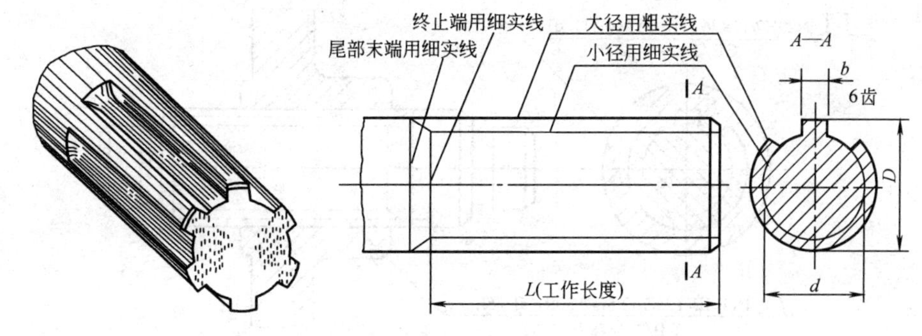

图 2-101　矩形外花键的画法及标注

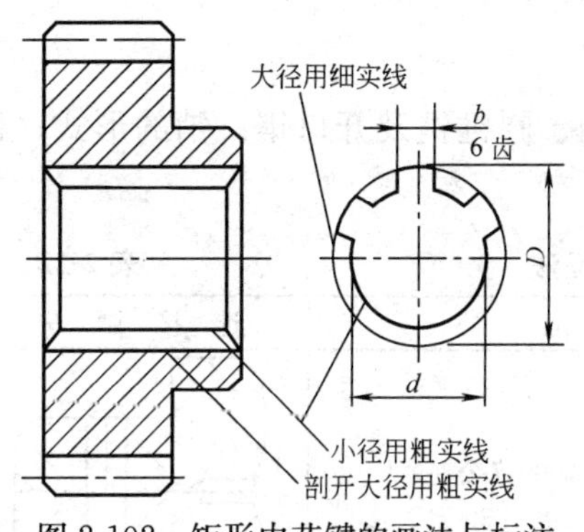

图 2-102　矩形内花键的画法与标注

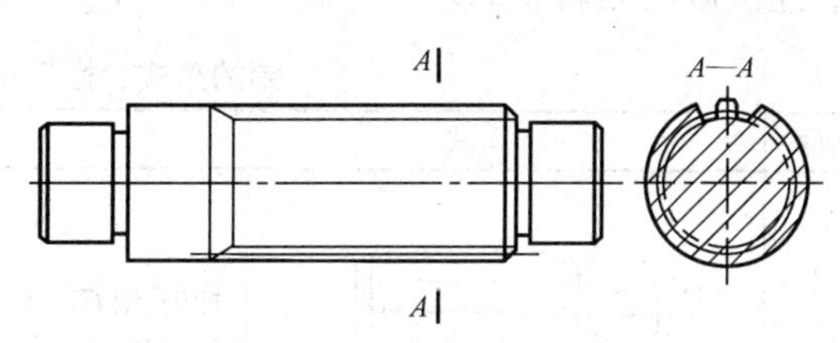

图 2-103　渐开线花键的画法

B. 花键连接的画法

在装配图中，花键连接用剖视图表示时，其连接部分按外花键绘制，如图 2-104 和图 2-105 所示。

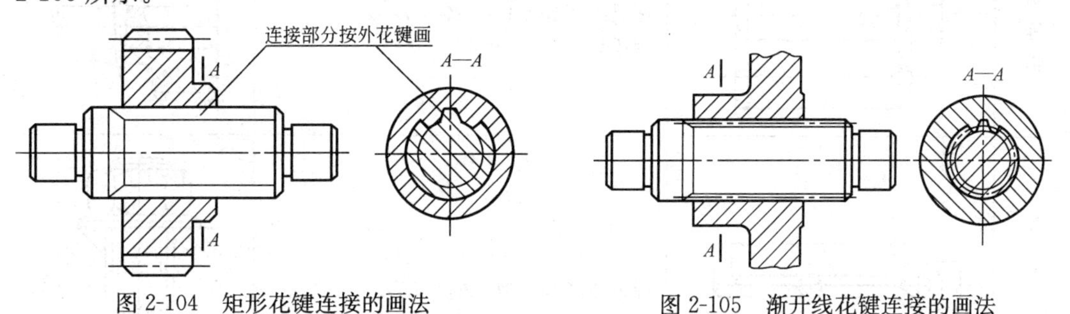

图 2-104　矩形花键连接的画法

图 2-105　渐开线花键连接的画法

C. 花键连接标记的注法

花键连接类型由图形符号表明，⎍表示矩形花键连接，⋀表示渐开线花键连接。花键连接的标记注写在指引线的基准线上，如图 2-106 所示。

图 2-106 中花键连接标记"⎍ 6×23H7/f7×26H10/a11×6H11/d10GB/T 1144—2001"表示：矩形花键，花键键数为 6，小径 d＝23mm，配合公差带代号 H7/f7，大径 D＝26mm，配合公差带代号 H10/a11，键宽 b＝6mm，配合公差带代号 H11/d10，GB/T 1144—2001 是花键的国标号；花键连接标记"⋀ INT/EXT24Z×2.5m×30R×5H/5hGB/T 3478.1—1995"表示：渐开线花键（INT-内花键，EXT-外花键），齿数 Z＝24，模数 m＝2.5，内花键为 30°圆齿根，公差等级为 5 级，配合类别为 H/h。

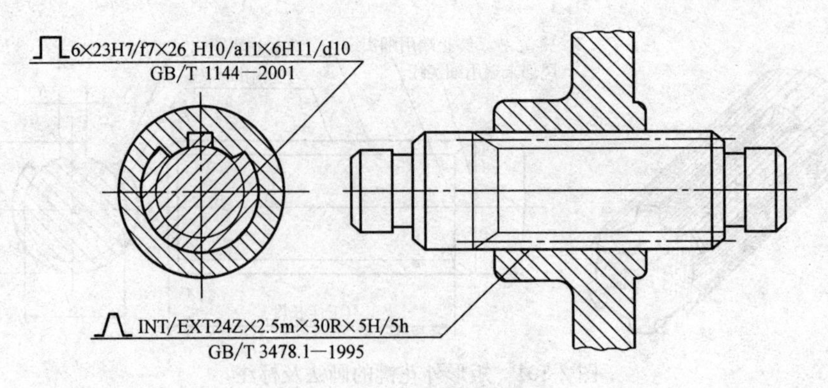

图 2-106　花键连接的标注

（4）销与销连接

销主要起连接和定位的作用。常用的销有圆柱销、圆锥销及开口销。销的形式、标记、连接画法见表 2-22。

销的形式、标记及连接画法　　**表 2-22**

名称	形　式	标　记	连 接 画 法
圆柱销		标记：销 GB/T 119.1—2000 d 公差×L 例：GB/T 119.1—2000 6m×630	
圆锥销		标记：销 GB/T 117—2000 d×L 例：GB/T 117—2000 6×30	
开口销	允许制造的形式	标记：销 GB/T 91—2000 d×L 例：GB/T 91—2000 5×50	

（5）滚动轴承

滚动轴承在机械中可减少轴的转动摩擦，应用很广，种类也很多，但结构大体相同，一般是由外圈、内圈、滚动体和隔离圈组成，也都已标准化。例如单列向心球轴承（GB 276—84）的代号为 0000，主要承受径向力，它在装配图中的画法如图 2-107（a）所示。又如单列圆锥滚子轴承（GB 297—84）的代号为 7000，可同时承受径向和轴向力，它在装配图中的画法如图 2-107（*b*）所示。

（6）弹簧

弹簧主要用于减振、夹紧、储存能量和测力等。弹簧的种类很多，常用的螺旋弹簧按其用途可分为压缩弹簧、拉伸弹簧和扭力弹簧等。图 2-108 中介绍了圆柱螺旋压缩弹簧的规定画法。

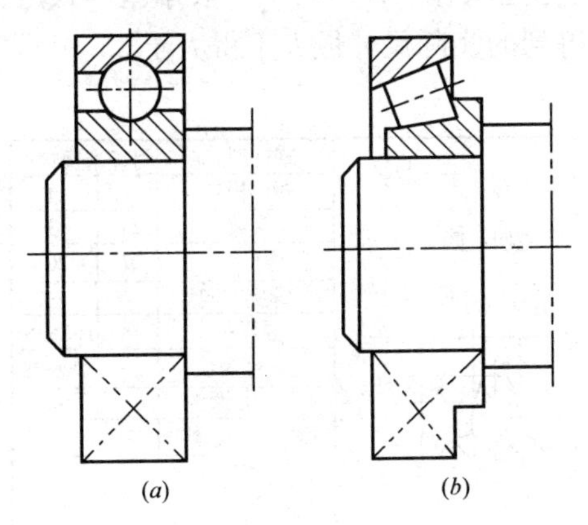
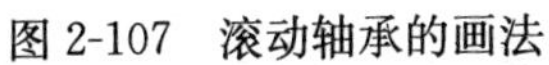

(*a*)　(*b*)

图 2-107　滚动轴承的画法

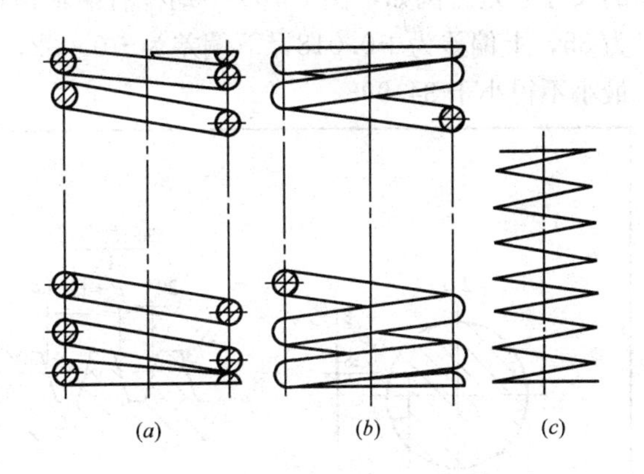

(*a*)　(*b*)　(*c*)

图 2-108　弹簧的画法

弹簧在平行于轴线的非圆视图中，螺旋形轮廓线可用直线代替螺旋线。有效圈数为 4 圈以上的螺旋弹簧，每端只需画出两圈，中间各圈可以省略不画，如图 2-108（*a*）、（*b*）所示。当弹簧钢丝直径在图形上小于 2mm 时，剖面可以涂黑。当弹簧钢丝直径在图形上小于 1mm 时，可用示意画法，如图 2-108（*c*）所示。

7.2　零件图的识读

机器或部件都是由零件装配而成，表达单个零件的结构、形状、尺寸和技术要求的图样叫零件图。零件图是制造、加工和检验零件的主要依据。零件图（图 2-109）应包括以下一些内容：

（1）一组图形

零件图样应有一组视图，能够正确、完整地表达该零件的内、外形状和结构。零件图样，如视图、剖视图、剖面图及其有关图形都有规定的画法。

（2）完整的尺寸

尺寸零件图中的尺寸是制造零件的重要依据，尺寸应该完整、合理、清晰，符合国家标准《机械制图》的规定及加工工艺的要求。

机械图中的尺寸线通常用箭头（图 2-109），很少用 45°短斜线，标注尺寸也不像土建图中将之注成封闭式和重复标注。

（3）必要的技术要求

在制造、检验及装配时所应达到的必要技术要求，如：表面粗糙度、尺寸公差、形状及位置公差、热处理要求等。

表面粗糙度反映零件加工表面所具有的微观几何不平的程度，其符号及意义见表 2-23 所示。表面粗糙的程度用注写在表面粗糙度符号上的数字（即粗糙度高度轮廓算术平

均值 R_a，单位：μm）来表示。例如图 2-109 零件图中的“$\overset{1.6}{\bigtriangledown}$”表示其所指的零件表面粗糙度是用去除材料的方法获得的，粗糙度的最大允许值为 1.6μm。

尺寸公差是指由于加工制造零件时要求尺寸绝对准确是不可能的，在实际生产中，按零件的使用要求给予的一定尺寸允许误差。零件上的重要尺寸需根据配合要求标注出有关的尺寸公差。例如，图 2-109 中蜗杆右端轴颈直径的标注尺寸“$\phi35^{+0.018}_{-0.002}$”表示基本尺寸为 35，上偏差为+0.018，下偏差为−0.002，加工得到的实际尺寸最大不得大于 35.018，最小不得小于 34.998。

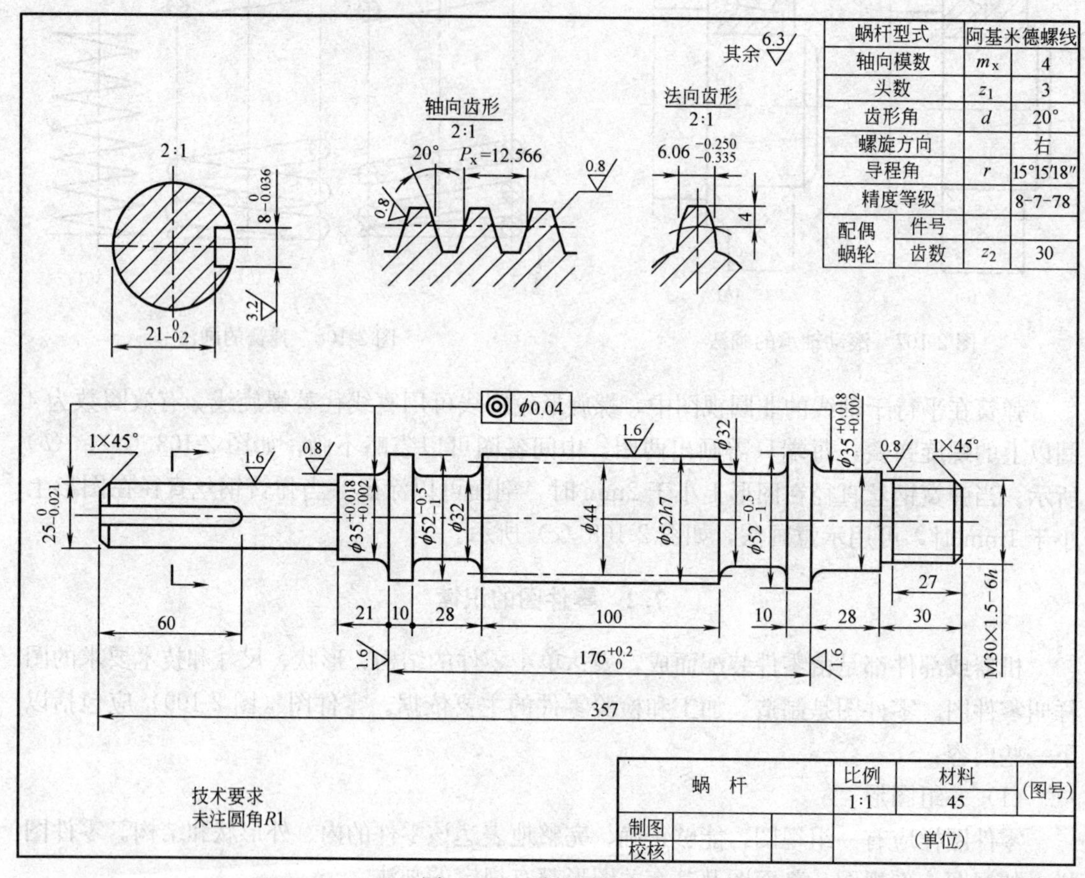

图 2-109　零件图的内容

形状及位置公差是指形状及位置允许变动的范围，简称形位公差。形位公差的种类有形状公差 6 项和位置公差 8 项，如表 2-24 所示。形位公差在图样中的标注代号包括：形位公差框格、形位公差的项目符号、形位公差数值、带箭头的引出线、基准符号等，如图 2-110 所示。例如在图 2-109 所示的零件图中，“◎ φ0.04”表示 $\phi25^{\ 0}_{-0.021}$ 蜗杆段轴线与两处 $\phi35^{+0.018}_{-0.002}$ 轴颈段轴线的同轴度要求为 0.04mm（或≯0.04mm）。

（4）完整的标题栏

在标题栏中应注明零件名称、材料、数量、图号、比例等。机械零件图中的标题栏格式与土建图中标题栏的格式也略有不同，零件的名称、件数、材料、比例、制图、设计、审核等均需注明在规定格式的标题栏内，如图 2-109 所示。

表面粗糙度符号及意义 **表 2-23**

符 号	意 义 及 说 明
√	基本符号，表示可用任何方法获得。
√（加一短划线）	基本符号加一短划线，表示表面是用去除材料的方法获得的。例如：车、铣、钻、磨、剪切、抛光、腐蚀、电火花加工、气割等。
√（加小圆）	基本符号加小圆，表示表面是用不去除材料的方法获得的。例如：铸、锻、冲压变形、热扎、冷扎、粉末冶金等。或者是用保持原供应状况的表面和上道工序的状况。

形位公差的项目及符号 **表 2-24**

分类	项 目	符 号
形状公差	直线度	—
	平面度	▱
	圆度	○
	圆柱度	⌭
	线轮廓度	⌒
	面轮廓度	⌓

分类		项 目	符 号
位置公差	定向	平行度	//
		垂直度	⊥
		倾斜度	∠
	定位	同轴度	◎
		对称度	⌯
		位置度	⌖
	跳动	圆跳动	↗
		全跳动	⌰

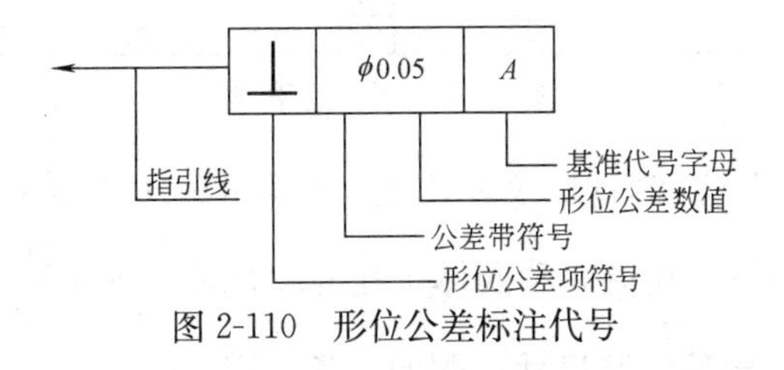

图 2-110 形位公差标注代号

7.3 装配图的识读

装配图是表达机器或部件的结构、形状、工作原理、技术要求和零件装配关系和工作原理的图样。装配图（以图 2-111 所示的水阀装配图为例）应包括以下一些内容：

（1）一组视图

用以表达机器或部件的装配关系和工作原理，以及分析、看懂零件的结构和形状。图 2-111 通过主视图、左视图和俯视图表示了阀体 1、阀门 2、手柄 3、销母 4、压圈 5、垫片 6 和管接头 7 各零件的装配关系和形状。工作时，操动手柄 3 可使阀门 2 转动，从而控制阀的开启与关闭；通过垫片 6 的压紧变形，可使管接头 7 与阀体 1 之间的连接严密而不漏水；通过销母 4 对压圈 5 的压紧变形，可防止水从阀门 2 上部与阀体 1 的缝隙泄水。

（2）尺寸

装配图中的尺寸有特性尺寸、装配尺寸、安装尺寸和外形尺寸等。如图 2-111 中，管

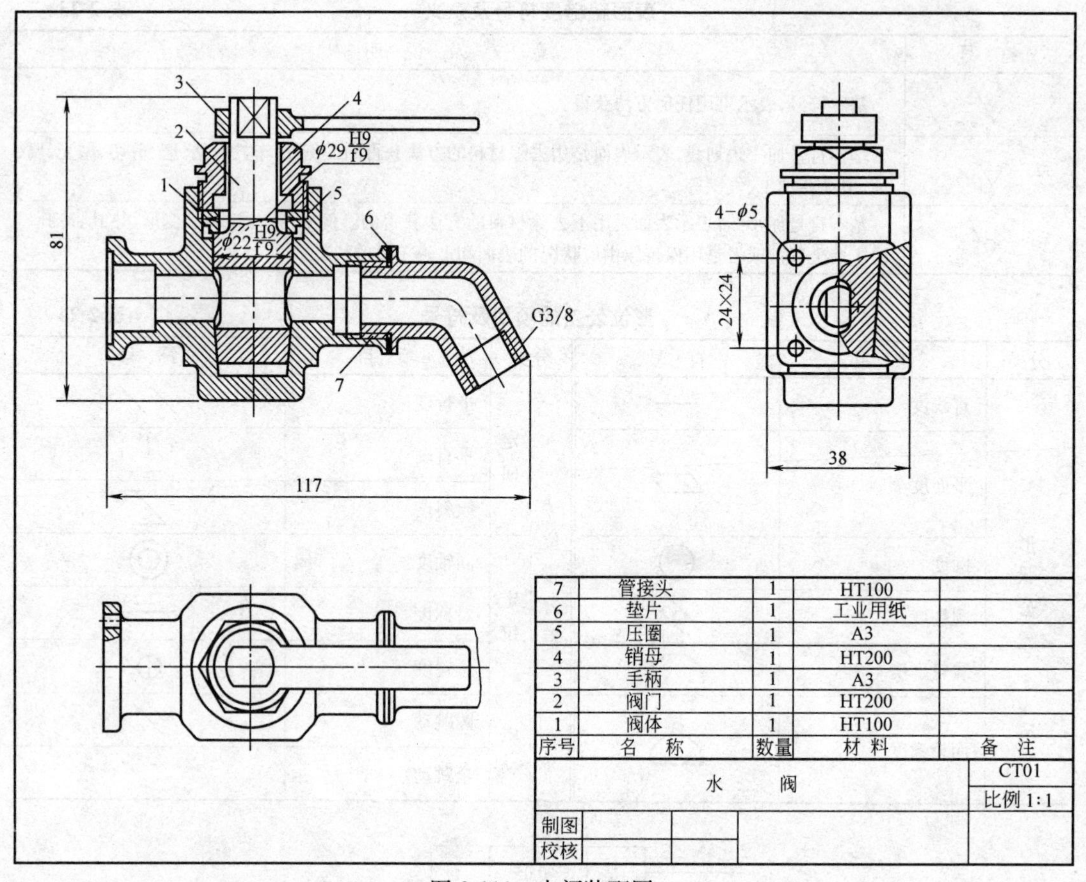

序号	名 称	数量	材 料	备 注
7	管接头	1	HT100	
6	垫片	1	工业用纸	
5	压圈	1	A3	
4	销母	1	HT200	
3	手柄	1	A3	
2	阀门	1	HT200	
1	阀体	1	HT100	

图 2-111 水阀装配图

接头 7 上标注的“G3/8”（英制管螺纹，孔径 3/8 英寸）为连接的规格尺寸；阀门 2 和阀体 1 孔的配合尺寸 $\phi22\,\frac{H9}{f9}$，压圈 5 和阀体 1 孔的配合尺寸 $\phi29\,\frac{H9}{f9}$都是装配尺寸；左视图中的 24×24 为孔间距和阀的安装尺寸；阀的总长、宽、高 117×38×81 为外形尺寸。

轴与孔的配合尺寸，根据轴和孔的公差之间的关系，可分成间隙配合、过渡配合和过盈配合三类。图 2-111 中，阀门 2 与阀体 1 孔的配合$\left(\text{配合尺寸：}\phi22\,\frac{H9}{f9}\right)$，压圈 5 与阀体 1 孔的配合$\left(\text{配合尺寸：}\phi29\,\frac{H9}{f9}\right)$都属于间隙配合。

（3）零件编号和明细表

在装配图中是把各个零件按顺时针方向或逆时针方向依次编号的，并在标题栏上面的明细表中注明有各零件的件号、名称、件数、材料等，如图 2-111 所示。若零件是标准件，在备注栏内应标注有其国家的标准编号，根据这个编号可在有关的标准中方便地查找到这个零件的图形与尺寸情况。

（4）标题栏

在规定格式的标题栏中注明有机器或部件的名称、型号、规格、重量、比例、制图、设计、审核、批准及设计单位等，如图 2-111 所示。

单元2　思考题与习题

1. 房屋一般由哪几部分组成？房屋工程图是如何分类的？

2. 什么叫定位轴线？国标对定位轴线有何规定？

3. 标高的单位是什么？国标对标高有何规定？

4. 什么是索引符号与详图符号？国标对索引符号与详图符号有何规定？

5. 建筑总平面图的单位是什么？它的作用如何？

6. 建筑平面图的作用如何？

7. 什么是标准层平面图？它与底层平面图在表达内容上有何区别？

8. 建筑立面图的命名方法有哪几种？它的主要作用如何？

9. 建筑剖面图的作用如何？对建筑剖面图中的图线有何规定？

10. 运用投影原理，画出下面给出的平面图的正立面图和侧立面图（垂直管线部分的长度自定）。

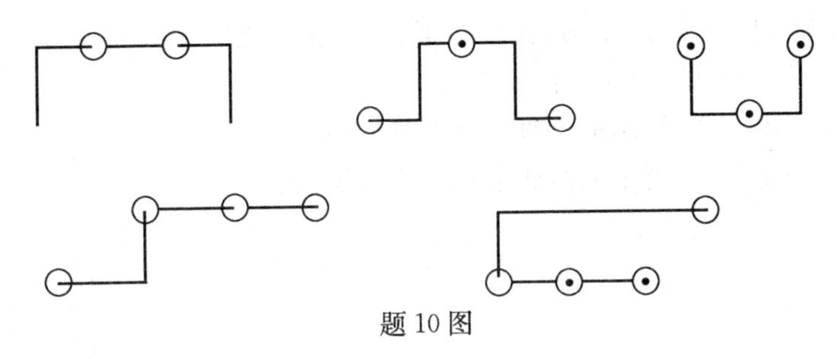

题10图

11. 根据管路的平、立面图画出侧面图。

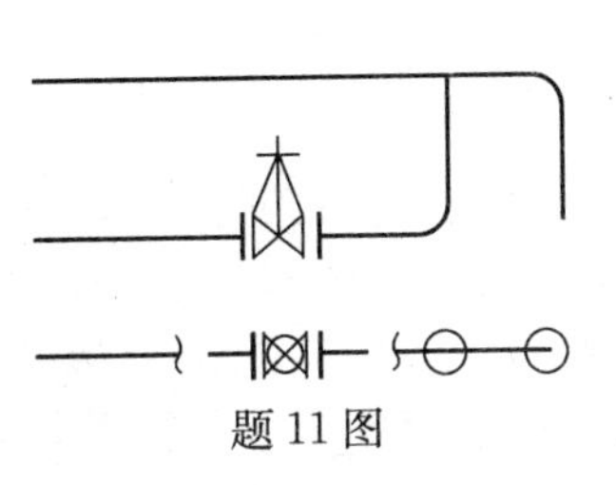

题11图

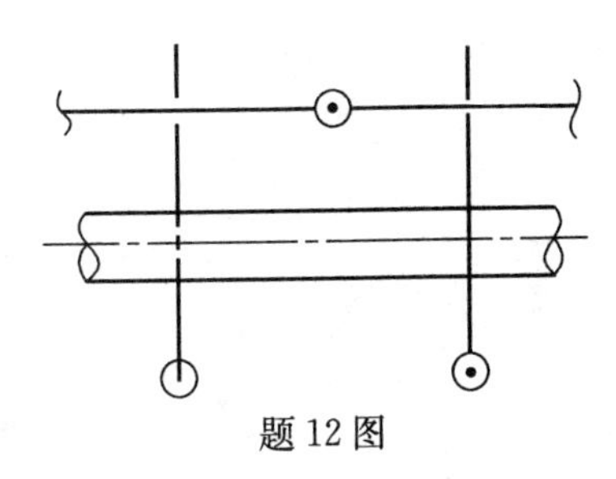

题12图

12. 根据平面图，试确定四根管线哪根最高，哪根次高，哪根次低，哪根最低？

13. 根据平面图、立面图，试画出 $A—A$ 和 $B—B$ 剖面图（管线的垂直部分长短自定）。

14. 试根据题13图的平面图、立面图，画出轴测图。

15. 试对某幢4层集体宿舍的给、排水平面图，轴测图（参见本书图2-46～图2-48）进行识读，并算出主要材料。

16. 试对某建筑采暖施工图的一层、二层、三层平面图和系统轴测图（参见本书图2-59～图2-62）进行识读。

17. 试对某大厦多功能厅空调施工图（参见本书图2-77、图2-78、图2-79）的平面图、剖面图和风管系统轴测图进行识读。

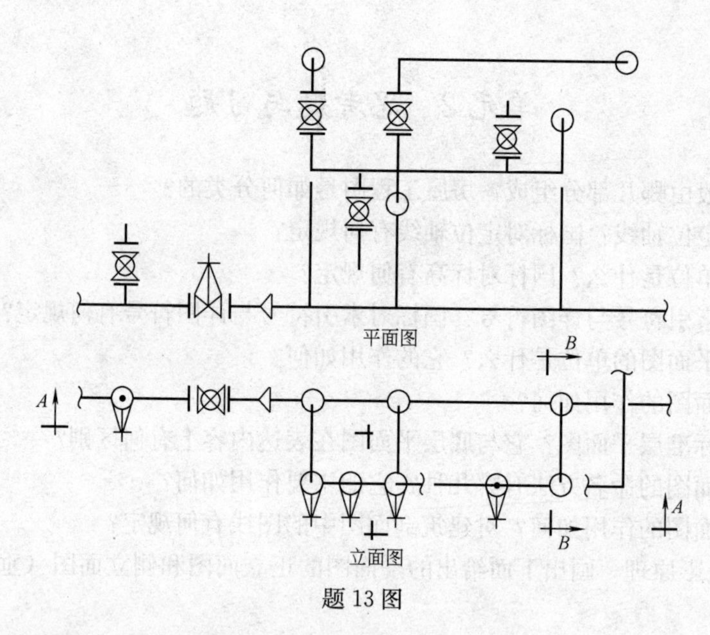

题 13 图

18. 试对某幢 3 层三个单元的居民住宅楼的电气照明施工图（参见本书图 2-84 电气照明系统图，图 2-85 电气照明平面图）进行识读。

19. 试对本书图 2-109 所示的蜗杆零件图进行识读。

20. 试对本书图 2-111 所示的水阀装配图进行识读。

单元3 建筑材料

知识点： 石灰和水泥、普通混凝土、防水材料、绝热保温材料、建筑涂料、建筑钢材的基本知识及它们在建筑工程中的应用。

教学目标： 了解各种建筑材料分类、规格品种、质量要求、主要技术性能或衡量指标；熟悉常用建筑材料的主要使用性能与使用特点；掌握及常用建筑材料在建筑工程中应用的情况。

课题1 建筑材料的基本性质

1.1 建筑材料的定义和分类

(1) 建筑材料的定义

建筑材料是指用于建筑物各个部位的各种构件和结构体。如：地基基础、承重构件、地面、墙体、屋面等所用的材料。建筑材料的品种、性能和质量，在很大程度上决定着建筑物的坚固、适用和美观，又在很大程度上影响着结构形式和施工速度。

(2) 分类

建筑材料的种类繁多，常用的分类方法有：化学成分、用途、功能分类。

1) 按材料的化学成分分类（表3-1）

建筑材料的分类 **表3-1**

<table>
<tr><td rowspan="2">无机材料</td><td>金属材料</td><td>黑色金属：合金钢、碳钢、铁等
有色金属：铝、锌、铁等及其合金</td></tr>
<tr><td>非金属材料</td><td>天然石材；烧土制品；玻璃及其制品；水泥、石灰、石膏、水玻璃、混凝土、砂浆、硅酸盐制品等</td></tr>
<tr><td rowspan="3">有机材料</td><td>植物材料</td><td>木材、竹材；植物纤维及其制品</td></tr>
<tr><td>合成高分子材料</td><td>塑料、涂料、胶粘剂等</td></tr>
<tr><td>沥青材料</td><td>石油沥青及煤沥青
沥青制品</td></tr>
<tr><td rowspan="3">复合材料</td><td>无机非金属材料与有机材料复合</td><td>玻璃纤维增强塑料聚合物混凝土等；沥青混凝土等；水泥刨花板等</td></tr>
<tr><td>金属材料与非金属材料复合</td><td>钢筋混凝土、钢丝网混凝土、塑铝混凝土、铝箔面油毡等</td></tr>
<tr><td>其他复合材料</td><td>水泥石棉制品、不锈钢包覆钢板、人造大理石、人造花岗石等</td></tr>
</table>

复合材料，是指两种或两种以上不同性质的材料经恰当组合成为一体的材料，可以克服单一材料的弱点，发挥其综合特性。通过复合手段，材料的各种性能都可以按照需要进

行设计。复合化已成为当今材料科学发展的趋势。一材多用是我们追求的目标。

2）根据材料在建筑上的用途分类

A. 建筑结构材料：指构成建筑物受力构件的结构所用的材料，如梁、板、柱、基础、框架等所用的材料。

目前主要是：砖、砌块、水泥混凝土、钢材及钢筋混凝土。钢筋混凝土是主要结构材料，原因：原材料丰富、成本低、节能、高强、耐久。

B. 墙体材料：用于承重墙、非承重墙的各种材料，如砖、砌块、墙板等。

C. 建筑功能材料：满足各种功能要求所使用的材料，如防水材料、装饰材料、采光材料、绝热材料、吸声隔声材料等。

1.2　建筑材料的基本物理性质

（1）密度、表观密度、堆积密度的概念

1）材料的密度：指材料在绝对密实状态下单位体积的质量。主要用来计算孔隙率和密实度。而材料的吸水率、强度、抗冻性及耐腐蚀性都与孔隙的大小及孔隙特征有关，如砖、石材、水泥等材料，其密度都是一项重要指标。

2）表观密度：指材料在自然状态下单位体积的质量，亦即包括材料内部孔隙在内的单位体积的质量。利用表观密度可以估计材料的强度、吸水性、保温性，亦可用来计算材料体积和结构物质量。

3）堆积密度：指散粒材料（如水泥、砂、卵石、碎石等）在堆积状态下（包含颗粒内部的孔隙及颗粒之间的空隙）单位体积的质量。它可以用来估算散粒材料的堆积体积及质量，考虑运输工具，估计材料级配情况等。

（2）密实度、孔隙率和空隙率的概念

1）密实度：指材料体积内被固体物质充实的程度。密实度的计算式如下：

$$D=\frac{V}{V_0}=\frac{\rho_0}{\rho}$$

式中　ρ——密度，g/cm^3 或 kg/m^3；

ρ_0——材料的表观密度，g/cm^3 或 kg/m^3；

V——材料的绝对密实体积（不包括空隙在内），cm^3 或 m^3；

V_0——材料的表观体积（或材料在自然状态下的体积），cm^3 或 m^3。

对于绝对密实材料，因 $\rho_0=\rho$，故密实度 $D=1$ 或 100%。对于大多数土木工程材料，因 $\rho_0<\rho$，故密实度 $D<1$ 或 $D<100\%$。

2）材料的孔隙率：指材料内部孔隙的体积占材料总体积的百分率。孔隙率 P 按下式计算：

$$P=\frac{V_0-V}{V_0}=1-\frac{\rho_0}{\rho}$$

3）空隙率：指散粒材料在其堆集体积中，颗粒之间的空隙体积所占的比例。空隙率 P'，按下式计算：

$$P'=\frac{V_0'-V_0}{V_0'}=1-\frac{V_0}{V'}=1-\frac{\rho_0'}{\rho_0}$$

式中　V_0'——材料的堆积体积，cm^3 或 m^3；

ρ_0'——材料的堆积密度。

空隙率的大小反映了散粒材料的颗粒互相填充的致密程度。空隙率可作为控制混凝土骨料级配与计算含砂率的依据。

1.3　材料与水有关的性质

（1）吸水性与吸湿性的概念

材料吸收水分的能力，称为材料的吸水性。吸水的大小可用吸水率来反映。吸水率有质量吸水率、体积吸水率和含水率之分。

1）质量吸水率

质量吸水率是指材料在吸水饱和时，所吸水量占材料在干燥状态下的质量百分比，并以 W_m 表示。质量吸水率的计算公式为：

$$W_m=\frac{m_b-m_g}{m_g}\times100\%$$

式中　m_b——材料吸水饱和状态下的质量，g 或 kg；

m_g——材料在干燥状态下的质量，g 或 kg。

2）体积吸水率

体积吸水率是指材料在吸水饱和时，所吸水的体积占材料自然体积的百分率，并以 W_v 表示。体积吸水率的计算公式为：

$$W_v=\frac{m_b-m_g}{V_0}\cdot\frac{1}{\rho_w}\times100\%$$

式中　ρ_w——水的密度，g/cm^3 或 kg/m^3，常温下取 $\rho_w=1.0g/cm^3$。

材料的吸水率与其孔隙率有关，更与其孔特征有关。因为水分是通过材料的开口孔吸入并经过连通孔渗入到内部的。材料内与外界连通的细微孔隙愈多，其吸水率就愈大。

材料的吸湿性是指材料在潮湿空气中吸收水分的性质。干燥的材料处在较潮湿的空气中时，便会吸收空气中的水分；而当较潮湿的材料处在较干燥的空气中时，便会向空气中放出水分。前者是材料的吸湿过程，后者是材料的干燥过程。由此可见，在空气中，某一材料含水多少是随空气的湿度变化的。

材料在任一条件下含水的多少称为材料的含水率，并以 W_h 表示，其计算公式为：

$$W_h=\frac{m_s-m_g}{m_g}\times100\%$$

式中　m_s——材料吸湿状态下的质量，g 或 kg。

显然，材料的含水率受所处环境中空气湿度的影响。当空气中湿度在较长时间内稳定时，材料的吸湿和干燥过程处于平衡状态，此时材料的含水率保持不变，其含水率叫做材料的平衡含水率。

(2) 耐水性的概念

材料的耐水性是指材料长期在饱和水的作用下而不被破坏，强度也不显著降低的性质。衡量材料耐水性的指标是材料的软化系数 K_R：

$$K_R=\frac{f_b}{f_g}$$

式中 K_R——材料的软化系数；

f_b——材料吸水饱和状态下的抗压强度，MPa；

f_g——材料在干燥状态下的抗压强度，MPa。

软化系数反映了材料饱水后强度降低的程度，是材料吸水后性质变化的重要特征之一。一般材料吸水后，水分会分散在材料内微粒的表面，削弱其内部结合力，强度则有不同程度的降低。当材料内含有可溶性物质时（如石膏、石灰等），吸入的水还可能溶解部分物质，造成强度的严重降低。

材料耐水性限制了材料的使用环境，软化系数小的材料耐水性差，其使用环境尤其受到限制。软化系数的波动范围在 0～1 之间。工程中常将 $K_R>0.85$ 的材料称为耐水性材料，可以用于水中或潮湿环境中的重要工程。用于一般受潮较轻或次要的工程部位时，材料软化系数也不得小于 0.75。

(3) 抗渗性的概念、材料抗渗性的衡量指标（渗透系数、抗渗等级）

抗渗性是材料在压力水作用下抵抗水渗透的性能。土木建筑工程中许多材料常含有孔隙、孔洞或其他缺陷，当材料两侧的水压差较高时，水可能从高压侧通过内部的孔隙、孔洞或其他缺陷渗透到低压侧。这种压力水的渗透，不仅会影响工程的使用，而且渗入的水还会带入能腐蚀材料的介质，或将材料内的某些成分带出，造成材料的破坏。

材料的抗渗性能力可用渗透系数来反映。渗透系数 K 越小，说明材料的抗渗性越强。

材料的渗透系数可通过下式计算：

$$K=\frac{Qd}{AtH}$$

式中 K——渗透系数，cm/h；

Q——渗水量，cm^3；

A——渗水面积，cm^2；

H——材料两侧的水压差，cm；

d——试件厚度，cm；

t——渗水时间，h。

材料的抗渗等级是指用标准方法进行透水试验时，材料标准试件在透水前所能承受的最大水压力，并以字母 P 及可承受的水压力（以 0.1MPa 为单位）来表示抗渗等级。如 P4、P6、P8、P10……等，表示试件能承受逐步增高至 0.4MPa、0.6MPa、0.8MPa、1.0MPa……的水压而不渗透。

(4) 抗冻性的概念

材料吸水后，在负温作用条件下，水在材料毛细孔内冻结成冰，体积膨胀所产生的冻胀压力造成材料的内应力，会使材料遭到局部破坏。随着冻融循环的反复，材料被破坏的程度逐步加剧，这种破坏称为冻融破坏。

抗冻性是指材料在吸水饱和状态下，能经受反复冻融循环作用而不被破坏，强度也不显著降低的性能。

抗冻性以试件在冻融后的质量损失、外形变化或强度降低不超过一定限度时所能经受的冻融循环次数来表示，或称为抗冻等级。

材料的抗冻等级可分为 F15、F25、F50、F100、F200 等，分别表示此材料可承受 15 次、25 次、50 次、100 次、200 次的冻融循环。材料的抗冻性与材料的强度、孔结构、耐水性和吸水饱和程度有关。

1.4 材料的力学性质

（1）材料的强度

材料的强度是材料在应力作用下抵抗破坏的能力。通常情况下，材料内部的应力多由外力（或荷载）作用而引起，随着外力增加，应力也随之增大，直至应力超过材料内部质点所能抵抗的极限，即强度极限，材料便会发生破坏。

在工程上，通常采用破坏试验法对材料的强度进行实测。将预先制作的试件放置在材料试验机上，施加外力（荷载）直至破坏，根据试件尺寸和破坏时的荷载值，计算材料的强度。

根据外力作用方式的不同，材料强度有抗拉、抗压、抗剪、抗弯（抗折）强度等。材料的抗拉、抗压、抗剪强度的计算公式如下：

$$f=\frac{F_{\max}}{A}$$

式中 f——材料强度，MPa；

$F_{\max}$——材料破坏时的最大荷载，N；

A——试件受力面积，mm^2。

材料的抗弯强度与受力情况有关，一般试验方法是将条形试件放在两支点上，中间作用一集中荷载，对矩形截面试件，则其抗弯强度用下式计算：

$$f_{w}=\frac{3F_{\max}L}{2bh^2}$$

式中 f_w——材料的抗弯强度，MPa；

L——两支点的间距，mm；

b、h——试件横截面的宽及高，mm。

（2）弹性和塑性

材料在外力作用下产生变形，当外力取消后能够完全恢复原来形状的性质称为弹性。这种完全恢复的变形称为弹性变形（或瞬时变形）。

材料在外力作用下产生变形，如果外力取消后，仍能保持变形后的形状和尺寸，并且不产生裂缝的性质称为塑性。这种不能恢复的变形称为塑性变形（或永久变形）。

（3）脆性和韧性

材料受力达到一定程度时，突然发生破坏，并无明显的变形，材料的这种性质称为脆性。大部分无机非金属材料均属脆性材料，如天然石材、烧结普通砖、陶瓷、玻璃、普通混凝土、砂浆等。脆性材料的另一特点是抗压强度高而抗拉、抗折强度低。在工程中使用时，应注意发挥这类材料的特性。

材料在冲击或动力荷载作用下，能吸收较大能量而不破坏的性能，称为韧性或冲击韧性。韧性以试件破坏时单位面积所消耗的功表示。计算公式如下：

$$a_k=\frac{W_k}{A}$$

式中 a_k——材料的冲击韧性，J/mm^2；

W_k——试件破坏时所消耗的功，J；

A——材料受力截面积，mm^2。

1.5 材料的热工性质

(1) 材料导热性的概念及表示方法

当材料两面存在温度差时，热量从材料一面通过材料传导至另一面的性质，称为材料的导热性。导热性用导热系数 λ 表示。导热系数的定义和计算公式如下：

$$\lambda=\frac{Qd}{FZ(t_2-t_1)}$$

式中 λ——导热系数，W/(m·K)；

Q——传导的热量，J；

d——材料厚度，m；

F——热传导面积，m^2；

Z——热传导时间，h；

t_2-t_1——材料两面温度差，K。

在物理意义上，导热系数为单位厚度1m的材料，当两面温度差为1K时，在单位时间（s）内通过单位面积（m^2）的热量。

(2) 材料热容量的概念及衡量指标

材料在受热时吸收热量，冷却时放出热量的性质称为材料的热容量。单位质量材料温度升高或降低1K所吸收或放出的热量称为热容量系数或比热。比热的计算公式如下所示：

$$C=\frac{Q}{m(t_2-t_1)}$$

式中 C——材料的比热，J/(g·K)；

Q——材料吸收或放出的热量（热容量），J；

m——材料质量，g；

t_2-t_1——材料受热或冷却前后的温差，K。

课题2 石灰和水泥

2.1 石 灰

石灰是建筑上使用较早的一种胶凝材料，原料丰富，生产简便，成本低廉，因此在目前的建筑工程中仍是应用广泛的建筑材料之一。

（1）石灰的煅烧

石灰的主要原料是石灰岩，其主要成分是碳酸钙，其次为碳酸镁，其他还有黏土等杂质，一般要求原料中的黏土杂质控制在8%以内。此外，还可以利用化学工业副产品作为石灰的生产原料，如用碳化钙制取乙炔时所产生的主要成分为氢氧化钙的电石渣等。

石灰岩经高温煅烧分解释放出CO_2，生成以CaO为主要成分（少量MgO）的生石灰，其反应式如下：

$$CaCO_3 \xrightarrow{900℃} CaO + CO_2$$

在实际生产中，为加快石灰石的分解，使原料充分煅烧，煅烧温度一般高于900℃，常在1000～1200℃，若煅烧温度过低，煅烧时间不足，或料块过大，则碳酸钙不能完全分解，石灰中含有未烧透的内核，这种石灰称为“欠火石灰”。欠火石灰的产浆量较低，有效氧化钙和氧化镁含量低，使用时粘结力不足，质量较差。若煅烧温度过高，煅烧时间过长，则易生成内部结构致密的过火石灰。过火石灰与水反应速度十分缓慢，若将过火石灰用于建筑工程，则其中的细小颗粒可能在石灰浆硬化以后才发生水化作用，产生体积膨胀，使已硬化的砂浆产生“崩裂”、“隆起”等现象，严重影响工程质量。因此生产中，控制适宜的煅烧温度，使用时对过火石灰进行处理，都是十分必要的。

（2）分类（按成品加工方法不同分类）

根据《建筑生石灰》（JC/T 479—92）标准规定，按氧化镁含量的多少，建筑J石灰分为钙质和镁质两类，分别划分为优等品、一等品、合格品三等，其技术性能指标见表3-2。

建筑生石灰技术指标　　表3-2

项　目		钙质生石灰			镁质生石灰		
		优等品	一等品	合格品	优等品	一等品	合格品
CaO +MgO 含量(%)	≥	90	85	80	85	80	75
未消化残渣含量(%)（5mm圆孔筛余）	≤	5	10	15	5	10	15
CO_2 含量(%)	≤	5	7	9	6	8	10
产浆量(L/kg)	≥	2.8	2.3	2.0	2.8	2.3	2.0

建筑消石灰粉按氧化镁含量可分为：钙质消石灰粉、镁质消石灰粉、白云石消石灰粉，每种又有优等品、一等品和合格品三个等级。其各项技术指标，见表3-3，磨细生石灰粉的技术指标见表3-4。

建筑消石灰粉技术指标（JC/T 481—92）　　表3-3

项　目			钙质消石灰粉			镁质消石灰粉			白云石消石灰粉		
			优等品	一等品	合格品	优等品	一等品	合格品	优等品	一等品	合格品
CaO+MgO 含量(%)		≥	70	65	60	65	60	55	65	60	55
游离水(%)			0.4～2								
体积安定性			合格	合格	—	合格	合格	—	合格	合格	—
细度	0.9mm 筛筛余(%)	≤	0	0	0.5	0	0	0.5	—	—	0.5
	0.125mm 筛筛余(%)	≤	3	10	15	3	10	15	3	10	15

建筑生石灰粉技术指标（JC/T 482—92）　　表 3-4

项　目			钙质生石灰粉			镁质生石灰粉		
			优等品	一等品	合格品	优等品	一等品	合格品
CaO＋MgO 含量(%)		≥	85	80	75	80	75	70
未消化残渣含量(%)(5mm 圆孔筛余)		≤	7	9	11	8	10	12
细度	0.9mm 筛筛余(%)	≤	0.2	0.5	1.5	0.2	0.5	1.5
	0.125mm 筛筛余(%)	≤	7.0	12.0	12.0	7.0	12.0	18.0

(3) 生石灰的熟化

石灰的熟化或称消化，是指生石灰与水发生水化反应，生成 $Ca(OH)_2$ 的水化过程，其反应式如下：

$$CaO + H_2O \longrightarrow Ca(OH)_2 + 64.9\times10^3 J$$

生石灰的熟化过程伴随着剧烈放热与体积膨胀现象（1.5～3.5 倍），易在工程中造成事故，因此，在石灰熟化过程中应注意安全，防止烧伤、烫伤。

熟化时根据加水量的多少，可得到石灰膏和消生灰粉。将生石灰放在化灰池中，用过量的水（约为生石灰体积的 3～4 倍）消化成石灰水溶液，然后通过筛网，流入储灰坑内，随着水分的减少，逐渐形成石灰浆，最后形成石灰膏。石灰膏是建筑工程中常用的材料之一。为消除过火石灰的危害，保证石灰完全熟化，石灰膏必须在坑中保存两周以上，这个过程称为"陈伏"，陈伏期间石灰浆表面应保持一层一定厚度的水，以隔绝空气，防止碳化。

消生石灰粉是由块状生石灰用适量的水熟化而得，加水量以能充分消解而又不过湿成团为度。工地上常用分层喷淋法进行消化，目前多在工厂中用机械法将生石灰进行熟化成消石灰粉，再供利用。

应特别指出，块状生石灰必须充分熟化后方可用于工程中。若使用将块状生石灰直接破碎、磨细制得的磨细生石灰粉，则可不预先熟化、陈伏而直接应用。这是因为磨细生石灰的细度高，水化反应速度可提高 30～50 倍，且水化时体积膨胀均匀，避免了局部膨胀过大。使用磨细生石灰，克服了传统石灰硬化慢，强度低的缺点（强度可提高约 2 倍），不仅提高了工效，而且节约了场地，改善了施工环境，但其成本较高。

(4) 石灰浆的硬化

石灰浆体在空气中的硬化，是由下列两个同时进行的过程来完成的。

1）干燥硬化与结晶硬化

石灰浆在干燥过程中，随着水分蒸发，孔隙中的自由水由于表面张力作用而产生毛细管压力，使得氢氧化钙颗粒相互靠拢、搭接，获得一定的强度，同时氢氧化钙逐渐从过饱和溶液中结晶析出，形成结晶结构网，使强度继续增加。

2）碳化硬化

氢氧化钙与潮湿空气中的 CO_2 反应生成碳酸钙晶体而使石灰浆硬化，强度有所提高。石灰的碳化作用在有水分存在的条件下才能进行，反应式如下：

$$Ca(OH)_2 + CO_2 + nH_2O \longrightarrow CaCO_3 + (n+1)H_2O$$

由于空气中的浓度很低，石灰的碳化作用主要发生在与空气接触的表面，而且，碳化生成致密的碳酸钙后，阻止 CO_2 继续深入内部，同时也影响到内部水分的蒸发，使氢氧化钙结晶速度减慢。因此，石灰浆体的硬化过程是非常缓慢的。

(5) 石灰的性质

① 可塑性：生石灰消解为石灰浆时生成的氢氧化钙，其颗粒极微细，呈胶体状态，比表面积大，表面吸附了一层较厚的水膜，因而保水性能好，同时水膜层也降低了颗粒间的摩擦力，可塑性增强。

② 强度：石灰是一种硬化很慢，强度较低的胶凝材料，通常 1∶3 的石灰砂浆，其 28d 抗压强度只有 0.2～0.5MPa。

③ 耐水性：在石灰硬化体中大部分仍然是尚未碳化的 $Ca(OH)_2$，而 $Ca(OH)_2$ 是易溶于水的，所以石灰的耐水性较差。硬化后的石灰若长期受潮，会导致强度丧失，甚至引起溃散，故石灰不宜用于潮湿环境中。

④ 收缩性：石灰在硬化过程中蒸发掉大量的水分，引起体积显著收缩，易产生裂纹。因此，石灰一般不宜单独使用，通常掺入一定量的骨料（砂）或纤维材料（纸筋、麻刀等）以提高抗拉强度，抵抗收缩引起的开裂。

(6) 石灰的用途

1) 制作石灰乳

将熟化好的石灰膏或消石灰粉，加入过量水稀释成的石灰乳是一种传统的室内粉刷涂料。目前已很少使用，大多用于临时建筑的室内粉刷。

2) 配制砂浆

利用石灰膏配制的石灰砂浆、混合砂浆，广泛用于建筑物±0.000 以上部位的墙体的砌筑和抹灰。为确保砌体和抹灰质量应注意一般不宜用消石灰粉（尤其是淋水消化时间较短的消石灰粉）来配制砌筑和抹灰砂浆。

3) 配制灰土与三合土

消石灰粉与黏土拌合后称为灰土，若再加砂（或炉渣，石屑等）即成三合土。石灰改善了黏土的可塑性，在强力夯实下灰土和三合土的密实度增大，并且黏土中的少量活性氧化硅和氧化铝与 $Ca(OH)_2$ 反应生成水硬性的水化硅酸钙或水化铝酸钙，使黏土强度和耐久性得到改善。灰土和三合土广泛用于建筑物基础和道路垫层。

4) 生产硅酸盐制品

将生石灰粉与含硅材料（砂、炉渣、粉煤灰等）加水拌合，经成型、蒸养或蒸压处理等工序可制得各种硅酸盐制品，如蒸压灰砂砖、硅酸盐砌块等墙体材料。

5) 制作碳化石灰板

将生石灰粉与纤维材料（如玻璃纤维）或轻质骨料（如炉渣）加水搅拌成型，然后用二氧化碳进行人工碳化，便可制成轻质的碳化石灰板材（如石灰空心板等）。它的导热系数较小，保温绝热性能较好，宜作非承重内隔墙板、顶棚等。

2.2 水　　泥

水泥具有在拌水后既能在空气中又能在水中硬化的特点。我们把凡磨细成粉末状，加入适量水后，可成为塑性浆体，既能在空气中硬化，又能在水中硬化，并能将砂、石等材料牢固地胶结在一起的水硬性胶凝材料，通称为水泥。

水泥是最主要的建筑材料之一，可以和骨料及增强材料配制成各种混凝土和砂浆，广泛应用于工业民用建筑、交通、水利、国防等工程。

水泥的种类很多，按照主要的水硬性物质，水泥可分为硅酸盐水泥、铝酸盐水泥、硫铝酸盐水泥、铁铝酸盐水泥等系列。按用途和性能，又可分为：通用水泥、专用水泥、特性水泥三大类。

(1) 水泥命名原则

用于命名的水泥分类及主要特性，常有以下常用的水泥分类：

1) 水泥按其用途及性能分为三类：

A. 通用水泥：用于一般土木建筑工程的水泥。

B. 专用水泥：专门用途的水泥。

C. 特性水泥：某种性能比较突出的水泥。

2) 水泥按其主要水硬性物质名称分为：

A. 硅酸盐水泥：即国外通称的波特兰水泥。

B. 铝酸盐水泥。

C. 硫铝酸盐水泥。

D. 氟铝酸盐水泥。

E. 以火山灰性或潜在水硬性材料以及其他活性材料为主要成分的水泥。

3) 按水泥命名中标明的主要技术特性划分

A. 快硬性分为快硬和特快硬两类。

B. 水化热分为中热和低热两类。

C. 抗硫酸盐性分为抗硫酸盐和高抗硫酸盐两类。

D. 膨胀性分为膨胀和自应力两类。

E. 耐高温性铝酸盐水泥的耐高温性以水泥中氧化铝含量分级。

4) 水泥命名的一般原则

A. 水泥的命名按不同类别分别以水泥的主要水硬性矿物、混合材料、用途和主要特性进行，并力求简明准确，名称过长时，允许有简称。

B. 通用水泥以水泥的主要水硬性矿物名称冠以混合材料名称或其他适当名称命名。例如：普通硅酸盐水泥、矿渣硅酸盐水泥、混合硅酸盐水泥。

C. 专用水泥以其专门用途命名，并可冠以不同型号。例如：75℃油井水泥、砌筑水泥。

D. 特性水泥以水泥的主要水硬性矿物名称冠以水泥的主要特性命名，并可冠以不同型号或混合材料的名称。例如：快硬硅酸盐水泥、低热矿渣硅酸盐水泥、膨胀硫铝酸盐水泥。

E. 以火山灰性或潜在水硬性材料以及其他活性材料为主要成分的水泥是以主要成分的名称冠以活化材料的名称进行命名的，也可再冠以特性名称。例如：石膏矿渣水泥、石灰火山灰水泥。

(2) 硅酸盐水泥

凡由硅酸盐水泥熟料、0～5%石灰石或粒化高炉矿渣、适量石膏磨细制成的水硬性胶凝材料，称为硅酸盐水泥。

硅酸盐水泥在国际上分为两种类型：不掺混合材的称Ⅰ型硅酸盐水泥，其代号为P·Ⅰ；在硅酸盐水泥熟料粉磨时掺入不超过水泥质量5%的石灰石或粒化高炉矿渣混合材料的称Ⅱ型硅酸盐水泥，其代号为P·Ⅱ。

1）硅酸盐水泥的水化

硅酸盐水泥遇水后，水泥中的各种矿物成分会很快发生水化反应，生成各种水化物。

$$2(3CaO \cdot SiO_2)+6H_2O = 3CaO \cdot SiO_2 \cdot 3H_2O+3Ca(OH)_2$$

$$2(2CaO \cdot SiO_2)+4H_2O = 3CaO \cdot 2SiO_2 \cdot 3H_2O+3Ca(OH)_2$$

$$3CaO \cdot Al_2O_3+6H_2O = 3CaO \cdot Al_2O_3 \cdot 6H_2O$$

$$4CaO \cdot Al_2O_3 \cdot Fe_2O_3+7H_2O = 3CaO \cdot Al_2O_3 \cdot 6H_2O+CaO \cdot Fe_2O_3 \cdot H_2O$$

水泥中的石膏也很快与水化铝酸钙反应生成难溶的水化硫铝酸钙针状结晶体，也称为钙矾石晶体：

$$3(CaSO_4 \cdot 2H_2O)+3CaO \cdot Al_2O_3 \cdot 6H_2O+19H_2O = 3CaO \cdot Al_2O_3 \cdot 3CaSO_4 \cdot 31H_2O$$

经过上述水化反应后，水泥浆中不断增加的水化产物主要有：水化硅酸钙（50%）、氢氧化钙（25%）、水化铝酸钙、水化铁酸钙及水化硫铝酸钙等新生矿物。

2）硅酸盐水泥的凝结和硬化

水泥加水拌合后的剧烈水化反应，一方面使水泥浆中起润滑作用的自由水分逐渐减少；另一方面，水化产物在溶液中很快达到饱和或过饱和状态而不断析出，水泥颗粒表面的新生物厚度逐渐增大，使水泥浆中固体颗粒间的间距逐渐减小，越来越多的颗粒相互连接形成了骨架结构。此时，水泥浆便开始慢慢失去可塑性，表现为水泥的初凝。

由于铝酸三钙水化极快，会使水泥很快凝结，为使工程使用时有足够的操作时间，水泥中加入了适量的石膏。水泥加入石膏后，一旦铝酸三钙开始水化，石膏会与水化铝酸三钙反应生成针状的钙矾石。钙矾石很难溶解于水，可以形成一层保护膜覆盖在水泥颗粒的表面，从而阻碍了铝酸三钙的水化，阻止了水泥颗粒表面水化产物向外扩散，降低了水泥的水化速度，使水泥的初凝时间得以延缓。

当掺入水泥的石膏消耗殆尽时，水泥颗粒表面的钙矾石覆盖层一旦被水泥水化物的积聚物所胀破，铝酸三钙等矿物的再次快速水化得以继续进行，水泥颗粒间逐渐相互靠近，直至连接形成骨架。水泥浆的塑性逐渐消失，直到终凝。

随着水化产物的不断增加，水泥颗粒之间的毛细孔不断被填实，加之水化产物中的氢氧化钙晶体、水化铝酸钙晶体不断贯穿于水化硅酸钙等凝胶体之中，逐渐形成了具有一定强度的水泥石，从而进入了硬化阶段。水化产物的进一步增加，水分的不断丧失，使水泥石的强度不断发展。

随着水泥水化的不断进行，水泥浆结构内部孔隙不断被新生水化物填充和加固的过程，被称为水泥的“凝结”。随后产生明显的强度并逐渐变成坚硬的人造石——水泥石，这一过程被称为水泥的“硬化”。

实际上，水泥的水化过程很慢，较粗水泥颗粒的内部很难完全水化。因此，硬化后的水泥石是由晶体、胶体、未完全水化颗粒、游离水及气孔等组成的不均质体。

3）细度

水泥颗粒的粗细程度对水泥的使用有重要影响。水泥颗粒粒径一般在 7～200μm 范围内。

国家标准 GB 175—1999 规定，水泥的细度可用比表面积或 0.08mm 方孔筛的筛余量（未通过部分占试样总量的百分率）来表示，其筛余量不得超过规定的限值。比表面积是指单位质量的水泥粉末所具有的表面积的总和（cm^2/g 或 m^2/kg）。一般为 317～350m^2/kg。

4）标准稠度用水量

稠度用水量是水泥浆达到一定流动度时的需水量。国家标准规定检验水泥的凝结时间和体积安定性时需用“标准稠度”的水泥净浆。“标准稠度”是人为规定的稠度，其用水量采用水泥标准稠度测定仪测定。硅酸盐水泥的标准稠度用水量一般在 21％～28％之间。

5）凝结时间

水泥从加水开始到失去其流动性，即从液体状态发展到较致密的固体状态的过程称为水泥的凝结过程。这个过程所需要的时间称为凝结时间。

凝结时间分初凝时间和终凝时间。初凝时间为水泥加水拌合至标准稠度的净浆完全失去可塑性所需的时间。终凝时间为水泥加水拌合至标准稠度的净浆完全失去可塑性并开始产生强度所需的时间。

国家标准规定，水泥的凝结时间是以标准稠度的水泥净浆，在规定温度及湿度环境下用水泥净浆凝结时间测定仪测定的。硅酸盐水泥的初凝时间不得早于 45min，终凝时间不得迟于 390min。

6）体积安定性

水泥浆体硬化后体积变化的均匀性称为水泥的体积安定性，即水泥硬化浆体能保持一定形状，不开裂，不变形，不溃散的性质。体积安定性不良的水泥应作废品处理，不得应用于工程中，否则将导致严重后果。

导致水泥安定性不良的主要原因一般是由于熟料中的游离氧化钙、游离氧化镁或掺入石膏过多等原因造成的，其中游离氧化钙是一种最为常见，影响也是最严重的因素。熟料中所含游离氧化钙或氧化镁都是过烧的，结构致密，水化很慢，加之被熟料中其他成分所包裹，使得其在水泥已经硬化后才进行熟化，生成六方板状的 $Ca(OH)_2$ 晶体，这时体积膨胀 97％以上，从而导致不均匀体积膨胀，使水泥石开裂。

当石膏掺量过多时，在水泥硬化后，残余石膏与水化铝酸钙继续反应生成钙矾石，体积增大约 1.5 倍，从而导致水泥石开裂。

国家标准规定，水泥的体积安定性用雷氏法或试饼沸煮法检验。

7）强度

强度是评价硅酸盐水泥质量的又一个重要指标。水泥的强度是按照《水泥胶砂强度检验方法（ISO 法）》GB/T 17961—1999 的标准方法制作的水泥胶砂试件，在 20℃±1℃温度的水中，养护到规定龄期时检测的强度值。其中标准试件尺寸为 4cm×4cm×16cm，胶砂中水泥与标准砂之比为 1：3（W/C＝0.5），标准试验龄期分别为 3d 和 28d，分别检验其抗压强度和抗折强度。按照测定结果，将硅酸盐水泥分为 42.5、42.5R、52.5、52.5R、62.5、62.5R 六个强度等级。

8）碱含量

水泥中含有较多的强碱物 Na_2O 或 K_2O 时，容易发生不良反应，对结构造成危害。因而国家标准规定，水泥中的含碱量不得大于0.6%。

9）硅酸盐水泥的性能特点与应用

A. 凝结硬化快，早期及后期强度均高，适用于有早强要求的工程（如冬期施工、预制、现浇等工程），高强度混凝土工程（如预应力钢筋混凝土，大坝溢流面部位混凝土）。

B. 抗冻性好，适合水工混凝土和抗冻性要求高的工程。

C. 耐腐蚀性差，因水化后氢氧化钙和水化铝酸钙的含量较多。

D. 水化热高，不宜用于大体积混凝土工程，但有利于低温季节蓄热法施工。

E. 抗碳化性好。因水化后氢氧化钙含量较多，故水泥石的碱度不易降低，对钢筋的保护作用强。适用于空气中二氧化碳浓度高的环境。

F. 耐热性差。因水化后氢氧化钙含量高，不适用于承受高温作用的混凝土工程。

G. 耐磨性好，适用于高速公路、道路和地面工程。

（3）掺混合材料的硅酸盐水泥

为了改善硅酸盐水泥的某些性能，增加产量和降低成本，在硅酸盐水泥熟料中掺加适量的混合材料，并与石膏共同磨细得到的水硬性胶凝材料，称为掺混合材料的硅酸盐水泥。掺混合材料的硅酸盐水泥有：普通硅酸盐水泥、矿渣硅酸盐水泥、火山灰质硅酸盐水泥、粉煤灰硅酸盐水泥及复合硅酸盐水泥。

1）普通硅酸盐水泥

凡由硅酸盐水泥熟料、6%～15%混合材料、适量石膏磨细制成的水硬性胶凝材料，称为普通硅酸盐水泥，简称普通水泥，代号为P·O。

掺混合材料时，最大掺量不得超过15%，其中允许用不超过水泥质量5%的窑灰或不超过水泥质量10%的非活性混合材料来代替；掺非活性混合材料时，最大掺量不得超过水泥质量的10%。

由于普通水泥中混合材料的掺加数量少，因此，其性质与硅酸盐水泥相近。

按照国标（GB 175—1999）规定，普通水泥的强度等级分为32.5、32.5R、42.5、42.5R、52.5、52.5R。其技术标准见表3-5。

普通水泥技术标准（GB 175—1999） **表3-5**

技术性质	细度80μm方孔筛筛余量（%）	凝结时间		安定性（沸煮法）	MgO含量（%）	SO_3含量（%）	烧失量（%）	碱含量（%）
		初凝(min)	终凝(h)					
指标	≤10.0	≥45	≤10	必须合格	≤5.0	≤3.5	≤5.0	≤0.60

强度等级	抗压强度(MPa)		抗折强度(MPa)	
	3d	28d	3d	28d
32.5	11.0	32.5	2.5	5.5
32.5R	16.0	32.5	3.5	5.5
42.5	16.0	42.5	3.5	6.5
42.5R	21.0	42.5	4.0	6.5
52.5	22.0	52.5	4.0	7.0
52.5R	26.0	52.5	5.0	7.0

普通水泥的适用范围与硅酸盐水泥基本相同。

2）矿渣硅酸盐水泥

凡由硅酸盐水泥熟料和粒化高炉矿渣、适量石膏磨细制成的水硬性胶凝材料称为矿渣硅酸盐水泥，简称矿渣水泥，代号为P·S。水泥中粒化高炉矿渣掺加量按质量百分比计为20％～70％，允许用石灰石、窑灰、粉煤灰和火山灰质混合材料中的一种材料代替矿渣，代替数量不得超过水泥质量的8％，替代后水泥中粒化高炉矿渣不得少于20％。

粒化高炉矿渣中含有活性SiO_2和活性Al_2O_3，易与$Ca(OH)_2$反应，而且具有强度。但矿渣水泥的水化，首先是水泥熟料矿物的水化，然后矿渣才参与反应。而且在矿渣水泥中，由于掺加了大量的混合材料，相对减少了水泥熟料矿物的含量，因此，矿渣水泥的凝结稍慢，早期强度较低。但在硬化后期，28d以后的强度发展将超过硅酸盐水泥。

矿渣水泥在应用上与普通硅酸盐水泥相比较，其主要特点及适用范围如下：

A. 与普通硅酸盐水泥一样，能应用于任何地上工程、配制各种混凝土及钢筋混凝土。而且在施工时要严格控制混凝土用水量，并尽量排除混凝土表面的泌水，加强养护工作，否则，不但强度会过早停止发展，而且能产生较大干缩，导致开裂。拆模时间应适当延长。

B. 适用于地下或水中工程，以及经常处于较高水压下的工程。对于要求耐淡水侵蚀和耐硫酸盐侵蚀的水工或海工建筑尤其适宜。

C. 因水化热较低，适用于大体积混凝土工程。

D. 最适用于蒸汽养护的预制构件。矿渣水泥经蒸汽养护后，不但能获得较好的力学性能，而且浆体结构的微孔变细，能提高制品和构件的抗裂性和抗冻性。

E. 适用于受热（200℃以下）的混凝土工程，还可掺加耐火砖粉等耐热掺料，配制成耐热混凝土。

但矿渣水泥不适用于早期强度要求较高的混凝土工程；不适用于受冻融或处于干湿交替环境中的混凝土；对低温（10℃以下）环境中需要强度发展迅速的工程，如果不能采取加热保温或加速硬化等措施时，亦不宜使用。

3）火山灰质硅酸盐水泥

凡由硅酸盐水泥熟料和火山灰质混合材料、适量石膏磨细制成的水硬性胶凝材料称为火山灰质硅酸盐水泥，简称火山灰水泥，代号为P·P。水泥中火山灰质混合材料掺量按质量百分比计为20％～50％。

火山灰质水泥的技术性质与矿渣水泥比较接近，与普通水泥相比较，主要适用范围如下：

A. 最适宜用在地下或水中工程，尤其是需要抗渗性、抗淡水及抗硫酸盐侵蚀的工程中。

B. 可以与普通水泥同样用在地面工程，但用软质混合材料的火山灰水泥，由于干缩变形较大，不宜用于干燥地区或高温车间。

C. 适宜用蒸汽养护生产混凝土预制构件。

D. 由于水化热较低，所以宜用于大体积混凝土工程。

但是，火山灰水泥不适用于早期强度要求较高、耐磨性要求较高的混凝土工程；其抗冻性较差，不宜用于受冻部位。

4）粉煤灰硅酸盐水泥

凡由硅酸盐水泥熟料和粉煤灰、适量石膏磨细制成的水硬性胶凝材料称为粉煤灰硅酸盐水泥，简称粉煤灰水泥，代号为P·F。水泥中粉煤灰掺量按质量百分比计为20%～40%。

粉煤灰水泥与火山灰水泥相比较有着许多相同的特点，但由于掺加的混合材料不同，因此亦有不同。粉煤灰水泥的适用范围如下：

A. 除适用于地面工程外，还非常适用于大体积混凝土以及水中结构工程等。

B. 粉煤灰水泥的缺点是泌水较快，易引起失水裂缝，因此在混凝土凝结期间宜适当增加抹面次数，在硬化期应加强养护。

按照现行国标《矿渣水泥、火山灰水泥、粉煤灰水泥》（GB 1344—1999）规定，其强度等级分为32.5、32.5R、42.5、42.5R、52.5、52.5R，技术标准见表3-6。

矿渣水泥、火山灰水泥、粉煤灰水泥的技术标准（GB 1344—1999）　　表3-6

技术性质	细度80μm方孔筛筛余量（%）	凝结时间		安定性（沸煮法）	MgO含量（%）	SO_3含量（%）		碱含量②（%）
		初凝（min）	终凝（h）			火山灰水泥 粉煤灰水泥	矿渣水泥	
指标	≤10.0	≥45	≤10	必须合格	≤5.0①	≤3.5	≤4.0	

强度等级	抗压强度(MPa)		抗折强度(MPa)	
	3d	28d	3d	28d
32.5	10.0	32.5	2.5	5.5
32.5R	15.0	32.5	3.5	5.5
42.5	15.0	42.5	3.5	6.5
42.5R	19.0	42.5	4.0	6.5
52.5	21.0	52.5	4.0	7.0
52.5R	28.0	52.5	4.5	7.0

① 如果水泥经蒸压安定性试验合格，则熟料中氧化镁（MgO）的含量允许放宽到6.0%。熟料中氧化镁（MgO）的含量为5.0%～6.0%时，如矿渣水泥中混合材料总掺量大于40%或火山灰水泥和粉煤灰水泥中混合材料掺量大于30%，制成的水泥可不做蒸压试验。

② 水泥中碱含量按$Na_2O+0.658K_2O$计算值来表示。若使用活性骨料，用户要求提供低碱水泥时，水泥中碱含量不得大于0.60%或由供需双方商定。

5）复合硅酸盐水泥

凡由硅酸盐水泥熟料、两种或两种以上规定的混合材料、适量的石膏磨细制成的水硬性胶凝材料，称为复合硅酸盐水泥，简称复合水泥，代号为P·C。水泥中混合材料总掺量按质量百分比应大于15%，但不超过50%。水泥中允许用不超过8%的窑灰代替部分混合材料。掺矿渣时混合材料掺量不得与矿渣水泥重复。

我国现行国标《复合硅酸盐水泥》（GB 12958—1999）规定，复合水泥的氧化镁含量、三氧化硫含量、细度、凝结时间和安定性等指标与火山灰水泥和粉煤灰水泥的技术要求（GB 1344—1999）相同。强度等级分为32.5、32.5R、42.5、42.5R、52.5、52.5R，其技术标准见表3-7。

复合水泥的技术标准（MPa）（GB 12958—1999） 表 3-7

强度等级	抗压强度		抗折强度	
	3d	28d	3d	28d
32.5	11.0	32.5	2.5	5.5
32.5R	16.0	32.5	3.5	5.5
42.5	16.0	42.5	3.5	6.5
42.5R	21.0	42.5	4.0	6.5
52.5	22.0	52.5	4.0	7.0
52.5R	26.0	52.5	5.0	7.0

课题 3 普通混凝土

3.1 混凝土的定义及分类

（1）混凝土的定义

混凝土是由胶凝材料、水和粗、细骨料按适当比例配合、拌制成拌合物后，经一定时间硬化而成的人造石材。土木建筑工程对混凝土质量的基本要求是：具有符合设计要求的强度；具有与施工条件相适应的和易性；具有与工程环境相适应的耐久性。材料组成经济合理，生产制作节约能源。

（2）混凝土常用的分类方法

混凝土种类繁多，有以下几种分类方法：

1）根据混凝土生产和施工方法的不同，可分为泵送混凝土、喷射混凝土、碾压混凝土、挤压混凝土、压力灌浆混凝土及预拌混凝土（商品混凝土）等。

2）根据用途不同，可分为结构混凝土、防水混凝土、道路混凝土、水工混凝土、耐热混凝土、耐酸混凝土、防射线混凝土及膨胀混凝土等。

3）根据所用胶凝材料的不同，可分为水泥混凝土、沥青混凝土、石膏混凝土、水玻璃混凝土、硅酸盐混凝土及聚合物混凝土等。

4）根据抗压强度（f_{cu}）的不同，有普通混凝土、高强度混凝土（$f_{cu} \geqslant 60$MPa）、超高强度混凝土（$f_{cu} \geqslant 100$MPa）等。

（3）水泥混凝土的分类

在混凝土中，应用最广、使用量最大的是水泥混凝土。水泥混凝土按其表观密度的大小可分为：

1）重混凝土表观密度大于2500kg/m^3。用特密实骨料（如重晶石、铁矿石、钢屑等）和钡水泥、锶水泥等重水泥配制而成。具有不透X射线和γ射线的性能。主要用作核能工程的屏蔽结构材料。

2）普通混凝土表观密度为2000～2500kg/m^3。以天然的砂、石为骨料配制而成。这类混凝土在土建工程中应用最广泛，如建筑结构、道路、桥梁及水工等工程。

3）轻混凝土表观密度小于2000kg/m³，用陶粒等轻骨料，或不用骨料而掺入引气剂或发泡剂，形成多孔结构的混凝土；或配制成无砂或少砂的大孔混凝土。主要用作轻质结构材料和绝热材料。

3.2 普通混凝土的组成

混凝土的基本组成材料是水泥、细骨料（砂）、粗骨料（卵石与碎石）和水。如图3-1所示，水泥和水形成水泥浆，包裹在砂粒表面并填充砂粒间的空隙而形成水泥砂浆，水泥砂浆又在包裹石子表面并填充石子间空隙而形成混凝土。混凝土凝固前（称混凝土拌合物），水泥浆在砂石颗粒间起润滑作用，使混凝土拌合物具有一定流动性，以满足施工需要。水泥浆经水化作用而凝固硬化，将砂石牢固地胶结成一整体并产生强度。因此，水泥浆在凝固后起胶结作用和传力作用。

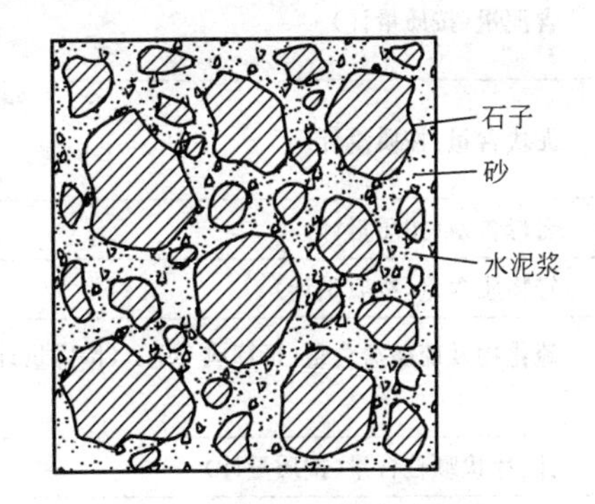

图3-1 混凝土结构示意图

一般砂石的总含量占混凝土总体积的80%以上，主要起承力骨架作用，故分别称为细骨料和粗骨料。砂石构成的坚实骨架可抑制水泥浆硬化和水泥石干燥而产生的收缩。

（1）水泥

水泥是混凝土中的胶凝材料，是混凝土强度的本质来源。同时，在混凝土的原材料中，水泥也是价格最贵的材料。在配制混凝土时，合理选择水泥品种和强度等级是决定混凝土强度、耐久性及经济性的主要因素。

水泥品种的选用，应根据工程特点及混凝土所处的环境条件，结合各种水泥的不同特性，进行选定。

水泥强度等级的选用，应和混凝土的设计强度等级相适应，以达到充分利用水泥的活性。一般情况下，根据生产实践经验，水泥强度等级（MPa计）为混凝土强度等级的1.5～2.0倍为宜；配制高强度等级混凝土时，则为0.9～1.5倍。

如果用高强度等级水泥配制低强度等级混凝土时，会使水泥用量偏少，影响和易性和密实度；如用低强度等级水泥配制高强度等级混凝土时，会使水泥用量过多，不经济，而且还要影响混凝土其他技术性质。

（2）细骨料（砂）

混凝土中凡颗粒粒径在0.16～5mm之间的骨料为细骨料（砂）。一般采用天然砂，它是天然岩石风化后所形成的大小不等、由不同矿物散粒而组成的混合物。根据产源不同，可分为河砂、海砂、山砂三种。其中河砂的洁净度较好，常被采用。应用混凝土时所采用的细骨料的质量要求有以下几方面：

1）有害杂质含量

砂中有害杂质包括黏土、淤泥、云母、轻物质和硫化物、硫酸盐及有机物质等。如果砂中有害杂质（黏土、淤泥、云母、轻物质）含量过多，会使混凝土表面形成薄弱层，若粘结在骨料（砂、石子）表面，还会破坏水泥浆包裹骨料的粘结力，起隔层的破坏作用；硫化物与硫酸盐类物质含在砂中，将导致腐蚀水泥石并使钢筋锈蚀，从而降低混凝土的强度和耐久性；各种有机物质（植物纤维、沥青、煤粉等）含量多，会直接影响混凝土的硬化和强度。为保证混凝土的质量，砂中各种有害杂质的控制要求详见表 3-8。

砂、石中的有害杂质的限量值 **表 3-8**

项目			质量标准	
			≥C30 级混凝土	<C30 级混凝土
含泥量(按质量计)	≤	碎石或卵石	1.0%	2.0%
		砂	3.0%	5.0%
泥块含量(按质量计)	≤	碎石或卵石	0.5%	0.7%
		砂	1.0%	2.0%
云母含量(按质量计)	≤	砂	2.0%	
轻物质含量(按质量计)	≤	砂	1.0%	
硫化物及硫酸盐含量(折算成 SO_3)(按质量计)	≤	碎石或卵石	1.0%	
		砂	1.0%	
针、片状颗粒含量(按质量计)	≤	碎石或卵石	15%	25%
有机物含量(用比色法试验)		卵石	颜色不应深于标准色，如果深于标准色，则应配制成混凝土进行强度对比试验，抗压强度比应≥0.95	
		砂	颜色不应深于标准色，如深于标准色，则应按水泥胶砂强度方法，进行强度对比试验，抗压强度比应≥0.95	

注：1. 摘自《普通混凝土用砂、石质量标准及检验方法》(JGJ 52—2006)。
2. 对有抗冻、抗渗或其他特殊要求的混凝土用砂，其含泥量≤3.0%。
3. 对 C10 和 C10 以下的混凝土用砂，根据水泥强度等级，其含泥量可酌情放宽。
4. 对有抗冻、抗渗或其他特殊要求的混凝土用砂，其泥块含量应≤1.0%。
5. 对 C10 和 C10 以下的混凝土用砂，根据水泥强度等级，其泥块含量可予以放宽。
6. 对有抗冻、抗渗要求的混凝土，砂中云母含量≤1.0%。
7. 砂中如含有颗粒状的硫酸盐或硫化物，则要求经专门检验，确认能满足混凝土耐久性要求时方能采用。
8. 对有抗冻、抗渗或其他特殊要求的混凝土，其所用碎石或卵石的含泥量≤1.0%。
9. 碎石或卵石中如含泥基本上是非黏土质的石粉时，其总含量可由 1.0% 及 2.0% 分别提高到 1.5% 和 3.0%。
10. 对 C10 和低于 C10 的混凝土用碎石或卵石，其含泥量可放宽到 2.5%。
11. 对有抗冻、抗渗和其他特殊要求的混凝土，其所用碎石或卵石的泥块含量应为 0.5%。
12. 对于 C10 和 C10 以下的混凝土用碎石或卵石，其泥块含量可放宽到 1.0%。
13. 碎石或卵石中如含有颗粒状硫酸盐或硫化物，则要求经专门检验，确认能满足混凝土耐久性要求时方能采用。
14. 对 C10 及 C10 以下的混凝土，其粗骨料中的针、片状颗粒含量可放宽到 40%。

2）砂的粗细程度及颗粒级配

砂的粗细程度是指不同粒径的砂粒混合在一起后的平均粗细程度，通常有粗砂、中砂与细砂之分。在相同重量条件下，细砂比粗砂的总表面积大，则需要包裹砂粒表面的水泥浆就愈多。因此，一般说用粗砂拌制混凝土比用细砂所需的水泥浆的量小；但若砂子过粗，混凝土拌合物又容易产生离析、泌水等现象，影响混凝土的均匀性。所以用作拌制混凝土的砂，不宜过细，也不宜过粗。

砂的颗粒级配是指砂中不同粒径颗粒的组合情况。在混凝土中砂粒之间的空隙是由水泥浆填充的，为达到节约水泥和提高强度的目的，就应尽量减小砂粒之间的空隙。从图3-2可以看到，如果是同样粗细的砂，空隙最大如图3-2（*a*）所示；两种粒径的砂组合起来空隙减小，如图3-2（*b*）所示；三种粒径的砂组合，空隙就更小，如图3-2（*c*）所示。由此可见，要想减小砂粒间空隙，就必须有大小不同的颗粒组合。

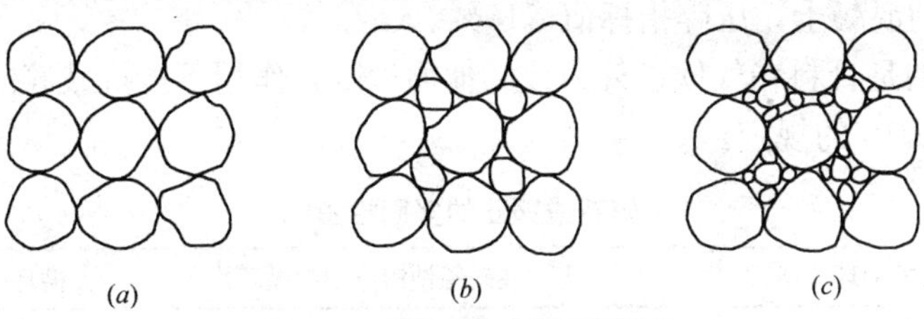

图3-2　砂的颗粒级配示意图

（3）粗骨料（卵石与碎石）

凡混凝土中颗粒粒径大于5mm的骨料叫粗骨料。常用的粗骨料有卵石和碎石两种。配制混凝土时所采用的粗骨料的质量要求有以下几方面：

1）有害杂质含量

粗骨料中常含有黏土、淤泥、硫化物及硫酸盐、有机质等有害杂质，其危害作用与在细骨料中有害杂质相同，为保证混凝土的质量，粗骨料中的有害杂质含量应满足表3-8中的规定。

对重要工程的混凝土所使用的碎石或卵石，应进行碱活性检验。

2）针、片状颗粒含量

粗骨料的颗粒形状以接近于正方形或球形为好。针、片状颗粒不仅本身容易折断，而且会增大骨料的空隙率，影响混凝土拌合物的和易性，降低混凝土的质量，其含量应加以限制。

根据规定，凡颗粒的长度大于该颗粒所属粒级的平均粒径2.4倍者为针状颗粒；厚度小于平均粒径0.4倍者为片状颗粒（平均粒径指该粒级上、下限粒径的平均值）。对于≥C30级的混凝土，粗骨料中针、片状颗粒含量（按质量计）应≤15%；对于C25～C15级混凝土，粗骨料中针、片状颗粒含量≤25%；对于≤C10级的混凝土，其针、片状颗粒含量可放宽到40%。

3）强度和坚固性：用于混凝土的粗骨料，都必须坚实，具有足够的强度。

碎石的强度可用抗压强度和压碎指标值表示，见表3-9。

碎石的压碎指标值　　**表3-9**

岩石品种	混凝土强度等级	压碎指标值
水成岩	C55～C40 ≤C35	≤10% ≤16%
变质岩或深成的火成岩	C55～C40 ≤C35	≤12% ≤20%
火成岩	C55～C40 ≤C35	≤13% ≤30%

岩石立方体强度，是将碎石制成 50mm×50mm×50mm 立方体（或直径与高均为 50mm 的圆柱体）试件，在水饱和状态下，测其极限抗压强度。压碎指标值，是指碎石或卵石抵抗压碎的能力。

混凝土强度等级≥C60 级应进行抗压强度检验。岩石抗压强度与混凝土强度等级之比应≥1.5 倍，且火成岩强度≥80MPa，变质岩强度≥60MPa，水成岩强度≥30MPa。

卵石的强度用压碎指标值表示。对于混凝土强度等级为 C55～C40 的，压碎指标值≤12%；≤C35 级的混凝土，压碎指标值≤16%。

坚固性反映的是骨料在气候、外力或其他物理因素作用下抵抗破碎的能力。粗骨料的坚固性应符合表 3-10 的规定。

碎石或卵石的坚固性指标　　表 3-10

混凝土所处的环境条件	在硫酸钠溶液中的循环次数	循环后的质量损失(%)
在严寒及寒冷地区室外使用，并经常处于潮湿或干湿交替状态下的混凝土	5	≤8
在其他条件下使用的混凝土	5	≤12

注：有腐蚀性介质作用或经常处于水位变化区的地下结构或有抗疲劳、耐磨、抗冲击等要求的混凝土骨料坚固性要求为重量损失≤8%。

4）最大粒径

粗骨料公称粒级的上限为该粒级的最大粒径。粗骨料最大粒径增大时，总表面积减小，因而可使水泥浆用量减少而节约水泥，并有助于混凝土的密实、减少发热量和收缩。因而在条件许可下，骨料最大粒径应尽可能选大。但最大粒径的确定，还要受到结构截面尺寸、钢筋净距及施工条件的限制。根据《混凝土结构工程施工质量验收规范》（GB 50204—2002）规定，混凝土中石子最大粒径不准超过结构物最小截面尺寸的 1/4，同时不准超过配筋中最小净距的 3/4；若为混凝土实心板，最大粒径可为板厚的 1/2，但不得＞50mm；泵送混凝土用的碎石，不应大于输送管内径的 1/3；卵石不应大于输送管内径的 2/5。

5）颗粒级配

粗骨料级配与细骨料级配的原理基本相同，即将大小石子适当搭配，使空隙率及总表面积比较小，这样拌出的混凝土水泥用量少，密实度也较好。粗骨料级配有连续级配和单粒级配两种，其颗粒级配应不超过表 3-11 规定的范围。

碎石或卵石的颗粒级配范围（GB/T 14685—93）　　表 3-11

级配情况	公称粒级(mm)	累计筛余，按质量计(%)											
		筛孔尺寸(圆孔筛)(mm)											
		2.50	5.0	10.0	16.0	20.0	25.0	31.5	40.0	50	63	80	100
连续级配	5～10	95～100	80～100	0～15									
	5～16	95～100	90～100	30～60	0	0							
	5～20	95～100	90～100	40～70	0～10	0～10							
	5～25	95～100	90～100				0						
	5～31.5	95～100	90～100	70～90	30～70	15～45	0～5	0	0				
	5～40		95～100	75～90		30～60		0～5	0～5	0			

续表

级配情况	公称粒级(mm)	累计筛余,按质量计(%)											
		筛孔尺寸(圆孔筛)(mm)											
		2.50	5.0	10.0	16.0	20.0	25.0	31.5	40.0	50	63	80	100
单粒级配	10~20 16~31.5 20~40 31.5~63 40~80		95~100 95~100	85~100 95~100	85~100 95~100	0~15 80~100 95~100	0	0~10 75~100	0 0~10 45~75 70~100	0	0~10 30~60	0 0~10	0

注：1. 公称粒级的上限为该粒级的最大粒径。单粒级一般用于组合成具有要求级配的连续粒级配，它也可与连续粒级的碎石或卵石混合使用，改善它们的级配或配成较大粒度的连续粒级；

2. 根据混凝土工程和资源的具体情况，进行综合技术经济分析后允许直接采用单粒级。但必须避免混凝土发生离析。一般不宜用单一的单粒级配制混凝土。

(4) 混凝土拌合及养护用水

用于工业建筑、民用建筑和一般构筑物的普通混凝土拌合用水的质量，对保证混凝土的各项技术性能有十分重要的作用。混凝土的拌合用水按水源可分为饮用水、地表水、地下水、海水以及经适当处理或处置过的工业废水。

符合国家标准的生活饮用水可拌制各种混凝土；地表水和地下水首次使用前，须进行检验，合格后方可使用；海水可用于拌制素混凝土，但不得应用于有饰面要求的混凝土、钢筋混凝土、预应力混凝土；工业废水经检验合格后可用于拌制混凝土，若不合格必须予以处理，合格后方能使用。

混凝土生产厂及商品混凝土厂设备的洗刷水，可用作拌合混凝土的部分用水。但要注意洗刷水所含水泥和外加剂品种对所拌混凝土的影响，且最终拌合水中氯化物、硫酸盐及硫化物的含量应低于规定的要求。

混凝土拌合及养护用水应符合《混凝土拌合用水标准》(JGJ 63—89) 的规定。

3.3 普通混凝土的主要技术指标

混凝土在未凝结硬化以前，称为混凝土拌合物。它必须具有良好的和易性，便于施工，以保证能获得良好的浇灌质量；混凝土拌合物凝结硬化以后，应具有足够的强度，以保证建筑物能安全地承受设计荷载；并应具有必要的耐久性。

(1) 混凝土拌合物的和易性

混凝土拌合物的和易性是指混凝土在拌合、运输、浇灌、捣实等过程中易于施工操作，并能获得质量均匀、成型密实所表现的综合性能，又称为混凝土的工作性。和易性这一综合技术性质主要包含流动性、粘聚性和保水性三方面。

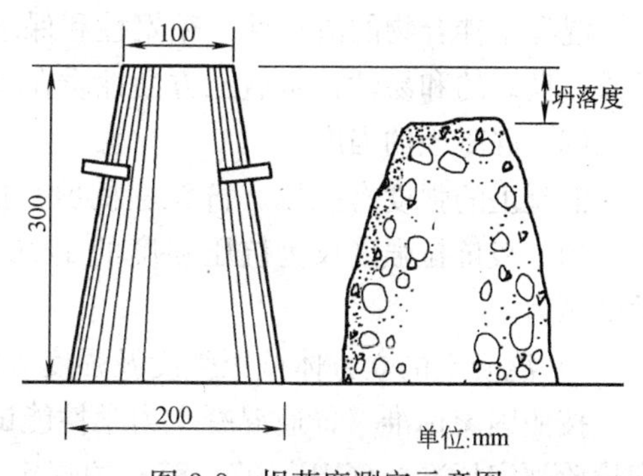

图 3-3　坍落度测定示意图

1) 流动性

流动性是反映混凝土拌合物在自重或外力振捣作用下产生流动，并能均匀密实地填满模板的性质。这种性质是混凝土成型密实的保证。

评定流动性大小的指标是“坍落度”，如图 3-3 所示。试验时，将混凝土拌合物按规定方法装入无底坍落度筒内，装满刮平后，垂直向上将筒提起，移到一旁。混凝土拌合物由于自重将会产生塌落现象，塌落的高度（mm）就叫做坍落度。显然坍落度越大，流动性越好。

混凝土拌合物按坍落度大小分为四级（表 3-12）。

混凝土按坍落度的分级（GB 50164—92）　　表 3-12

级别	名称	坍落度(mm)	级别	名称	坍落度(mm)
T_1	低塑性混凝土	10～40	T_3	流动性混凝土	100～150
T_2	塑性混凝土	50～90	T_4	大流动性混凝土	≥160

选择混凝土拌合物的坍落度，要根据构件截面的大小、钢筋的疏密和捣实的方法来确定。当截面尺寸较小或钢筋较密，或采用人工插捣时，坍落度可选择大些。反之，选择较小坍落度。混凝土浇筑时的坍落度选用可参表 3-13。

混凝土浇筑时坍落度的选用　　表 3-13

项次	结构种类	坍落度(mm)
1	基础和地面等的垫层、无配筋的厚大结构(挡土墙、基础或厚大的块体等)或配筋稀疏的结构	10～30
2	板、梁和大型及中型截面的柱子等	30～50
3	配筋密列的结构(薄壁、斗仓、筒仓、细柱等)	50～70
4	配筋特密的结构	70～90

2）粘聚性

粘聚性是反映混凝土拌合物在运输、浇筑过程中，组成材料不易发生分层和离析现象，保持混凝土拌合物的整体、均匀一致的性质。

3）保水性

保水性是反映混凝土拌合物具有保持一定水分，不使其泌出的性能。保水性差的混凝土拌合物，在其凝结、硬化前容易发生内部沉降，密度大的骨料下沉，砂粒、水泥浆上浮，部分水分泌出，造成浇筑上部表层疏松，构件整体强度不均匀；同时在泌水过程中，内部易形成泌水孔道，降低了混凝土的强度、密实性、抗渗性和耐久性。

混凝土拌合物的流动性、粘聚性和保水性有其各自的内容，它们既互相联系，又互相矛盾，良好的和易性正是这三方面性质在某种具体条件下的矛盾统一。

（2）混凝土的强度

混凝土的强度有抗压、抗拉、抗剪、抗弯以及握裹强度等，其中以抗压强度值为最大，如一般抗拉强度仅为抗压强度的 1/10～1/20。因此，工程应用中，混凝土主要用来承受压力。

1）混凝土的立方体抗压强度及强度等级

按照国家标准《普通混凝土力学性能试验标准》（GB/T 50081—2002）和《混凝土强度检验评定标准》（GBJ 107—87）的规定：立方体抗压强度（标准抗压强度）是将混凝

土拌合物制成150mm×150mm×150mm的立方体试件，在标准条件下（温度20℃±3℃，相对湿度90%以上）养护至28d进行抗压强度试验，所测得的极限抗压强度值称为混凝土立方体抗压强度，用f_{cu}表示。

按照《混凝土结构设计规范》(GB 50010—2002)和《混凝土质量控制标准》(GB 50164—92)规定，混凝土强度等级采用符号C与立方体抗压强度值表示，用立方体抗压强度标准值来划分确定为12级，即C7.5、C10、C15、C20、C25、C30、C35、C40、C45、C50、C55和C60级。

为了保证工程质量，混凝土结构设计时应根据建筑物的不同部位及承受荷载的不同，选用不同强度等级的混凝土。我国建筑工程目前采用强度等级的范围大致为：C7.5～C15级用于垫层、基础、地坪及受力不大的混凝土结构和大体积混凝土；C15～C25级用于普通钢筋混凝土（梁、板、柱、屋架等）；C20～C30级用于大跨度结构及预制构件；＞C30级用于预应力钢筋混凝土及特种构件。

2）影响混凝土强度的主要因素

混凝土的强度主要取决于以下四个方面：

A. 水泥实际强度和水灰比：试验证明，水泥实际强度愈高，胶结力愈强，混凝土的强度愈高。在水泥强度相同的情况下，混凝土的强度则随水灰比的增大而有规律地降低。

B. 骨料的品种质量：骨料表面粗糙并富有棱角与水泥石的胶结力较强，对混凝土的强度有利，故在相同水泥强度等级及相同水灰比的条件下，碎石混凝上的强度较卵石混凝土强度高。当骨料级配良好、砂率适当，组成坚强的骨架，亦能使混凝土获得较高的强度。

C. 养护条件（温度、湿度）：混凝土的硬化，原因在于水泥的水化作用，而水泥的水化、凝结和硬化又只有在一定的温度与湿度的条件下才能进行。如果混凝土在干燥环境中养护，水泥水化作用会随着水分的逐渐蒸发而停止，并引起混凝土干缩裂缝及结构疏松等现象。如果混凝土在温度达到冰点以下时养护，混凝土中水分大部分均结冰，混凝土的强度不但停止发展，而且会由于孔隙内水分结冰而引起膨胀破坏，使混凝土强度大大降低。因此。混凝土浇筑捣实完毕后，必须保持适当温度和足够湿度，使水泥充分水化，以保证混凝土强度的不断发展。

D. 养护龄期：混凝土在正常养护条件下，其强度将随着龄期的增加而增长。最初在7～14d内强度增长较快，28d以后增长缓慢。

(3) 混凝土的耐久性

混凝土的耐久性，是指混凝土除了具有一定的强度以能安全承受荷载外，还能在周围环境中具有经久耐用的性能。根据破坏作用的性质不同，混凝土的耐久性主要分为三个方面，即抗渗性、抗冻性、耐化学腐蚀性（简称耐蚀性）。

1）抗渗性

抗渗性是指混凝土抵抗压力水渗透的能力。抗渗性除关系到混凝土的挡水作用外，还直接影响混凝土抗冻性及抗侵蚀性的强弱。提高混凝土的抗渗性，其根本措施是增强混凝土的密实度。

混凝土的抗渗性以抗渗等级表示。抗渗等级是以28d龄期的标准抗渗试件，按规定方法试验，以不渗水时所能承受的最大水压（MPa）来确定。按《混凝土质量控制标准》

(GB 50164—92) 规定：混凝土抗渗等级分为 P4、P6、P8、P10、P12. 5 个等级，它们分别表示试件未出现渗水时的最大水压力为 0.4MPa、0.6MPa、0.8MPa、1.0MPa、1.2MPa。

2）抗冻性

抗冻性是指混凝土在水饱和状态下，能经受多次冻融循环作用而不被破坏，同时其强度也不严重降低的性能。抗冻性好的混凝土，不仅能抵抗冻融循环的作用。还能增强抗风化作用的能力。

混凝土的抗冻性以抗冻等级表示。抗冻等级是 28d 龄期的混凝土标准试件，在浸水饱和状态下，进行冻融循环试验，以同时满足强度损失率不超过 25%，质量损失率不超过 5%时的最大循环次数来表示。按《混凝土质量控制标准》(GB 50164—92) 规定：混凝土抗冻等级分为 F10、F15、F25、F50、F100、F150、F200、F250、F300 9 个等级，它们分别表示混凝土能承受反复冻融循环次数为 10 次、15 次、25 次、50 次、100 次、150 次、200 次、250 次、300 次。

3）耐化学腐蚀性

若混凝土不密实，外界侵蚀性介质就会通过内部的孔隙或毛细管通路侵入到硬化水泥浆内部进行化学反应，从而引起混凝土的腐蚀破坏。混凝土的抗侵蚀性与混凝土密实度、孔隙特征和水泥品种有关。

4）提高混凝土耐久性的主要措施

A. 根据工程环境及使用条件，合理选择水泥品种；

B. 控制水灰比（规定其上限）和水泥用量（规定其下限），保证混凝土密实度的要求，见表 3-14；

C. 合理掺用引气剂、减水剂等能明显改善混凝土抗冻、抗渗性的外加剂；

D. 采用先进的施工工艺，加强施工管理，降低混凝土的孔隙率，改善其孔隙构造等。

混凝土的最大水灰比和最小水泥用量 **表 3-14**

项次	混凝土所处的环境条件	最大水灰比	最小水泥用量(kg/m³)			
			普通混凝土		轻骨料混凝土	
			配筋	无筋	配筋	无筋
1	不受雨雪影响的混凝土	不作规定	225	200	250	225
2	①受雨雪影响的露天混凝土 ②位于水中及水位升降范围内的混凝土 ③在潮湿环境中的混凝土	0.70	250	225	275	250
3	①寒冷地区水位升降范围内的混凝土 ②受水压作用的混凝土	0.65	275	250	300	275
4	严寒地区水位升降范围内的混凝土	0.60	300	275	325	300

注：1. 本表所列水灰比，普通混凝土系指水与水泥（包括外掺混合材料）用量之比；轻骨料混凝土系指水与水泥的净水灰比（水：不包括轻骨料 1h 的吸水量；水泥：不包括外混合材料）。

2. 表中最小水泥用量（普通混凝土包括外掺混合材料；轻骨料混凝土不包括外掺混合材料），当用人工捣实时应增加 25kg/m³；当掺用外加剂，且能有效地改善混凝土的和易性时，水泥用量可减小 25kg/m³。

3. 强度等级为<C10 的混凝土，其最大水灰比和最小水泥用量可不受本表的限制。

4. 寒冷地区指最冷月份的月平均温度在−5～−15℃之间；严寒地区指最冷月份的月平均温度低于−15℃。

3.4 混凝土外加剂

（1）外加剂的分类

1）按化学成分可分为三类：

A. 无机化合物，多为电解质盐类；

B. 有机化合物，多为表面活性剂；

C. 有机无机复合物。

2）按功能可分为四类：

A. 改善混凝土拌合物流变性能的外加剂，如：各种减水剂、泵送剂、保水剂等。

B. 调节混凝土凝结时间、硬化性能的外加剂，如：缓凝剂、早强剂、速凝剂等。

C. 改善混凝土耐久性能的外加剂，如：引气剂、防水剂和阻锈剂等。

D. 改善混凝土其他性能的外加剂，如：引气剂、膨胀剂、防冻剂、着色剂、防水剂、碱骨料反应抑制剂、隔离剂、养护剂等。

（2）常用外加剂

常用的外加剂有减水剂、早强剂、缓凝剂、引气剂等。

1）减水剂

减水剂是指在混凝土坍落度基本相同的条件下，能减少拌合用水量的外加剂。

A. 减水剂的作用机理

减水剂多属于表面活性剂，它的分子结构是由亲水基团和疏水基团组成，当两种物质接触时（如水-水泥、水-油、水 气），表面活性剂的亲水基团指向水，疏水基团朝向水泥颗粒（油或气）。减水剂能提高混凝土拌合物和易性及混凝土强度的原因，在于其表面活性物质水泥加水拌合后，在水泥颗粒间分子引力的作用下，产生许多絮状物而形成絮凝结构，使10%～30%的拌合水（游离水）被包裹在其中，从而降低了混凝土拌合物的流动性。

当加入适量减水剂后，减水剂分子定向吸附于水泥颗粒表面，亲水基团指向水溶液。由于亲水基团的电离作用，使水泥颗粒表面带上电性相同的电荷，产生静电斥力（图 3-4*a*），致使水泥颗粒相互分散，导致絮凝结构解体，释放出游离水（图 3-4*b*），从而有效地增大了混凝土拌合物的流动性。

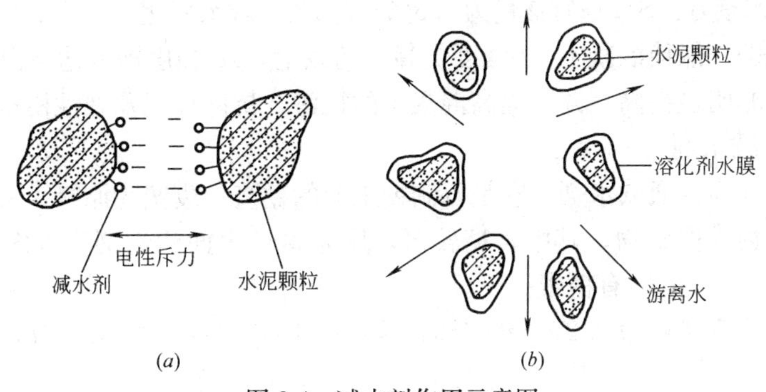

图 3-4 减水剂作用示意图

（*a*）静电斥力；（*b*）释放出游离水

B. 减水剂的经济技术效果

掺减水剂的混凝土与未掺减水剂的混凝土相比，具有如下效果：

（A）在保证混凝土混合物和易性和水泥用量不变的条件下，可减少用水量，降低水灰比，从而提高混凝土的强度和耐久性。

(B) 在保持混凝土强度（水灰比不变）和坍落度不变的条件下，可节约水泥用量。

(C) 在保持水灰比与水泥用量不变的条件下，可大大提高混凝土混合物的流动性，从而方便施工。

C. 减水剂的常用品种

(A) 木质素系减水剂

木质素系减水剂主要有木质素磺酸钙（木钙）、木质素磺酸钠（木钠）和木质素磺酸镁（木镁）之分，其中以木钙使用最多，并简称M剂，它属于阴离子表面活性剂。

M剂是以生产纸浆或纤维浆的亚硫酸木浆废液为原料，运用石灰乳中和，经生物发酵除糖、蒸发浓缩、喷雾干燥而制成，为棕黄色粉状物。M剂因原料丰富，价格低廉，并具有较好的塑化效果，故目前应用十分普遍。

M剂为普通减水剂，其适宜掺量为0.2%～0.3%，减水率10%左右。M剂对混凝土有缓凝作用，一般缓凝1～3h。

(B) 萘系减水剂

萘系减水剂为高效减水剂，它是以工业萘或由煤焦油中分馏出的含萘及萘的同系物馏分为原料，经磺化、水解、缩合、中和、过滤、干燥而制成，为棕色粉末，其主要成分为β-萘磺酸盐甲醛缩合物，属阴离子表面活性剂。这类减水剂品种很多，目前我国生产的主要有NNO、NF、FDN、UNF、MF、建I型、SN-2、AF等。萘系减水剂适宜掺量为0.5%～1.0%，其减水率较大，为10%～25%，增强效果显著，缓凝性很小，大多为非引气型。适用于日最低气温0℃以上的所有混凝土工程，尤其适用于配制高强、早强、流态等混凝土。

(C) 树脂类减水剂

此类减水剂为水溶性树脂，主要为磺化三聚氰胺甲醛树脂减水剂，简称蜜胺树脂减水剂。它是由三聚氰胺、甲醛、亚硫酸钠按适当比例，在一定条件下经磺化、缩聚而成，为阴离子表面活性剂。我国产品有SM树脂减水剂，为非引气型早强高效减水剂，其各项功能与效果均比萘系减水剂好。SM适宜掺量为0.5%～2.0%，减水率达20%～27%。对混凝土早强与增强效果显著，能使混凝土1d强度提高一倍以上，1d强度即可达空白混凝土28d的强度，长期强度亦明显提高，并可提高混凝土的抗渗、抗冻性能及弹性模量。

(D) 糖蜜类减水剂

糖蜜类减水剂为普通减水剂，它是以制糖工业的糖渣、废蜜为原料，采用石灰中和而成，为棕色粉状物或糊状物，其中含糖较多，属非离子表面活性剂。国内产品粉状的有TF、ST、3FG等，糊状的有糖蜜。

糖蜜减水剂适宜掺量为0.2%～0.3%，减水率10%左右，故属缓凝减水剂。

2) 早强剂

能加速混凝土早期强度发展的外加剂，称为早强剂。

A. 氯盐类早强剂

氯盐类早强剂主要有氯化钙、氯化钠、氯化钾、氯化铝及三氯化铁等，其中以氯化钙应用最广。氯化钙的早强作用主要是因为它能与C_3A和$Ca(OH)_2$反应，生成不溶性复盐水化氯铝酸钙和氧氯酸钙，增加水泥浆体中固相比例，提高早期强度；同时液相中$Ca(OH)_2$浓度降低，也使C_3S、C_2S加速水化，使早期强度提高。

氯化钙的适宜掺量为1%～2%。氯化钙早强效果显著，能使混凝土3d强度提高50%～100%，7d强度提高20%～40%。氯化钙早强剂因其能产生氯离子，易促使钢筋产生锈蚀，故施工中必须严格控制掺量。我国规范中规定：在钢筋混凝土中氯化钙的掺量不得超过水泥质量的1%；在无筋混凝土中掺量不得超过3%。

B. 硫酸盐类（硫酸钠、硫酸钙、硫代硫酸钠）

硫酸盐的早强作用主要是与水泥的水化产物$Ca(OH)_2$反应，生成高分散性的化学石膏，它与C_3A的化学反应比外掺石膏的作用快得多，能迅速生成水化硫铝酸钙，增加固相体积，提高早期结构的密实度，同时也会加快水泥的水化速度，因而提高混凝土的早期强度。硫酸钠的适宜掺量为0.5%～2%，常以复合使用效果更佳。使用时应防止引起碱集料反应。

C. 有机胺类（三乙醇胺，三乙丙醇胺）

三乙醇胺是一种非离子型表面活性剂，它不改变水化生成物，但能在水泥的水化过程中起着“催化作用”，与其他早强剂复合效果更好。

D. 其他（如甲酸盐等）

有些减水剂具有早强效果，也有些早强减水剂是由早强剂和减水剂复合而成。

3）引气剂与引气减水剂

引气剂是指在混凝土搅拌过程中能引入大量均匀分布、稳定而封闭的微小气泡的外加剂。

引气剂也是表面活性剂，其憎水基团朝向气泡，亲水基团吸附一层水膜，由于引气剂离子对液膜的保护作用，使气泡不易破裂。引入的这些微小气泡（直径为20～1000μm）在拌合物中均匀分布，明显地改善混合料的和易性，提高混凝土的耐久性（抗冻性和抗渗性），使混凝土的强度和弹性模量有所降低。

常用的引气剂有松香热聚物、松香皂、烷基苯磺酸盐类、脂肪醇磺酸盐类等。适宜掺量为水泥质量的0.005%～0.01%左右。

4）缓凝剂及缓凝减水剂

缓凝剂是指能延长混凝土凝结时间的外加剂。

由于缓凝剂在水泥及其水化物表面上的吸附作用，或与水泥反应生成不溶层而达到缓凝的效果。缓凝剂同时还具有减水、增强、降低水化热等功能。

常用的缓凝剂及缓凝减水剂有糖类、羟基羧酸及其盐类，如柠檬酸、酒石酸钾钠等。

5）防冻剂

防冻剂是指能降低水泥混凝土拌合物的液相冰点，使混凝土在相应负温下免受冻害，并在规定养护条件下达到预期性能的外加剂。常用的外加剂有：氯盐类、氯盐与阻锈剂类（亚硝酸钠）、无氯盐类等。

课题4 防 水 材 料

4.1 沥　　青

沥青是多种碳氢化合物与氧、硫等非金属衍生物的混合物。在常温下为黑褐色或黑色固体、半固体或黏性液体状态。不溶于水，可溶于多种有机溶剂，具有一定的黏性、塑性、防水性和防腐性，是建筑工程中一种重要的防水、防潮和防腐材料。

沥青材料有天然沥青、石油沥青、煤沥青等品种。天然沥青是由沥青湖或含有沥青的砂岩、砂等提炼而得；石油沥青是由石油原油蒸馏后的残留物经加工而得；煤沥青是由煤焦油分馏后的残留物经加工制得的产品。目前，工程中常用的主要是石油沥青和少量的煤沥青。

(1) 石油沥青

1) 石油沥青的组分与结构

石油沥青由多种化合物组成，其化学组成甚为复杂。目前尚难将沥青分离为纯粹的化合物单体，为了研究石油沥青化学组成与使用性能之间的联系，常将其化学组成和物理力学性质比较接近的成分归类分析，从而划分为若干组，称为“组分”。石油沥青的主要组分有油分、树脂和地沥青质，它们的特性及其对沥青性质的影响见表 3-15。

沥青各组分的特性及其对沥青性质的影响表 **表 3-15**

组分	含量(%)	密　度	特　征	在沥青中的主要作用
油分	45～60	0.6～1.0	无色至淡黄色黏性液体，可溶于大部分溶剂，不溶于酒精	赋予沥青以流动性，油分多，流动性大，而黏性小，温度敏感性大
树脂	15～30	1.0～1.1	红褐色至黑褐色的黏稠半固体，多呈中性，少量酸性，熔点低于 100℃	使沥青具有良好的塑性和黏性，含量增加，沥青塑性增大，温度敏感性增大
地沥青质	10～30	1.1～1.5	黑褐色至黑色的硬脆固体微粒，加热后不溶解，而分解为坚硬的焦炭，使沥青带黑色	决定沥青黏性的组分。含量高，沥青黏性、耐热性提高，温度敏感性小，但塑性降低，脆性增加

沥青的油分中常含有一定的蜡成分，蜡对沥青的温度敏感性有较大的影响，故对于多蜡沥青常用高温吹氧、溶剂脱蜡等方法进行处理，以改善多蜡石油沥青的性质。

沥青中的油分和树脂能浸润地沥青质。沥青的结构是以地沥青质为核心，周围吸附部分树脂和油分，构成胶团，无数胶团分散在油分中形成胶体结构。

根据沥青中各组分含量的不同，沥青可以有三种胶体状态：溶胶结构（地沥青质含量较少，油分、树脂较多）、凝胶结构（地沥青质含量较多，油分、树脂较少）和溶凝胶结构（地沥青质、油分、树脂含量介于前两种之间）。溶胶结构的沥青具有黏滞性小、流动性大、塑性好，但温度稳定性较差的特点；凝胶结构的沥青具有弹性和黏性较高、温度敏感性较小、流动性和塑性较低的特点；溶凝胶结构的沥青的性质也介于上述两种之间。

2) 石油沥青的主要技术性质

A. 黏滞性（黏性）

黏滞性是反映材料内部阻碍其相对流动的一种特性，表示出沥青的软硬、稀稠的程度，是划分沥青牌号的主要性能指标。

建筑工程中多采用针入度来表示黏稠石油沥青的黏滞性。针入度的数值越小，表明黏度越大。针入度是指在温度为 25℃时，以质量 100g 的标准针经 5s 沉入沥青试样的深度，每深入 0.1mm 定为 1 度（参见后试验部分）。对于液体石油沥青，则用黏度计法测定其黏滞度。

黏滞度是指液体沥青在一定温度（25℃或 60℃）条件下，经规定直径（3.5mm 或 10mm）的孔，漏下 50mL 所需的秒数。黏滞度越大，表示沥青的稠度越大。

沥青的黏滞性与其组分及所处的环境温度有关，当地沥青质含量较高，又有适量的树脂且油分含量较少时黏滞性较大。在一定的温度范围内，黏滞性随温度升高而降低，反之则增大。

B. 塑性

塑性是指石油沥青在受外力作用下产生变形而不被破坏，除去外力后仍能保持变形后的形状的性质。塑性与组分、温度及膜层厚度有关。当树脂含量较高，且其组分又适当时，则塑性较好；温度高则塑性增大；膜层增厚，塑性也增大。反之则塑性越差。

沥青的塑性用延度表示，延度越大，塑性越好，柔性和抗断裂性也越好。延度是将沥青制成“8”字形标准试件，中间最狭处为 $1cm^2$，在 25℃水中以 5cm/min 的速度拉伸至试件断裂时的拉伸值（cm）。

C. 温度敏感性

温度敏感性是指石油沥青的黏滞性和塑性随温度升降而变化的性能。建筑工程要求沥青的黏性及塑性当温度变化时的变化幅度较小，即温度敏感性小。工程中常通过加入滑石粉、石灰石粉等矿物掺料，来减小沥青的温度敏感性。

温度敏感性用软化点来表示，软化点通过“环球法”试验测定。将沥青试样装入规定尺寸的钢环中，上置规定尺寸和质量的钢球，再将置球的钢环放在有水或甘油的烧杯中，以 5℃/min 的速度加热至沥青软化下垂达 25.4cm 时的温度（℃），即为沥青的软化点。

软化点越高，沥青的耐热性越好，即温度敏感性越小，温度稳定性越好。

D. 大气稳定性

大气稳定性是指石油沥青在热、光、氧气和潮湿等因素的长期综合作用下，抵抗老化的性能。大气稳定性可以用沥青试样在加热蒸发前后的“蒸发损失百分率”和“针入度的比值”来表示。

除上述主要性质外，为评定沥青质量和保证施工安全，还应考虑沥青的闪点、燃点、水分等性质。

沥青在规定条件下，加热到石油沥青的蒸气与火焰接触发生闪光时的最低温度，称为闪点。如果温度再上升与火接触而产生火焰，能持续燃烧 5s 以上，这个开始燃烧的温度即为燃点。施工现场在熬制沥青时应特别注意加热熔化最高温度不能超过闪点温度，闪点是安全施工的指标。而且，沥青加热温度过高、加热时间过长，也会促使沥青老化。限制水分含量是为了避免水分过多，以致在加热过程中产生大量泡沫，引起溢锅起火事故。

（2）煤沥青

煤沥青俗称柏油，是炼焦厂或煤气厂的副产品，烟煤在干馏过程中的挥发物质，经冷凝而成黑色黏性液体，称为煤焦油即煤沥青。根据蒸馏温度不同，煤沥青可分为低温煤沥青、中温煤沥青和高温煤沥青 3 种。建筑上所采用的煤沥青，多为黏稠或半固体的低温煤沥青。

1）煤沥青的特性

与石油沥青相比，煤沥青的特性有以下几点：

A. 因含有酚、蒽等物质，有着特殊的臭味和毒性，故其防腐能力强；

B. 因含表面活性物质较多，故与矿物表面黏附能力强，不易脱落；

C. 含挥发性和化学稳定性差的成分较多，在热、光、氧气等长期综合作用下，煤沥青的组成变化较大，易硬脆，故大气稳定性差；

D. 含有较多的游离碳，塑性差，容易因变形而开裂。

由此可见，煤沥青的主要技术性质比石油沥青差，主要适用于木材防腐、制造涂料以及铺设路面等。

2）煤沥青与石油沥青的简易鉴别

石油沥青与煤沥青性质有别，必须认真鉴别，不能混淆，其简易鉴别方法见表3-16

石油沥青与煤沥青的鉴别表 **表3-16**

鉴别方法	石油沥青	煤沥青
密度(g/cm^3)	近于1.0	1.25～1.28
燃烧	烟少、无色、有松香味、无毒	烟多、黄色、臭味大、有毒
锤击	声哑、有弹性感、韧性好	声脆、韧性差
颜色	呈辉亮褐色	浓黑色
溶解	易溶于煤油或汽油中，呈棕黑色	难溶于煤油或汽油中，呈黄绿色

（3）改性沥青

沥青材料本身存在一些固有的缺陷，如冷脆、热淌、易老化、开裂等。为改善沥青的防水性能，提高其低温下的柔韧性、塑性、变形性和高温下的热稳定性和机械强度，必须对沥青进行氧化、乳化、催化等措施或掺入橡胶、树脂、矿物质等物质，对沥青材料加以改性，使沥青的性质得到不同程度的改善。经改性后的沥青称之为改性沥青。改性沥青常见有以下几种类型：

1）矿物填料改性沥青

在沥青中掺入矿物填充料，用以增加沥青的黏结力、柔韧性等，主要适用于生产沥青玛琋脂。常用的矿物填充料有：滑石粉、石灰粉、云母粉、石棉粉等。

2）树脂改性沥青

用树脂改性沥青，可以改善沥青的耐寒性、耐热性、黏结性和不透水性。常用的树脂有聚乙烯（PVC）、聚丙烯（PP）、无规聚丙烯（APP）等。

3）橡胶改性沥青

橡胶与石油沥青有很好的混溶性，用橡胶改性沥青，能使沥青具有橡胶的很多优点，如高温变形性小，低温柔韧性好，有较高的强度、延伸率和耐老化性等。常用的橡胶改性沥青品种有：氯丁橡胶改性沥青、丁基橡胶改性沥青、热塑性丁苯橡胶改性沥青（SBS）、再生橡胶改性沥青等。

4）橡胶和树脂共混改性沥青

同时用橡胶和树脂来改性石油沥青，可使沥青兼具橡胶和树脂的特性，获得较好的技术效果。

4.2 新型防水制品

合成高分子防水材料是一种以合成橡胶及合成树脂等高分子化合物为主要成分的防水材料。因其具有高弹性，耐老化性强，对基层伸缩或开裂的适应性强，可单层冷施工等优点，已成为新型防水材料发展的主导方向。主要有橡胶基、树脂基及橡塑共混型各种防水卷材、涂料及密封材料等。

（1）防水卷材

防水卷材是建筑防水材料的重要品种之一，它占整个建筑防水材料的80%左右。目前主要包括传统的沥青防水卷材、高聚物改性沥青防水卷材和合成高分子卷材三大类，后两类卷材的综合性能优越，是目前国内大力推广使用的新型防水卷材。本节介绍建筑工程中常见几种的防水卷材。

1）沥青防水卷材

以原纸、纤维织物、纤维毡等胎体材料浸涂沥青，表面撒布粉状、粒状或片状材料制成可卷曲的片状防水材料统称为沥青防水卷材。传统沥青防水卷材中最具代表性的是石油沥青纸胎油毡、油纸。按原纸 1m^2 的重量克数，油毡分为 200 号、350 号和 500 号 3 种标号；油纸分为 200 号、350 号。按物理性能油毡可分为合格、一等品和优等品 3 个等级，各标号和等级的物理性能应符合表 3-17 的规定。

石油沥青油毡的物理力学性能《石油沥青纸胎油毡》(GB 326—89)　　表 3-17

<table>
<tr><td colspan="3" rowspan="2">标号与
等级指标</td><td colspan="3">200 号</td><td colspan="3">350 号</td><td colspan="3">500 号</td></tr>
<tr><td>合格</td><td>一等品</td><td>优等品</td><td>合格</td><td>一等品</td><td>优等品</td><td>合格</td><td>一等品</td><td>优等品</td></tr>
<tr><td colspan="3" rowspan="2">每卷重量≥(g/m^2)</td><td colspan="3">17.5</td><td colspan="3">28.5</td><td colspan="3">39.5</td></tr>
<tr><td colspan="3">20.5</td><td colspan="3">31.5</td><td colspan="3">42.5</td></tr>
<tr><td colspan="2">浸涂材料总量(kg/m^2)</td><td>≥</td><td>600</td><td>700</td><td>800</td><td>1000</td><td>1050</td><td>1110</td><td>1400</td><td>1450</td><td>1500</td></tr>
<tr><td rowspan="2">不透水性</td><td>压力</td><td>≥</td><td colspan="3">0.05MPa</td><td colspan="3">0.10MPa</td><td colspan="3">0.15MPa</td></tr>
<tr><td>保持时间</td><td>≥</td><td>15min</td><td>20min</td><td>30min</td><td colspan="2">30min</td><td>45min</td><td colspan="3">30min</td></tr>
<tr><td rowspan="2">吸水率
(真空法)≤</td><td colspan="2">粉毡</td><td colspan="3">1.0%</td><td colspan="3">1.0%</td><td colspan="3">1.5%</td></tr>
<tr><td colspan="2">片毡</td><td colspan="3">3.0%</td><td colspan="3">3.0%</td><td colspan="3">3.0%</td></tr>
<tr><td colspan="3" rowspan="2">耐热度(℃)要求</td><td colspan="2">85±2</td><td>90±2</td><td colspan="2">85±2</td><td>90±2</td><td colspan="2">85±2</td><td>90±2</td></tr>
<tr><td colspan="9">受热 2h 涂盖层应无滑动和集中性气泡</td></tr>
<tr><td colspan="2">25℃时纵向拉力(N)</td><td>≥</td><td>240</td><td colspan="2">270</td><td>340</td><td colspan="2">370</td><td>440</td><td colspan="2">470</td></tr>
<tr><td colspan="3" rowspan="2">柔度(℃)要求</td><td colspan="3">18±2</td><td>18±2</td><td>16±2</td><td>14±2</td><td colspan="2">18±2</td><td>14±2</td></tr>
<tr><td colspan="9">绕 ϕ20mm 圆棒或弯板无裂纹</td></tr>
</table>

石油沥青纸胎油毡的防水年限较低，其中 200 号卷材适用于简易防水、非永久性建筑防水；350 号和 500 号卷材可用于屋面工程的多叠层防水。油纸用于建筑防潮和包装，也可用于刚性防水层的隔离层等。

为克服纸胎油毡耐久性差、易腐烂、抗拉强度低等缺点，近年来，通过对油毡胎体材料加以改进，开发出了玻璃布胎沥青油毡、黄麻胎毡沥青油毡、铝箔胎沥青油毡等品种。这些胎体沥青油毡的性能比纸胎油毡好，抗拉强度高、柔韧性好、吸水率小、抗裂性和耐久性均有很大提高，可用于防水等级要求较高的工程。

此外，沥青卷材还包括新型优质氧化沥青卷材，它是将普通沥青经催化处理后作为浸涂材料，以玻纤毡、聚酯毡、黄麻布、玻璃织物、金属箔等为胎体，以砂岩、页岩为覆盖材料的中低档防水卷材。这类卷材具有较好的低温柔性、延伸性和耐热性。

根据《屋面工程质量验收规范》（GB 50207—2002）的规定，沥青防水卷材仅可适用于屋面防水等级为Ⅲ级（应选用三毡四油防水做法）和Ⅳ级（可选用二毡三油做法）的防水工程。

2）高聚物改性沥青防水卷材

高聚物改性沥青卷材是以改性后的沥青为涂盖材料，以玻璃纤维或聚酯无纺布等为胎料制成的柔性卷材。它克服了传统沥青卷材温度稳定性差、延伸率低的不足，具有高温不流淌、低温不脆裂、拉伸强度较高、延伸率较大等优异性能。根据《屋面工程质量验收规范》（GB 50207—2002）的规定，高聚物改性沥青防水卷材可用于防水等级为Ⅰ、Ⅱ、Ⅲ、Ⅳ级的屋面防水工程。

高聚物改性沥青防水卷材除外观质量和规应符合表 3-18、表 3-19 的要求外，其物理性能还应符合表 3-20 的要求。

高聚物改性沥青防水卷材外观质量表　　**表 3-18**

项　目	判断标准	项　目	判断标准
断裂、皱折、孔洞、剥离	不允许	胎体未浸透、露胎	不允许
边缘不整齐、砂砾不均匀	无明显差异	涂盖不均匀	不允许

高聚物改性沥青防水卷材规格表　　**表 3-19**

厚度(mm)	宽度(mm)	长度(mm)	厚度(mm)	宽度(mm)	长度(mm)
2.0	≥1000	15～20	4.0	≥1000	7.5
3.0	≥1000	10	5.0	≥1000	5.0

高聚物改性沥青防水卷材物理性能表　　**表 3-20**

项　目		性能要求			
		Ⅰ类	Ⅱ类	Ⅲ类	Ⅳ类
拉伸性能	拉力	≥400N	≥400N	≥50N	≥200N
	延伸率	≥30%	≥5%	≥200%	≥3%
耐热度(85±2℃,2h)		不流淌,无集中性气泡			
柔韧性(−5～25℃)		绕规定直径圆棒无裂纹			
不透水性	压力	≥0.2MPa			
	保持时间	≥30min			

注：1. Ⅰ类指聚酯毡胎体，Ⅱ类指麻布胎体，Ⅲ类指聚乙烯膜胎体，Ⅳ类指玻纤毡胎体。

2. 表中柔韧性的温度范围系表示不同档次产品的低温性能。

按对沥青改性用的聚合物的不同，高聚物改性沥青防水卷材可分为橡胶型、塑料型和橡塑混合型三类。下列是几种较为常用的高聚物改性沥青防水卷材。

A. SBS 橡胶改性沥青防水卷材

SBS 橡胶改性沥青防水卷材是以玻纤毡、聚酯毡为胎体，浸涂 SBS 改性沥青，上表面撒布矿物质粒、片料或覆盖聚乙烯膜，下表面撒布细砂或覆盖聚乙烯膜所制成的新型中、高档防水卷材，是弹性体橡胶改性沥青防水卷材中的代表性品种。SBS 橡胶改性沥青防水卷材最大的特点是低温柔韧性能好，同时也具有较好的耐高温性、较高的弹性及延伸率（延伸率可达 150%），较理想的耐疲劳性，广泛用于各类建筑防水、防潮工程，尤其适用于寒冷地区和结构变形频繁的建筑物防水。SBS 橡胶改性沥青防水卷材的性能见表 3-21。

SBS 橡胶改性沥青防水卷材性能表　　**表 3-21**

项　目		性　能	
抗拉强度(N/cm²)	聚酯胎	纵 600	横 600
	玻纤胎	纵 400	横 300
断裂延伸率(%)	聚酯胎	纵 40	横 40
	玻纤胎	纵 2	横 2
耐热性(℃)		95～100	
柔韧性(−25℃,绕 ϕ30mm 圆棒)		无裂纹	
透水性(0.1MPa 动水压,2h)		不透水	

B. APP改性沥青防水卷材

APP改性沥青防水卷材是用无规聚丙烯（APP）改性沥青浸渍胎基（玻纤胎或聚酯胎），以砂粒或塑料薄膜为防粘隔离层的防水卷材，属塑性体沥青防水卷材中的一种。APP改性沥青卷材的性能与SBS改性沥青性接近，具有优良的综合性质，尤其是耐热性能好，130℃的高温下不流淌、耐紫外线能力比其他改性沥青卷材均强，所以非常适宜用于高温地区或阳光辐射强烈地区，广泛用于各式屋面、地下室、游泳池、水桥梁、隧道等建筑工程的防水防潮。APP改性沥青防水卷材的性能见表3-22。

APP改性沥青防水卷材的性能表 **表3-22**

项目		性能	
		聚酯胎	玻纤胎
拉力(N)	纵向	600～800	320～420
	横向	600～800	210～310
断裂延伸率(%)	纵向	30～40	2
	横向		3
透水性(0.2MPa)	24h	不透水	—
	3.5h	—	不透水
柔性(绕 ϕ30mm 圆棒)	−10～−15℃	无裂纹	—
	−5～−10℃	—	无裂纹
耐热性(110～130℃,2h)		涂盖层不滑动	
吸水性(%)		≤0.1	≤0.2

C. 再生橡胶改性沥青防水卷材

再生橡胶改性沥青防水卷材是用废旧橡胶粉作改性剂，掺入石油沥青中，再加入适量的助剂，经混炼、压延、硫化而成的无胎体防水卷材。其特点是自重轻，延伸性、低温柔韧性、耐腐蚀性均较普通油毡好，且价格低廉，适用于屋面或地下接缝等防水工程，尤其是于基层沉降较大或沉降不均匀的建筑物变形缝处的防水。其性能见表3-23。

再生橡胶改性沥青防水卷材性能表 **表3-23**

项目	指标	项目	指标
抗拉强度(MPa)(25±2℃)	2.5	透水性(0.3MPa,1.5h)	不渗漏
断裂延伸率(%)	≥250	适用温度(℃)	−20～80
柔韧性(−20℃,对折,2h)	无裂纹	热老化保持率(80℃,168h,各项指标)	≥80%
耐热性(140℃,5h)	不起泡,不发黏		

D. 焦油沥青耐低温防水卷材

以焦油沥青为基料，用聚氯乙烯或旧聚氯乙烯，或其他树脂，如氯化聚氯乙烯作改性剂，加上适量的助剂，如增塑剂、稳定剂等，经共熔、混炼、压延而成的无胎体防水卷材。由于改性剂的加入，卷材的耐老化性能、防水性能都得到提高，在−15℃时仍有柔韧性。其性能指标见表3-24。

焦油沥青耐低温防水卷材性能表　　表 3-24

项　目	性　能	项　目	性　能
拉力(N)	≥430	柔韧性(－15℃,绕 ϕ20mm 圆棒)	无裂纹
延伸率(%)	≥3	透水性(0.24MPa,30min)	不透水
耐热性(95±2℃,5h)	不起泡,不滑动	吸水率(%)	≤3

焦油沥青耐低温防水卷材采用冷施工，其施工性能良好，不仅能在高温下施工，在－10℃的条件下亦能施工，特别适用于多雨地区施工。

E. 铝箔橡胶改性沥青防水卷材

铝箔橡胶改性沥青防水卷材是以橡胶和聚氯乙烯复合改性石油沥青作为浸渍涂盖材料，以聚酯毡、麻布或玻纤毡为胎体，以聚乙烯膜为底面隔离材料，以软质银白色铝箔为表面保护层的防水卷材。它具有弹塑混合型改性沥青防水卷材的一切优点，例如具有很好的水密性、气密性、耐候性和阳光反射性，能降低室内温度，增强耐老化能力，耐高温和低温性能好，且强度、延伸率及弹塑性较好。

铝箔橡胶改性沥青防水卷材适用于工业与民用建筑屋面的单层外露防水层，也可用于地下管道、桥梁防水等。其性能见表 3-25。

铝箔橡胶改性沥青防水卷材性能表　　表 3-25

项　目	性　能	项　目	性　能
拉伸强度(MPa)	≥2.5	柔韧性(－10℃,绕 ϕ20mm 圆棒)	无裂纹
断裂伸长率(%)	≥30	透水性(0.2MPa,30min)	不透水
耐热性(85℃,5h)	不流淌,不滑动	吸水率(%)	≤2

3）合成高分子卷材

合成高分子卷材是以合成橡胶、合成树脂或两者的共混体为基料，加入适量的助剂和填料，经特定工序制成的新型防水卷材。其抗拉强度、延伸性、耐高低温性及防水性都很优良，是值得推广的高档防水卷材，多用于要求有良好防水性能的屋面、地下防水工程。根据要求，合成高分子卷材适用于防水等级为Ⅰ、Ⅱ级的屋面防水工程，而且Ⅰ级防水的三道设防中必须有一道是合成高分子卷材。合成高分子卷材除外观、质量和规格应符合规范外，还应进行拉伸强度、断裂伸长率、低温弯折性和不透水性的物理性能检验，并应符合表 3-26 的要求。

合成高分子卷材的物理性能表　　表 3-26

项　目		性能要求		
		Ⅰ	Ⅱ	Ⅲ
拉伸强度		≥7MPa	≥2MPa	≥9MPa
断裂伸长率		≥450%	≥100%	≥10%
低温弯折性(℃)		－40	－20	－20
		无裂纹		
不透水性	压力	≥0.3MPa	≥0.2MPa	≥0.3MPa
	保持时间	≥30min		
热老化保持率(80±2℃,168h)	拉伸强度	≥80%		
	断裂伸长率	≥70%		

注：Ⅰ类指弹性体卷材；Ⅱ类指塑性体卷材；Ⅲ类指加合成纤维的卷材。

合成高分子防水卷材种类很多，最具代表性的有以下几种：

A. 三元乙丙（EPDM）橡胶防水卷材

三元乙丙橡胶防水卷材是以三元乙丙橡胶为主体原料，掺入适量的丁基橡胶、硫化剂、软化剂、补强剂等，经密炼、拉片、过滤、挤出成型等工序加工而成。其耐老化性能优异，使用寿命一般长达40余年，弹性和拉伸性能极佳，拉伸强度可达7MPa以上，断裂伸长率可大于450%，因此，对基层伸缩变形或开裂的适应性强，耐高低温性能优良，－45℃左右不脆裂，耐热温度达160℃，既能在严寒低温条件下进行施工作业，又能在酷热的条件下长期使用。此外，三元乙丙橡胶防水卷材单层冷施工的防水做法，改变了过去多叠层热施工的传统做法，提高了工效，减少了环境污染，改善了劳动条件。

三元乙丙防水卷材是目前防水性能最佳的高档防水卷材，用于防水要求高，耐用年限长的防水工程，如屋面、地下室、隧道、水渠等土木工程的防水，特别适用于建筑工程的外露屋面防水和大跨度、受振动建筑工程的防水。三元乙丙橡胶防水卷材的主要物理性能见表3-27。

三元乙丙橡胶防水卷材的主要物理性能表 **表3-27**

项目			指标	
			一等品	合格品
拉伸强度，常温（N/mm^2）		≥	8	7
扯断伸长率（%）		≥	450	
直角形撕裂强度，常温（N/cm）		≥	280	245
不透水性	0.3N/mm^2 30min		合格	—
	0.1N/mm^2 30min		—	合格
脆性温度（℃）		≤	－45	－40
热老化（80±2℃，168h），伸长率100%			无裂纹	
臭氧老化	500ppm，168h，40℃，伸长率40%，静态		无裂纹	—
	100ppm，168h，40℃，伸长率40%，静态		—	无裂纹

注：本表摘自《屋顶橡胶防水材料三元乙丙橡胶片材》（HG 2402—92）

B. 聚氯乙烯（PVC）防水卷材

聚氯乙烯防水卷材是以聚氯乙烯树脂为主要原料，并加入一定量的助剂和填充料，经混炼、造粒、挤出、压延、冷却等工序制成的柔性防水卷材，具有抗渗性能好、抗撕裂强度较高、低温柔韧性较好的特点。与三元乙丙橡胶防水卷材相比，PVC防水卷材的综合防水性能略差，但其原料丰富，价格较为便宜，适用于新建或修缮工程的屋面防水，也可用于水池、地下室、堤坝、水渠等防水抗渗工程。根据《聚氯乙烯防水卷材》GB 12952—91的规定，PVC防水卷材的物理力学性能应符合表3-28的要求。

PVC防水卷材物理力学性能表 **表3-28**

项目		P型			S型	
		优等品	一等品	合格品	一等品	合格品
拉伸强度（MPa）	≥	15.0	10.0	7.0	5.0	2.0
断裂伸长率（%）	≥	250	200	150	200	120

续表

项目		P型			S型	
		优等品	一等品	合格品	一等品	合格品
热处理尺寸变化率(%)	≥	2.0	2.0	3.0	5.0	7.0
低温弯折性		−20℃,无裂纹				
抗渗透性		不透水				
抗穿孔性		不透水				
剪切状态下的粘合性		σ>2.0N/mm或在接缝处断裂				

注：S型，以煤焦油与聚氯乙烯树脂混合料为基料的防水卷材；P型，以增塑聚乙烯为基料的防水卷材。

氯化聚乙烯—橡胶共混防水卷材主要的物理力学性能表　　表 3-29

项目			指标	
			S型	N型
拉伸强度(MPa)		≥	7.0	5.0
断裂伸长率(%)		≥	400	
直角撕裂强度(kN/m)		≥	24.5	
不透水性	压力(MPa)		0.3	
	保持时间(min)	≥	30	
热老化保持率(80±2℃,168h)	拉伸强度(MPa)	≥	80	
	断裂伸长率(%)	≥	70	
臭氧老化,500ppm,168h,40℃静态	伸长率40%		无裂纹	—
	伸长率20%		—	无裂纹
粘结剥离强度(卷材与卷材)	(kN/m)	≥	2.0	2.0
	浸水168h后,保持率(%)	≥	70	
脆性温度(℃)			−40	−20
			无裂纹	
热处理尺寸变化率(%)			+1,−2	+2,−4

注：S型，以氯化聚乙烯与合成橡胶共混体制成的防水卷材；N型，以氯化聚乙烯与合成橡胶或再生橡胶共混体制成的防水卷材。

C. 氯化聚乙烯—橡胶共混防水卷材

氯化聚乙烯—橡胶共混防水卷材是用高分子材料氯化聚乙烯与合成橡胶共混接枝而成。此类防水卷材兼有塑料和橡胶的特点，具有优异的耐老化性、高弹性、高延伸性及优异的耐低温性，对地基沉降、混凝土收缩的适应强，它的物理性能接近三元乙丙橡胶防水卷材，由于原料丰富，其价格低于三元乙丙橡胶防水卷材。氯化聚乙烯—橡胶共混防水卷材主要的物理力学性能应符合表3-29的要求，可用于各种建筑的屋面、地下及水池、冰库等工程，尤其宜用于寒冷地区和变形较大的防水工程以及单层外露防水工程。

应强调指出，对于卷材防水工程，在优选各种防水卷材并严格控制质量的同时，还应注意正确选取各种卷材的施工配套材料（如卷材胶粘剂、基层处理剂、卷材接缝密封剂等）。如必须选用各种与卷材相配套的卷材胶粘剂，其材质一般与卷材相近，而不能随意选用，否则会引起卷材脱粘、起泡而渗漏，严重影响防水质量。卷材胶粘剂一般应由卷材生产厂家配套生产。表3-30、表3-31分别列出了SBS改性沥青防水卷材、三元乙丙橡胶防水卷材配套材料。

SBS改性沥青防水卷材配套材料表 **表3-30**

材料名称	用途
氯丁粘结剂	卷材与基层、卷材与卷材的粘结
401胶	为加强卷材间的粘结，可在氯丁胶中掺入适量的401胶
汽油	热熔施工时使用
二甲苯或甲苯	基层处理和作稀释剂用

三元乙丙橡胶防水卷材配套材料表 **表3-31**

粘结材料名称	用途	颜色	使用配比	粘结剥离强度
聚氨酯底胶	基层处理剂	甲:黄褐色胶体 乙:黑色胶体	1∶3	>2
氯丁系粘结剂(如404胶)	基层粘结剂	黄色浑浊胶体		>2
丁基粘结剂	卷材接缝粘结剂	A:黄色浑浊胶体 B:黑色胶体	1∶1	>2
氯磺化聚乙烯嵌缝膏	收头部位密封	浅色		
表面着色剂	表面保护着色	银色或各种颜色		
聚氨酯涂膜材料	局部增强处理	甲:黄褐色胶体 乙:黑色胶体	1∶1.5	

(2) 防水涂料

防水涂料是以沥青、高分子等材料为主体，在常温下呈液态，经涂布后通过溶剂的挥发、水分的蒸发或反应固化，在结构物表面形成坚韧防水膜的材料。

防水涂料按成膜物质的主要成分可分为三类：沥青类、聚合物改性沥青类、合成高分子类。根据组分不同，可分为单组分防水涂料和双组分防水涂料，单组分防水涂料按涂料的介质不同可分为溶剂型、水乳型；双组分防水涂料，在施工前有两种组分（甲组分和乙组分），施工时两组分按比例混合、搅拌、涂布，发生化学反应而固化成膜。

防水涂料质量检验项目主要有：延伸或断裂延伸率、固体含量、柔性、不透水性和耐热度。

1) 沥青类防水涂料

沥青类防水涂料是指以沥青为基料配制而成的水乳型或溶剂型防水涂料，主要适用于防水等级为Ⅲ级、Ⅳ级的屋面防水及卫生间防水等。

A. 冷底子油

冷底子油是将建筑石油沥青或煤沥青溶于汽油或苯等有机溶剂中而得到的溶剂型沥青涂料。由于施工后形成的涂膜很薄，一般不单独使用，往往用作沥青类卷材施工时打底的基层处理剂，故称冷底子油。

冷底子油黏度小，具有良好的流动性，涂刷在混凝土、砂浆等表面后能很快渗入基底，溶剂挥发沥青颗粒则留在基底的微孔中，使基底表面憎水并具有粘结性，为粘结同类防水材料创造有利条件。

冷底子油应随配随用，通常是30%～40%的30号或10号石油沥青与60%～70%的有机溶剂（多用汽油）配制而成。

B. 沥青玛𤧛脂（沥青胶）

沥青玛𤧛脂按溶剂及胶粘工艺不同可分为：热熔沥青玛𤧛脂和冷玛𤧛脂。

热熔沥青玛𤧛脂的配制通常是将沥青加热至150℃～200℃，脱水后与20%～30%的加热干燥的粉状或纤维状填充料（如滑石粉、石灰石粉、白云粉，石棉屑，木纤维等）热拌而成的。填充料的作用是为了提高沥青的耐热性，增加韧性，降低低温脆性，因此用玛𤧛脂粘贴油毡比纯沥青效果好。热熔沥青根据耐热度可分为S-60、S-65、S-70、S-75、S-80、S-85六个标号。各标号的技术指标应符合表3-32。

沥青玛𤧛脂的技术指标表 **表3-32**

标号 / 指标	石油沥青玛𤧛脂					
	S-60	S-65	S-70	S-75	S-80	S-85
耐热度	用2mm厚的沥青玛𤧛脂粘合两张沥青油纸；于不低于下列温度(℃)中，在100%(或45°角)的坡度上，停放5h，沥青玛𤧛脂不应流出，油纸不应滑动					
	60	65	70	75	80	85
柔韧性	涂在沥青油纸上的2mm厚的沥青玛𤧛脂层，在18±2℃时，围绕下列直径(mm)的圆棒以2S的均衡速度弯曲半周，沥青玛𤧛脂不应有裂纹					
	10	15	15	20	25	30
粘结力	用手将两张粘贴在一起的油纸慢慢一次撕开，其油纸和沥青玛𤧛脂的粘贴面的任何一面的撕开部分，应不大于粘贴面的1/2					

沥青玛𤧛脂标号的选择，应根据屋面使用条件、屋面坡度及当地历年最高气温，按《屋面工程技术规范》GB 50345—2004的有关规定选用。

沥青玛𤧛脂的加热温度不宜过高，否则会加速沥青的老化，影响其质量。但在施工中使用温度又不应过低，否则会影响粘贴质量，加热和使用温度见表3-33。此外，还应注意所采用的沥青应与被粘贴的卷材的沥青种类一致。

热熔沥青玛𤧛脂加热和使用温度表 **表3-33**

类　别	加热温度	使用温度
普通石油沥青或掺配建筑石油沥青的普通石油沥青玛𤧛脂	不应高于280℃	不低于240℃
建筑石油沥青玛𤧛脂	不应高于240℃	不低于190℃

冷玛𤧛脂是由石油沥青填充料、溶剂等配制而成。它的浸透力强，采用冷玛𤧛脂粘贴油毡，不一定要求涂刷冷底子油。它具有施工方便，减少环境污染等优点。目前应用面已逐渐扩大。

C. 水乳型沥青防水涂料

将石油沥青分散于水中，形成的水分散体系构成的涂料，称为水乳型沥青防水涂料。这类涂料对沥青基本上没有改性或改性作用不大。主要有石灰乳化沥青、膨润土沥青乳液和水性石棉沥青防水涂料等，主要用于Ⅲ级和Ⅳ级防水等级的工业与民用建筑屋面、地下室和卫生间防水等。沥青基防水涂料的质量应符合表3-34要求。

沥青基防水涂料的质量表　　表 3-34

项　目		质 量 要 求
固体含量		≥50%
耐热度(80℃,5h)		无流淌、起泡和滑动
柔韧性(10±1℃)		4mm 厚,绕 ϕ20mm 圆棒,无裂纹、断裂
不透水性	压力	≥0.1MPa
	保持时间	≥30min 不渗漏
延伸(20±1℃拉伸)		≥4.0mm

2）高聚物改性沥青防水涂料、合成高分子防水涂料

高聚物改性沥青防水涂料一般指以沥青为基料，用各类高聚物进行改性而制成的水乳型或溶剂型防水涂料；合成高分子防水涂料是以合成橡胶或合成树脂为主要成膜物质制成的单组或双组分防水涂料。这两类防水涂料在柔韧性、抗裂性、拉伸强度、耐高低温性能和使用寿命等方面，比沥青基涂料有很大的改善和提高。

A. 乳液型氯丁橡胶沥青防水涂料

乳液型氯丁橡胶沥青防水涂料是以阳离子型氯丁胶乳与阳离子型沥青乳胶混合构成，是氯丁橡胶及石油沥青的微粒，借助于表面活性剂的作用，稳定分散在水中而形成的一种乳液状涂料。它具有较好的耐候性和耐腐性，较高的弹性、延伸性和粘结性，对基层变形的适应能力强、抗裂性好，且无毒、难燃，操作安全。其主要性能指标见表 3-35。

乳液型氯丁橡胶沥青防水涂料主要性能指标（JC 408—91）　　表 3-35

项　目	性能指标	项　目		性能指标
外观	深棕色乳状液	不透水性(动水压)		不透水
黏度(Pa·s)	0.25	耐碱性[在饱和 $Ca(OH)_2$ 溶液中浸 15d]		表面无变化
固体含量(%)	≥43	抗裂性(基层裂缝宽度≤2mm)		涂膜不裂
耐热性(80℃恒温 5h)	无变化	涂膜干燥时间(h)	表干	≤4
粘结力	≥0.2N/mm^2		实干	≤24
低温柔韧性(−15℃)	不断裂			

B. 聚氨酯防水涂料

聚氨酯防水涂料是一种化学反应型涂料，多以双组分（即甲组、乙组分）形式混合使用，借助组分间发生化学反应而直接由液态变为固态，几乎不含溶剂，故体积收缩小，易形成较厚的防水涂膜，且涂膜的弹性、抗拉强度、延伸性高，耐候、耐油性能好，对温度变化、基层变形的适应性强，是一种性能优异的合成高分子防水涂料，但其成本较高且有一定的毒性和可燃性。主要性能见表 3-36。

聚氨酯防水涂料的主要性能表 **表 3-36**

项目名称＼等级		一等品	合格品
		指 标 要 求	
拉伸强度(无处理)(MPa)		＞2.46	＞1.65
断裂伸长率(无处理)(%)		＞450	＞300
拉伸的老化	加热老化	无裂纹及变形	
	紫外线老化	无裂纹及变形	
低温柔韧性(无处理)		−35℃无裂纹	−30℃无裂纹
不透水性		0.3MPa,30min 不渗漏	
加热伸缩率(%)小于	伸长	1	
	缩短	4	6
固体含量(%)		≥94	
适用时间(min)		≥20	
涂膜干燥时间		表干≤4h 不粘手;实干≤12h 无粘着	

课题 5　绝热保温材料

5.1　绝热保温材料的主要性能指标

(1) 导热系数

导热系数在数值上等于单位温度梯度下的热通量。导热系数表征了物质导热能力的大小，是物质的基本物理性质之一。导热系数的大小与物质的形态、组成、密度、温度及压力等有关。

影响材料保温性能的主要因素是导热系数的大小，导热系数愈小，保温性能愈好。

(2) 材料导热系数的影响因素

1) 材料的性质

不同的材料的导热系数是不同的。一般说来，导热系数值以金属最大，非金属次之，液体较小，而气体更小。对于同一种材料，内部结构不同，导热系数也差别很大。一般结晶结构的最大，微晶体结构的次之，玻璃体结构的最小。但对于多孔的绝热材料来说，由于孔隙率高，气体（空气）对导热系数的影响起着主要作用，而固体部分的结构无论是晶态或玻璃态对其影响都不大。

2) 表观密度与孔隙特征

由于材料中固体物质的导热能力比空气要大得多，故表观密度小的材料，因其孔隙率大，导热系数就小。

在孔隙率相同的条件下，孔隙尺寸愈大，导热系数就愈大；互相连通的孔隙比封闭孔隙导热性要高。

对于表观密度很小的材料，特别是纤维状材料（如超细玻璃纤维），当其表观密度低于某一极限值时，导热系数反而会增大，这是由于孔隙增大且互相连通的孔隙大大增多，而使对流作用加强的结果。因此这类材料存在一最佳表观密度，即在这个表观密度时导热系数最小。

3）湿度

材料吸湿受潮后，其导热系数就会增大，这在多孔材料中最为明显。这是由于当材料的孔隙中有了水分（包括水蒸气）后，则孔隙中蒸汽的扩散和水分子的热传导将起主要传热作用，而水的λ为0.58W/(m·K)，比空气的$\lambda=0.029$W/(m·K)大20倍左右。如果孔隙中的水结成了冰，则冰的$\lambda=2.33$W/(m·K)，其结果使材料的导热系数更加增大。故绝热材料在应用时必须注意防水避潮。

4）温度

材料的导热系数随温度的升高而增大，因为温度升高时，材料固体分子的热运动增强，同时材料孔隙中空气的导热和孔壁间的辐射作用也有所增加。但这种影响，当温度在0～50℃范围内时并不显著，只有对处于高温或负温下的材料，才要考虑温度的影响。

5）热流方向

对于各向异性的材料，如木材等纤维质的材料，当热流平行于纤维方向时，热流受到阻力小，而热流垂直于纤维方向时，受到的阻力就大。

5.2 常用绝热保温材料

常用的绝热材料按其成分可分为有机和无机两大类。无机绝热材料是用矿物质原料做成的呈松散状、纤维状或多孔状的材料，可加工成板、卷材或套管等形式的制品；有机保温材料是用有机原料（如各种树脂、软木、木丝、刨花等）制成。有机绝热材料的密度一般小于无机绝热材料。

（1）无机类绝热材料

1）无机纤维状绝热材料

无机纤维状绝热材料以矿棉及玻璃棉为主，制成板或筒状制品。由于不燃、吸声、耐久、价格便宜、施工简便，而广泛用于住宅建筑和热工设备的表面。

A. 玻璃棉及制品

玻璃棉是玻璃原料或碎玻璃经熔融后制成的一种纤维状材料。一般的表观密度为40～150kg/m^3，热导率小，价格与矿棉制品相近。玻璃棉可制成沥青玻璃棉毡或板及酚醛玻璃棉毡或板，使用方便，因此是被广泛应用在温度较低的热力设备和房屋建筑中的保温绝热材料，还是优质的吸声材料。

B. 矿棉和矿棉制品

矿棉一般包括矿渣棉和岩棉。矿渣棉所用原料有高炉硬矿渣、铜矿渣和其他矿渣等，另加一些调整原料（含氧化钙、氧化硅的原料）。岩棉的主要原料是天然岩石，经熔融后吹制而成。

矿棉具有轻质、不燃、绝热和电绝缘等性能，且原料来源丰富，成本较低，可制成矿棉板、矿棉防水毡及管套等，可用作建筑物的墙壁、屋顶、顶棚等处的保温隔热和吸声材料。

2）无机散粒状绝热材料

散粒状绝热材料主要有膨胀蛭石和膨胀珍珠岩。

A. 膨胀蛭石及其制品

蛭石是一种天然矿物，在850～1000℃的温度下煅烧时，体积急剧膨胀，单个颗粒的体积能膨胀约20倍。

膨胀蛭石的主要特性是：表观密度 80～900kg/m³，热导率 0.046～0.070W/(m·K)，可在1000～1100℃温度下使用，不蛀、不腐，但吸水性较大。膨胀蛭石可以呈松散状铺设于墙壁、楼板、屋面等夹层中，作绝热、隔声之用，使用时应注意防潮，以免吸水后影响绝热性能。膨胀蛭石也可与水泥、水玻璃等胶凝材料配合，浇制成板，用于墙、楼板和屋面板等构件的绝热。其水泥制品通常用10%～15%体积的水泥，85%～90%的膨胀蛭石，适量的水经拌合、成型、养护而成。其制品的表观密度为300～550kg/m³，相应的热导率为0.08～0.10W/(m·K)，抗压强度为0.2～1MPa，耐热温度为600℃。水玻璃膨胀蛭石制品是以膨胀蛭石、水玻璃和适量氟硅酸（$NaSiF_6$）配制而成，其表观密度为300～550kg/m³，相应的热导率为0.079～0.084W/(m·K)，抗压强度为0.35～0.65MPa，最高耐热温度为900℃。

B. 膨胀珍珠岩及其制品

膨胀珍珠岩是由天然珍珠岩煅烧而成，呈蜂窝泡沫状的白色或灰白色颗粒，是一种高效能的绝热材料。其堆积密度为40～500kg/m³，热导率为0.047～0.070W/(m·K)，最高使用温度可达800℃，最低使用温度为－200℃，具有吸湿小、无毒、不燃、抗菌、耐腐、施工方便等特点。建筑上广泛用作围护结构、低温及超低温保冷设备、热工设备等的绝热保温材料，也可用于制作吸声制品。

膨胀珍珠岩制品是以膨胀珍珠岩为主，配合适量胶凝材料（水泥、水玻璃、磷酸盐、沥青等），经拌合、成型、养护（或干燥，或固化）后而制成的具有一定形状的板、块、管壳状等制品。

3）无机多孔类绝热材料

A. 泡沫混凝土

泡沫混凝土是由水泥、水、松香泡沫剂混合后经搅拌、成型、养护而成的一种多孔、轻质、保温、绝热、吸声材料，也可用粉煤灰、石灰、石膏和泡沫剂制成粉煤灰泡沫混凝土。泡沫混凝土的表观密度约为300～500kg/m³，热导率约为0.082～0.186W/(m·K)。

B. 加气混凝土

加气混凝土是由含钙质的材料（水泥、石灰）和含硅质的材料（石英砂、粉煤灰、粒化高炉矿渣等）经磨细、配料，在加入发气剂（铝粉、双氧水）后，进行搅拌、浇注、发泡、切割及蒸压养护等工序生产而成，是一种保温绝热性能良好的轻质材料。由于加气混凝土的表观密度小（500～700kg/m³），热导率值［0.093～0.164W/(m·K)］比黏土砖小几倍，因而24cm厚的加气混凝土墙体，其保温绝热效果优于37cm厚的砖墙。此外，加气混凝土的耐火性能良好。

C. 硅藻土

硅藻土由水生硅藻类生物的残骸堆积而成。其孔隙率为50%～80%，热导率为0.060W/(m·K)，因此具有很好的绝热性能。最高使用温度可达900℃。可用作填充料或制成制品。

D. 微孔硅酸钙

微孔硅酸钙是由硅藻土或硅石与石灰等经配料、拌合、成型及水热处理制成的。以托贝莫来石为主要水化产物的微孔硅酸钙，其表观密度约为 200kg/m³，热导率为 0.047W/(m·K)，最高使用温度约为 650℃。以硬硅钙石为主要水化产物的微孔硅酸钙，其表观密度约为 230kg/m³，热导率为 0.056W/(m·K)，最高使用温度可达 1000℃。

E. 泡沫玻璃

泡沫玻璃由玻璃粉和发泡剂等经配料、烧制而成。气孔率达 80%～95%，气孔直径为 0.1～5mm，且大量为封闭而孤立的小气泡。其表观密度为 150～600kg/m³，热导率为 0.058～0.128W/(m·K)，抗压强度为 0.8～1.5MPa。采用普通玻璃粉制成的泡沫玻璃最高使用温度为 300～400℃，若用无碱玻璃粉生产时，则最高使用温度可达 800～1000℃。耐久性好，易加工，可用于多种绝热需要。

（2）有机类绝热材料

1）泡沫塑料

泡沫塑料是以各种树脂为基料，加入一定剂量的发泡剂、催化剂、稳定剂等辅助材料，经加热发泡而制成的一种具有轻质、保温、绝热、吸声、防振等性能的材料。目前我国生产的有聚苯乙烯泡沫塑料，其表观密度为 20～50kg/m³，热导率为 0.038～0.047W/(m·K)，最高使用温度约 70℃；聚氯乙烯泡沫塑料，其表观密度为 12～75kg/m³，热导率为 0.031～0.045W/(m·K)，最高使用温度为 70℃，遇火能自行熄灭；聚氨酯泡沫塑料，其表观密度为 30～65kg/m³，热导率为 0.035～0.042W/(m·K)，最高使用温度可达 120℃，最低使用温度为－60℃。此外，还有脲醛泡沫塑料及制品等。该类绝热材料可用作复合墙板及屋面板的夹芯层及满足冷藏和包装等绝热需要。

2）植物纤维类绝热板

植物纤维类绝热材料可用稻草、木质纤维、麦秸、甘蔗渣等为原料经加工而成。其表观密度约为 200～1200kg/m³，热导率为 0.058～0.307W/(m·K)，可用于墙体、地板、顶棚等，也可用于冷藏库、包装箱等。

3）窗用绝热薄膜（又名新型防热片）

窗用绝热薄膜其厚度约 12～50μm，用于建筑物窗户的绝热，可以遮蔽阳光，防止室内陈设物褪色，降低冬季热量损失，节约能源，增加美感。使用时，将特制的防热片（薄膜）贴在玻璃上，其功能是将透过玻璃的大部分阳光反射出去，反射率高达 80%。防热片能减少紫外线的透过率，减轻紫外线对室内家具和织物的有害作用，减弱室内的温度变化程度，也可避免玻璃碎片伤人。

课题 6　建筑涂料

6.1　建筑涂料的定义与分类

（1）建筑涂料的定义

涂料是指涂敷于物体表面，能与基体材料很好粘结并形成完整而坚韧保护膜的物料。由于涂料最早是以天然植物油脂、天然树脂，如亚麻子油、桐油、松香、生漆等为主要原料，故而又称油漆。根据科学技术发展的实际情况，合成树脂在很大范围内已经或正在取代天然树脂，所以我国已将其正式命名为涂料，而油漆仅仅是涂料中的油性涂料而已。

建筑涂料是指用于建筑物表面的涂料，具有色彩鲜艳，造型丰富，质感与装饰效果好，品种多样等优点，可满足各种不同要求。此外，建筑涂料还具有省工省料、造价低、工期短、工效高、自重轻，可在各种复杂的墙面上施工、维修更新方便等优点。因此，在建筑装饰工程中应用十分广泛。

（2）分类

建筑涂料的分类方法很多，常用的有以下几种：

1）按涂料使用的部位分类，常分为墙面涂料、地面涂料、顶棚涂料、屋面涂料。

2）按主要成膜物质的化学成分分类可分为有机涂料、无机涂料和复合涂料。

3）按涂料所使用的稀释剂分类可分为溶剂型涂料和水性涂料。溶剂型涂料必须以各种有机溶剂作为稀释剂，水性涂料则可以以水为稀释剂。

其中水性涂料按其水分散体系性质又可分为三种类型：

A. 乳液涂料。系将合成树脂以极细的微粒分散于水中构成乳液（加适量乳化剂），加适量颜料、辅助材料经研磨而成的涂料。乳液涂料又称乳胶涂料或乳胶漆，是目前应用最为广泛的涂料。

B. 水溶胶涂料。这种涂料呈胶态分散体系，属无机高分子涂料。

C. 水溶性涂料。以水溶性合成树脂为主要成膜物质的涂料。

4）按涂料使用功能分类可分为防火涂料、防水涂料、防霉涂料等。

5）按涂层结构分类可分为薄涂料、厚涂料和复合涂料。薄涂料的涂层在0.3～0.5mm以下，复合涂料则常由封底涂料、主层涂料和罩面涂料组成，厚度为1～2mm。

6.2 常用的建筑涂料

（1）内墙涂料

内墙涂料主要功能是装饰及保护室内墙面，使其美观整洁，让人们处于优越的居住环境之中。为了获得良好的装饰效果，内墙涂料应具有以下特点：

1）色彩丰富、细腻、调和。众所周知，内墙的装饰效果主要由质感、线条和色彩三个因素构成。采用涂料装饰则以色彩为主要因素。内墙涂料的颜色一般应浅淡、明亮，由于众多的居住者对颜色的喜爱不同，因此建筑内墙涂料的色彩要求品种丰富。内墙涂层与人们的距离比外墙涂层近，因而要求内墙装饰涂层质地平滑、细洁，色彩调和。

2）耐碱性、耐水性、耐粉化性良好。由于墙面基层常带有碱性，因而涂料的耐碱性应良好。

室内湿度一般比室外高，同时为清洁内墙，涂层常要与水接触。因此要求涂料具有一定的耐水性及耐刷洗性。

脱粉型的内墙涂料是不可取的，它会给居住者带来极大的不适感。

3）透气性良好。室内常有水汽，透气性不好的墙面材料易结露、挂水，使人们居住有不舒服感，因而透气性良好的材料配制内墙涂料是可取的。

4）涂刷方便，重涂容易。人们为了保持优雅的居住环境，内墙面翻修的次数较多，因此要求内墙涂料涂刷施工方便、维修重涂容易。

用于建筑内墙、顶棚的国产涂料详见表 3-37。

用于建筑内墙的国外涂料详见表 3-38。

国产内墙涂料、顶棚涂料的性能表 **表 3-37**

品 种	特 点	用 途	技术性能
QH 型多彩纹塑膜内墙涂料	是水包油型单组分液态塑料，喷涂而形成塑料膜层。耐老化、耐油、耐酸碱、耐水洗刷、抗潮、阻燃，有立体感，装饰效果好	宾馆、饭店、影剧院、商场、办公楼、家庭居室	固体含量:40% 耐碱性:[饱和 $Ca(OH)_2$ 溶液]18h 无异常 耐用水性:浸入 96h 无异常 耐洗刷性:300 次无露底 干燥时间:24h 以内 贮存稳定性:(5℃以上常温)6 个月
过氯乙烯内墙涂料	具有色彩丰富、表面平滑、装饰效果好，有比较好的耐老化和防水性等	住宅、公共建筑的内墙墙面	干燥时间:≤45min 流平性:无刷痕 遮盖力:≤250g/m² 附着力:100% 抗冲击:150J/cm²
聚醋酸乙烯乳胶漆内墙涂料	无毒、无味，易于施工，干燥快，透气性好，附着力强，颜色鲜艳，装饰效果好等	要求较高的内墙装饰	附着力:100% 遮盖力:≤250g/m² 冲击强度:≥50J/cm² 硬度:≥0.3 耐水性:浸入 24h 无发粘开裂变化 耐热性:80℃ 5h 无发粘开裂变化 pH 值:7～8 涂刷性:光滑无泡沫孔洞
乙丙内墙乳胶漆	由醋酸乙烯和丙烯醋酸共聚制成；外观细腻，有良好的耐久性、耐水性和保色性	高级的内墙面装饰，也可用于木质门窗	干燥时间:表干≤30min，实干 24h 光泽:≤20% 耐水性:浸水 96h 破坏 5% 最低成膜温度:≥15℃ 遮盖力:≤170g/m²
苯丙乳胶内墙涂料	可喷、刷，施工方便；流动性好、干燥快，无臭，无着火危险，并能在稍湿的表面施工，保色性良好，耐擦洗	较高级的住宅及各种公共建筑物的内墙装饰	施工温度:>3℃ 遮盖率(反差比):>90% 涂布量:4～6kg/m² 耐水性:>96h 耐碱性:>48h 贮存稳定性:半年以上

国外内墙涂料的性能表 **表 3-38**

品 种	特 点	用 途	技术性能
美国保丽雅 100	内墙无光乳胶漆，为乙烯、丙烯酸产品	已正确涂刷底漆后的塑料、墙壁、木料、壁纸的表面。正常使用时一次涂刷即可覆盖墙面	溶剂类别:水 最低闪点:不会燃烧 固型物含量(重量比):48%+1% 固型物含量(体积比):29.35%+1% 平均干燥时间:(24℃)30～60min 可触摸
美国保丽雅 104	高级内墙无光乳胶漆，具有高粘接力、柔韧性及应用性能。表面坚硬，抗磨性好，易除污及平整度好	已正确涂刷底漆后的塑料、墙壁、木材、壁纸的表面	溶剂类别:水 最低闪点:不会燃烧 固型物含量(重量比):50.92%+1% 固型物含量(体积比):34.63%+1% 平均干燥时间:(24℃)30～60min 可触摸

续表

品　种	特　点	用　途	技术性能
美国保丽雅	高级内墙蛋光乳胶漆，干固后成为牢固、平滑、丝绒般的表面，具有耐擦性，易除污性，平整度好	正确涂刷底漆后的塑料、墙壁、木材、壁纸的表面	溶剂类别：水 最低闪点：不会燃烧 固型物含量(重量比)：50.92%+1% 固型物含量(体积比)：34.6%+1% 平均干燥时间：(24℃)30～60min可触摸
法国多伦斯涂料	内墙涂料包括两大类，水性内墙涂料和溶剂型内墙涂料。其外观效果分为毛面型、光面型、半光亮型和装饰型	多伦斯涂料适用于写字楼、酒店、商场、运动场馆、医院等大型建筑及民用住宅	溶剂类别：水 浓密度：1.55 干燥时间：2h可操作

(2) 外墙涂料

外墙涂料主要功能是装饰和保护建筑物的外墙面，使建筑物外貌整洁美观，从而达到美化城市环境的目的，同时能够起到保护建筑物外墙的作用，延长其使用的时间。为了获得良好的装饰与保护效果，外墙涂料一般应具有以下特点：

1）装饰性良好。要求外墙涂料色彩丰富多样，保护性良好，能较长时间保持良好的装饰性能。

2）耐水性良好。外墙面暴露在大气中，要经常受到雨水的冲刷，因而作为外墙涂层，应有很好的耐水性能。某些防水型外墙涂料，其抗水性能更佳，当基层墙发生小裂缝时，涂层仍有防水的功能。

3）耐玷污性好。大气中的灰尘及其他物质玷污涂层以后，涂层会失去其装饰效能，因而要求外墙装饰涂层不易被这些物质玷污或玷污后容易清除掉。

4）耐候性良好。暴露在大气中的涂层，要经受日光、雨水、风沙、冷热变化等影响，在这些因素的反复作用下，通常的涂层会发生开裂、剥落、脱粉、变色等现象，这样涂层会失去原来的装饰与保护功能。因此作为外墙装饰的涂层要求在规定的年限内，不能发生上述破坏现象，即应有良好的耐候性能。

5）施工及维修容易。建筑物外墙面积很大，要求外墙涂料施工操作简便。为了保持涂层良好的装饰效果，要经常重涂维修，要求重涂施工容易。

用于建筑外墙的国产涂料详见表3-39。

国产外墙涂料表　　**表3-39**

品　种	特　点	用　途	技术性能
104外墙饰面涂料	由有机高分子胶粘剂和无机胶粘剂制成，无毒无味，涂层厚且呈片状，防水、防老化性能良好，涂层干燥快，粘结力强，色泽鲜艳，装饰效果好	各种工业民用建筑外墙	粘结力：0.8MPa 耐水性：20℃浸1000h无变化 紫外线照射：520h无变化 人工老化：432h无变化 冻融循环：25次无脱落
沙胶外墙涂料	以聚乙烯醇水溶液及少量氟乙烯偏二氟乙烯乳液为成膜物质，加填料、消泡剂等制成。具有无毒、无味、干燥快、粘结力强、装饰效果好等特点	住宅、商店、宾馆、工矿、企事业单位的外墙饰面	粘结力：0.76～0.97MPa 耐水性：20℃浸1000h无变化 紫外线照射：500h无变化 人工老化：418h无变化 冻融循环：25次无脱落 最低成膜温度：≥5℃

续表

品　种	特　点	用　途	技术性能
乙丙外墙乳胶漆	由乙丙乳液、颜料、填料及各种助剂制成，以水作稀释剂，安全无毒，施工方便，干燥迅速，耐候性、保光保色性较好	住宅、商品、宾馆、工矿、企事业单位的建筑外墙饰面	黏度：≥17 固体含量：≥45% 干燥时间：表干≤30min，实干≤24h 遮盖力：170g/m^2 耐湿性：浸96h破坏<5% 耐碱性：浸48h破坏<5% 冻融稳定性：>5个循环不破坏
氯化橡胶墙面涂料	由天然橡胶或合成橡胶配制而成，使用方便、干燥快、施工不受气温限制、有良好的附着力、防腐蚀性强	高层建筑的外墙、游泳池、地墙、污水池等	比重：约1.3kg/L 闪点：38℃ 理论使用量：200g/m^2 干燥时间：(25℃)表干2h，实干4h涂装间隔时间：20℃，6h 建议涂装道数：2～3
SE-1仿石型外墙涂料	仿石纹层由主涂层和面涂层组成。用特制双管喷枪一次喷成仿石材涂层，以水为溶剂，安全稳定、粘结力强、涂层质感丰富、美观大方	高层建筑、高级宾馆等建筑的外墙装饰	抗裂性：4m/s气流下6h涂层不产生裂纹 耐刷洗性：0.5%皂液1000次不露底 粘结强度：标准状态>1MPa 透水率：25℃，24h，<0.5mL 耐候性：碳弧灯250h无粉化

用于建筑物外墙的国外涂料详见表3-40。

用于建筑物外墙的国外涂料表　　表3-40

品　种	特　点	用　途	技术性能
001企鹅建筑涂料	丙烯酸底涂	室外石灰、混凝土、砖石块料墙体	有良好抗碱、抗霉菌性 干燥时间：触摸3h，再涂3h
002企鹅建筑涂料	平光丙烯酸面涂	室外石灰、混凝土、砖石块料墙体	含丙烯酸共聚物，流平性好，涂层外观光滑，耐水性能优越 干燥时间：触摸6h，再涂6h，可刷洗2000次
002-2企鹅建筑涂料	亚光丙烯酸面涂	室外石灰、混凝土、砖石块料墙体	亚光乳胶涂料，流平性好，涂层外观光滑平整，颜色经久不变，耐水洗，可刷洗2000次，在－40～＋50℃之间无变化
002-3企鹅建筑涂料	半光丙烯酸面涂	室外石灰、混凝土、砖石块料墙体	流平性好，深层光滑平整，颜色经久不变，半高光，按色卡电脑调色16000种 干燥时间：触摸6h，再涂6h

(3) 地面涂料

地面涂料的主要功能是装饰与保护室内地面，使地面清洁美观，与其他装饰材料一同创造优雅的室内环境。为了获得良好的装饰效果，地面涂料应具有以下特点：耐碱性好、粘结力强、耐水性好、耐磨性好、抗冲击力强、涂刷施工方便及价格合理等。

目前国内常用地面涂料的品种、主要物质和特点见表3-41。

1) 过氯乙烯水泥地面涂料

常用地面涂料的品种、主要物质和特点 **表 3-41**

名 称	成膜物质	特 点
777 彩色地面涂层	107 胶、水泥	具有无毒、不燃、涂层干燥快、施工简便、经久耐用等特点
过氯乙烯地面涂料	过氯乙烯树脂	耐老化、防水、色彩丰富
氯-偏乳液地面涂料	氯乙烯-偏氯乙烯乳液	具有良好的耐水性、耐碱及耐化学腐蚀等性能，涂刷性能好，无毒、无味
缩丁醛地面涂料	聚乙烯醇缩丁醛	成膜性好，粘结力强，漆膜柔韧，耐磨、防水、防酸碱等
H80 环氧树脂地面涂料	环氧树脂	质硬、耐磨，具有一定的韧性，并具有耐化学侵蚀、耐热、耐冲击性好、装饰性强等特点
聚氨酯弹性地面涂料	双组分常温固化聚氨酯	具有耐磨、低温柔韧弹性好、静电作用小、耐水、耐油、耐化学性能优良和易清扫等特点
乙丙乳液水泥地板涂料	乙丙乳液水泥	涂膜硬度高、耐磨、无毒无味，不易燃烧，成本低、性能稳定
HC-1 聚醋酸乙烯地面涂料	聚醋酸乙烯乳液水泥	无毒无味，与基层粘结力强，耐磨，色彩鲜艳

过氯乙烯水泥地面涂料属于溶剂型地面涂料。溶剂型地面涂料系以合成树脂为基料，掺入颜料、填料、各种助剂及有机溶剂配制而成的一种地面涂料。该类涂料涂刷在地面上以后，随着有机溶剂挥发而成膜硬结。

过氯乙烯水泥地面涂料是我国将合成树脂用作建筑物室内水泥地面装饰的早期材料之一。它是以过氯乙烯树脂为主要成膜物质，掺用少量其他树脂，并加入一定量的增塑剂、填料、颜料、稳定剂等物质，经捏和、混炼、切粒、溶解、过滤等工艺过程而配制成的一种溶剂型地面涂料。

过氯乙烯水泥地面涂料具有干燥快、施工方便、耐水性好、耐磨性较好、耐化学腐蚀性强等特点。由于含有大量易挥发、易燃的有机溶剂，因而在配制涂料及涂刷施工时应注意防火、防毒。

2）氯-偏乳液涂料

氯-偏乳液涂料属于水乳型涂料。它是以氯乙烯-偏氯乙烯共聚乳液为主要成膜物质，添加少量其他合成树脂水溶液胶（如聚乙烯醇水溶液等）共聚液体为基料，掺入适量的不同品种的颜料、填料及助剂等配制而成的涂料。氯-偏乳液涂料品种很多，除了地面涂料外，还有内墙涂料、顶棚涂料、门窗涂料等。氯-偏乳液涂料具有无味、无毒、不燃、快干、施工方便、粘结力强，涂层坚牢光洁、不脱粉，有良好的耐水、防潮、耐磨、耐酸、耐碱、耐一般化学药品侵蚀，涂层寿命较长等特点，且产量大，在乳液类中价格较低，故在建筑内外装饰中有着广泛的应用前景。

3）环氧树脂涂料

环氧树脂涂料是以环氧树脂为主要成膜物质的双组分常温固化型涂料。环氧树脂涂料与基层粘结性能优良，涂膜坚韧、耐磨，具有良好的耐化学腐蚀、耐油、耐水等性能，以及优良的耐老化和耐候性，装饰效果良好，是近几年来国内开发的耐腐蚀地面和高档外墙涂料新品种。

4）聚醋酸乙烯水泥地板涂料

聚醋酸乙烯水泥地板涂料是由聚醋酸乙烯水乳液、普通硅酸盐水泥及颜料、填料配制而成的一种地面涂料，可用于新旧水泥地面的装饰，是一种新颖的水性地面涂布材料。

聚醋酸乙烯水泥地板涂料是一种有机、无机复合的水性涂料，其质地细腻，对人体无毒害，施工性能良好，早期强度高，与水泥地面基层的粘结牢固，形成的涂层具有优良的耐磨性、抗冲击性，色彩美观大方，表面有弹性，外观类似塑料地板，原材料来源丰富，价格便宜，涂料配制工艺简单。该涂料适用于民用住宅室内地面的装饰，亦可取代塑料地板或水磨石地坪，用于某些实验室、仪器装配车间等地面，涂层耐久性约为10年。

（4）特种涂料

特种涂料对被涂物不仅具有保护和装饰的作用，还有其特殊作用。例如，对蚊、蝇等害虫有速杀作用的卫生涂料，具有阻止霉菌生长的防霉涂料，能消除静电作用的防静电涂料，能在夜间发光起指示作用的发光涂料等，这些特种涂料在我国才问世不久，品种较少，但其独特的功能打开了建筑涂料的新天地，表现了建筑涂料工业无限的生命力。

1）防火涂料

防火涂料可以有效延长可燃材料（如木材）的引燃时间，阻止非可燃结构材料（如钢材）表面温度升高而引起强度急剧丧失，阻止或延缓火焰的蔓延和扩展，使人们争取到灭火和疏散的宝贵时间。

根据防火原理把防火涂料分为非膨胀型和膨胀型防火涂料两种。非膨胀型防火涂料是由不燃性或难燃性合成树脂，难燃剂和防火填料组成的，其涂层不易燃烧。膨胀型防火涂料是在上述配方基础上加入成碳剂、脱水成碳催化剂、发泡剂等成分制成，在高温和火焰作用下，这些成分迅速膨胀形成比原涂料厚几十倍的泡沫状碳化层，从而阻止高温对基材的传导作用，使基材表面温度降低。

防火涂料可用于钢材、木材、混凝土等材料，常用的阻燃剂有：含磷化合物和含卤素化合物等，如氯化石蜡、十溴联苯醚、磷酸三氯乙醛酯等。

裸露的钢结构耐火极限仅为0.25h，在火灾中钢结构升温超过500℃时，其强度明显降低，导致建筑物迅速垮塌。钢结构必须采用防火涂料进行涂饰，才能使其达到《建筑设计防火规范》的要求。

根据涂层厚度及特点将钢结构防火涂料分为两类：

B类：薄涂型钢结构防火涂料，涂层厚度为2～7mm，有一定装饰效果，高温时涂层膨胀增厚耐火隔热，耐火极限可达0.5～1.5h，又称为钢结构膨胀防火涂料。

H类：厚涂型钢结构防火涂料，涂层厚度一般在8～50mm，粒状表面，密度较小，导热率低，耐火极限可达0.5～3.0h，又称为钢结构防火隔热涂料。除钢结构防火涂料外，其他基材也有专用防火涂料品种。

2）发光涂料

发光涂料是指在夜间能指示标志的一类涂料。发光涂料一般有两种：蓄发性发光涂料和自发性发光涂料。它由成膜物质、填充剂和荧光颜色等组成，之所以能发光是因为含有荧光颜料的缘故。当荧光颜料（主要是硫化锌等无机氧料）的分子受光的照射后而被激发、释放能量，夜间或白昼都能发光，明显可见。

自发性发光涂料除了蓄发性发光涂料的组成外，还加有极少量的放射性元素。当荧光颜料的蓄光消失后，因放射物质放出的射线的刺激，涂料会继续发光。

发光涂料具有耐候、耐油、透明、抗老化等优点，适用于桥梁、隧道、机场、工厂、剧院、礼堂的太平门标志，广告招牌及交通指示器、门窗把手、钥匙孔、电灯开关等需要发出各种色彩和明亮反光的场合。

3）防水涂料

防水涂料用于地下工程、卫生间、厨房等场合。早期的防水涂料以熔融沥青及其他沥青加工类产物为主，现在仍在广泛使用。近年来以各种合成树脂为原料的防水涂料逐渐发展，按其状态可分为溶剂型、乳液型和反应固化型三类。

溶剂型防水涂料是将各种高分子合成树脂溶于溶剂中制成的防水涂料，快速干燥，可低温操作施工。常用的树脂种类有：氯丁橡胶沥青、丁基橡胶沥青、SBS改性沥青、再生橡胶改性沥青等。

乳液型防水涂料是应用最多的涂料，它以水为稀释剂，有效降低了施工污染、毒性和易燃性。主要品种有：改性沥青系防水涂料（各种橡胶改性沥青）、氯-偏共聚乳液防水涂料、丙烯酸乳液防水涂料、改性煤焦油防水涂料、涤纶防水涂料和膨润土沥青防水涂料等。

反应固化型防水涂料是以化学反应型合成树脂（如聚氨酯、环氧树脂等）配以专用固化剂制成的双组分涂料，是具有优异防水性、变形性和耐老化性能的高档防水涂料。

4）防霉涂料

防霉涂料是指能够抑制霉菌生长的一种功能性涂料。它是通过在涂料中加入适量的抑菌剂来达到防止霉菌生长的目的的。

防霉涂料按照成膜物质和分散介质不同分为溶剂型和水乳型两类；按照涂料的用途不同分为外用、内用和特种用途等。它与普通建筑涂料的根本区别在于前者在涂料的组成中加入了一定量的霉菌抑制剂。防霉涂料不仅具有良好的装饰性和防霉功能，而且涂料在成膜时不会产生对人体有害的物质。这种涂料在施工前应做好基层处理工作，先将基层表面的霉菌清除干净，再用7%～10%的磷酸三钠水溶液涂刷，最后才能刷涂防霉涂料。

常用的防霉涂料的品种有丙烯酸乳胶外用防霉涂料、亚麻子油型外用防霉涂料、醇酸外用防霉涂料、聚醋酸乙烯防霉涂料和氯-偏共聚乳液防霉涂料。

5）防腐蚀涂料

外界物质对材料的侵蚀主要通过空气、水汽、阳光、各种酸碱化学物质、盐类和有机物等腐蚀介质而发生作用的。防腐蚀涂料是一种能够将酸、碱及各类有机物与材料隔离开来，使材料免于有害物质侵蚀的涂料。它的耐腐蚀性能高于一般的涂料，维护保养方便，耐久性好，能够在常温状态下固化成膜。

防腐蚀涂料的品种有环氧树脂防腐涂料、聚氨酯防腐涂料、乙烯树脂防腐涂料、橡胶树脂防腐涂料和呋喃树脂类防腐涂料等。

防腐蚀涂料在配置时应注意采用的颜料、填料等都应具有防腐蚀性能，如石墨粉、瓷土、硫酸钡等。施工前必须将基层清洗干净，并充分干燥。涂层施工时应分多道涂刷。特种涂料还有各类防锈涂料、彩色闪光涂料和自干型有机硅高温耐热涂料等。

课题7 建筑钢材

7.1 钢材的分类

建筑钢材是指用于钢结构的各种型材（如圆钢、角钢、工字钢、管钢等）、钢板和用于钢筋混凝土中的各种钢筋、钢丝、钢绞线等。

钢材具有良好的技术性质：材质均匀，性能可靠，强度高，能承受较大的弹塑性变形，加工性能好，因此，在土木工程中被广泛应用。

钢按化学成分可分为碳素钢和合金钢两大类。

碳素钢中除铁和碳外，还含有在冶炼中难以除净的少量硅、锰、磷、硫、氧和氮等。其中磷、硫、氧、氮等对钢材性能会产生不利影响，为有害杂质。

碳素钢根据含碳量可分为：低碳钢（含碳量小于0.25%）、中碳钢（含碳量为0.25%～0.6%）、高碳钢（含碳量大于0.6%）。

合金钢中含有一种或多种特意加入的超过碳素钢限量的合金元素（如锰、硅、矾、钛等）。这些合金元素用于改善钢的性能，或者使其获得某些特殊性能。合金元素总含量小于5%为低合金钢；5%～10%为中合金钢；大于10%为高合金钢。

按钢在熔炼过程中脱氧程度的不同分类：脱氧充分者为镇静钢和特殊镇静钢（代号Z及TZ），脱氧不充分者为沸腾钢（F），介于二者之间者为半镇静钢（B）。

钢按压力加工方式分类，可分为热加工钢材和冷加工钢材。

钢按用途分类，可分为钢结构用钢和混凝土结构用钢两种。

钢按主要质量等级分类，即按钢中有害杂质的多少分类，可分为普通钢、优质钢和高级优质钢。

7.2 钢材的技术性能

钢材的性质主要包括力学性质、工艺性质和化学性质等，其中力学性质是最主要的性能之一。

（1）钢材的力学性质

1）抗拉性能

抗拉性能是表示钢材性能的重要指标。由于拉伸是建筑钢材的主要受力形式，因此抗拉性能采用拉伸试验测定，以屈服点、抗拉强度和伸长率等指标表征。以低碳钢（软钢）受拉的应力-应变图3-5为例，可以较好地阐述这些重要的技术指标。

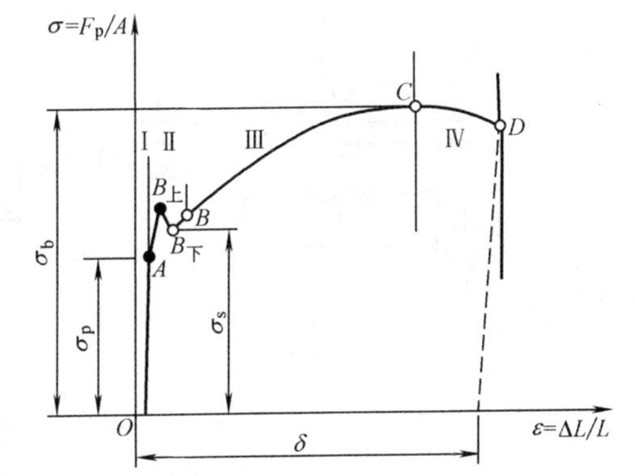

图3-5 低碳钢受拉的压力-应变图

从图中可以看出，低碳钢受拉经历了四个阶段：弹性阶段（$O\rightarrow A$）、屈服阶段（$A\rightarrow B$）、强化阶段（$B\rightarrow C$）、颈缩阶段（$C\rightarrow D$）。

A. 屈服强度

当试件拉力在 OA 范围内时，如果卸去拉力，试件能恢复原状，应力与应变的比值为常数，即弹性模量（E），$E=\sigma/\varepsilon$。该阶段被称为弹性阶段。弹性模量反映了钢材抵抗变形的能力，是计算结构受力变形的重要指标。

当对试件的拉伸进入塑性变形的屈服阶段 AB 时，称屈服下限 $B_下$ 所对应的应力为屈服强度或屈服点，记做 σ_s。设计时一般以 σ_s 作为强度取值的依据。对屈服现象不明显的钢，规定以0.2%残余变形时的应力 $\sigma_{0.2}$ 作为屈服强度。

B. 抗拉强度

从图 3-5 中 BC 曲线逐步上升可以看出：试件在屈服阶段以后，其抵抗塑性变形的能力又重新提高，称为强化阶段。对应于最高点 C 的应力称为抗拉强度，用 σ_b 表示。

设计中抗拉强度不能利用，但屈强比 σ_s/σ_b，却能反映钢材的利用率和结构安全可靠性。屈强比愈小，反映钢材受力超过屈服点工作时的可靠性愈大，因而结构的安全性愈高。但屈服比太小，则反映钢材不能有效地被利用，造成钢材浪费。建筑结构钢合理的屈强比一般为 0.60～0.75。

C. 伸长率

图 3-5 中当曲线到达 C 点后，试件薄弱处急剧缩小，塑性变形迅速增加，产生“颈缩现象”而断裂，如图 3-6 所示。试件拉断后测定出拉断后标距部分的长度 L_1（mm），L_1 与试件原标距 L_0（mm）比较，按下式可以计算出伸长率（δ）。

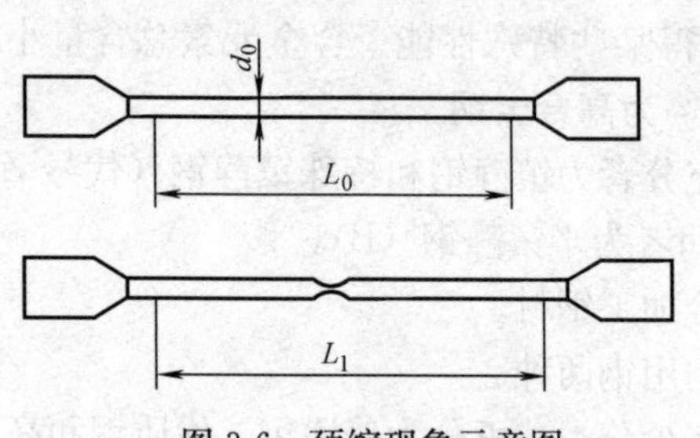

图 3-6　颈缩现象示意图

$$\delta=[(L_1-L_0)/L_0]\times100\%$$

伸长率表征了钢材的塑性变形能力。由于在塑性变形时颈缩处的变形最大，故若原标距与试件的直径之比愈大，则颈缩处伸长值在整个伸长值中的比重愈小，因而计算的伸长率会小些。通常以 δ_5 和 δ_{10} 分别表示 $L_0=5d_0$ 和 $L_0=10d_0$ 时的伸长率，d_0 为试件直径。对同一种钢材，δ_5 应大于 δ_{10}。

2）冲击韧性

冲击韧性是指钢材抵抗冲击荷载的能力。冲击韧性指标是通过标准试件的弯曲冲击韧性试验确定的，见图 3-7。以摆锤冲击试件，试件冲断时缺口处单位截面积上所消耗的功，即为钢材的冲击韧性指标，用 a_k（J/cm^2）表示。a_k 值愈大，钢材的冲击韧性愈好。

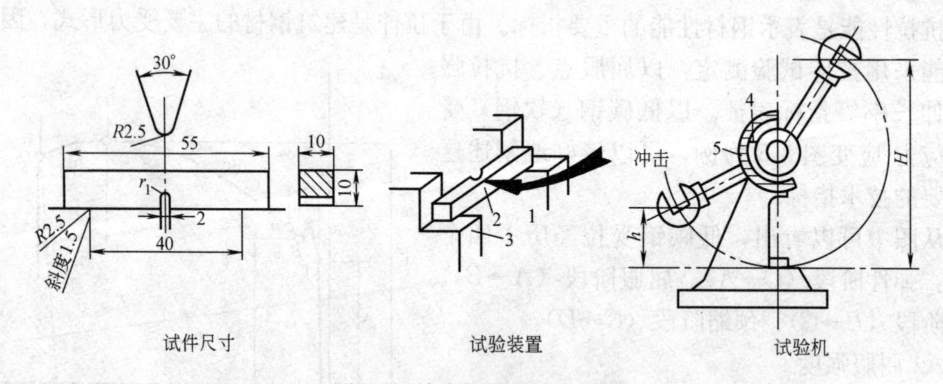

图 3-7　冲击韧性试验示意图

1—摆锤；2—试件；3—试验台；4—刻度盘；5—指针

钢材的化学成分、内在缺陷、加工工艺及环境温度都会影响钢材的冲击韧性。试验表明，冲击韧性随温度的降低而下降，其规律是开始下降缓和，当达到一定温度范围时，突然下降很多而呈脆性，这种脆性称为钢材的冷脆性，此时的温度称为临界温度。其数值愈低，说明钢材的低温冲击性能愈好。所以在负温下使用的结构，应当选用脆性临界温度较工作温度低的钢材。

由于时效作用，钢材随时间的延长，其塑性和冲击韧性下降。完成时效变化的过程可过数十年，但是钢材如果经受冷加工变形，或使用中经受振动和反复荷载的影响，时效可迅速发展。因时效而导致性能改变的程度称为时效敏感性。对于承受活动荷载的结构应该选用时效敏感性小的钢材。

因此，对于直接承受活动荷载而且可能在负温下工作的重要结构，必须进行钢材的冲击韧性检验。

3）硬度

钢材的硬度是指其表面抵抗外物压入产生塑性变形的能力。测定硬度的方法有布氏法和洛氏法，较常用的方法是布氏法，其硬度指标为布氏硬度值。

布氏法是利用直径为 D（mm）的淬火钢球，以一定的荷载 P（N）将其压入试件表面，得到直径为 d（mm）的压痕，如图 3-8 所示。以压痕表面积 F（mm^2）除荷载 P，所得的应力值即为试件的布氏硬度值（HB）（不带单位）。布氏法比较准确，但压痕较大，不适宜成品检验。

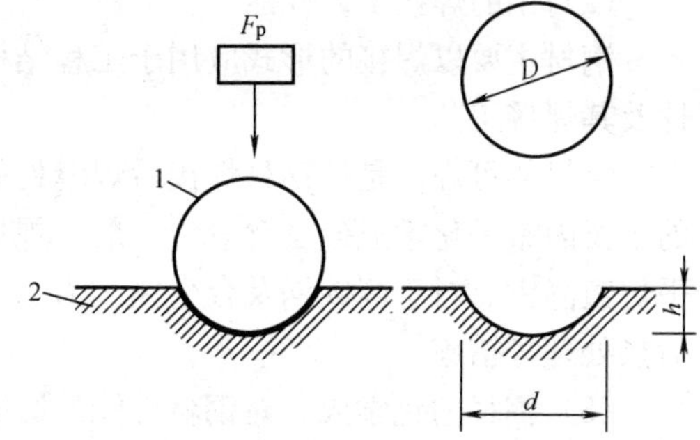

图 3-8　布氏硬度测定示意图

1—淬火钢球；2—试件

洛氏法测定的原理与布氏法相似，但以压头压入试件的深度来表示洛氏硬度值（HR）。洛氏法压痕很小，常用于判定工件的热处理效果。

4）耐疲劳性

钢材在承受交变荷载反复作用时，可能会在最大应力远低于屈服强度的情况下突然被破坏，这种破坏称为疲劳破坏。疲劳破坏的危险应力用疲劳极限来表示，它是指疲劳试验中试件在交变应力作用下，在规定的周期内不发生断裂所能承受的最大应力。

一般认为，钢材的疲劳破坏是由拉应力引起的，抗拉强度高，其疲劳极限也较高。钢材的疲劳极限与其内部组织和表面质量有关。

5）冷弯性能

冷弯性能是指钢材在常温下承受弯曲变形的能力，是钢材的重要工艺性能。

冷弯性能指标是通过试件被弯曲的角度（90°、180°）及弯心直径 d 与试件厚度 a（或直径 d_0）的比值表示，如图 3-9 所示。

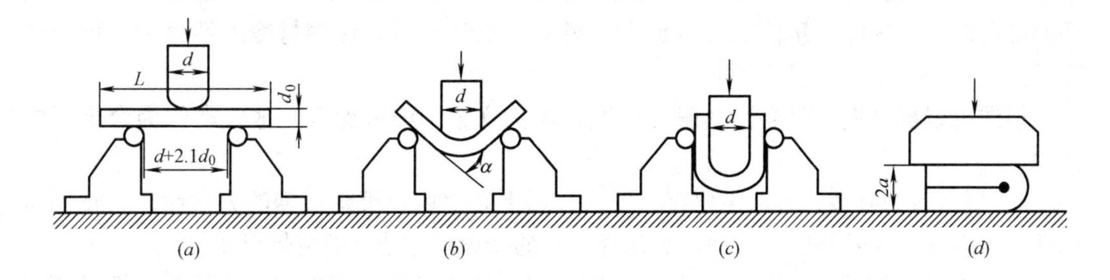

图 3-9　钢材冷弯试验示意图

（a）安装试件；（b）弯曲 90°；（c）弯曲 180°；（d）弯曲至两面重合

钢材试件按规定的弯曲角度和弯心直径进行试验，若试件弯曲处的外表面无裂断、裂缝或起层，即认为冷弯性能合格。冷弯试验能反映试件弯曲处的塑性变形，能揭示钢材是否存在内部组织不均匀、内应力和夹杂物等缺陷。冷弯试验也能对钢材的焊接质量进行严格的检验，能揭示焊件受弯表面是否存在未熔合、裂缝及夹杂物等缺陷。

（2）钢的焊接工艺性能

钢材主要以焊接的形式应用于工程结构中。焊接的质量取决于钢材与焊接材料的可焊性及其焊接工艺。

钢材的可焊性是指钢材焊接后焊缝处的性质与母材性质的一致程度。影响钢材可焊性的主要因素是化学成分及含量。一般，焊接结构用钢应注意选用含碳量较低的氧气转炉或平炉镇静钢。对于高碳钢及合金钢，为了改善焊接性能，焊接时一般要采用焊前预热及焊后热处理等措施。

（3）钢材的化学成分对钢材性能的影响

以生铁冶炼钢材，经过一定的工艺处理后，钢材中除主要含有铁和碳外，还有少量硅、锰、磷、硫、氧、氮等难以除净的化学元素。另外，在生产合金钢的工艺中，为了改善钢材的性能，还特意加入一些化学元素，如锰、硅、矾、钛等，这些化学元素对钢材的性能产生一定的影响。

1）碳。碳是决定钢材性质的主要元素。钢材随含碳量的增加，强度和硬度相应提高，而塑性和韧性相应降低。当含碳量超过1%时，钢材的极限强度开始下降。土木工程中用钢材含碳量不大于0.8%。此外，含碳量过高还会增加钢的冷脆性和时效敏感性，降低抗大气腐蚀性和可焊性。

2）硅。当硅在钢中的含量较低（<1%）时，可提高钢材的强度，而对钢材的塑性和韧性影响不明显。

3）锰。锰是我国低合金钢的主加合金元素，锰含量一般在1%～2%范围内，它的作用主要是使钢材强度提高，锰还能消减硫和氧引起的热脆性，使钢材的热加工性质改善。

4）硫。硫是很有害的元素，呈非金属硫化物夹杂物存在于钢中，具有强烈的偏析作用，降低了钢材各种力学性能。硫化物造成的低熔点使钢在焊接时易于产生热裂纹，显著降低可焊性。

5）磷。磷为有害元素。磷含量提高，钢材的强度提高，塑性和韧性显著下降，特别是温度愈低，对韧性和塑性的影响愈大。磷的偏析较严重，使钢材冷脆性增大，可焊性降低。

但磷可以提高钢的耐磨性和耐腐蚀性，在低合金钢中可配合其他元素作为合金元素使用。

6）氧。氧为有害元素，主要存在于非金属夹杂物内，可降低钢的力学性能，特别是韧性。氧有促进时效倾向的作用，氧化物造成的低熔点亦使钢的可焊形变差。

7）氮。氮对钢材性质的影响与碳、磷相似，使钢材的强度提高，塑性、韧性显著下降。氮可加剧钢材的时效敏感性和冷脆性，降低可焊性。

在铝、铌、钒等的配合下，氮可作为低合金钢的合金元素使用。

8）铝、钛、钒、铌均为炼钢时的强脱氧剂，能提高钢材强度，改善韧性和可焊性，是常用的合金元素。

7.3 建筑钢材常用钢种

（1）碳素结构钢

碳素结构钢指一般结构钢和工程用的热轧板、管、带、型、棒材等。现行国标《碳素结构钢》（GB 700—88）规定了碳素钢的牌号表示方法、技术标准等。

1）碳素结构钢的牌号

碳素结构钢的牌号由四部分表示，按顺序为：屈服点字母（Q）、屈服点数值（单位为 MPa）、质量等级（有 A、B、C、D 四级，逐级提高）和脱氧方法符号（F 为沸腾钢，B 为半镇静钢，Z 为镇静钢，TZ 为特殊镇静钢。牌号表示时 Z、TZ 可省略）。

例如：Q235—A·F：表示屈服点为 235MPa，A 级沸腾钢；

Q235—B：表示屈服点为 235MPa，B 级镇静钢。

2）技术要求

现行国标（GB 700—88）对碳素钢的化学成分、力学性质及工艺性质作出了具体的规定。其化学成分及含量应符合表 3-42 的要求。

碳素钢的化学成分（GB 700—88） **表 3-42**

牌号	等级	化学成分(%)					脱氧方法
		C	Mn	Si	S	P	
				≤			
Q195	—	0.06～0.12	0.25～0.50	0.30	0.050	0.045	F、B、Z
Q215	A	0.09～0.15	0.05～0.55	0.30	0.050	0.045	F、B、Z
	B				0.045		
Q235	A	0.14～0.22	0.30～0.65	0.30	0.050	0.045	F、B、Z
	B	0.12～0.20	0.30～0.70		0.045		
	C	≤0.18	0.35～0.80		0.040	0.040	Z
	D	≤0.17			0.035	0.035	TZ
Q255	A	0.18～0.28	0.40～0.70	0.30	0.050	0.045	F、B、Z
	B				0.045		
Q275	—	0.28～0.38	0.50～0.80	0.35	0.050	0.045	B、Z

注：Q235A、B 级沸腾钢锰含量上限为 0.60%。

碳素结构钢依据屈服点 Q 的数值大小划分为 5 个牌号。其力学性能要求见表 3-43；冷弯试验规定见表 3-44。

3）钢材选用

碳素结构钢牌号增大，含碳量增加，其强度增大，但塑性和韧性降低。建筑工程中主要应用 Q235 号钢，可用于轧制各种型钢、钢板、钢管与钢筋。Q235 号钢具有较高的强度，良好的塑性、韧性，可焊性及可加工等综合性能好，且冶炼方便，成本较低，因此广泛用于一般钢结构。其中 C、D 级可用在重要的焊接结构。

碳素结构钢的拉伸与冲击试验（GB 700—88） 表 3-43

牌号	等级	拉伸试验													冲击试验	
		屈服点 σ_s(MPa)						抗拉强度 σ_b (MPa)	伸长率 δ_5(%)						温度(℃)	V形冲击功(纵向)(J)
		钢材厚度(直径)(mm)							钢材厚度(直径)(mm)							
		≤16	>16~40	>40~60	>60~100	>100~150	>150		≤16	>16~40	>40~60	>60~100	>100~150	>150		
		≥							≥							≥
Q195	—	195	185	—	—	—	—	315~390	33	32	—	—	—	—	—	—
Q215	A	215	205	195	185	175	165	335~410	31	30	29	28	27	26	—	—
	B														20	27
Q235	C	235	225	215	205	195	185	375~460	26	25	24	23	22	21	—	—
	D														20	
	A														0	27
	B														20	
Q255	A	255	245	235	225	215	205	410~510	24	23	22	21	20	19	—	—
	B														20	27
Q275	—	275	265	255	245	235	225	490~610	20	19	18	17	16	15	—	

碳素结构钢的冷弯性能（GB 700—88） 表 3-44

牌号	试样方向	冷弯试验 $B=2a$，180°		
		钢材厚度(直径)(mm)		
		≤60	>60~100	>100~200
		弯心直径 d		
Q195	纵	0	—	—
	横	$0.5a$		
Q215	纵	$0.5a$	$0.5a$	$2a$
	横	a	$2a$	$2.5a$
Q235	纵	a	$2a$	$2.2a$
	横	$1.5a$	$2.5a$	$3a$
Q255		$2a$	$3a$	$3.5a$
Q275		$3a$	$4a$	$4.5a$

注：B 为试样宽度，a 为钢材厚度（直径）。

Q195、Q215 号钢材强度较低，但塑性、韧性较好，易于冷加工，可制作铆钉、钢筋等。Q225、Q275 号钢材强度高，但塑性、韧性、可焊性差，可用于钢筋混凝土配筋及钢结构中的构件及螺栓等。

受动荷载作用的结构、焊接结构及低温下工作的结构，不能选用 A、B 质量等级钢及沸腾钢。

（2）低合金结构钢

低合金结构钢是低合金高强度结构钢的简称。一般是在普通碳素钢的基础上，添加少量的一种或几种合金元素而成。合金元素有硅、锰、钒、钛、铌、铬、镍及稀土元素。加入合金元素后，可使其强度、耐腐蚀性、耐磨性、低温冲击韧性等性能得到显著提高和改善。

现行国家标准《低合金高强度结构钢》(GB 1591—94) 规定了低合金高强度结构钢的牌号与技术性质。

1）低合金高强度结构钢的牌号

低合金高强度结构钢共有5个牌号。牌号由三部分表示：含碳量、合金元素的种类及含量。前两位数字表示平均含碳量的万分数；其后的元素符号表示按主次加入的合金元素；合金元素后面如果未附数字，表示其平均含量在1.5%以下，如果附有数字“2”，表示其平均含量在1.5%～2.5%之间；最后如附有“B”，表示为半镇静钢，否则为镇静钢。

例如：16Mn表示平均含碳量为0.16%，平均含锰量低于1.5%的镇静钢。

2）技术要求

按现行国标（GB/T 1591—94）规定，低合金高强度结构钢的化学成分与力学性质见表3-45和表3-46。

低合金高强度结构钢的化学成分（GB/T 1591—94） **表3-45**

牌号	质量等级	化学成分(%)										
		C≤	Mn	Si	P≤	S≤	V	Nb	Ti	Al≤	Cr≤	Ni≤
Q295	A	0.16	0.08～1.5	0.55	0.045	0.045	0.02～0.15	0.01～0.06	0.02～0.2	—	—	—
	B	0.16			0.040	0.040				—		
Q345	A	0.02	1.0～1.6	0.55	0.045	0.045	0.02～0.15	0.015～0.06	0.02～0.2	—		
	B	0.02			0.040	0.040				—		
	C	0.20			0.035	0.035				0.015		
	D	0.18			0.030	0.030				0.015		
	E	0.18			0.025	0.025				0.015		
Q390	A	0.20	1.0～1.6	0.55	0.045	0.045	0.02～0.20	0.015～0.06	0.02～0.2	—	0.03	0.7
	B	0.20			0.040	0.040				—		
	C	0.20			0.035	0.035				0.015		
	D	0.20			0.030	0.030				0.015		
	E	0.20			0.025	0.025				0.015		
Q420	A	0.20	1.0～1.7	0.55	0.045	0.045	0.02～0.20	0.015～0.06	0.02～0.2	—	0.04	0.7
	B	0.20			0.040	0.040				—		
	C	0.20			0.035	0.035				0.015		
	D	0.20			0.030	0.030				0.015		
	E	0.20			0.025	0.025				0.015		
Q460	C	0.20	1.0～1.7	0.55	0.035	0.035	0.02～0.20	0.015～0.06	0.02～0.2	0.015	0.7	0.7
	D	0.20			0.030	0.030				0.015		
	E	0.20			0.025	0.025				0.015		

注：表中的Al为全铝含量。如化验酸溶铝时，其含量不应小于0.010%。

低合金高强度结构钢的力学、工艺性质（GB/T 1591—94）　　表 3-46

牌号	质量等级	屈服点 σ_s(MPa)				抗拉强度 σ_b(MPa)	伸长率 δ_5(%)	冲击功A(kV)(纵向)(J)				180℃弯曲试验 d—弯心直径；a—试样厚度(直径)	
		厚度(直径,边长)(mm)						+20℃	0℃	−20℃	−40℃		
		≤15	>16～35	>35～50	>50～100							≤16mm	>16～100mm
		≥						≥					
Q295	A	295	275	255	235	390～570	23					d=2a	d=3a
	B						23	34					
Q345	A	345	325	295	275	470～630	21						
	B						21	34					
	C						22		34				
	D						22			34			
	E						22				27		
Q390	A	390	370	350	330	490～650	19						
	B						19	34					
	C						20		34				
	D						20			34			
	E						20				27		
Q420	A	420	400	380	360	520～680	18						
	B						18	34					
	C						19		34				
	D						19			34			
	E						19				27		
Q460	C	460	440	420	400	550～720	17		34				
	D						17			34			
	E						17				27		

3）钢材选用

低合金高强度结构钢具有轻质高强，耐蚀性、耐低温性好，抗冲击性强，使用寿命长等良好的综合性能，具有良好的可焊性及冷加工性，易于加工与施工，因此，低合金高强度结构钢可以用作高层及大跨度建筑（如大跨度桥梁、大型厅馆、电视塔等）的主体结构材料。与普通碳素钢相比可节约钢材，具有显著的经济效益。

当低合金钢中的铬含量达 11.5%时，铬就在合金金属的表面形成一层惰性的氧化铬膜，成为不锈钢。不锈钢具有低的导热性，良好的耐蚀性能等优点；缺点是温度变化时膨胀性较大。不锈钢既可以作为承重构件，又可以作为建筑装饰材料。

7.4　建筑钢材的品种

建筑钢材按用途可划分为钢结构用钢和混凝土结构用钢两大类。

（1）钢筋混凝土用钢

1）热轧钢筋

A. 牌号

现行国标《钢筋混凝土用热轧光圆钢筋》（GB 13013—91）和《钢筋混凝土用热轧带肋钢筋》（GB 1499—98）规定，热轧钢筋分为 R235、RL335、RL400、RL540 四个牌号

（表 3-47）。牌号中 R 代表热轧光圆钢筋，RL 代表热轧带肋钢筋，牌号中的数字表示热轧钢筋的屈服强度。其中热轧光圆钢筋由碳素结构钢轧制而成，表面光圆；热轧带肋钢筋由低合金钢轧制而成，外表带肋。带肋钢筋的几何形状如图 3-10 所示。

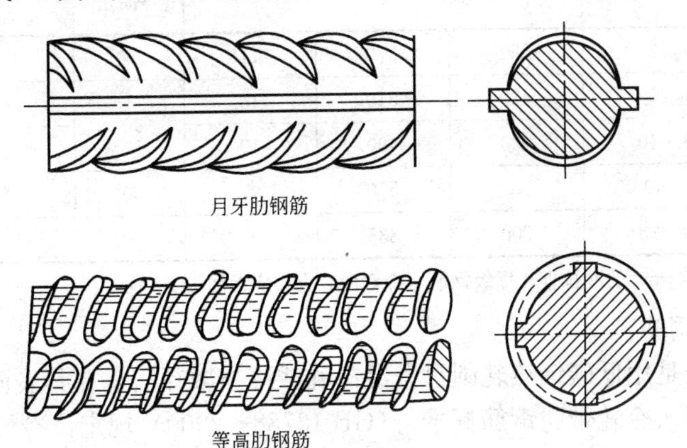

图 3-10　热轧带肋钢筋的几何形状

B. 技术要求

按照现行国标（BG 1499—98）的规定，对热轧光圆钢筋和热轧带肋钢筋的力学性能和工艺性能的要求见表 3-47。

热轧钢筋的力学性能、工艺性能（GB 1499—98）　　**表 3-47**

表面形状	牌号	钢筋级别	公称直径(mm)	屈服点 σ_s(MPa)	抗拉强度 σ_b(MPa)	伸长率 δ_5(%)	冷弯 d—弯芯直径 a—钢筋公称直径
				≥			
光圆	R235	Ⅰ	8～20	235	370	25	180°,$d=a$
月牙肋	RL335	Ⅱ	8～25 28～40	335	510 490	16	180°,$d=3a$ 180°,$d=4a$
	RL400	Ⅲ	8～25 28～40	400	570	14	90°,$d=3a$ 90°,$d=4a$
等高肋	RL540	Ⅳ	10～25 28～32	540	835	10	90°,$d=5a$ 90°,$d=6a$

C. 钢材选用

R235 光圆钢筋的强度较低，但塑性及焊接性好，便于冷加工，广泛用作普通钢筋混凝土结构的受力钢筋；RL325、RL400 带肋钢筋的强度较高，塑性及焊接性也较好，广泛用作大、中型钢筋混凝土结构的受力钢筋；RL540 带肋钢筋强度高，但塑性与焊接性较差，适宜作预应力钢筋。

2）冷拉热轧钢筋

为了提高强度以节约钢筋，工程中常按施工规程对热轧钢筋进行冷拉。冷拉后钢筋的力学性能应符合表 3-48（GB 50204—2002）的规定。

冷拉Ⅰ级钢筋适用作非预应力受拉钢筋，冷拉Ⅱ、Ⅲ、Ⅳ级钢筋强度较高，可用作预应力混凝土结构的预应力钢筋。由于冷拉钢筋的塑性、韧性较差，易发生脆断，因此，冷拉钢筋不宜用于负温度、受冲击或重复荷载作用下的结构。

冷拉热轧钢筋的性能（GB 50204—2002） 表 3-48

钢筋级别	直径（mm）	σ_s(MPa)	σ_b(MPa)	δ(%)	冷弯	
		≥			弯曲角	d—弯芯直径 a—钢筋直径
冷拉Ⅰ级	≤12	280	370	11	180°	$d=3a$
冷拉Ⅱ级	≤25	450	510	10	90°	$d=3a$
	28～40	430	490	10		$d=4a$
冷拉Ⅲ级	8～40	500	570	8	90°	$d=5a$
冷拉Ⅳ级	10～28	700	835	6	90°	$d=5a$

注：钢筋直径大于 25mm 的冷拉Ⅲ、Ⅳ级钢筋，冷弯弯芯直径应增加 1a。

3）冷轧带肋钢筋

冷轧带肋钢筋是用低碳钢热轧圆盘条经冷轧或冷拔减径后，在其表面冷轧成三面有肋的钢筋。现行国标《冷轧带肋钢筋标准》（GB 13788—2000）规定，冷轧带肋钢筋代号为LL，按抗拉强度分为三级：LL550、LL650、LL800，其中数值表示钢筋应达到的最小抗拉强度值。冷轧带肋钢筋的力学、工艺性质列见表 3-49。

冷轧带肋钢筋的性质（GB 13788—2000） 表 3-49

级别代号	屈服强度 $\sigma_{0.2}$（MPa）≥	抗拉强度 σ_b（MPa）≥	伸长率≥(%)		冷弯 180℃ D—弯芯直径 d—钢筋公称直径	应力松弛 $Q_{con}=0.7\sigma_b$	
			10	100		1000h ≤(%)	10h ≤(%)
LL550	500	550	8	—	$D=3d$	—	—
LL650	520	650	—	4	$D=4d$	8	5
LL800	640	800	—	4	$D=5d$	8	5

冷轧带肋钢筋提高了钢筋的握裹力，可广泛用于中、小预应力混凝土结构构件和普通钢筋混凝土结构构件，也可用于焊接钢筋网。

4）冷轧扭钢筋

冷轧扭钢筋由低碳钢热轧圆盘条经专用钢筋冷轧扭机调直、冷轧并冷扭一次成型，具有规定截面形状和节距的连续螺旋状钢筋。按其截面形状不同分为Ⅰ型（矩形截面）和Ⅱ型（菱形截面）两种类型。代号为 LZN。

冷轧扭钢筋可适用于钢筋混凝土构件，其力学和工艺性质应符合《冷轧扭钢筋》（JG 190—2006）的规定（表 3-50）。

冷轧扭钢筋的性能（JG 190—2006） 表 3-50

抗拉强度 σ_b(N/mm^2)	伸长率 δ_{10}(%)	冷弯 180℃（弯芯直径＝3d）
≥580	≥4.5	弯曲部位表面不得产生裂纹

注：d 为冷轧扭钢筋标志直径；δ_{10} 为标距为 10 倍标志直径的试样的拉断伸长率。

冷轧扭钢筋与混凝土的握裹力与其螺距大小有直接关系。螺距越小，握裹力越大，但加工难度也越大，因此应选择适宜的螺距。冷轧扭钢筋在拉伸时无明显屈服台阶，为安全起见，其抗拉设计强度采用 0.8σ_b。

5）热处理钢筋

热处理钢筋是用热轧螺纹钢筋经淬火和回火的调质处理而成的，代号为 RB150。按螺纹外形可分为有纵肋和无纵肋两种。根据《预应力混凝土用热轧钢筋》（GB/T 20065—2006）的规定，热处理钢筋有 40SiMn、48Si2Mn 和 45Si2Cr 三个牌号，其性能要求见表 3-51。

预应力混凝土用热轧钢筋（GB/T 20065—2006）　　表 3-51

<table>
<tr><td rowspan="2">公称直径(mm)</td><td rowspan="2">牌　号</td><td>屈服强度 $\sigma_{0.2}$</td><td>抗拉强度 σ_b</td><td>伸长率 δ_{10}</td></tr>
<tr><td colspan="3">≥</td></tr>
<tr><td>6</td><td>40Si2Mn</td><td rowspan="3">1325N/mm²</td><td rowspan="3">1470N/mm²</td><td rowspan="3">6%</td></tr>
<tr><td>8.2</td><td>48Si2Mn</td></tr>
<tr><td>10</td><td>45Si2Cr</td></tr>
</table>

处理钢筋目前主要用于预应力混凝土轨枕，用以代替高强度钢丝，配筋根数减少，制作方便，锚固性能好，建立预应力稳定，还用于预应力混凝土板、梁和吊车梁，使用效果良好。热处理钢筋系成盘供应（每盘长约 200m），开盘后能自然伸直，不需调直、焊接，故施工简单，并可节约钢材。

6）预应力混凝土用钢丝和钢绞线

预应力钢丝按交货状态分为冷拉钢丝及消除应力钢丝两种，按外形分为光面钢丝、刻痕钢丝、螺旋钢丝三种，按松弛能力分为Ⅰ级松弛和Ⅱ级松弛两级。其代号有 RCD（冷拉钢丝）、S（消除应力钢丝）、SI（消除应力刻痕钢丝）、SH（消除应力螺旋肋钢丝）。

按现行国标《预应力混凝土用钢丝》（GB/T 5223—2002）规定，钢丝的力学性能要求见表 3-52～表 3-54。

消除应力钢丝的力学性能（GB/T 5223—2002）　　表 3-52

<table>
<tr><td rowspan="3">公称直径(mm)</td><td rowspan="3">抗拉强度 σ_b (MPa) ≥</td><td rowspan="3">规定非比例伸长应力 σ_p(MPa) ≥</td><td rowspan="3">伸长率 $L_0=100$ mm(%) ≥</td><td colspan="2">弯曲次数</td><td colspan="3">松　弛</td></tr>
<tr><td rowspan="2">次数/180 ≥</td><td rowspan="2">弯曲半径(mm)</td><td rowspan="2">初始应力相当于公称抗拉强度的百分数(%)</td><td colspan="2">1000h 应力损失(%)≤</td></tr>
<tr><td>Ⅰ级松弛</td><td>Ⅱ级松弛</td></tr>
<tr><td>4.0</td><td rowspan="2">1470
1570
1670
1770</td><td rowspan="2">1250
1330
1410
1500</td><td rowspan="6">4</td><td>3</td><td rowspan="2">10</td><td rowspan="2">60</td><td rowspan="2">4.5</td><td rowspan="2">1.0</td></tr>
<tr><td>5.0</td><td rowspan="5">4</td></tr>
<tr><td>6.0</td><td>1570
1670</td><td>1330
1420</td><td>15</td><td>70</td><td>8</td><td>2.5</td></tr>
<tr><td>7.0</td><td rowspan="2">1470</td><td rowspan="2">1250</td><td rowspan="2">20</td><td rowspan="3">80</td><td rowspan="3">12</td><td rowspan="3">4.5</td></tr>
<tr><td>8.0</td></tr>
<tr><td>9.0</td><td>1570</td><td>1330</td><td>25</td></tr>
</table>

注：1. Ⅰ级松弛即普通松弛，Ⅱ级松弛即低松弛，它们分别适用于所有钢丝。

2. 屈服强度 $\sigma_{p0.2}$ 值不小于公称抗拉强度的 85%。

冷拉钢丝的尺寸及力学性能（GB/T 5223—2002） **表 3-53**

公称直径（mm）	抗拉强度 σ_b（MPa）	规定非比例伸长应力 σ_p（MPa）	伸长率（%）L_0=100mm	弯曲次数	
				次数/180°	弯曲半径
3.00	≥1470 ≥1570	≥1100 ≥1180	≥2	≥4	7.5mm
4.00	≥1670	≥1250			10mm
5.00	≥1470 ≥1570 ≥1670	≥1100 ≥1180 ≥1250	≥3	≥5	15mm

注：规定非比例伸长应力 $\sigma_{p0.2}$ 值不小于公称抗拉强度的 75%。

刻痕钢丝的力学性能（GB/T 5224—2002） **表 3-54**

公称直径（mm）	抗拉强度 σ_b（MPa）	规定非比例伸长应力 σ_p（MPa）	伸长率（%）L_0=100mm	弯曲次数		松弛		
				次数/180°	弯曲半径（mm）	初始应力相当于公称抗拉强度的百分数（%）	1000h 应力损失（%）	
							Ⅰ级松弛	Ⅱ级松弛
≤5.0	≥1470 ≥1570	≥1250 ≥1340	≥4	≥3	15	70	≤8	≤2.5
>5.0	≥1470 ≥1570	≥1250 ≥1340			20			

注：规定非比例伸长应力 $\sigma_{p0.2}$ 值不小于公称抗拉强度的 85%。

预应力钢绞线按捻制结构分为三类：用两根钢丝捻制的钢绞线（表示为 1×2）、用三根钢丝捻制的钢绞线（表示为 1×3）、用七根钢丝捻制的钢绞线（表示为 1×7）。按应力松弛能力分为Ⅰ级松弛和Ⅱ级松弛两种。

按现行国标《预应力混凝土用钢绞线》（GB/T 5224—2003）规定，预应力钢绞线的力学性能要求见表 3-55。

钢绞线尺寸及拉伸性能（GB/T 5224—2003） **表 3-55**

钢绞线结构		钢绞线公称直径（mm）	强度级别（MPa）	整根钢绞线的最大负荷（kN）	屈服负荷（kN）	伸长率（%）	1000h 松弛率（%）≤			
							Ⅰ级松弛		Ⅱ级松弛	
							初始公称最大的负荷			
				≥			70%	80%	70%	80%
1×2		10.00	1720	67.9	57.7	3.5	8.0	12	2.5	4.5
		12.00		97.9	83.2					
1×3		10.80		102	86.7					
		12.90		147	125					
1×7	标准型	9.50	1860	102	86.6					
		11.10	1860	138	117					
		12.70	1860	184	156					
		15.20	1720	239	203					
			1860	259	220					
	模拔型	12.70	1860	209	178					
		15.20	1820	300	255					

注：1. Ⅰ级松弛即普通松弛级，Ⅱ级松弛即低松弛级，它们分别适用于所有钢绞线。
2. 屈服负荷不小于整根钢绞线公称最大负荷的 85%。

预应力钢丝和钢绞线主要用于大跨度、大负荷的桥梁、电杆、枕轨、屋架、大跨度吊车梁等，安全可靠，节约钢材，且不需冷拉、焊接接头等加工，因此在土木工程中得到广泛应用。

（2）钢结构用钢材

碳素结构钢和低合金钢还可以加工成各种型钢、钢板、钢管等构件直接供工程选用，构件之间可采用铆接、螺栓连接、焊接等方式进行连接。

1）型钢

型钢有热轧和冷轧两种成型方式。热轧型钢主要有角钢、工字钢、槽钢、T型钢、H型钢、Z型钢等。以碳素结构钢为原料热轧加工而成的型钢，可用于大跨度、承受动荷载的钢结构。冷轧型钢主要有角钢、槽钢等开口薄壁型钢及方形、矩形等空心薄壁型钢。主要用于轻型钢结构。

2）钢板

钢板亦有热轧和冷轧两种形式。热轧钢板有厚板（厚度大于4mm）和薄板（厚度小于4mm）两种，冷轧钢板只有薄板（厚度为0.2～4mm）一种。一般厚板用于焊接结构；薄板可用作屋面及墙体围护结构等，亦可进一步加工成各种具有特殊用途的钢板使用。

3）钢管

钢管分为无缝钢管与焊接钢管两大类。

焊接钢管采用优质带材焊接而成，表面镀锌或不镀锌。按其焊缝形式分为直纹焊管和螺纹焊管。焊管成本低，易加工，但一般抗压性能较差。

无缝钢管多采用热轧-冷拔联合工艺生产，也可采用冷轧方式生产，但成本昂贵。热轧无缝钢管具有良好的力学性能与工艺性能。无缝钢管主要用于压力管道，在特定的钢结构中，往往也设计使用无缝钢管。

单元3　思考题与习题

1. 建筑上根据材料的用途，建筑材料常分为哪几类？
2. 建筑材料的基本物理性质常用哪些量来表示？
3. 材料与水有关的性质有哪些？这些性质各是用什么参量来反映的？
4. 吸水性与吸湿性有何不同？吸水性可用什么参数来反映？
5. 建筑材料常使用的力学性质有哪些？其中材料强度有哪几种？
6. 试解释材料的导热性和热容量的概念，并说出它们衡量参数的名称。
7. 什么是生石灰？什么是熟石灰？两者何关系？
8. 生石灰是怎样分类分级的？
9. 石灰浆体同时通过哪两个过程来完成硬化的？
10. 试说出石灰的主要用途。
11. 按化学成分的情况，水泥可分为哪几个系列？按用途和性能的情况，水泥又可分为哪几大类？
12. Ⅰ型硅酸盐水泥和Ⅱ型硅酸盐水泥有何区别？
13. 试说出硅酸盐水泥的性能特点与应用。

14. 评价硅酸盐水泥质量情况的指标量有哪些?

15. 掺混合材料的硅酸盐水泥常使用有哪几种?并说出它们的主要适用范围。

16. 简述混凝土的概念和分类方法,常用的水泥混凝土按其表观密度大小又可分为哪几种?

17. 简述混凝土的组成及各组成成分的作用。

18. 配制混凝土时所采用的细骨料质量有哪几方面的要求?

19. 配制混凝土时所采用的粗骨料质量有哪几方面的要求?

20. 简述普通混凝土的主要技术指标(和易性、强度、耐久性)的概念,混凝土的和易性、耐久性又主要体现在哪几个方面?

21. 影响混凝土强度的主要因素有哪几个方面?

22. 混凝土外加剂有哪些方面的作用?常用的外加剂有哪些类型?

23. 简述石油沥青的组分及其在沥青中的主要作用。

24. 简述石油沥青的主要技术性质(粘滞性、塑性、温度敏感性、大气稳定性)的概念。

25. 与石油沥青相比,煤沥青有何特性?

26. 什么是改性沥青?

27. 建筑工程中常见的有哪几种防水卷材?各有什么使用特点?

28. 按成膜物质的主要成分情况,防水涂料可分为哪三类?各有何使用特点?

29. 材料保温性能的主要参数是什么?并简述其主要影响因素。

30. 建筑上常用的有哪些无机多孔类绝热材料和有机类绝热材料?

31. 涂料与油漆有何区别?并简述建筑涂料的分类方法。

32. 试分别简述外墙涂料、内墙涂料、地面涂料应具有的特点。

33. 建筑中使用有哪些特种涂料?

34. 简述钢材的分类方法和它的主要技术性能内容。

35. 建筑上常用有哪两类钢种?简述它们牌号的表示及各自选用的情况。

36. 简述钢筋混凝土用钢材和钢结构用钢材的情况。

单元4 建筑构造

知识点：民用建筑从基础到屋顶各部分的构造形式，工业建筑中单层厂房的基本知识，建筑工业化体系的分类、类型及砌块建筑、大板建筑、大模板建筑、滑模建筑和升板建筑简介。

教学目标：掌握民用建筑六大基本组成（地基与基础、墙体、楼地层与楼板层、楼梯、屋顶、门窗）部分的构造形式；熟悉建筑专业的相关名词；了解单层工业厂房的基本构造；了解建筑工业化及砌块建筑、大板建筑、大模板建筑、滑模建筑和升板建筑的概念与特点。

课题1 建筑构造概述

1.1 建筑的分类与等级划分

(1) 建筑的含义

建筑通常是建筑物和构筑物的总称。建筑物是指供人们在其中生活、居住、工作、学习、娱乐、生产或从事其他活动的建筑，如：住宅、学校、写字楼、医院、商场、体育馆、工厂的车间等。而水塔、烟囱、堤坝、囤仓、贮油罐等人们不在其中生产、生活的建筑则称为构筑物。本单元所述的建筑主要是指建筑物，也就是我们通常所说的房屋。

(2) 建筑的分类

建筑的分类方法很多，我国常见的分类方法有以下四种：

1) 按建筑的使用性质分

A. 民用建筑：指供人们居住及进行其他社会活动等非生产性活动的建筑物，民用建筑又分为居住建筑和公共建筑。

(A) 居住建筑：如住宅、公寓、职工宿舍等。

(B) 公共建筑：供人们进行社会活动的建筑物，它包括的类型较多，如文教类、托幼类、观演类、商业类、饮食类、纪念类、交通类、旅馆类等的建筑物。

B. 工业建筑：是指为工业生产或为工业生产服务的一系列房屋的总称。工业建筑一般包括主要的生产车间及辅助的生产用房，如机械加工车间、仓库、工人休息室等。

C. 农业建筑：是指供农（牧）业生产和加工的建筑，如种子库、温室、畜禽饲养场、农副产品加工厂、农机修理厂等。

2) 按建筑的层数或高度分

A. 住宅建筑：1～3层为低层；4～6层为多层；7～9层为中高层；10层以上为高层。

B. 公共建筑：建筑物的高度小于24m为多层和单层，大于24m为高层建筑（不包括单层主体建筑）。建筑物的高度是指从室外设计地面到建筑主体檐口顶部的垂直高度。

C. 建筑物的高度大于100m时，不论是住宅建筑还是公共建筑均为超高层。

3）按建筑结构类型分

A. 墙承重结构：墙体是结构的竖向承重构件，多用多孔砖、钢筋混凝土砌块砌筑或用钢筋混凝土浇注，水平承重构件为钢筋混凝土楼板、梁或屋面板。

B. 框架结构：由梁、柱、楼板构成的骨架作为结构的承重体系，墙只起着围护和分隔作用。

C. 空间结构：由钢筋混凝土、钢材、膜材组成空间结构承受建筑物的全部荷载，如网架、悬索、壳体、膜结构等。

4）按主要承重结构的材料可分为

A. 砖木结构建筑：是用砖、石材作为承重墙柱，以木材作为屋架或楼板的建筑。

B. 砖混结构建筑：是用砖、石、砌块等砌筑承重墙柱，用钢筋混凝土浇注楼板或屋顶的建筑。

C. 钢筋混凝土结构建筑：是以钢筋混凝土作为主要承重结构的材料，如钢筋混凝土浇注的柱或墙、钢筋混凝土的楼板和屋顶的建筑。

D. 钢、钢筋混凝土结构建筑：如钢筋混凝土的柱、钢屋架或钢梁组成的工业厂房。

E. 钢结构建筑：主要承重结构全部是用钢材做成的，如以钢柱、钢屋架组成的厂房。

F. 其他结构建筑：土木结构建筑、塑料建筑、充气建筑。

(3) 民用建筑的等级划分

建筑物的等级划分一般包括耐久等级、耐火等级和工程等级三个方面。

1）耐久等级

建筑物的耐久等级主要根据建筑物的重要性和规模大小划分，作为基建投资和建筑设计的重要依据。《民用建筑设计通则》（GB 50352—2005）中规定：以主体结构确定的建筑耐久年限分为四级，见表4-1。

建筑物耐久等级表　　表4-1

耐久等级	耐久年限	适用建筑物的重要性和规模大小
一	100年以上	适用于重要的建筑和高层建筑
二	50～100年	适用于一般性的建筑物
三	25～50年	适用于次要建筑
四	15年以下	适用于临时性建筑

2）耐火等级

建筑物的耐火等级是根据建筑物主要构件的燃烧性能和耐火极限确定的，根据《建筑设计防火规范》（GB 50016—2006）规定，共分为四级，其划分方法见表4-2。

建筑物耐火等级表　　表 4-2

构件名称 \ 燃烧性能和耐火极限(h)		耐火等级			
		一级	二级	三级	四级
墙	防火墙	非 4.00	非 4.00	非 4.00	非 4.00
	承重墙楼梯间电梯井的墙	非 3.00	非 2.50	非 2.50	难燃 0.50
	非承重外墙疏散走道两侧的隔墙	非 1.00	非 1.00	非 0.50	难燃 0.25
	房间隔墙	非 0.75	非 0.50	非 0.50	难燃 0.25
柱	支承多层的柱	非 3.00	非 2.50	非 2.50	难燃 0.50
	支承单层的柱	非 2.50	非 2.00	非 2.00	燃烧体
梁		非 2.00	非 1.50	非 1.00	难燃 0.50
楼板		非 1.50	非 1.00	非 0.50	难燃 0.25
屋顶承重结构		非 1.50	非 0.50	燃烧体	燃烧体
疏散楼梯		非 1.50	非 1.00	非 1.00	燃烧体
吊顶		非 0.25	难燃 0.25	难燃 0.15	燃烧体

注：表中非指非燃烧体，难燃指难燃烧体。

构件的耐火极限是指构件从受到火的作用起到失去支撑能力（木结构），或完整性被破坏（砖混结构），或隔火作用失去（钢结构）时为止所持续的时间，单位为小时（h）。构件的燃烧性能可分为非燃烧体（如金属材料）、难燃烧体（如沥青混凝土、经过防火处理的木材）和燃烧体（如木材）。

3）工程等级

建筑的工程等级以其复杂程度为依据，共分为六级，分别是特级、一级、二级、三级、四级、五级。限于篇幅，具体划分方法可查阅有关参考书。

1.2　民用建筑的构造组成

民用建筑的构造组成如图 4-1 所示。从图中我们能看到建筑物的各个组成部分，其中主要有基础、墙体（或柱）、楼地层、楼梯、屋顶、门窗六大部分。

（1）基础

基础是建筑物最下部的承重构件，其作用是承受建筑物的全部荷载并下传给地基。

（2）墙体（或柱）

墙体是建筑物的承重和围护构件，作为承重构件，承受着建筑物由屋顶和楼板层传来的荷载，并将这些荷载再传给基础；作为围护构件的外墙，其作用是抵御自然界各种因素对室内的侵袭；内墙主要起分隔空间及保证舒适环境的作用。框架或排架结构的建筑物中，柱是主要的竖向承重构件。

（3）楼地层

楼地层包括楼板层和地坪层，楼地层是建筑物的水平承重构件，它将楼地面上的荷载传递给墙体或梁；同时楼板层又起着划分建筑内部竖向空间的作用并起着对墙体水平支撑的作用。

（4）楼梯

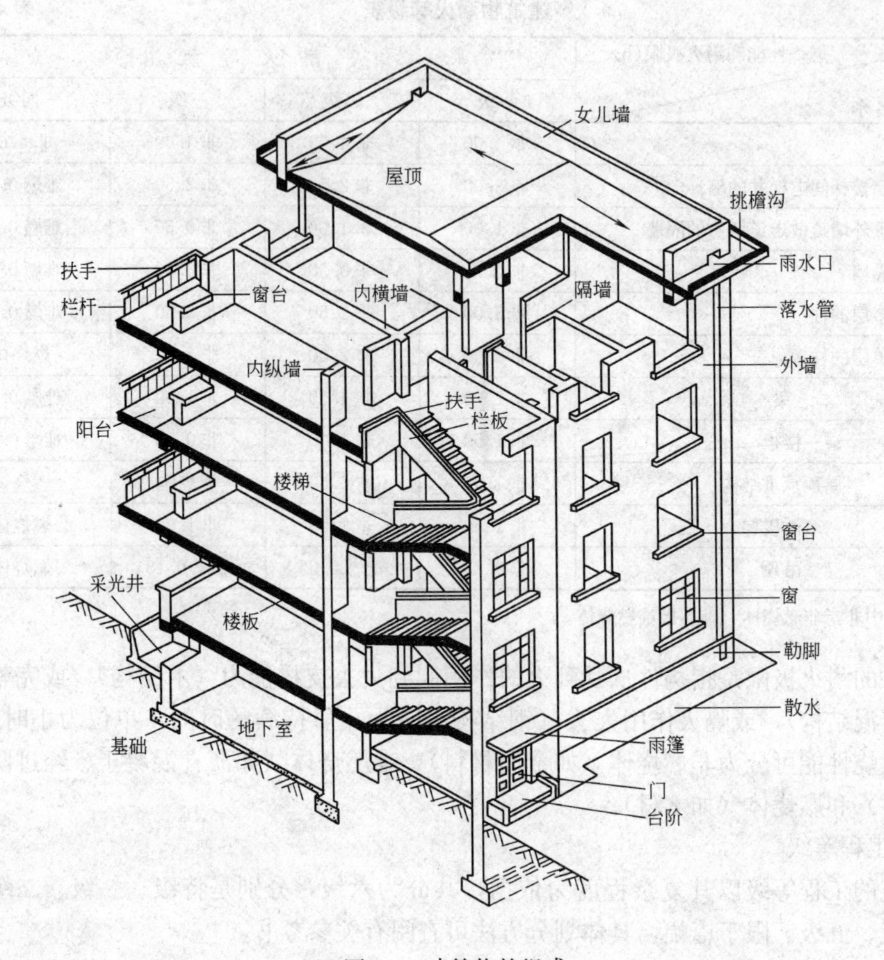

图 4-1 建筑物的组成

楼梯是楼房建筑的垂直交通设施，供人们平时上下楼和紧急疏散时使用。

(5) 屋顶

屋顶是建筑物顶部的承重和围护构件，它抵抗风、雨、雪的侵袭和太阳辐射热的影响，并且承受着风雪荷载、施工、检修、设备、上人等屋顶荷载。

(6) 门窗

门和窗均是非承重构件。门主要是供人们出入和分隔房间之用；窗主要作用是通风和采光。

建筑物除了以上这六大基本组成部分之外，对于不同使用功能的建筑物还有许多特有的构件和配件，如：阳台、雨篷、台阶、烟道等。

1.3 建筑模数协调统一标准

(1) 建筑标准化的概念及意义

建筑的标准化包括两个方面：一个是建筑设计的标准方面，包括制定各种建筑法规、规范、标准、定额与指标；另一个是建筑的标准设计方面，即根据上述各项设计标准，设计通用的构件、配件、单元和房屋。

建筑的标准化对于减少重复劳动，缩短设计周期，推动建筑业发展起了很大的作用。

(2) 建筑模数的概念

为了实现工业化大规模生产，使不同的构配件、组合件之间具有一定的通用性和互换性，在建筑业中必须共同遵守《建筑模数协调统一标准》(GB J2—86)，用以约束和协调建筑的尺度关系。

建筑模数是选定的尺寸单位，作为建筑空间、建筑构配件、建筑制品以及有关设备尺寸相互协调中的增值单位。

1) 基本模数

基本模数是模数协调中选用的基本单位，数值规定为100mm，表示的符号为M，即1M=100mm，整个建筑物和建筑物的一部分以及建筑组合件的模数化尺寸应为基本模数的倍数。

2) 导出模数

由于建筑物中需要用模数协调的各部位尺寸相差较大，仅靠基本模数很难满足尺度的协调要求，因此在基本模数的基础上又发展了导出模数，它包括扩大模数和分模数。

扩大模数是基本模数的整数倍。水平扩大模数基数为3M、6M、12M、15M、30M、60M，其相应的尺寸分别为300mm、600mm、1200mm、1500mm、3000mm、6000mm。竖向扩大模数基数为3M和6M，其相应的尺寸为300mm、600mm。

分模数是用基本模数除以整数的数值。分模数记述为M/2、M/5、M/10，其相应的尺寸为10mm、20mm、50mm。

3) 模数数列

模数数列是以基本模数、扩大模数、分模数为基础扩展成的一系列尺寸。

水平基本模数数列，主要适用于门窗洞口和构配件断面尺寸。竖向基本模数数列，主要适用于建筑物的层高、门窗洞口、构配件等尺寸。

水平扩大模数3M、6M、12M、15M、30M、60M的数列，主要适用于建筑物的开间或柱距、进深或跨度、构配件尺寸和门窗洞口等处尺寸。竖向扩大模数3M数列主要适用于建筑物的高度、层高和门窗洞口等处尺寸。

分模数M/2、M/5、M/10数列主要用于缝隙、构造节点、构配件截面等处。

限于篇幅，现行的模数数列表可查阅有关参考书。

(3) 构件尺寸的概念

为了保证建筑制品、构配件等有关尺寸间的协调与统一，在建筑模数协调中构件尺寸分为标志尺寸、构造尺寸和实际尺寸。

1) 标志尺寸

标志尺寸应符合模数数列的规定，用以标注建筑物定位轴线之间的距离（如：层高、柱距等），以及建筑制品、构配件、有关设备位置界限之间的尺寸。

2) 构造尺寸

构造尺寸是建筑制品、构配件等生产的设计尺寸。一般情况下，构造尺寸加上缝隙尺寸等于标志尺寸。缝隙尺寸的大小应符合模数数列的规定。

3) 实际尺寸

实际尺寸是建筑制品、建筑构配件等的实有尺寸。实际尺寸和构造尺寸之间的差数，应由允许偏差值加以限制。

1.4 常用的建筑专业名词

（1）定位轴线的概念

定位轴线是确定房屋主要结构或构件的位置及其尺寸的基准线，也是设备安装、施工放线的依据。定位轴线分为横向和纵向。通常把平行于建筑物长轴方向的称为纵向定位轴线；把平行于建筑物短轴方向的称为横向定位轴线。其中，相邻的横向定位轴线之间的距离叫做开间（或柱距）；相邻的纵向定位轴线之间的距离叫进深（或跨度）。

（2）建筑的层高、净高、总高度的概念

建筑的层高是指从房间楼地面的结构层表面到上一层楼地面结构层表面之间的距离；净高是指从室内的楼地面到顶棚或其他构件（如大梁底面）之间的距离；建筑的总高度是指自室外设计地面至建筑主体檐口顶部的垂直高度。

（3）建筑总面积、使用面积、交通面积、结构面积的含义

建筑总面积是指建筑物外包尺寸所包围的面积再乘以层数。它是由使用面积、交通面积和结构面积组成的。使用面积是指室内可使用的净面积；交通面积是指走道、楼梯间等交通联系设施的净面积；结构面积是指墙体、柱子等所占据的面积。

课题 2 地基与基础

2.1 地基与基础的基本概念

（1）地基、基础的定义

在建筑工程中，把建筑物最下部的承重构件称为基础。基础一般是埋在土壤中的，它承受着整个建筑物的荷载并将这些荷载传递给地基。承受着基础传来荷载的那一部分土层称为地基，如图 4-2 所示。地基可分为人工地基和天然地基两种。

（2）地基、基础与荷载的关系

房屋的全部荷载是通过基础传给地基的。地基承受荷载有一定的限度，每平方米面积地基土所能承受的最大垂直压力，称为地基承载力。当基础对地基的压力超过了地基承载力时，地基将出现不允许的沉降变形或者滑动，失去稳定。为了保证建筑物的安全和稳定，必须保证基础底面处的平均压力不超过地基承载力。所以在上部荷载一定的情况下，增大基底面积可减小单位面积地基上所受的压力。若以 f 表示地基承载力，N 表示建筑物的总荷载。A 代表基础底面的面积，则三者之间的关系式为：

$$A \geqslant N/f$$

从上式可以看出，当地基承载力不变时，建筑物的荷载越大，其基础底面的面积随之增大，相反，基础底面的面积就越小。在地基基础设计时，要根据结构的总荷载和地基土质情况确定基础底面积。

2.2 基础的类型与构造

（1）基础的基本知识

基础一般是埋在土壤中的，它是墙体或柱向下的扩大部分，我们把基础和地基接触的那个面称为基础底面，简称基底。从室外的设计地面至基础底面的垂直距离称为基础的埋置深度（d），简称埋深，基础埋深不超过 5m 时称为浅基础，基础埋深大于或等于 5m 时称为深基础。地基与基础的关系如图 4-2 所示。

（2）基础的类型和构造

基础的类型很多，划分的方法也有多种，这里只介绍常用的几种。

1）按材料及受力特点分类

A. 刚性基础

刚性基础是指由砖、毛石灰土、素混凝土等刚性材料制作的基础，这种基础的力学特点是抗压强度高，而抗拉、抗剪强度低。根据刚性材料受力的特点，基础在传力时只能在材料的允许范围内控制，这个控制范围的夹角叫刚性角，用 α 表示。如图 4-3 所示，$\tan\alpha = b_2/h$。

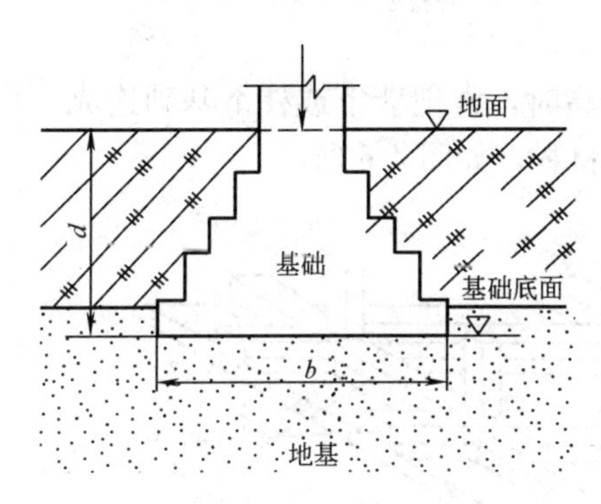

图 4-2　地基与基础

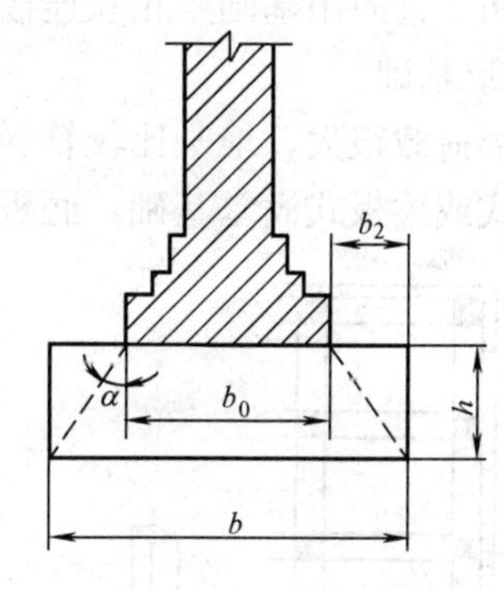

图 4-3　刚性基础的刚性角 α

如果基底宽度超过了刚性角的控制范围，由于地基反作用力的原因，使基础底面产生拉应力而破坏。所以刚性基础底面宽度的增大要受到刚性角的限制。不同刚性材料的刚性角是不同的，通常砖、石基础的刚性角控制在 26°～32°之间，混凝土基础应控制在 45°以内。

B. 柔性基础

用抗拉和抗弯强度都很高的材料建造的基础称为柔性基础，一般用钢筋混凝土制作。由于钢筋混凝土材料的力学性能较好，柔性基础的尺寸不受刚性角的限制，基础底面宽度可按需要增大，可减少基础高度和自重。

2）按构造形式分类

A. 单独基础

它是独立的块状基础形式，常用的断面形式有阶梯形、锥形、杯口形。这种基础主要用于多层框架结构的框架，常用钢筋混凝土、素混凝土等建造，如图 4-4 所示。

B. 条形基础

是一种连续的长条形基础，也称为带形基础，如图 4-5 所示。

（A）墙下条形基础

一般沿墙的方向布置，多用于多层、低层混合结构的墙下，常用砖、素混凝土、钢筋混凝土等材料。

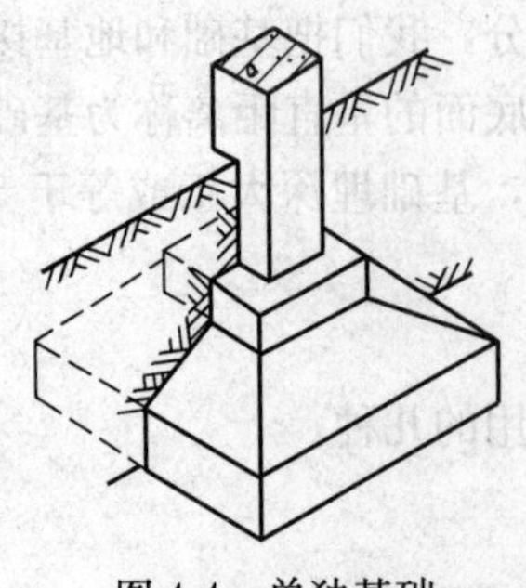

图 4-4　单独基础

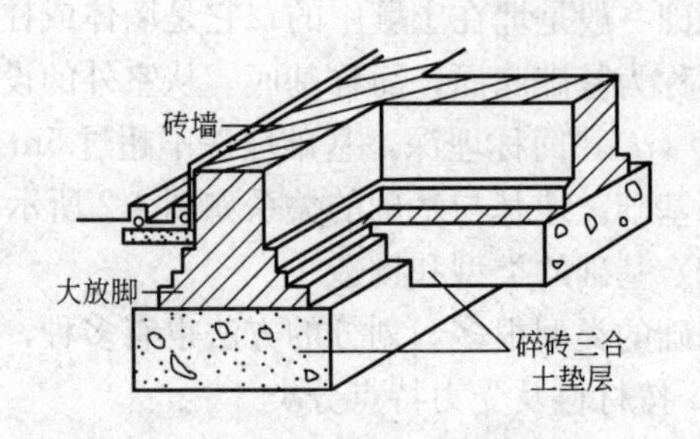

图 4-5　条形基础

(B) 柱下条形基础

因为上部结构为框架结构或排架结构，荷载较大或不均匀，地基承载力偏低，为增加基底面积或增强整体刚度，以减少柱子之间产生不均匀沉降，常将柱下钢筋混凝土条形基础沿纵横两个方向用基础梁相互连接成一体形成井格基础，又称十字交叉基础。

C. 筏形基础

当上部荷载很大、地基比较软弱或地下水位较高时，常把墙下或柱下基础连成一片，形成平板式或梁板式满堂基础，底板为钢筋混凝土材料，如图 4-6 所示。

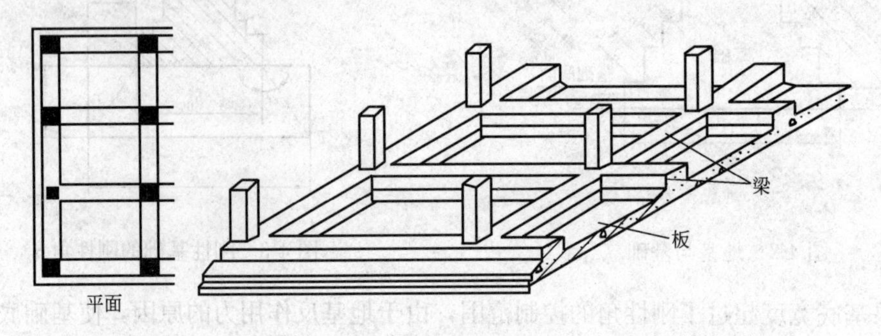

图 4-6　筏形基础

D. 箱形基础

为增加建筑物的整体刚度，不致因地基的局部变形影响上部结构，将地下室地板、顶板、侧墙整体浇成箱子状的一层或多层，称为箱形基础，如图 4-7 所示。箱形基础的刚度较大，抗震性能好，且地下的空间可以利用，可用于上部荷载很大且需设地下室的建筑。

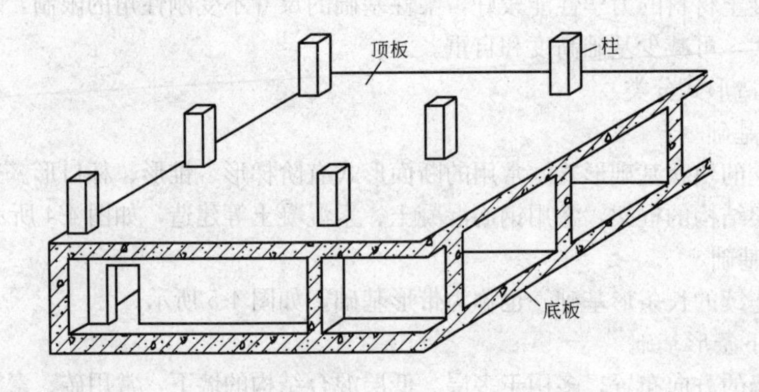

图 4-7　箱形基础

E. 桩基础

当地基的软弱土层很厚，采用浅基础不能满足地基强度和变形的要求，人工处理地基没有条件或不经济时，常采用桩基础。桩基础一般由设置于土中的桩身和承接上部结构的承台组成，如图 4-8 所示。桩基础的类型很多，按照桩的受力方式可分为端承桩和摩擦桩；按桩的施工特点分为预制桩和灌注桩。

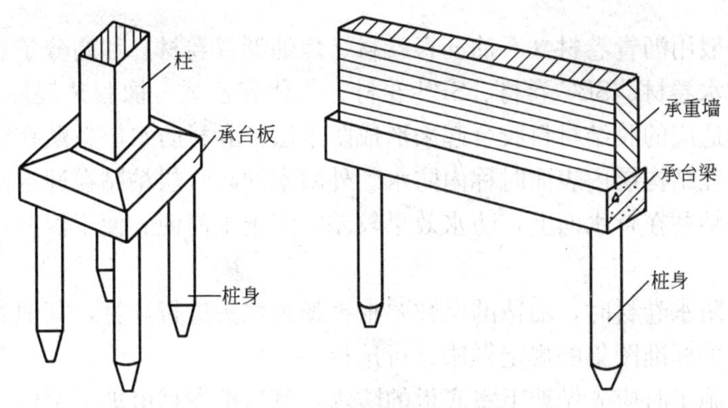

图 4-8　桩基础组成示意图

2.3　地下室的构造

(1) 地下室的分类及组成

地下室是建筑物首层下面的房间，它可用作设备间、储藏房间、旅馆、餐厅、商场、车库以及用作战备人防工程。高层建筑利用深基础，如箱形基础建造一层或多层地下室，既增加了使用面积，又节约了室内填土的费用。

地下室按使用功能分为普通地下室和防空地下室；按顶板标高分为半地下室（埋深为 1/3～1/2 倍的地下室净高）和全地下室（埋深为 1/2 倍的地下室净高）。

地下室一般由墙体、顶板、底板、门窗、楼梯、采光井等部分组成。

(2) 地下室的防潮构造

当设计最高地下水位低于地下室地面时，地下水不会直接侵入室内，地下室的侧墙和底板仅受到土中毛细管水和由地面水下渗造成的无压水的侵渗，这时地下室底板和墙身只需做防潮处理。与土壤接触的外侧墙面，在两层水平防潮层之间设垂直防潮层。做法是：首先在地下室墙体外面抹 20mm 厚的 1：2 防水砂浆，然后刷冷底子油一道，热沥青两道或刷防水涂料；在地下室地坪及首层地坪处分设两道墙体水平防潮层，地下室墙体外边要用透水性差的土壤分层回填夯实，如黏土、灰土等，如图 4-9 所示。

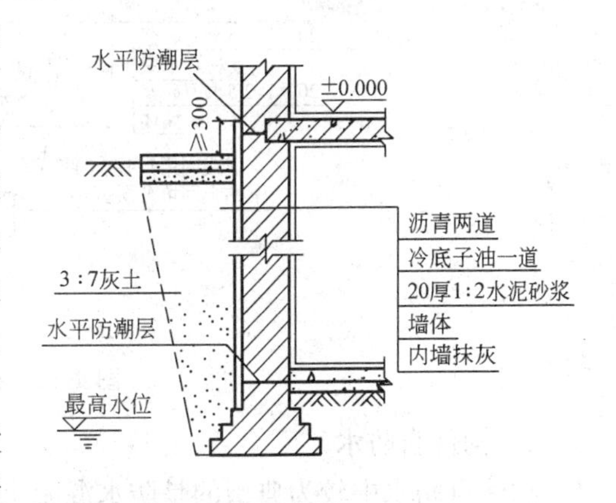

图 4-9　地下室防潮构造

对于防潮要求较高的地下室，地坪也设防潮层，一般在垫层与地面之间设置，与墙身水平防潮层处于同一标高处。

(3) 地下室的防水构造

当设计最高地下水位高于地下室底板时，地下室的部分外墙和底板都浸泡在水中，地下水由外墙和底板向室内渗入，并且使底板上浮，因此地下室的外墙和底板要做好防水处理，并妥善解决底板上浮问题。

地下室的防水方案有卷材防水、涂料防水、构件自防水等几种。

1) 卷材防水

防水卷材一般用沥青卷材（石油沥青卷材、焦油沥青卷材）和高分子卷材（如三元乙丙—丁基橡胶防水卷材、SBC卷材、SBS卷材、氯化聚乙烯—橡胶共混防水材料等），各自采用与卷材相适应的胶结材料胶合起来形成防水层。卷材防水层粘贴在结构层外表面时称外防水，粘贴在结构层内表面时称内防水。外防水的防水层粘贴在迎水面上，防水效果好；内防水则是粘贴在背水面上，防水效果较差，但施工简便、便于修补，常用于修缮工程中。

当采用油毡防水卷材时，油毡的层数要根据最大水头进行计算，其他卷料的层数要根据厂家说明及有关标准图集的规定做法进行选择。

卷材防水在施工时应先做地下室底板的防水，然后把卷材沿地下室地坪连续粘贴到墙体外表面。地下室底板防水首先在混凝土垫层上满铺防水卷材，再在卷材上抹20mm厚1∶3水泥砂浆或细石混凝土作保护层，最后浇筑钢筋混凝土底板。墙体外表面先抹20mm厚1∶3水泥砂浆，刷冷底子油一道，然后分层粘贴卷材，卷材的粘贴应错缝，相邻卷材搭接宽度不小于100mm。在最高水位以上500～1000mm处收头，最后在防水层外侧需砌120mm的保护墙，如图4-10所示。

卷材防水应慎重处理水平防水层和垂直防水层的交接处和平面交接处的构造，否则易发生渗漏。一般应在接头部位加设卷材一层，转角部位的找平层应做成圆弧形，在墙面与底板的转角处，应把卷材接缝留在底面上，并距墙的根部600mm以上。

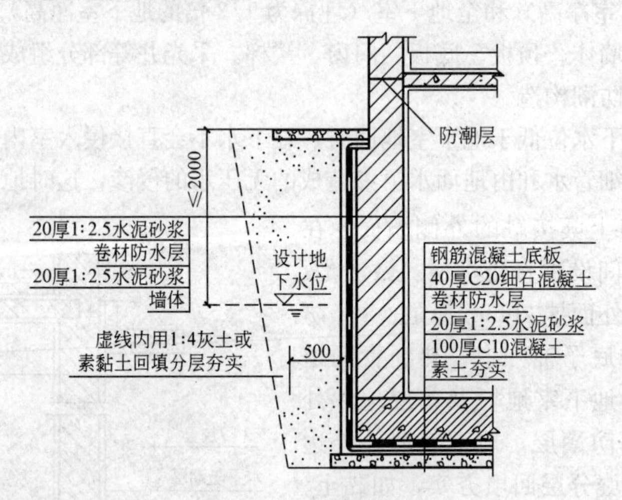

图4-10 卷材防水构造

2) 构件自防水

构件自防水中较为典型的是防水混凝土防水。当地下室的墙体和底板采用防水混凝土整体浇筑在一起时，地下室的墙体和底板在具有承重和围护功能的同时，具备防水的能力。防水混凝土的配制在满足强度的同时，重点考虑了抗渗的要求。可将石子骨料的用量相对减少，适当增加砂率和水泥用量。水泥砂浆除了满足填充胶结作用外，还能在粗骨料周围形成一定数量的质量好的包裹层，把粗骨料充分隔离开，提高了混凝土的密实度和抗渗性，从而达到了防水的目的，如图 4-11 所示。

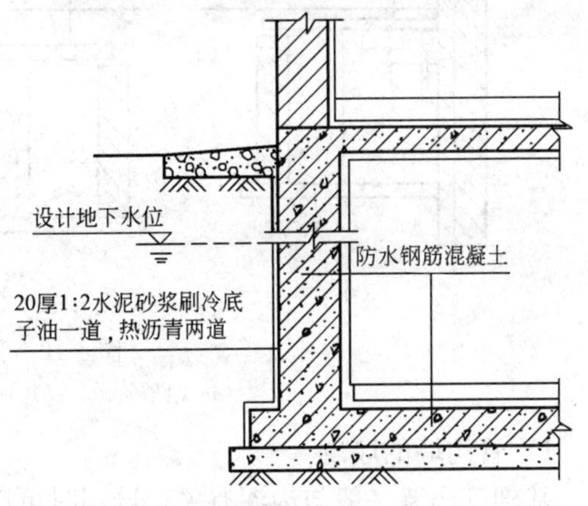

图 4-11　混凝土防水构造

3）涂料防水

地下室防水涂料包括有机防水涂料（主要包括合成橡胶类、合成树脂类和橡胶沥青类）和无机防水涂料（主要包括聚合物改性水泥基防水涂料和水泥基渗透结晶型防水涂料）两大类。有机防水涂料固化成膜后最终是形成柔性防层，它适于做在结构的迎水面。而无机防水涂料是在水泥中掺入一定的聚合物，能够不同程度地改变水泥固化后的物理力学性能，属于刚性防水材料，所以不适用于变形较大或振动的部位，适合做在结构的背水面。

当采用有机涂料做防水层时，首先在墙体外表面抹 20mm 厚 1∶2.5 水泥砂浆找平，刷防水涂料，其厚度根据厂家说明及有关标准图集的规定确定，然后在防水层的外侧用聚苯板做保护层，最后回填土。

2.4　基础管沟

（1）管沟的类型

由于建筑内有采暖设备，这些设备的管线，在进入建筑物之前埋在地下，进入建筑物之后一般从管沟中通过，所以管沟是经常遇到的。这些管沟一般沿内、外墙布置，也有少量从建筑物中间通过。管沟一般有三种类型：

1）沿墙管沟

这种管沟的一边是建筑物的基础墙，另一边是管沟墙，沟底用灰土垫层，沟顶用钢筋混凝土板作沟盖板。管沟的宽度一般为 1000～1600mm，深度为 1000～1700mm，如图 4-12（*a*）所示。

2）中间管沟

这种管沟在建筑物的中部或室外，一般由两道管沟墙支承上部的沟盖板。这种管沟在室外时，还应特别注意是否过车，在有汽车通过时，应选择强度较高的沟盖板，如图 4-12（*b*）所示。

3）过门管沟

这是一种小沟。暖气的回水管线走在地上，遇有门口时，应将管线转入地下通过，需做过门管沟，这种管沟的断面尺寸为 400mm×400mm，上铺沟盖板，如图 4-12（*c*）所示。

（2）设计和选用管沟时的注意事项

在设计和选用管沟时，一般应注意以下几个问题：

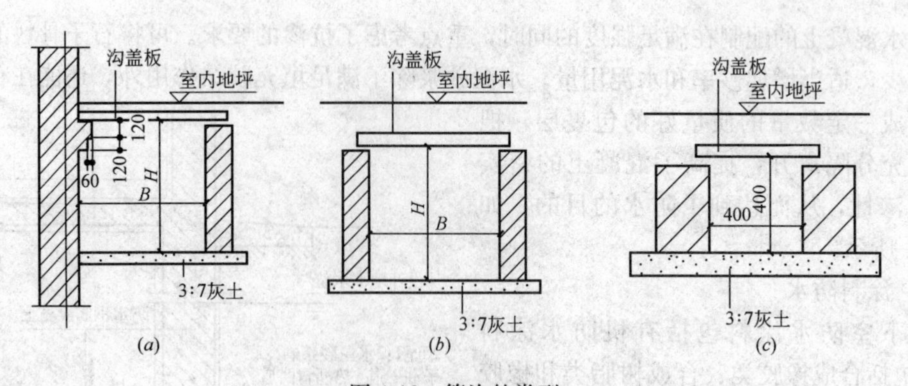

图 4-12　管沟的类型

(a) 沿墙管沟；(b) 中间管沟；(c) 过门管沟

1）管沟墙的厚度

基础管沟墙一般与沟深有关，选用时可以从表 4-3 中查找。

管沟墙的厚度　　表 4-3

深度（mm）	室内管沟		室外不过车管沟		室外过车管沟		注
	墙厚(mm)	砂浆强度	墙厚(mm)	砂浆强度	墙厚(mm)	砂浆强度	
H≤1000	240	M2.5	240	M2.5	240	M5	砖的强度一律为≥MU7.5
H≤1200	240	M2.5	240	M2.5	360	M5	
H≤1400	360	M2.5	360	M2.5	360	M5	
H≤1700	—	—	360	M5	360	M5	

2）沟盖板

沟盖板分为室内沟盖板、室外不过车沟盖板、室外过车沟盖板等几种规格。北京地区的沟盖板有以下几种情况，见表 4-4。

沟盖板的规格尺寸　　表 4-4

代号	形状	L(mm)	B(mm)	D(mm)	应用
GB10.1①		1200	600	60	室内
GB12.1		1400	600	60	
GB16.1		1800	600	60	
GB12.2		1400	600	100	室外不过车
GB16.2		1800	600	100	
GB12.3		1400	600	12～190	室外过车
GB16.3		1800	600		

① GB代表沟盖板；10代表1000mm；1代表板形。

3）管沟穿墙洞口

在管沟穿墙洞口和管沟转角处应增加过梁或做砖券，如图 4-13 所示。

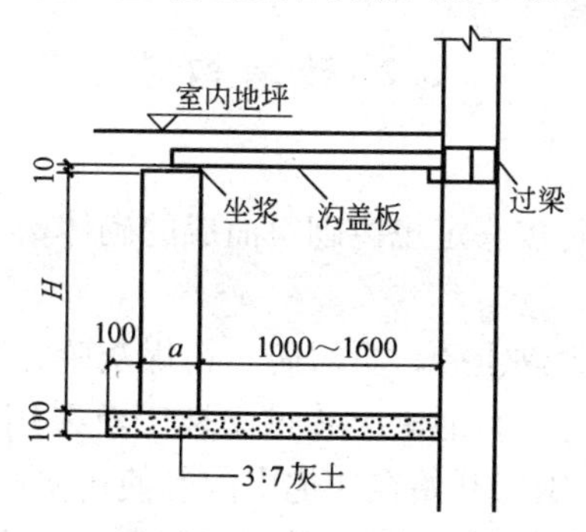

图 4-13　管沟穿墙洞口

课题 3　墙　　体

3.1　墙体的作用与分类

（1）墙体的作用

1）承重：承受建筑物屋顶、楼层、人和设备的荷载，以及墙体自重、风荷载、地震作用等。

2）围护：抵御风、霜、雨、雪的侵袭，防止太阳辐射和噪声干扰等。

3）分隔：墙体可以把房间分隔成若干个小空间或小房间。

（2）墙体的分类

建筑物的墙体按所在位置、受力情况、所用材料及构造方式等的不同有多种类型。

1）墙体按所在位置分类

按墙体在平面上所处位置不同可分为外墙和内墙；横墙和纵墙。建筑物四周的墙称为外墙，其作用是分隔室内外空间，起挡风、阻雨、保温、防热等作用；位于建筑物内部的墙称为内墙，其作用是分隔室内空间，保证各空间正常使用。凡沿建筑物长轴方向的墙称为纵墙，又有外纵墙和内纵墙之分；凡沿建筑物短轴方向的墙称为横墙，其中外横墙又叫山墙。另外，还有窗与窗或门与窗之间的窗间墙，窗洞下方的窗下墙以及屋顶上四周的女儿墙等。

2）墙体按受力不同分类

墙体按受力不同可分为承重墙和非承重墙。直接承受其他构件传来荷载的墙称为承重墙；不承受外来荷载，只承受自重的墙称为非承重墙。非承重墙又可分为两种：一是自承重墙，不承受外来荷载，只承受墙的自重并将其传至基础；二是隔墙，起分隔房间的作用，不承受外来荷载，并将自重传给梁或楼板。框架填充墙就是隔墙的一种。

3）墙体按所用材料不同分类

墙体按所用材料的不同，可分为砖墙、石墙、土墙、混凝土墙以及各种利用工业废料制成的砌块墙、板材墙等。

4）墙体按构造方式的不同分类

墙体按构造方式的不同又可分为实体墙、空体墙和组合墙三种类型。实体墙是用普通黏土砖或其他实体砌块砌筑而成的墙体；空体墙是由普通黏土砖或用空心砖砌筑的空斗墙；组合墙是指有两种或两种以上材料组合构成的墙。

3.2 砖墙构造

(1) 砖墙材料

砖墙是用砂浆将一块块砖按一定规律砌筑而成的砌体，其主要材料是砖与砂浆。

1) 砖

砖按材料的不同，可分为黏土砖、页岩砖、粉煤灰砖、灰砂砖、炉渣砖等；按形状分为实心砖、多孔砖和空心砖等。普通黏土砖过去被广泛采用，造成了黏土资源严重不足，所以自 2006 年 6 月 1 日起，国家开始在住宅中限制使用实心黏土砖。

砖的强度以强度等级表示，分别为 MU30、MU25、MU20、MU15、MU10、MU7.5 六个级别。如 MU30 表示砖的极限抗压强度平均值为 30MPa。

2) 砂浆

砂浆是砌块的胶结材料。它将砌块胶结成为整体，并将砖块之间的空隙填平、密实，便于使上层砖块所承受的力能连续均匀逐层地传至下层砖块，以保证整个砌体的强度。

砌筑墙体常用的砂浆有水泥砂浆、混合砂浆、石灰砂浆等，其中水泥砂浆属于水硬性材料，强度高，适合砌筑处于潮湿环境下的墙体，如基础部位；石灰砂浆属于气硬性材料，强度不高，多用于砌筑次要的建筑地面以上的砌体。混合砂浆强度较高，和易性和保水性较好，适宜砌筑一般建筑地面以上的砌体。

砂浆的强度等级有 M15、M10、M7.5、M5、M2.5、M1、M0.4 共 7 个级别。常用的砌筑砂浆为 M5、M2.5、M1 等。

(2) 砖墙的砌筑方式

为了保证墙体的强度，砖砌体的砖缝必须横平竖直，砂浆饱满，内外错缝，厚薄均匀。常见的砖墙砌筑方式有全顺砌法，全丁砌法，丁、顺夹砌，一顺一丁等，如图 4-14

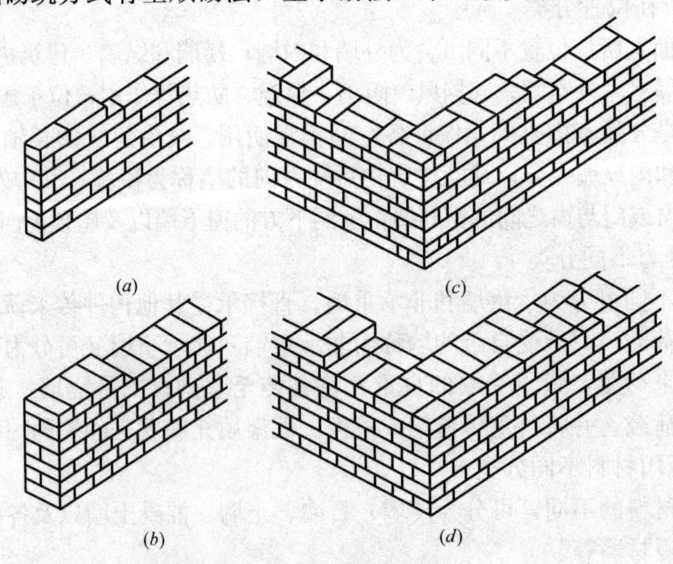

图 4-14 普通黏土砖的组砌

(a) 全顺砌法；(b) 全丁砌法；(c) 丁、顺夹砌；(d) 一顺一丁

所示。

(3) 砖墙的厚度

砖墙的厚度与墙体的受力情况、所采用的砌块规格尺寸、保温及隔声等要求有关。普通黏土砖的规格是240mm×115mm×53mm，如图4-15所示。一般是按半砖的倍数确定的，有半砖墙（厚度115mm）、一砖墙（厚度240mm）、一砖半墙（厚度365mm）、两砖墙（厚度490mm）等，它们的图纸标注尺寸分别为120mm、240mm、370mm和490mm。

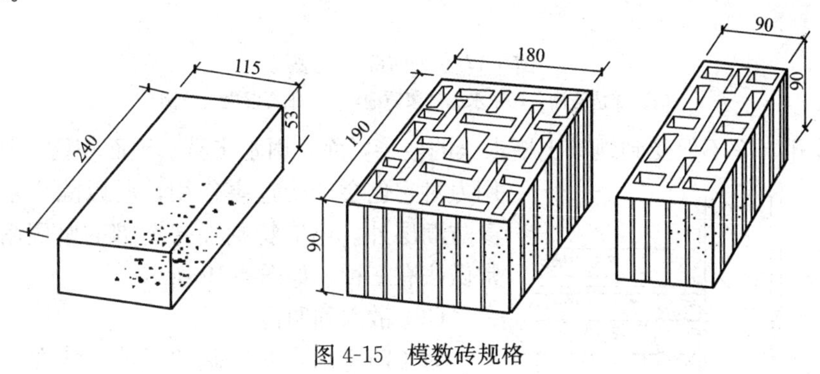

图4-15 模数砖规格

3.3 墙身的细部构造

(1) 防潮层

设置防潮层的目的是为了隔绝室外雨、雪水及地潮对墙身侵袭的不利影响，以增加墙身的耐久性。防潮层有水平防潮层和垂直防潮层两种。

1) 水平防潮层

水平防潮层一般设置在室内地面标高下一皮砖位置的墙体上，工程上常将其设置在－0.060m处，以隔绝地潮对墙体的影响，如图4-16所示。水平防潮层根据材料的不同，有卷材防潮层、防水砂浆防潮层和细石混凝土防潮层三种，如图4-17所示。

当室内地坪出现高差或室内地坪低于室外地面时，应在不同标高的室内地坪处设置水平防潮层，并在上下两边水平防潮层之间靠土层的墙面上设置垂直防潮层，以防止土层中的水分从地坪高的一面渗透到低地坪房间的墙面。

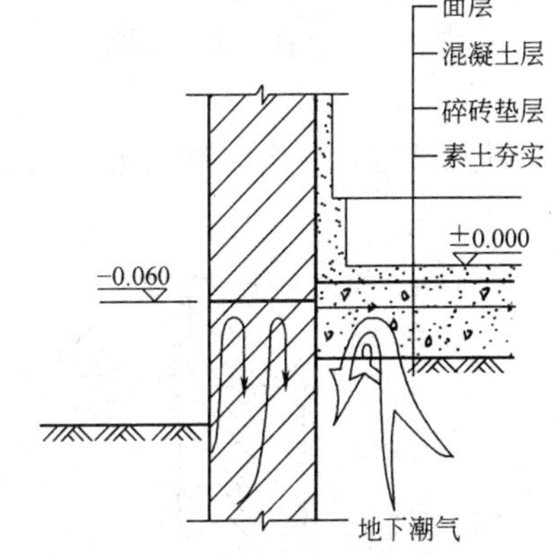

图4-16 水平防潮层位置

2) 垂直防潮层

其做法是在高地坪一侧房间位于两边水平防潮层之间的垂直墙面上，先用水泥砂浆抹15～20mm厚，然后再涂热沥青（或防水涂料、防水卷材），而在低地坪一边的墙面上采用水泥砂浆抹面，如图4-18所示。

(2) 勒脚

勒脚是建筑物四周与室外地面接近的那部分，其高度一般指室内地坪与室外地面之间的高差，有时从室外地面到首层窗台高度处均视为勒脚。它起着保护墙体和增加建筑物立

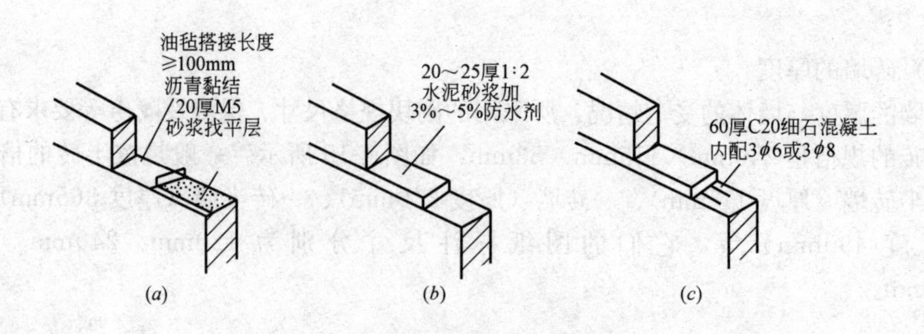

图 4-17 水平防潮层做法

(a) 油毡防潮；(b) 水泥砂浆防潮；(c) 细石混凝土防潮

面美观的作用。它不但受到地基土壤水汽的侵袭，而且雨水飞溅、地面积雪和外界机械作用力对它也会产生危害作用，所以除要求要设置墙身防潮层外，还应特别加强勒脚的坚固耐久性。通常做法有三种，如图 4-19 所示。

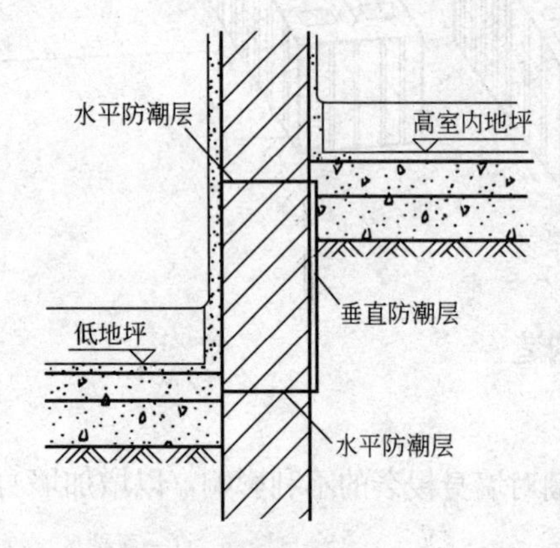

图 4-18 垂直防潮层位置

(3) 散水和明沟

为了防止雨水对墙基的侵蚀，常在外墙四周将地面做成倾斜的坡面，以便将雨水排至远处，这一坡面称散水或护坡。散水的宽度一般为 600～1000mm，并要求比屋面檐口宽出 200mm 左右，散水向外设 5%左右的排水坡度。

为了排除屋面雨水，可在建筑物外墙四周或散水外缘设置明沟。明沟断面根据所用材料的不同做成矩形、梯形和半圆形。明沟底面应有不小于 1%的纵向排水坡度，使雨水顺畅地流至窨井，如图 4-20 所示。

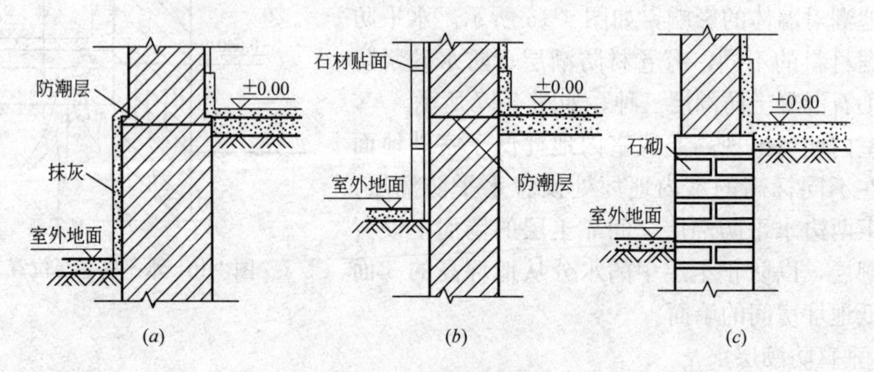

图 4-19 勒脚加固做法

(a) 抹面；(b) 贴面；(c) 石砌

(4) 门窗过梁

当在墙体上开设门窗洞口时，为了承受洞口上部传来的荷载，并将荷载传递给两侧的墙体，通常在洞口上方设置横梁，即为过梁。

过梁常用的形式有：砖拱过梁、钢筋砖过梁和钢筋混凝土过梁。

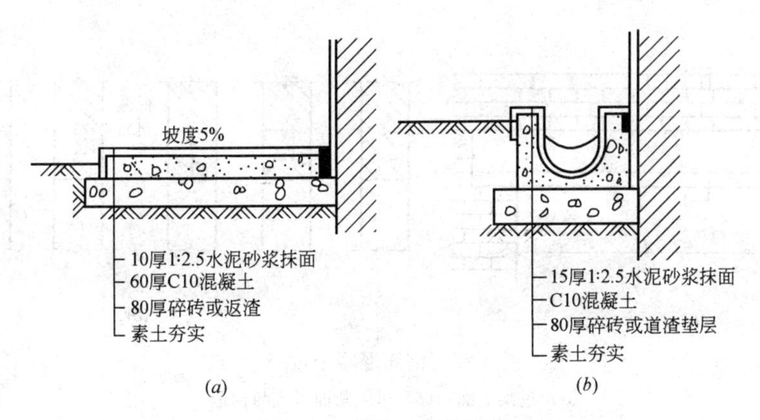

图 4-20　散水、明沟构造

(a) 散水；(b) 明沟

1) 砖拱过梁

用砖立砌和侧砌相间，使灰缝上宽下窄相互挤压便形成了拱的作用。砖拱过梁有平拱和弧拱两种。砖拱过梁虽可节约钢材和水泥，但施工麻烦，整体性较差，砌筑技术要求高，不宜用于荷载集中、震动较大、地基承载力不均匀以及地震区的建筑。

2) 钢筋砖过梁

钢筋砖过梁是在平砌的砖缝中配置适量的钢筋，形成可以承受弯矩的加筋砖砌体。钢筋砖过梁的高度不小于 5 皮砖，砌筑砂浆不小于 M2.5，钢筋不小于 ϕ6，间距不大于 120mm，钢筋伸入洞口两端的墙内不小于 240mm，并加弯钩。

钢筋砖过梁的外观与墙体其他部位相同，所以如采用清水墙时，利用钢筋砖过梁能起到统一的效果，但钢筋砖过梁只适用于宽度不大于 2m 的洞口，如图 4-21 所示。

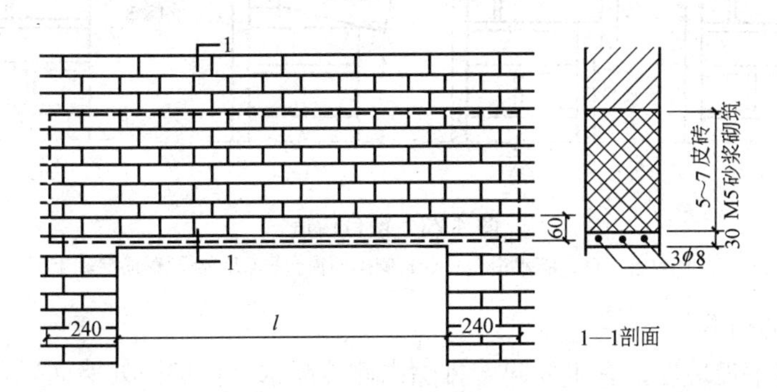

图 4-21　钢筋砖过梁

3) 钢筋混凝土过梁

钢筋混凝土过梁坚固耐久，可以提前预制，施工方便，所以是目前被广泛采用的一种形式。过梁的高度是与砖的模数相匹配的，常用的高度有 60mm、120mm、180mm、240mm 等，其宽度与墙相同，两端伸入侧墙各不小于 240mm，9 度抗震设防时应不小于 360mm，如图 4-22 (a) 所示。

过梁的截面形式有矩形、L 形和组合式的，有时把圈梁和过梁结合起来设计，如图 4-22 (b) 所示。

(5) 窗台

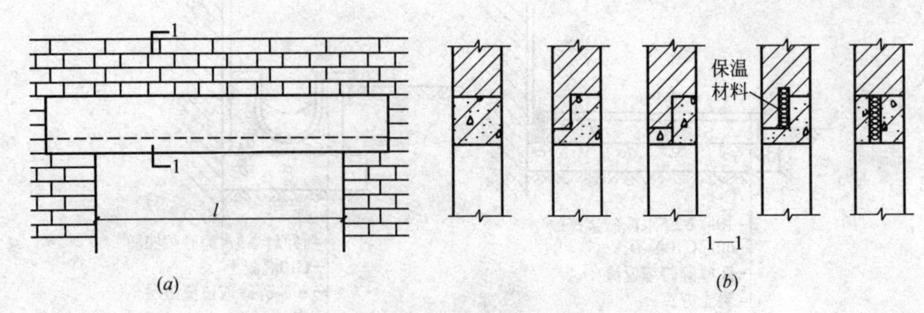

图 4-22　钢筋混凝土过梁

（*a*）过梁立面；（*b*）过梁断面形式与构造

窗洞口下部设置的防水构造称为窗台，其中位于室外一侧的称为外窗台，位于室内一侧的称为内窗台。

1）外窗台构造

外窗台应设置排水构造。外窗台应设 20%左右的坡度，以便排水，面层应选择不透水材料。外窗台有悬挑窗台和不悬挑窗台两种。由于悬挑窗台下的墙面容易受到雨水污染，现在不少建筑物中取消了悬挑窗台，而不悬挑窗台更受欢迎。不悬挑窗台的面层常选用水泥砂浆或贴面材料，如图 4-23 所示。

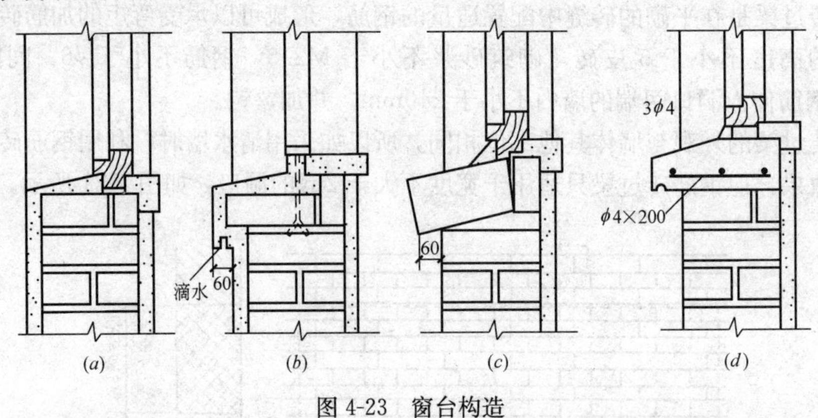

图 4-23　窗台构造

（*a*）不悬挑窗台；（*b*）滴水窗台；（*c*）侧砌砖窗台；（*d*）预制钢筋混凝土窗台

2）内窗台的构造

内窗台一般不设坡度，它主要起着排除内侧冷凝水，保护该处墙面以及搁物、装饰等作用。通常结合室内装修要求做成水泥砂浆抹面、木板面、石材面等多种饰面形式。目前在住宅建筑中，内窗台使用越来越广泛。

（6）烟道与通风道

在住宅或其他民用建筑中，为了排除炉灶的烟气或其他污浊空气，常在墙内设置烟道和通风道。

烟道与通风道分为现场砌筑或预制构件进行拼装两种做法。

砖砌烟道与通风道的断面尺寸应根据排气量来决定，但不应小于 120mm×120mm。烟道和通风道除单层房屋，均应有进气口和排气口。烟道的排气口在下，距楼板底 1m 左右较合适。通风道的排气口应靠上，距楼板底 300mm 较合适。烟道和通风道不能混用，以避免串气。图 4-24 为烟道预制块示意图，图 4-25 为烟道安装剖面图。

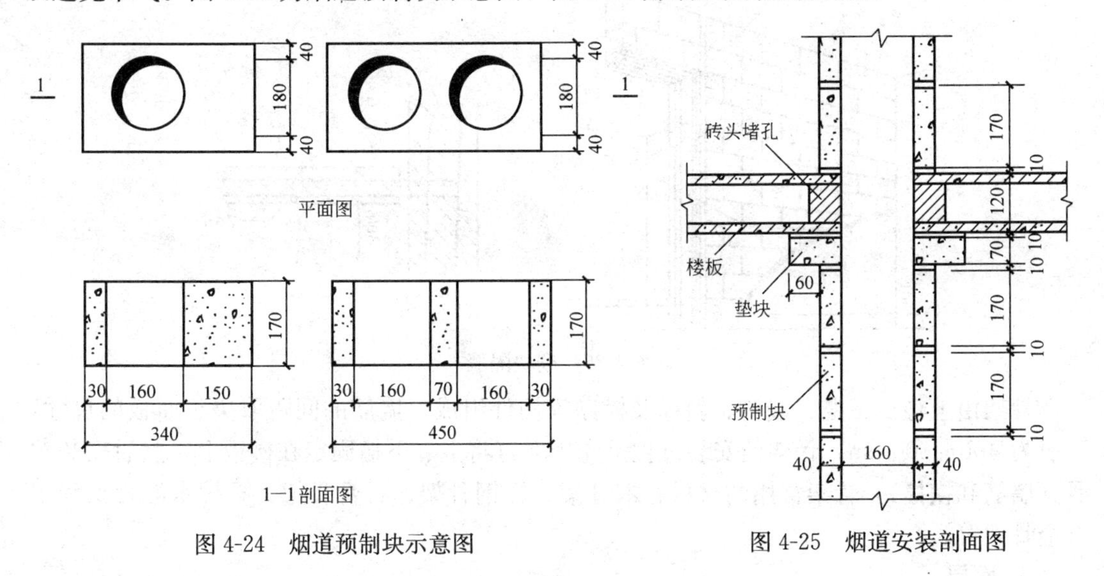

图 4-24　烟道预制块示意图

图 4-25　烟道安装剖面图

3.4　隔墙构造

(1) 隔墙的定义、作用及特点

隔墙是用来完全分隔建筑物室内空间的非承重墙。若是未隔到顶，只有半截的非承重墙称为隔断。隔墙不承受外来荷载，其本身的重量由楼板或小梁承担。所以设计时应尽量使其自重轻，厚度薄，并具有一定的隔声能力。同时对于一些有特殊要求的房间，隔墙还要具有防火、防潮等性能。

(2) 常见类型的隔墙

常见的隔墙有砌筑隔墙、骨架隔墙和板材隔墙 3 种。

1) 砌筑隔墙

砌筑隔墙包括砖隔墙和砌块隔墙等。

砖隔墙有半砖隔墙和 1/4 砖隔墙之分，对于半砖墙，当采用 M2.5 水泥砂浆砌筑时，其高度不宜超过 3.6m，长度不宜超过 5m，当采用 M5 水泥砂浆砌筑时，高度不宜超过 4m，长度不宜超过 6m，在构造上除砌筑时应与承重墙牢固搭接外，还应在墙身每隔 1.2m 高加 2ϕ6 拉结钢筋予以加固。

对 1/4 砖墙，高度不应超过 3m，宜用 M5 水泥砂浆砌筑。一般多用于厨房与卫生间之间隔墙，由于墙体较薄，除墙身必须加固外，一般不宜用于有门窗的部位。

砌块隔墙常采用粉煤灰硅酸盐水泥、加气混凝土、混凝土或水泥煤渣空心砌块等砌筑。墙厚由砌块尺寸而定，一般为 90～120mm。由于墙体稳定性较差，亦需对墙身进行加固处理，通常在墙身上配以钢筋拉结，如图 4-26 所示。

2) 骨架隔墙

骨架隔墙又称立筋隔墙，是由骨架和面层两部分组成的。它是以骨架为依托，把面层钉结、涂抹或粘贴在骨架上形成的隔墙。

A. 骨架

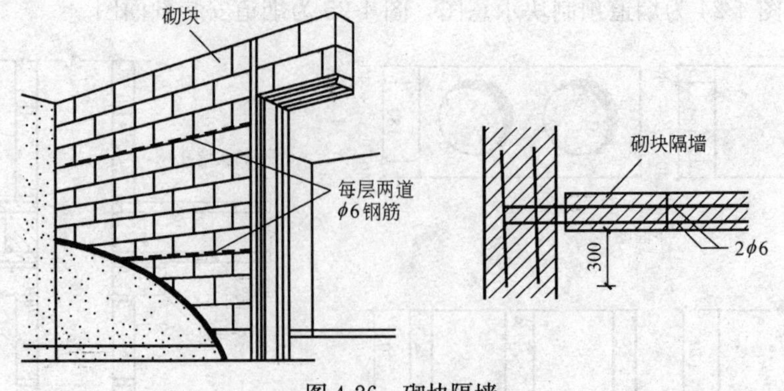

图 4-26　砌块隔墙

骨架由上槛、下槛、墙筋、斜撑及横撑等构件组成。墙筋的间距取决于面板的尺寸，一般为 400～600mm。骨架的安装过程是先用射钉将上、下槛固定在楼板上，然后安装龙骨（墙筋和横撑）。骨架常用的材料有木骨架、轻钢骨架、石膏骨架、石棉水泥骨架和铝合金骨架等。

B. 面层

骨架隔墙的面层有人造板面层和抹灰面层。根据不同的面板和骨架材料可分别采用钉子、自攻螺钉、膨胀铆钉或金属夹子等，将面板固定在立筋骨架上。隔墙的名称是依据不同的面层材料而定的，如：板条抹灰隔墙和人造板面层隔墙等。

3）板材隔墙

板材隔墙是指采用各种轻质材料制成的各种预制薄板型板材而安装成的隔墙。它具有自重轻、安装方便、施工速度快、工业化程度高的特点。目前多采用条板，如：加气混凝土条板、石膏条板、炭化石灰板、石膏珍珠岩板以及各种复合板（如泰柏板），长度略小于房间净高。安装时，条板下部先用木楔将条板楔紧，而条板左右主要靠各种粘结剂进行粘结，待安装完毕，再在表面进行装修。

3.5　墙面装修

（1）墙面装修的作用、分类

1）墙面装修的作用

A. 保护墙体，使墙体不直接受到风、霜、雨、雪的侵蚀，提高墙体防潮、防风化能力，增强墙体的坚固性、耐久性，延长墙体的使用年限。

B. 改善墙体的使用功能。对墙面进行装修处理，增加墙厚，用装修材料堵塞孔隙可改善墙体的热工性能，提高墙体的保温、隔热和隔声能力，平整、光滑、色浅的内墙装修可增加光线的反射，提高室内照度和采光均匀度，改善室内卫生条件。利用不同材料室内装修，会产生对声音的吸收或反射作用，改善室内音质效果。

C. 美化环境、丰富建筑的艺术形象。墙面装修可以增加建筑物立面的艺术效果，往往通过材料的质感、色彩和线形等的表现达到丰富建筑艺术形象的目的。

2）墙面装修的分类

A. 按装修部位不同，可分为室外装修和室内装修两类。室外装修用于外墙表面，兼有保护墙体和增加美观的作用。由于外墙常受到风、雨、雪的侵蚀和大气中腐蚀气体的影响，所以外墙装修材料要求采用强度高、抗冻性强、耐水性好以及具有抗腐蚀性的建筑材料。室内装修材料则由室内使用功能来决定。

B. 按材料和施工方式不同，墙面装修可分为抹灰类、贴面类、涂料类、裱糊类等等。

（2）墙面装修构造

1）抹灰类墙面装修

抹灰类墙面装修可分为一般抹灰和装饰抹灰两类。一般抹灰材料有石灰砂浆、混合砂浆、水泥砂浆等；装饰抹灰有水刷石、干粘石、斩假石、水泥拉毛等。这一类抹灰均系现场湿作业施工。为保证抹灰牢固、平整、颜色均匀和面层不开裂、不脱落，施工时必须分层操作，且每层不宜抹得太厚，外墙抹灰一般厚度为20～25mm，内墙抹灰为15～20mm。抹灰按质量要求有两种标准，即普通抹灰：一层底灰，一层中灰一层面灰；高级抹灰：一层底灰，数层中灰，一层面灰。

普通标准的装修，抹灰由底层和面层组成。采用分层构造可使裂缝减少，表面平整光滑。底层厚10～15mm，主要起粘结和初步找平作用，施工上称刮糙；中层厚5～12mm，主要起进一步找平作用；面层抹灰又称罩面，厚3～5mm，主要作用是使表面平整、光洁、美观，以取得良好的装饰效果，如图4-27所示。

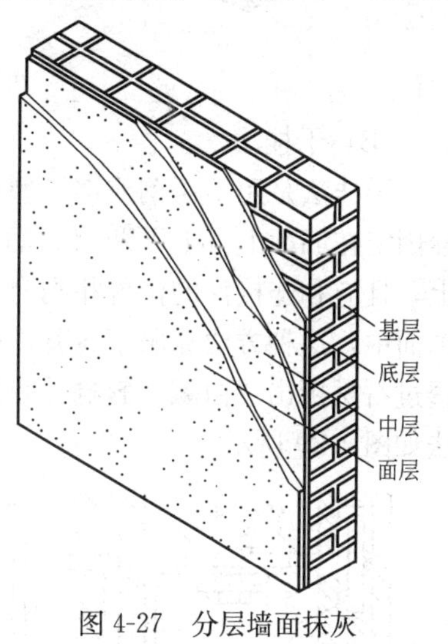

图4-27　分层墙面抹灰

一般民用建筑中，多采用普通抹灰，如果有保温要求，宜在底层抹灰时采用保温砂浆。常用抹灰做法，各地均有标准图集可供选用。

2）贴面类墙面装修

贴面类墙面装修是指把各种天然石板、人造石板或建筑陶瓷粘贴于墙面的一种饰面装修。常见的贴面材料有陶瓷砖、陶瓷锦砖及玻璃锦砖，花岗岩、大理石等天然石板及水磨石、合成石等人工石材。其中质感细腻的瓷砖、大理石板等常用作室内装修；而质感粗放的外墙面砖、花岗石板等多用于室外装修。现以瓷砖、面砖和天然石板构造为例进行说明。

A. 瓷砖、面砖构造

瓷砖是一种表面挂釉的薄板状的精瓷制品，俗称瓷片。釉面有白色和其他各种颜色，也有带各种花纹图案的，多用于内墙面装修。面砖有釉面砖（俗称彩釉砖）和无釉面砖两种。釉面砖色彩艳丽，装饰性强，有白、棕、咖啡、黑、天蓝、绿和黄等颜色。无釉面砖有棕色、天蓝色、绿色和黄色。作为内墙面装修，其构造多采用10～15mm厚1∶3水泥砂浆或1∶3∶9水泥、石灰膏、砂浆打底，8～10mm厚1∶3的水泥砂浆粘结层，外贴瓷砖。面砖作为外墙面装修材料，其构造多采用10～15mm厚1∶3水泥砂浆打底，5mm厚1∶3水泥砂浆粘结层，然后粘贴面砖，如果粘结层内掺入10%左右的107胶时，其粘贴层厚可减为2～3mm，在外墙面砖之间粘贴时要留出约13mm的缝隙，以增加材料的透气性。

B. 天然石材

我国目前常采用的石板厚度为20mm，天然石材的安装必须牢固，防止脱落，常见做法有以下两种：

(A) 拴挂法

这种做法的特点是在铺贴基层时，拴挂钢筋网，然后用铜丝绑扎板材，并在板材与墙体的夹缝内灌以水泥砂浆。拴挂法构造做法如图 4-28 所示。

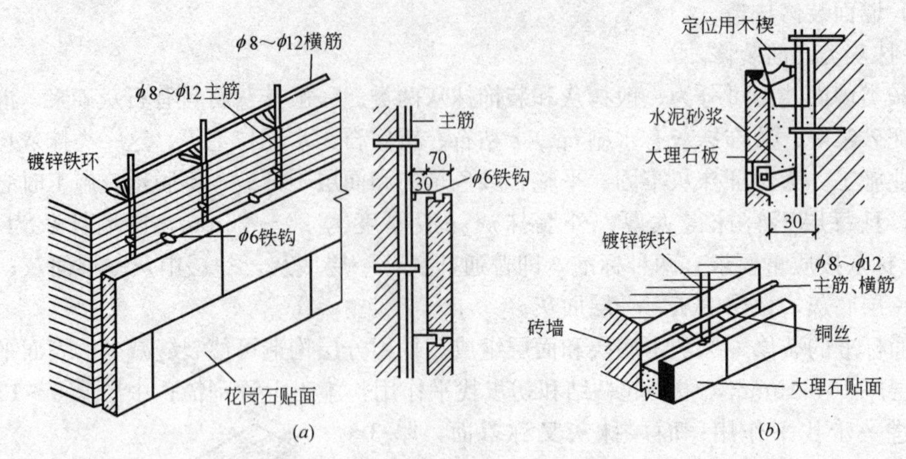

图 4-28　天然石板贴面（拴挂法）

(B) 干挂法

干挂法是用不锈钢或镀锌型材及连接件将板块支托并锚固在墙面上，连接件用膨胀螺栓固定在墙面上，上下两层之间的间距等于板块的高度。板块上的凹槽应在板厚中心线上，且应和连接件的位置相吻合，不得有误。干挂法被广泛地用在一些高级建筑外墙石材饰面中，这种方法克服了各种饰面贴挂构造中粘结层需要逐层浇筑，工效低，且湿砂浆能透过石材析出“白碱”影响美观的缺点，使工效和装饰质量均取得了保证。干挂法构造做法如图 4-29 所示。

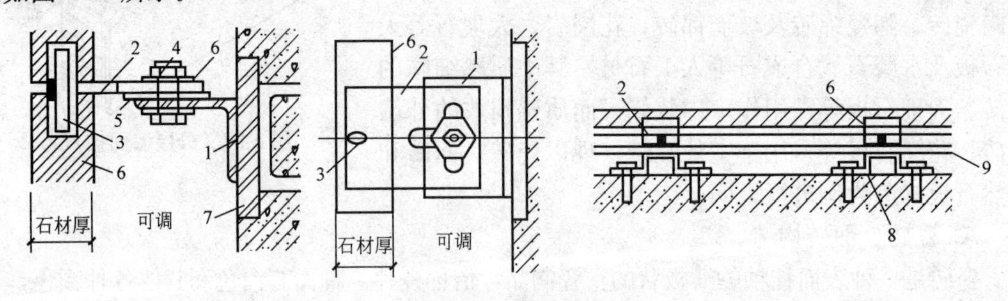

图 4-29　干挂法

1—托板；2—舌板；3—销钉；4—螺栓；5—垫片；

6—石材；7—预埋件；8—主龙骨；9—次龙骨

3) 涂料类墙面装修

涂料是指涂敷于物体表面后能与基层有很好粘结，从而形成完整牢固的保护膜的面层物质。它对被涂物体有保护、装饰的作用。

涂料按其主要成膜物的不同，可分为无机涂料和有机涂料两大类。按其性状可分为溶剂型涂料（如溶剂型聚丙烯酸酯涂料）、水溶性涂料（如聚乙烯醇水玻璃内墙涂料）、乳液型涂料（如聚丙烯酸酯乳液涂料）等。按其主要成膜物质性质可分为有机系涂料（如聚丙烯酸酯外墙涂料）、无机系涂料（如硅酸钾水玻璃外墙涂料）、有机—无机复合系涂料（如硅溶胶—丙复合外墙涂料）等。其中外墙涂料需要有较好的弹性、防水性及耐候性；内墙涂料需要有较好的质感和较强的装饰效果，常用外墙涂料有苯丙乳液涂料、纯丙乳液涂料、溶剂型聚丙烯酸酯涂料、聚氨酯涂料以及砂壁状的涂料等。常用内墙涂料有醋酸乙烯乳液涂料、丙烯酸酯内墙乳液涂料、聚乙烯醇内墙涂料和多彩涂料等。

墙面涂料装修多以抹灰为基层，在其表面进行涂饰。基层主要是混合砂浆抹面和水泥砂浆抹面两种。涂料涂饰可分为粉刷和喷涂两类。使用时应根据涂料的特点以及装修要求不同予以考虑。

4）裱糊类墙面装修

裱糊墙面多用于内墙饰面，亦可用于顶棚饰面。

A. 裱糊常用的材料

裱糊类面层常用的材料有各类壁纸、壁布和配套的粘结材料。其中，常用的壁纸类型有：PVC 塑料壁纸（以聚氯乙烯塑料或发泡塑料为面层材料，衬底为纸质或布质）；纺织物面壁纸（以动植物纤维作面料复合于纸质衬底上）；金属面壁纸（以铝箔、金粉、金银线配以金属效果饰面）；天然木纹面壁纸（以极薄的木皮衬在布质衬底上）等。

常用的壁布类型有：人造纤维装饰壁纸（以人造纤维如玻璃纤维等的织物直接作为饰面材料）；锦缎类壁布（以天然纤维织物如织锦缎等直接作为饰面材料）等。

塑料壁纸、纸基壁纸所用的胶粘剂有两种：自制糨糊和墙纸胶粉；玻璃纤维布一般采用聚酯酸乙烯酯乳液：羧甲基纤维素（2.5%水溶液）。可根据面层材料分别选用不同的专用胶料或粉料。

B. 施工工艺

施工主要在抹灰的基层上进行，也可在其他基层上粘贴壁纸或壁布。基层的抹灰以混合砂浆为好。它要求基底平整、致密，对不平的基底需用腻子刮平并弹线。在具体施工时首先下料，对于有对花要求的壁纸或壁布在剪裁尺寸上，其长度需比墙高放出 100～150mm，以适用对花粘贴的要求。然后进行润纸（布），即令壁纸、壁布预先受潮胀开，以免粘贴时起皱。在壁纸、壁布粘贴过程中，可以根据面层的特点分别选用专用胶合剂。

课题 4 楼板层与地面

4.1 楼 板 层

（1）楼板层的作用

楼板层和地面是分隔建筑空间的水平承重构件。它一方面承受着楼板层上的全部活荷载和恒荷载，并把这些荷载合理有序地传给墙或柱；另一方面对墙体起着水平支撑作用，以减少风力和地震产生的水平力对墙体的影响，加强建筑物的整体刚度；此外，楼板层还应具备一定的隔声、防火、防水、防潮等能力。

（2）楼板层的基本组成

为了满足楼板层使用功能的要求，楼板层形成了多层构造的做法，而且其总厚度取决于每一构造层的厚度。通常楼板层由以下几个基本部分组成，如图 4-30 所示。

1）楼板面层

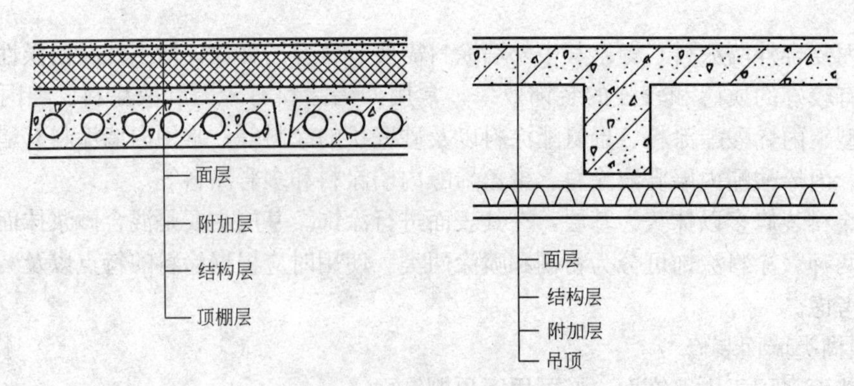

图 4-30　楼板层的构造

位于楼板层最上层，起着保护结构层、分布荷载和绝缘的作用，同时对室内起美化装饰的作用。

2）楼板结构层

位于楼板层的中部，是楼板层和地坪层的承重部分，承受作用其上的荷载，并将荷载传至墙、柱或直接传给土壤。

3）楼板附加层

附加层又称功能层，根据楼板层的具体要求而设置，主要作用是隔声、隔热、保温、防水、防潮、防腐蚀、防静电等。根据需要，有时和面层合二为一，有时又和吊顶合为一体。

4）楼板顶棚层

位于楼板层最下层，主要作用是保护楼板，安装灯具，敷设管线，改善室内光照条件，美化室内空间等作用。

(3) 钢筋混凝土楼板构造

钢筋混凝土楼板按施工方式不同，可分为现浇整体式钢筋混凝土楼板、预制装配式钢筋混凝土楼板两种常见类型。

1）现浇整体式钢筋混凝土楼板

这种楼板是在施工现场经支模、绑扎钢筋、浇筑混凝土、养护、拆模等施工过程制作而成。由于楼板为整体浇注成型的，因此它的优点是结构的整体性强，刚度好，有利于抗震。缺点是施工速度慢、湿作业、受气候条件影响较大。它主要适用于平面布置不规则，尺寸不符合模数要求或管道穿越较多的楼板，以及对整体刚度要求较高的高层建筑。随着高层建筑的日益增多，现浇整体式钢筋混凝土楼板的应用更广泛。

现浇钢筋混凝土楼板根据受力和传力情况有板式楼板、梁板式楼板、无梁楼板和钢衬板楼板之分。

A. 板式楼板

在墙体承重建筑中，当房间尺度较小，楼板上的荷载直接靠楼板传给墙体，这种楼板称板式楼板。它多用于跨度较小的房间或走廊（如居住建筑中的厨房、卫生间以及公共建筑的走廊等）。

B. 梁板式楼板

当房间的跨度较大，为使楼板结构的受力与传力更加合理，常在楼板下设梁，以减小板的跨度，使楼板上的荷载先由板传给梁，然后由梁再传给墙或柱。这样的楼板结构称肋梁楼板，亦称梁板式楼板。其梁有主梁与次梁之分，如图 4-31 所示。

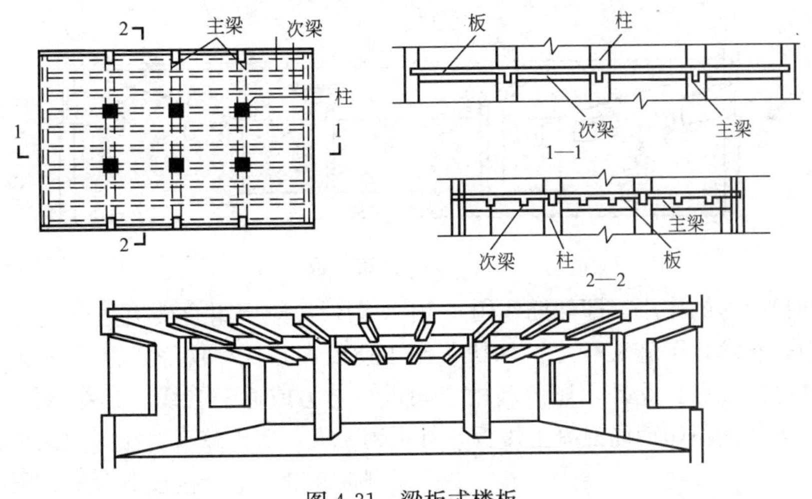

图 4-31　梁板式楼板

C. 井式楼板

对平面尺寸较大且平面形状为方形或近于方形的房间或门厅，可将两个方向的梁等间距布置，并采用相同的梁高，形成井字形梁，称为井字梁式楼板或井式楼板，如图 4-32 所示。它是梁式楼板的一种特殊布置形式，井式楼板无主梁、次梁之分。井式楼板的梁由于布置规整，故具有较好的装饰性。一般多用于公共建筑的门厅或大厅。

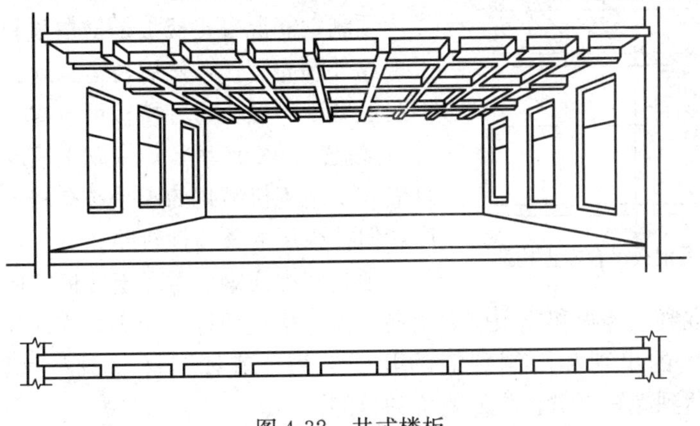

图 4-32　井式楼板

D. 无梁楼板

将板直接支承于柱上，不设主梁和次梁，这种楼板叫做无梁楼板。为减少板跨，改善板的受力条件和加强柱对板的支承作用，一般在柱的顶部设柱帽或托板，如图 4-33 所示。

无梁楼板的优点是顶棚平整、室内净高增大、采光通风良好，多用于楼层荷载较大的商场、仓库、展览厅等。板厚不小于 120mm，一般为 160～200mm。

E. 压型钢板混凝土组合楼板

压型钢板混凝土组合楼板是以利用凹凸相间的压型薄钢板为衬板与混凝土浇筑在一起支承在钢梁上构成的整体式楼板。钢衬板既起到混凝土的永久性模板的作用，又起到承受

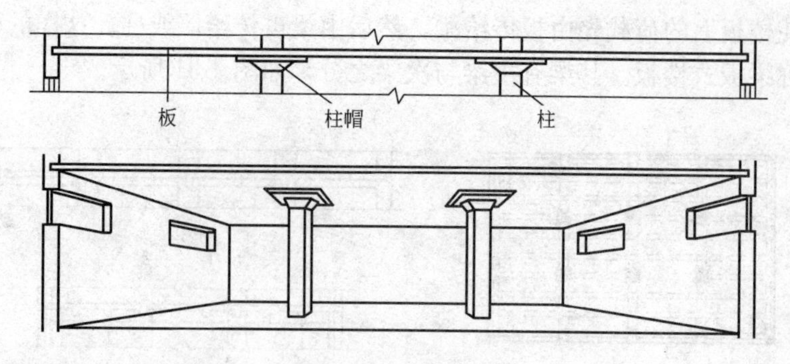

图 4-33　无梁楼板

楼板下部的拉应力的作用（即配筋作用）。压型钢板混凝土组合楼板适用于大空间建筑和高层建筑中，它简化了施工程序，加快了施工速度，并且有现浇式钢筋混凝土楼板刚度大、整体性好的优点。此外，还可利用空间敷设电力或通信管线。其在国际上已普遍采用，但其耐火性能不如钢筋混凝土楼板，且用钢量大，造价较高，在国内采用较少。

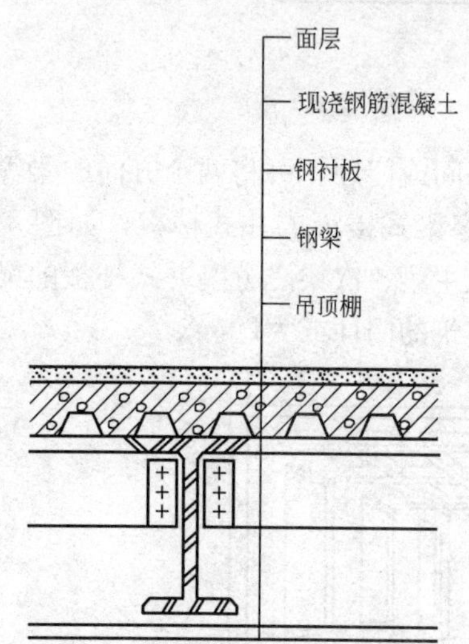

图 4-34　压型钢板组合楼板构造

压型钢板混凝土组合楼板由钢梁、压型钢板和现浇混凝土三个部分组成，如图 4-34 所示。压型钢板双面镀锌，截面一般为梯形，板薄却刚度大。为进一步提高承载能力和便于敷设管线，常采用在压型钢板下加一层钢板或由两层梯形板组合成箱形截面的组合压型钢板。

2）预制装配式钢筋混凝土楼板

预制钢筋混凝土楼板是指在预制构件加工厂或施工现场外预先制作，然后再运到施工现场装配而成的钢筋混凝土楼板。这种楼板可节省模板，改善劳动条件，提高劳动生产率，加快施工速度，缩短工期，而且提高了施工机械化的水平，有利于建筑工业化的推广，但楼板层的整体性较差。

预制装配式钢筋混凝土楼板按板的应力状况可分为预应力钢筋混凝土楼板和非预应力钢筋混凝土楼板两种。预应力构件与非预应力构件相比，可推迟裂缝的出现和限制裂缝的开展，并且节省钢材 30%～50%，节约混凝土 10%～30%，达到减轻自重、降低造价的目的。

预制装配式钢筋混凝土楼板常用类型有实心平板、槽形板、空心板三种。由于目前预制装配式楼板较少使用，所以对其构造不作详述。

（4）楼板层的细部构造

1）楼板与隔墙

当房间内设有隔墙时，隔墙的材料应尽量选择轻质材料。当隔墙采用重质块材隔墙或砌筑隔墙且重量由楼板承受时，必须从结构上予以考虑。在确定隔墙位置时，不宜把隔墙直接搁置在楼板上，而应采取一些构造措施。如在隔墙下部设置钢筋混凝土小梁，通过梁将隔墙荷载传给墙体；当楼板结构层为预制槽形板时，可将隔墙设置在槽形板的纵肋上；当楼板结构层为空心板时，可将板缝拉开，在板缝内配置钢筋后浇注 C20 细石混凝土形成钢筋混凝土小梁，再在其上设置隔墙。

2）楼板层防水

楼板层漏水是建筑物的通病之一，尤其是一些地面经常有积水的房间，如：厕所、盥洗室、淋浴间等。对于这些房间应做好楼地层的排水和防水构造。

A. 楼地面排水

楼地面是楼面和地坪面层的总称。为使楼地面排水畅通，需将楼地面设置一定的坡度，一般为1%～1.5%，并在最低处设置地漏，使水有组织地排向地漏；为防止积水外溢，有水房间的楼地面标高应比其他房间或走廊低20～30mm，或在门口做20～30mm高的挡水门槛。

B. 楼面防水

对有水房间的楼板应采用现浇钢筋混凝土楼板，房间四周用现浇混凝土做150～200mm的防水处理，面层也应选择防水性能较好的材料。对防水质量要求较高的房间，还应在楼板结构层与面层之间设置一道防水层。常用材料有防水砂浆、防水涂料、防水卷材等。同时，将防水层沿四周墙身上升做至150～200mm高度处，如图4-35所示。

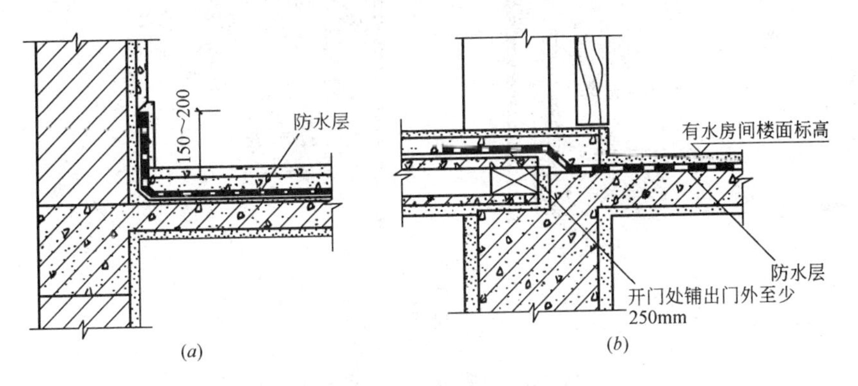

图4-35 有水房间地面构造

(*a*) 防水层上翻；(*b*) 防水层铺出门外

给水排水管道穿过楼板时也容易产生渗透现象，一般采用两种处理方法。对于冷水管道，可在管道穿楼板处用C20干硬性细石混凝土振捣密实，再以卷材或涂料做密封处理，如图4-36（*a*）；对于热水管道，由于温度变化，管道会出现热胀冷缩现象，可在穿管位置预埋一个比热水管直径稍大的套管，且高出地面30mm以上，以保证热水管能自由伸缩，同时，在缝隙内填塞弹性防水材料，如图4-36（*b*）、（*c*）所示。

3）楼板顶棚层构造

顶棚又称天花板，是楼板层的最下面部分，也是室内的饰面之一。作为顶棚则要求表面光洁、美观，能反射光线，改善室内的照度。对某些有特殊要求的房间，还要求顶棚具有隔声、保温、隔热等方面的功能。顶棚的构造形式有两种，直接式顶棚和悬吊式顶棚。设计时应根据建筑物的使用功能、装修标准和经济条件来选择适宜的顶棚形式。

A. 直接式顶棚

直接式顶棚系指直接在楼板结构层下喷、刷或粘贴装修材料的一种构造方式。当楼板底面平整时，可直接在楼板底面喷、刷大白浆或涂料；当楼板底部不够平整或室内装修要求较高时，可先在顶棚的基层上刷一遍纯水泥砂浆，然后用混合砂浆打底找平，然后再喷

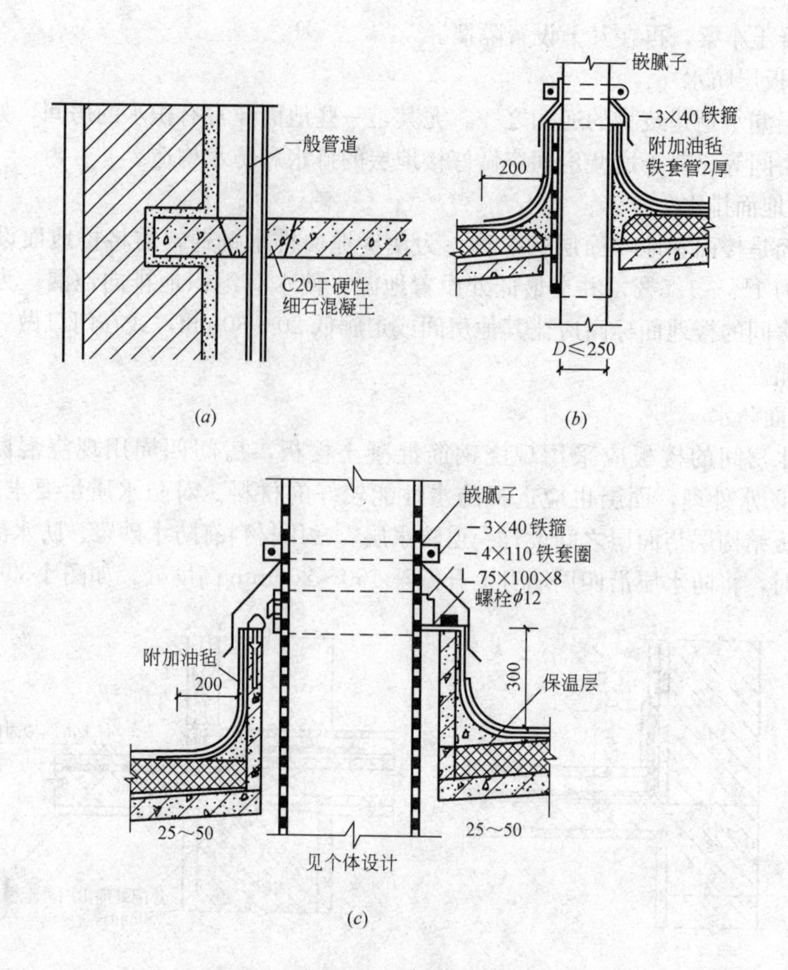

图 4-36 垂直管道穿越处楼面构造

(a) 普通管道的处理；(b) 热力管道的处理；(c) 预留孔洞管道穿越屋面

刷涂料或粘贴壁纸及其他板材。一般顶棚的装饰和墙面的装饰做法、选材基本类似，这样可以取得室内装饰的整体性。

B. 悬吊式顶棚

悬吊式顶棚是指悬挂在屋顶或楼板下，一般由吊筋、龙骨（又称搁栅）和面层所组成的顶棚，简称吊顶。吊顶龙骨分为主龙骨与次龙骨，主龙骨为吊顶的承重结构，次龙骨则是用来固定面板的。龙骨一般有木质的和金属的两大类。吊顶面层有抹灰面层和板材面层两大类。抹灰面层有板条抹灰、板条钢板网抹灰和钢板网抹灰。抹灰面层为湿作业施工，费工、费时，目前已趋向采用板材面层。板材面层有植物板材、矿物板材和金属板材等。

吊顶做法是从楼板（或屋顶结构层）中伸出吊筋，与主龙骨扎牢，然后在主龙骨上固定次龙骨，再在次龙骨上固定面层材料。

C. 木质吊顶

木质吊顶主要是借预埋于楼板内的金属吊件或锚栓将吊筋（又称吊头）固定在楼板下部，吊筋常用 $\phi8$～$\phi10$ 的钢筋，吊筋间距一般为 900～1000mm，吊筋下固定主龙骨，其截面均为 45mm×45mm 或 50mm×50mm。主龙骨下钉次龙骨，次龙骨截面为 40mm×

40mm，间距为400mm、450mm、500mm、600mm。间距的选用视面层材料规格而定。

D. 金属吊顶

金属吊顶的主龙骨采用槽形截面的轻钢型材，次龙骨为T形截面的铝合金型材或U形截面的轻钢型，用专门的吊挂件将次龙骨固定在主龙骨上，面板用自攻螺钉固定于次龙骨上，图4-37为轻钢龙骨石膏板吊顶构造。

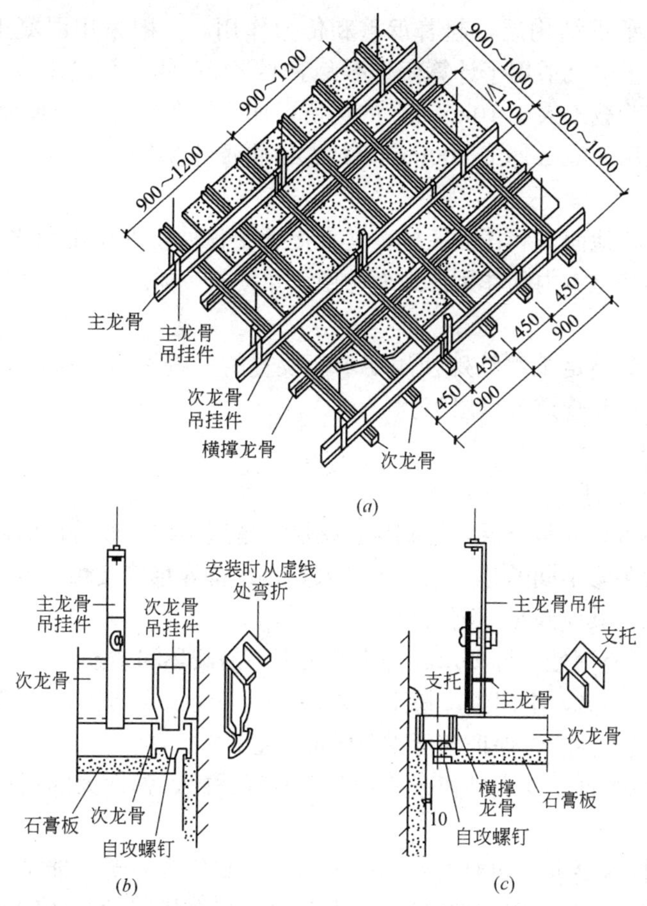

图4-37 轻钢龙骨石膏板吊顶构造

4.2 地坪与地面

(1) 地坪

地坪是指建筑物底层与土壤相交接处的水平构件。和楼板层一样，它承受着地坪上的荷载，并均匀地传给地坪以下的土壤。

地坪层的基本组成部分有基层、垫层和面层三部分，如图4-38所示。对有特殊要求的地坪层，还应在垫层和面层之间加设一些附加层。

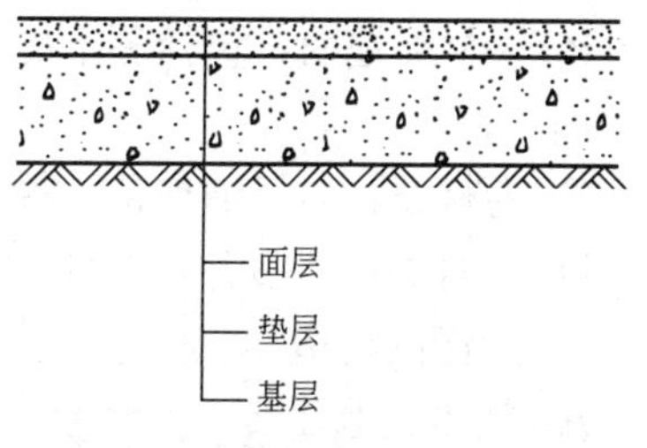

图4-38 地坪层构造

1) 基层

基层多为垫层和地基之间的找平层或填充层。主要起加强地基，帮助垫层传递荷载的作用。对地基条件较好且地坪层上荷载不大的建筑物，一般不设地基，直接在素土夯实后做混凝土垫层；而对地层上荷载较大且地基较差，或有其他特殊要求以及装修标准较高的建筑物，则需设置基层。常见基层做法为 2 ∶ 8 灰土 100～150mm 厚，或碎砖、道渣三合土 100～150mm 厚。

2）垫层

垫层为地坪的承重结构层，起着承重和传力作用，一般采用混凝土作为垫层材料。60mm 厚 C10 混凝土垫层适用于计算荷载不大于 $4kN/m^2$ 的一般民用建筑；80mm 厚 C10 混凝土适用于计算荷载不大于 $10kN/m^2$ 的场所，如：汽车库等。当地面面层设计质量有较高要求时，宜采用 80mm 厚或 100mm 厚的 C10 混凝土垫层。

3）面层

地坪的面层又称地面，和楼面一样，是直接承受各种物理作用和化学作用的表面层，起着保护结构层和美化室内的作用。地面的做法和楼面一样。

4）附加层

附加层主要是为满足某些特殊使用要求而设置的一些构造层次，如：防水层、防潮层、保温层、隔声层和管道敷设层等。

（2）地面

1）地面设计的要求

楼地面是室内重要的装修层，起到保护楼层、地层结构，改善房间使用质量和增加美观的作用。与墙面装修不同的是，它与人、家具、设备等直接接触，承受荷载并经常受到磨损、撞击和洗刷，其应满足下列要求：

A. 具有足够的坚固性，即要求在外力作用下不易破坏和磨损；

B. 表面平整、光洁，不起尘，易于清洁；

C. 有良好的热工性能，保证寒冷季节脚部舒适；

D. 具有一定的弹性，使人驻留或行走其上有舒适感。弹性大的楼地面对隔绝撞击声也有利；

E. 满足某些特殊要求，如对有水房间（浴室、厕所等）要求能抗潮湿、不透水。对有火灾隐患的房间（厨房、锅炉房等），要求防火、耐燃烧。对有酸碱作用的房间，则要求具有耐腐蚀的能力等。

2）地面的类型

楼地面由垫层、附加层和面层组成，通常按面层材料命名。根据面层材料和施工方法不同，楼地面（以下统称地面）有下列类型：

A. 整体类地面：包括水泥砂浆地面、细石混凝土地面、水磨石地面等；

B. 块材类地面：包括黏土砖、水泥砖、陶瓷地砖和陶瓷锦砖、人造石板及天然石板、木地面等；

C. 卷材类：包括油地毡、橡胶地毡、塑料地板革、地毯等；

D. 涂料类：有多种水溶性、水乳性、溶剂性涂布地面包括各种高分子合成涂料层等。

3）地面的构造

A. 整体类地面

（A）水泥砂浆地面：水泥砂浆地面又称水泥地面，一般是用普通硅酸盐水泥为胶结料，中砂或粗砂作骨料，在现场配制抹压而成。它原料供应充足，施工方便，价格低廉，是应用最广的一种低档地面类型，但有容易结露，施工质量不好时易起灰、起砂以及无弹性，导热系数大的缺点。

水泥地面有双层做法和单层做法。双层做法一般是以15～20mm厚1：3水泥砂浆打底、找平，再以5～10mm厚1：1.5或1：2水泥砂浆抹面、压光。单层做法是先抹素水泥砂浆一道作结合层，直接抹15～20mm厚1：2或1：2.5水泥砂浆，抹平后待终凝前用铁抹压光。双层做法虽增加了施工程序，但易保证质量，减少由于材料干缩产生裂缝的可能性。

（B）细石混凝土地面：细石混凝土地面强度高、干缩值小、地面的整体性好，克服了水泥地面干缩较大、起砂的缺点。与水泥地面相比，耐久性好，但厚度较大，一般为30～40mm。细石混凝土强度应不低于C20，施工时，待初凝后用铁辊滚压出浆水，终凝前再用铁抹压光或洒水泥粉压光。

（C）水磨石地面：水磨石地面平整光滑、整体性好、不起尘、不起砂、防水、易于保持清洁，适用于清洁度要求高、经常用水清洗的场所，如：门厅、营业厅、医疗用房、厕所、盥洗室等，但施工较水泥地面复杂，造价高，且更易结露、无弹性。

水磨石地面均为双层构造，常用10～15mm厚的1：3水泥砂浆打底、找平，按设计图案用1：1水泥砂浆固定分格条（玻璃条、铜条或铝条），再用（1：2）～（1：2.5）水泥石渣浆抹面，浇水养护约一周后用磨石机磨光，打蜡保护，如图4-39所示。水磨石地面分格的作用是将地面划成面积较小的区格，减少开裂的可能，不同的图案和分格增加了地面的美观，也便于维修。石渣应选择色彩美观、中等硬度、易磨光的石屑，如：白云石屑、大理石屑等。彩色水磨石系采用白水泥加颜料或彩色水泥，色彩明快，图案美观，装饰效果好。

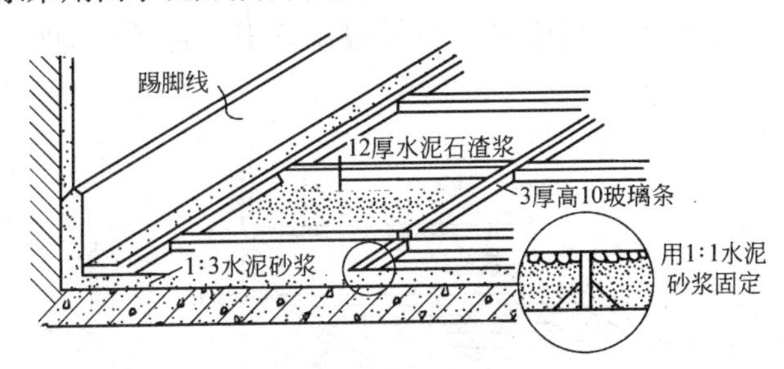

图4-39　水磨石地面构造

B. 块材类地面

凡利用各种人造的和天然的预制块材、板材镶铺在基层上的地面称块材地面。常用的块材有缸砖、瓷砖、陶瓷锦砖、水泥花砖、大理石板、花岗石板、木地板等。这类地面花色品种繁多，经久耐用，易保持清洁，但造价偏高，工效低，属于中、高档装修。

（A）缸砖、瓷砖、陶瓷锦砖、水泥花砖地面

缸砖、瓷砖、陶瓷锦砖均为高温烧成的小型块材，其共同特点是表面致密光洁、耐磨、吸水率低、不变色。水泥花砖系工厂压制成型、养护而成，密实度比一般水泥制品高，但日久会褪色。

缸砖等陶瓷制品的铺贴方式是在结构层或垫层找平的基础上，用5～8mm厚1：1水泥砂浆铺平拍实。砖块间灰缝宽度约3mm，用干水泥擦缝。水泥砖吸水性强，应预先用水浸泡，阴干或擦干后再用，铺设24h后要浇水养护，防止块材将粘结层的水分吸走，影响水化。

(B) 大理石、花岗石板地面

大理石和花岗石质地坚硬，色彩丰富、艳丽，属高档地面装修材料，特别是磨光花岗石板，色泽花纹丝毫不亚于大理石板，但耐磨、耐腐蚀等性能均优于大理石，因此造价昂贵。一般用于高级宾馆、会堂、公共建筑的大厅、门厅等处。做法是在基层上刷素水泥浆一道，30mm 厚 1∶3 干硬性水泥砂浆找平，面上撒 2mm 厚素水泥（撒适量清水），粘贴 20mm 厚大理石或花岗石板，素水泥浆擦缝。

(C) 木地板地面

木地板地面的主要特点是有弹性、导热系数小、不起尘、不返潮、高雅美观，是一种高级的地面装修材料，适合于住宅居室、宾馆客房及一些有特定功能的房间，如：体育馆比赛厅、舞台、健身房等。我国木材资源少、价格高，应适当控制使用。

木地板地面构造形式有空铺和实铺两类。空铺木地板地面消耗木材多、防火差，除特殊房间外已很少采用。

A) 实木地面

实铺木地板地面可用于底层，也可以用于楼层，木地板面层可采用双层面层和单层面层铺设。双层面层的铺设方法如图 4-40 所示，在地面垫层或楼板层上，通过预埋镀锌钢丝或 U 形铁件，将做过防腐处理的木搁栅绑扎。木搁栅间距 400mm，搁栅之间应加钉剪力撑或横撑，与墙之间宜留出 30mm 的缝隙。对于没有预埋件的楼地面，通常采用水泥钉和木螺钉固定木搁栅。搁栅上铺钉毛木板，背面刷防腐剂，毛板呈 45°斜铺，上铺油毡一层，以防止使用中产生声响和受潮气侵蚀，毛木板上钉实木地板，表面刷清漆并打蜡。木板面层与墙之间应有 10～20mm 的缝隙，并用木踢脚板封盖。单层面层即将实木地板直接与木搁栅固定，每块长条木板应钉牢在每根搁栅上，钉长应为板厚的2～2.5 倍，并从侧面斜向钉入板中。

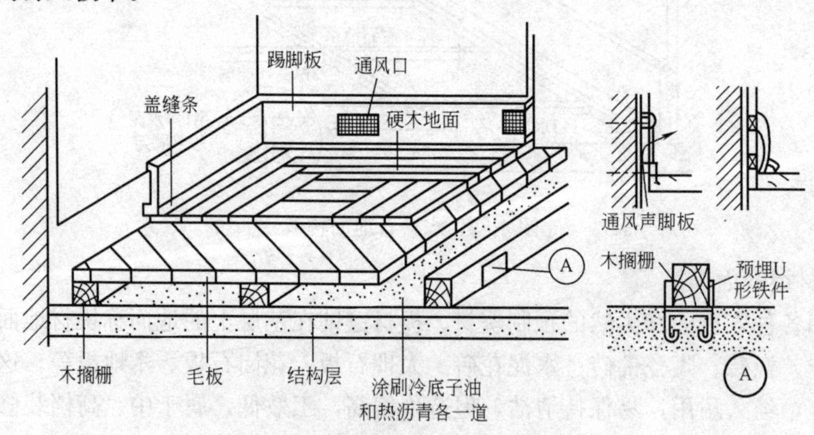

图 4-40　双层面层实铺地板

B) 强化木地面

强化木地板是由面层、基层、防潮层组成，面层具有很高的强度和优异的耐磨性能，基层为高密度板，长期使用不会变形，其防潮底层更能确保地板不变形。强化木地板常用规格 1290mm×195mm×(6～8)mm，为企口型条板。

强化木地面做法简单、快捷，采用悬浮法安装，如图 4-41 所示，即在楼地面先铺设一层衬垫材料，如聚乙烯泡沫薄膜、波纹纸等，起防潮、减振、隔声作用，并改善脚感；

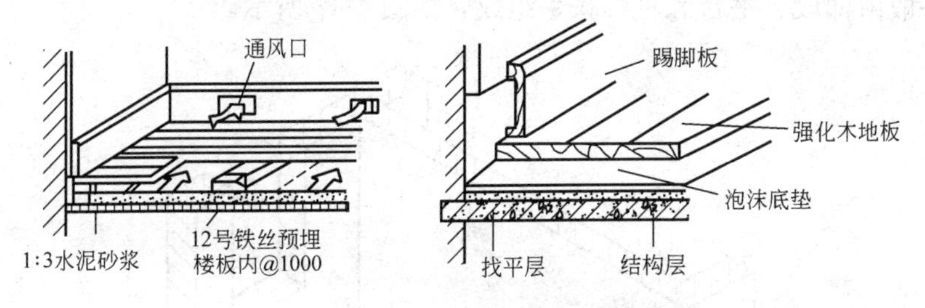

图 4-41　强化木地板地面构造

其上接铺贴强化木地板，木地板不与地面基层及泡沫底垫粘贴，只是地板块之间用胶粘剂结成整体，有时也不用胶粘结，这样更方便拆卸，可重复利用；地板与墙面相接处应留出8～10mm 缝隙，并用踢脚板盖缝。

C. 卷材类地面

卷材类地面主要是粘贴各种柔性卷材、半硬质板材的地面。常见的卷材和板材有塑料地板、橡胶地毡、化纤地毯、纯毛麻地毯等。

卷材类地面做法比较简单，将卷材粘贴或者是直接放置在楼板的找平层上即可，对于纯毛麻地毯造价昂贵，是一种高档的装修材料，因此一般不直接铺设在水泥砂浆找平层上，它可以铺设在其他面层上，如：木地板地面、石材地面、瓷砖地面、涂料地面等面层上。

D. 涂料类地面

涂料类地面是为了改善水泥地面或混凝土地面在质量上的不足，如：易开裂、易起尘和不美观等，对地面进行表面处理的一种做法。

传统的地面涂料，如地板漆等，与水泥砂浆地面粘结性差，易磨损、脱落。随着高分子化学工业的发展，涂料工业的主要原料逐步为人工合成高分子材料所取代。

涂料类地面主要是由合成树脂代替水泥或部分代替水泥，再加入填料、颜料等搅拌、混合而成的材料，在现场涂布施工，硬化以后形成的整体地面。它的突出特点是无缝、易于清洁，并且有良好的物理力学特性。

涂料地面按胶结料不同分两类。一是单纯以合成树脂作胶结材料的溶剂型合成树脂地面，这种地面的耐磨、弹韧、抗渗、耐蚀等性能较优，有的产品还可防止静电聚尘；另一种是水溶性树脂或乳液与水泥复合为胶结材料的聚合物水泥涂料地面，它们具有耐水性好、无毒、施工方便、价格低的特点，适合一般建筑水泥地面装修。

课题 5　楼梯与电梯

5.1　楼　　梯

（1）楼梯的组成及作用

建筑空间的竖向组合联系，主要依靠楼梯、电梯、自动扶梯、台阶、坡道以及爬梯等竖向交通设施，其中以楼梯的使用最为广泛。楼梯的作用是满足人和物的正常通行和紧急疏散，所以它的数量、位置、形式等应符合相关规范和标准。在高层建筑和部分的多层建筑中，电梯是主要的垂直交通设备，但楼梯作为安全疏散通道必须设置。

楼梯一般由梯段、平台和栏杆扶手组成，如图 4-42 所示。

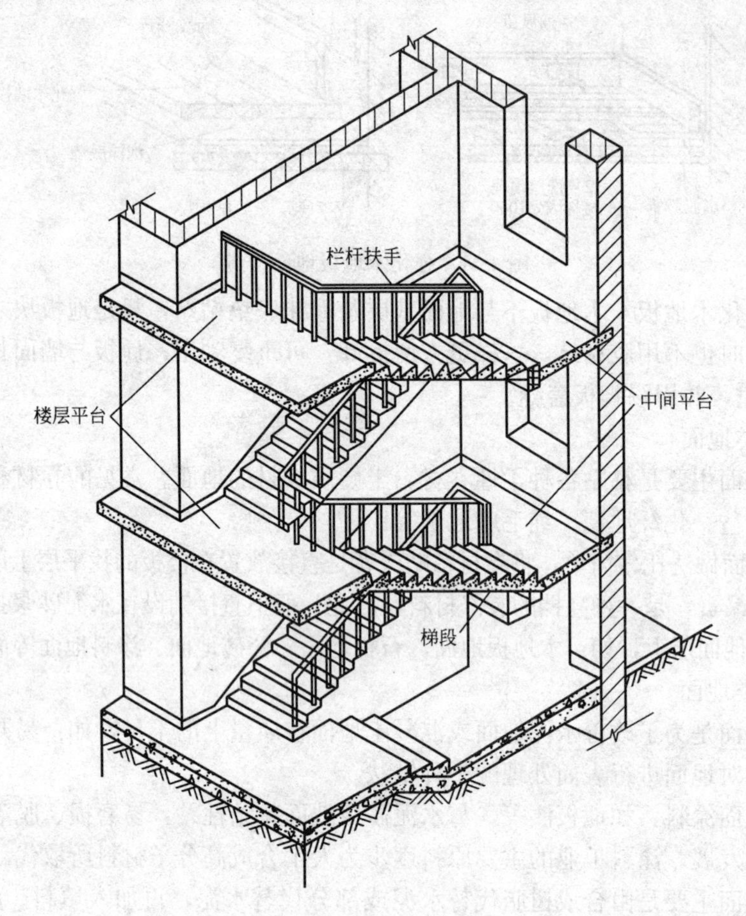

图 4-42　楼梯的组成

1）楼梯梯段

梯段由若干个踏步构成，它是连接两个不同标高平台的倾斜构件，是楼梯的主要使用和承重部分。为了使人们上下楼梯时不致过度疲劳及适应行走的习惯，每个梯段的踏步数一般不应超过 18 级，也不应少于 3 级。两水平投影平行梯段之间的空隙称为楼梯井。

2）楼梯平台

平台是连接两个倾斜楼梯段之间的水平构件，其主要作用是解决楼梯段的转折和与楼层的连接，同时也使人在上下楼时能在此处稍作休息。与楼层标高相同者，称为楼层平台。反之，则称为中间平台。

3）栏杆和扶手

为了确保使用安全，应在梯段及平台临空边缘设置栏杆或栏板，其上部供人们用手扶持的连续斜向配件称为扶手。

（2）楼梯的类型

建筑中楼梯的形式较多，楼梯的分类一般可按以下原则进行：

1）按楼梯的材料可分为木楼梯、钢筋混凝土楼梯、钢楼梯；

2）按楼梯的使用性质可分为主要楼梯、次要楼梯、辅助楼梯、疏散楼梯、消防楼梯；

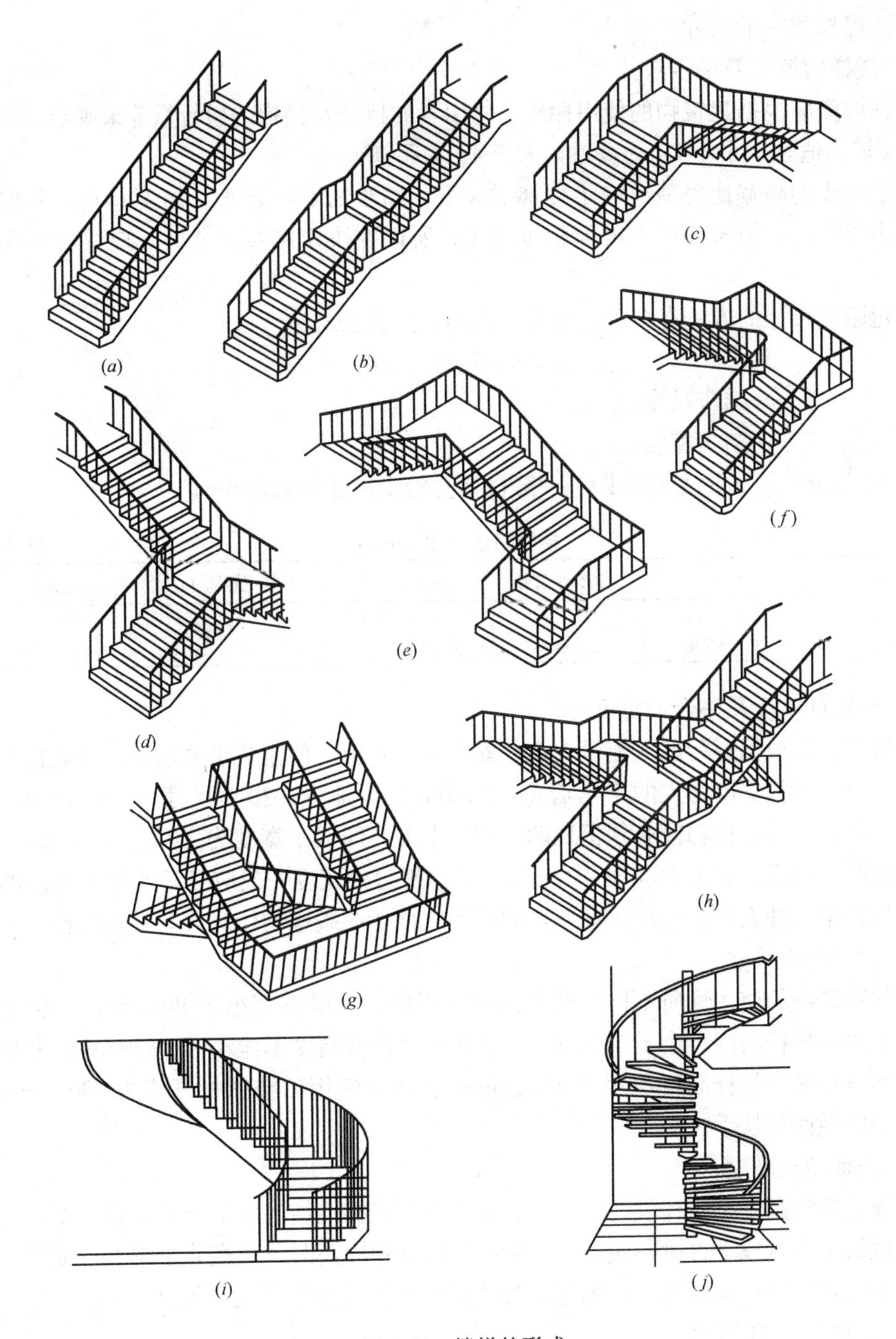

图 4-43　楼梯的形式

(a) 直跑单跑楼梯；(b) 直跑多跑楼梯；(c) 折角楼梯；(d) 双分折角楼梯；(e) 三折楼梯；(f) 双跑楼梯；(g) 双分对折楼梯；(h) 剪刀楼梯；(i) 圆弧形楼梯；(j) 螺旋楼梯

3）按楼梯的平面形式可分为直跑单跑楼梯、双跑楼梯、折角楼梯、圆弧形楼梯、剪刀楼梯、螺旋楼梯等，如图 4-43 所示。

（3）楼梯的一般尺寸

1）楼梯的坡度及踏步尺寸

楼梯坡度应根据建筑物的使用性质、使用者的特征及楼梯的通行量等来确定，一般以20°～45°较为适宜，小于 20°为坡道，大于 45°为爬梯。

决定踏步的高宽比也就决定了楼梯的坡度。踏步的宽度越大，高度越小，其坡度越小，行走越舒适，但楼梯所占的面积也越大，所以在决定踏步尺寸时，应综合考虑经济因素。

决定踏步尺寸的方法有多种，通常采用如下经验公式：

$$2h+b=600\sim620\text{mm}$$

式中　　h——踏步高度；

b——踏步宽度；

600～620mm——人的平均步距。一般楼梯的踏步尺寸参见表 4-5。

楼梯踏步尺寸（mm）　　表 4-5

名称	住宅	学校办公楼	剧院、会堂	医院（病人用）	幼儿园
踏步高	156～175	140～160	120～150	150	120～150
踏步宽	250～300	280～340	300～350	300	260～280

2）梯段的宽度和平台的宽度

梯段宽度应根据运行的人流量大小、安全疏散要求及使用要求来确定。按通行人数考虑时，每股人流的宽度为人的平均肩宽（550mm）再加少许提物尺寸（0～150mm）；按消防要求考虑，每个楼梯段必须保证两人同时上下，即最小宽度为 1100～1400mm；三股人流通行时，梯段的宽为 1650～2100mm。休息平台的宽度一般应等于或大于梯段的净宽度，以保证平台处人流不致拥挤堵塞，同时还应该考虑搬运物体时转弯的可能性。

3）栏杆扶手尺寸

根据建筑物的使用性质不同，扶手高度也不同。一般不宜小于 900mm；顶层平台临空一侧的水平栏杆高度不小于 1050mm；室外楼梯栏杆高度不应小于 1050mm；中小学和高层建筑室外楼梯栏杆高度不小于 1100mm；供幼儿使用的楼梯栏杆应为 500～600mm，也可以同时做两道扶手。

4）楼梯净空高度

梯段的净空高度是指梯段的任何一级踏步至上一梯段结构层下缘的垂直高度，或底层地面至底层平台（或平台梁）底的垂直距离。在确定净高时，应充分考虑人行或搬运物品对空间的实际需要。我国规定，民用建筑楼梯平台处的净空高度不小于 2m，梯段处不小于 2.2m，如图 4-44 所示。

5.2　钢筋混凝土楼梯构造

楼梯按材料的不同分为木楼梯、钢楼梯和钢筋混凝土楼梯等；按施工方式的不同，又可分为现浇钢筋混凝土楼梯和预制装配式楼梯两种。其中，现浇钢筋混凝土楼梯的梯段和平台

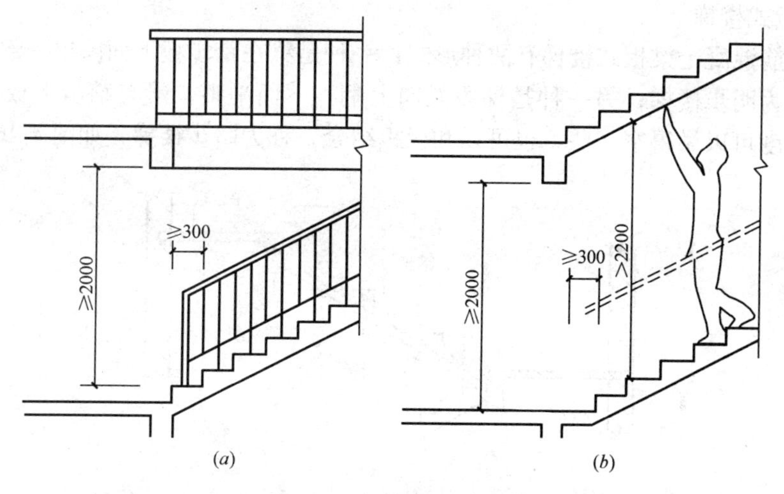

图 4-44 楼梯的净空高度

整体浇筑在一起，整体性好，刚度大，抗震性好，是目前建筑中楼梯主要的施工方式，但现浇楼梯施工进度较慢，工序复杂；预制装配式楼梯施工进度快，受环境因素影响小，质量有保障，但其整体性较差，施工时需要有配套的起重设备，投资较多，目前较少使用。

(1) 现浇钢筋混凝土楼梯

现浇钢筋混凝土楼梯根据楼梯段的传力与结构形式的不同，分为板式楼梯和梁板式楼梯两种。

1) 板式楼梯

板式楼梯的梯段就是一块整板，在梯段和平台交接处设有平台梁，平台梁支承上、下楼梯段及平台板。有时当楼梯段的跨度不是很大时，也可取消平台梁，使平台板和梯段板整体现浇连在一起，荷载直接传给墙体，如图 4-45 所示。板式楼梯结构简单，底面平整，便于装修，但自重大，材料消耗多，适用于楼梯荷载较小的住宅等房屋。

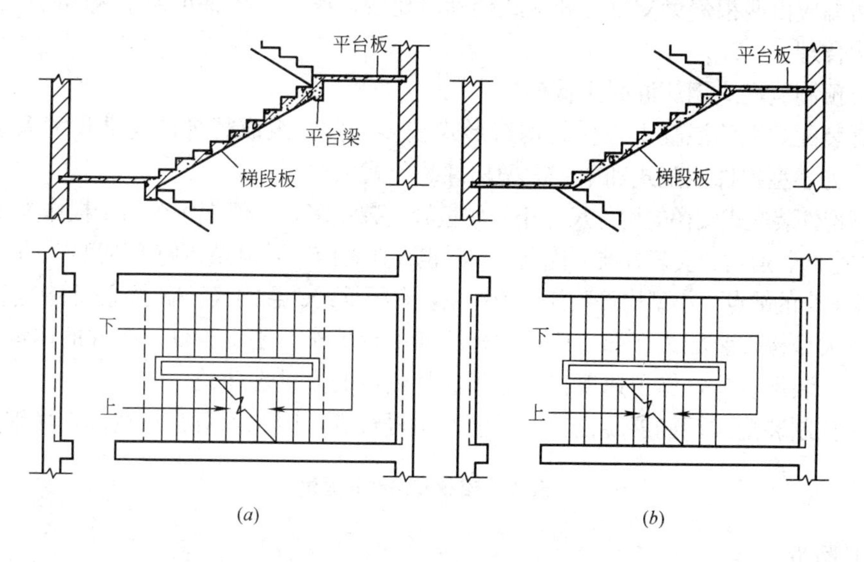

图 4-45 现浇钢筋混凝土板式楼梯

2）梁板式楼梯

现浇钢筋混凝土梁板式楼梯有两种形式：一种是梁在踏步板下面露出一部分，上面踏步明露，称为明步楼梯；另一种是梯段梁向上翻，下面平整，梁与踏步形成的凹角在上面，梁的宽度可以做得窄一些，也可以和栏板结合，称为暗步楼梯，如图 4-46 所示。

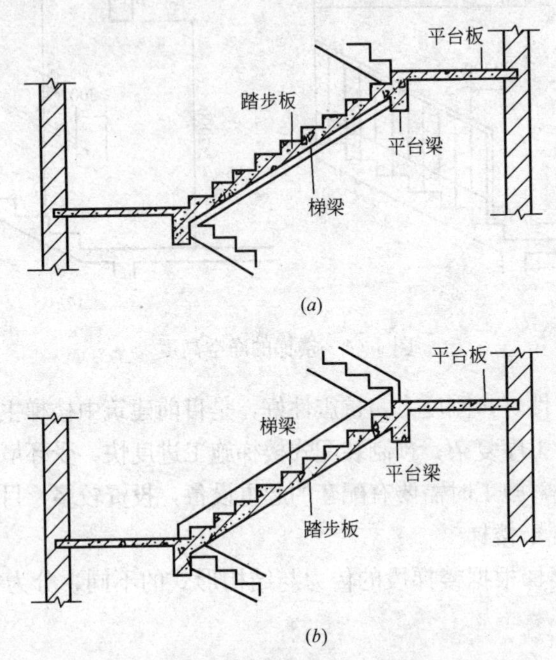

图 4-46　现浇钢筋混凝土梁板式楼梯

(a) 明步楼梯；(b) 暗步楼梯

这两种形式均是在楼梯段侧面设置斜梁，斜梁支承在平台梁上，平台梁支承在墙上或柱上。当有楼梯间时，踏步板的一端由斜梁支承，另一端可支承在墙上，没有楼梯间时，踏步板两端应由两根斜梁支承。和板式楼梯段比较，梁板式楼梯可缩小板的跨度，减小板厚，结构合理。

(2) 预制装配式钢筋混凝土楼梯

预制装配式钢筋混凝土楼梯的构造形式较多。根据组成楼梯的构件尺寸及装配的程度，可分为小型构件装配式和中、大型构件装配式两类。

小型构件装配式楼梯的构件尺寸小、质量轻、数量多，一般把每个踏步板作为基本构件。具有构件生产、运输、安装方便的优点，同时也存在着施工较复杂、施工进度慢、往往需要现场湿作业配合的缺点。小型构件装配式楼梯主要有梁承式、悬挑式和墙承式三种构造形式。

中、大型构件装配式楼梯一般把楼梯段和平台板作为基本构件，构件的体量大，规格和数量少，装配容易，施工速度快，适于成片建设的大量性建筑。

由于预制装配式钢筋混凝土楼梯目前使用得较少，因此不对其构造部作详细阐述。

5.3　楼梯的细部构造

(1) 踏步

踏步面层的做法一般与楼地面相同。对面层的要求是耐磨、防滑、便于清洗和美观。

常见的踏步面层有水泥砂浆、水磨石、地面砖、各种天然石材等。人流集中的楼梯，踏步表面应采取防滑措施，通常是在踏步口设防滑条。防滑条长度一般按踏步长度每边减去150mm。常见的防滑材料有铁屑水泥、金刚砂、塑料条、金属条、橡胶条、金属条、陶瓷锦砖、缸砖包口等。最简单的做法是做踏步面层时，留二、三道凹槽，但槽内易积灰，使防滑效果不够理想，且易损坏。各种防滑措施如图4-47所示。

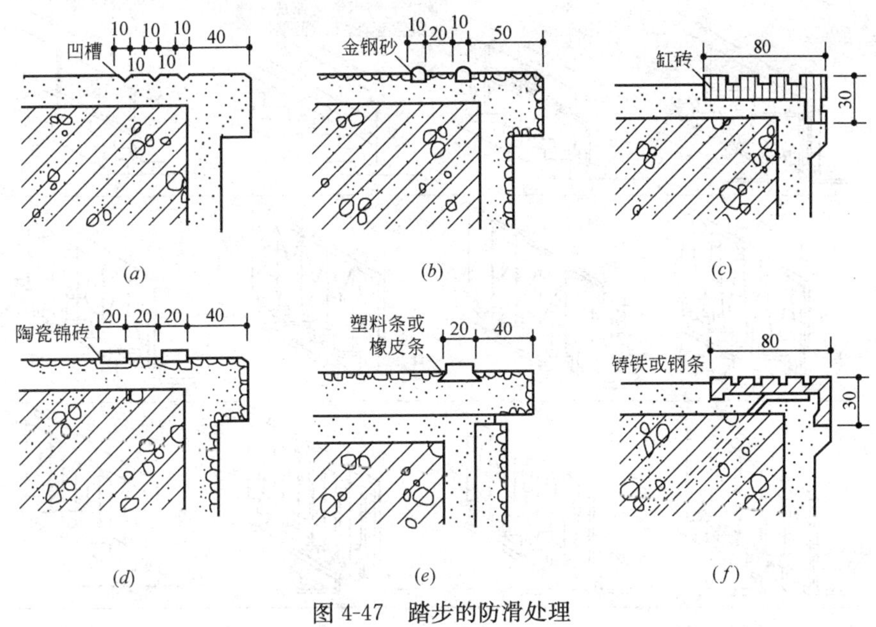

图4-47　踏步的防滑处理

(a) 防滑凹槽；(b) 金刚砂防滑条；(c) 缸砖包口；(d) 贴陶瓷锦砖防滑条；
(e) 嵌橡皮防滑条；(f) 铸铁包口

(2) 栏杆、栏板和扶手

栏杆、栏板和扶手是在梯段上所设的安全设施，位置可在梯段的一侧、两侧或梯段的中间，视梯段的宽度而定。

栏杆按其构造做法的不同有空花栏杆、栏板式栏杆和组合式栏杆，其中空花栏杆一般采用金属材料制作。栏板式栏杆是用实体材料制作而成，栏板常采用钢筋混凝土，加设钢筋网的砖砌体、木材、有机玻璃、钢化玻璃等材料。组合式栏杆是由空花栏杆和栏板组合在一起构成的，空花栏杆部分用金属材料制作，栏板部分的材料与栏板式相同。各种栏杆或栏板形式，如图4-48所示。

扶手位于栏杆顶面，供人们上下楼梯时依扶之用。扶手的尺寸和形状除考虑造型要求外，应以便于手握为宜。其表面必须光滑、圆顺，顶面宽度一般不宜大于90mm。扶手常用优质硬木、金属型材（钢管、通关、不锈钢、铝合金等)、工程塑料及水泥砂浆抹灰、水磨石、天然石材制作。室外楼梯一般不用木扶手。

5.4　自动扶梯与电梯

(1) 自动扶梯

自动扶梯适用于车站、码头、空港、商场、超市等人流量大的场所，是建筑物层间连

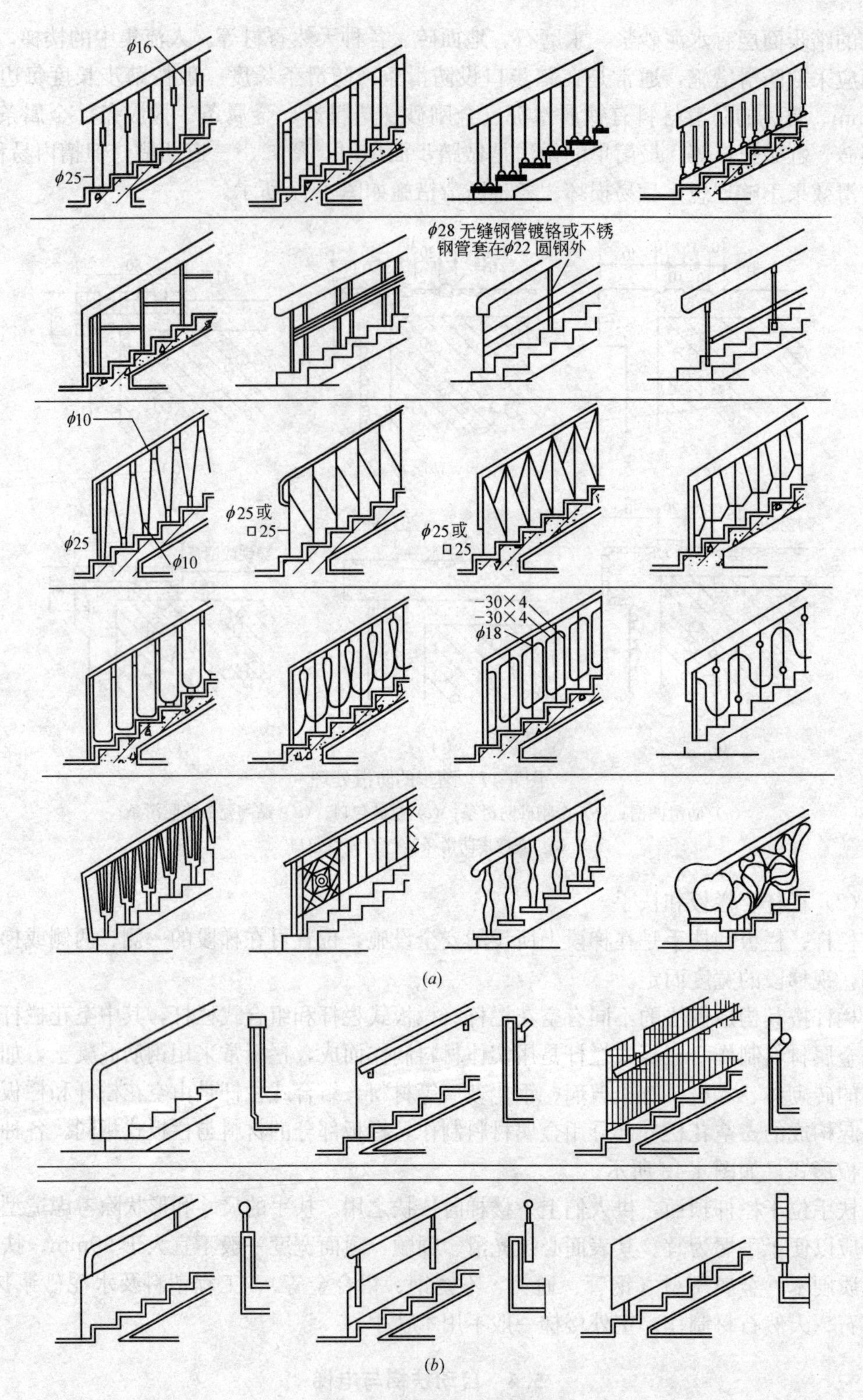

图 4-48　栏杆、栏板形式

(*a*) 各种楼梯栏杆形式；(*b*) 各种楼梯栏板形式

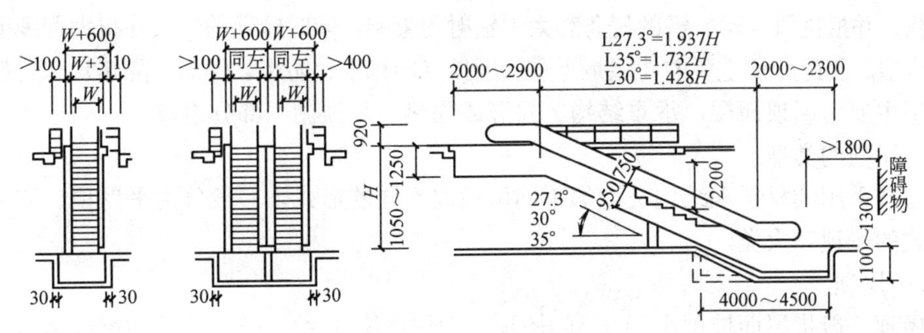

图 4-49 自动扶梯各部分基本尺寸

续运输效率最高的载客设备。一般自动扶梯均可正、逆方向运行，停机时可作临时楼梯使用，平面布置可单台设置或双台并列。双台并列时往往采取一上一下的方式，求得垂直交通的连续性。

自动扶梯是电动机械牵动梯段踏步连同栏杆扶手带一起运转。机房悬挂在楼板下面，自动扶梯基本尺寸如图 4-49 所示。

（2）电梯

在高层建筑及某些多层建筑中（如多层厂房、医院、商店等），为了上下运行的方便、快速和满足实际需要，常设有电梯。电梯有乘客、载货及专用电梯三大类。

电梯通常由轿厢（电梯厢）、电梯井道及运载设备三部分构成。电梯轿厢供载人或载货之用，要求造型美观、经久耐用，轿厢沿导轨滑行。电梯井道内的平衡锤由金属块叠合而成，用吊索与轿厢相连来保持轿厢平衡。运载设备包括动力、传动及控制系统三部分。

电梯构造示意如图 4-50 所示。

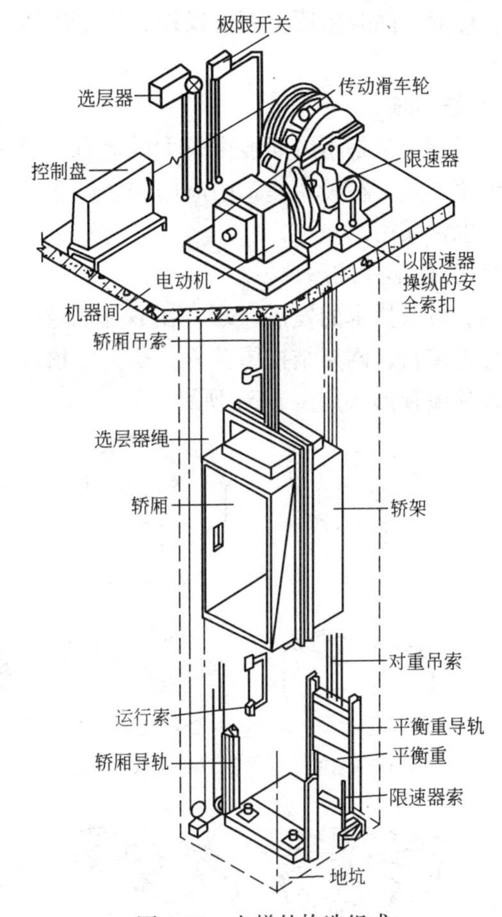

图 4-50 电梯的构造组成

课题 6 屋 顶

6.1 概 述

（1）屋顶作用及组成

屋顶是建筑物最上层的覆盖部分，它承受屋顶的自重、风雪荷载以及施工和检修屋面的各种荷载，并抵抗风、雨、雪的侵袭和太阳辐射的影响，同时屋顶的形式在很大程度上影响到建筑造型。因此屋顶主要的功能是承重、围护（即排水、防水、保温、隔热）和美观。

屋顶主要由屋顶面层、承重结构、保温或隔热层和顶棚四部分组成。

(2) 屋顶的类型

屋顶按采用的材料和结构类型的不同可做成不同的形式，一般分为平屋顶、坡屋顶和其他形式的屋顶三大类。

1) 平屋顶

平屋顶一般指屋面坡度小于5%的屋顶，常用坡度为2%～3%。这种屋顶是目前应用最广泛的一种屋顶形式，其主要原因是采用平屋顶可以节省材料，扩大建筑空间，提高预制安装程度，同时屋顶上面可以作为固定的活动场所，如做成露台、屋顶花园、屋顶养鱼池等。

2) 坡屋顶

坡屋顶通常是指屋面坡度较大的屋顶，其坡度一般大于10%。坡屋顶是我国传统的建筑屋顶形式，在民用建筑中应用非常广泛，城市建设中某些建筑为满足景观或建筑风格的要求也常采用。

3) 其他形式的屋顶

随着科学技术的发展，现在出现了许多新型的屋顶结构形式，如：拱结构、薄壳结构、悬索屋盖、网架结构屋盖等。这类屋顶多用于较大跨度的公共建筑。

各种屋顶形式如图 4-51 所示。

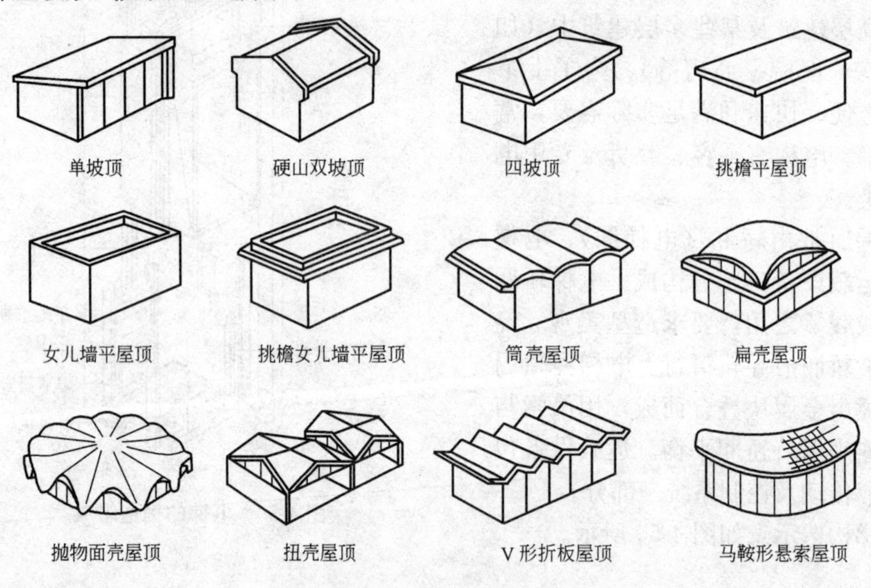

图 4-51　屋顶的形式

(3) 屋顶的设计要求

屋顶是建筑物的重要组成部分之一，在屋顶设计时应满足以下几方面的要求：

1) 防水要求

屋顶防水是屋顶构造设计最基本的功能要求。常见做法是采用不透水的防水材料以及合理的构造处理来达到防水的目的。

2）保温隔热要求

屋顶作为外围护结构，应具有良好的保温隔热性能。在寒冷地区冬季，室内一般都需要采暖，为保持室内正常的温度，减少能源消耗，避免产生顶棚表面结露或内部受潮等一系列问题，屋顶应采取保温措施。对于南方地区炎热的夏季，为避免强烈的太阳辐射和高温对室内的影响，通常在屋顶应采取隔热措施。

3）结构要求

屋顶是房屋的围护结构，同时又是房屋的承重结构，用以承受作用于其上的全部荷载。因此要求屋顶结构应有足够的强度和刚度，并防止因结构变形引起防水层开裂漏水。

4）建筑艺术要求

屋顶是建筑外部形体的重要组成部分，屋顶的形式对建筑的特征有很大的影响。变化多样的屋顶外形，装修精美的屋顶细部，是中国传统建筑的重要特征之一。在现代建筑的设计中，如何处理好屋顶的形式和细部也是不可忽视的重要问题。

6.2 平屋顶构造

平屋顶按屋面防水层的不同有柔性防水、刚性防水、涂膜防水等多种做法。

（1）平屋顶的防水构造

1）柔性防水屋面

柔性防水屋面又称卷材防水屋面，是指以防水卷材和胶结材料分层粘贴而构成防水层的屋面。常用卷材有油毡卷材、高分子合成卷材、合成橡胶卷材等。

A. 柔性防水屋面的构造层次和做法

柔性防水屋面由多种材料叠合而成，其基本构造层次按构造要求由结构层、找坡层、找平层、结合层、防水层和保护层组成，如图4-52所示。

（A）结构层　柔性防水屋面的结构层通常为预制或现浇钢筋混凝土屋面板，要求它具有足够的强度和刚度。

（B）找坡层　当屋顶采用材料找坡时，应选用轻质材料形成所需要的排水坡度，通常是在结构层上铺1：（6～8）的水泥焦渣或膨胀蛭石等。当屋顶采用结构找坡时，则不设找坡层。

（C）找平层　卷材防水层要求铺贴在坚固而平整的基层上，以防止卷材凹陷或断裂，因而在松软材料上应设找平层。找平层的厚度取决于基层的平整度，一般采用20mm厚1：3水泥砂浆，也可采用1：8沥青砂浆等。

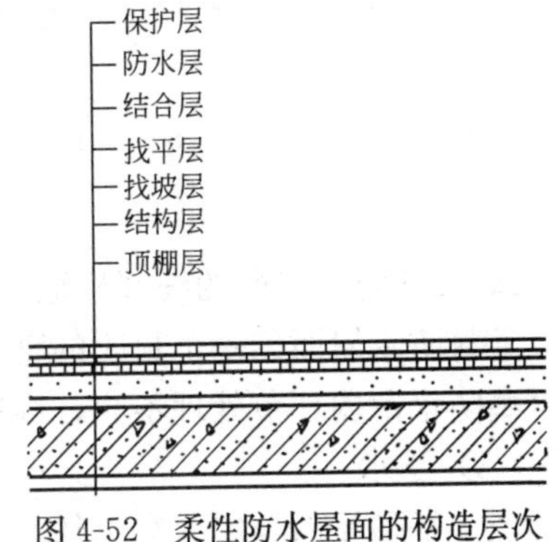

图4-52　柔性防水屋面的构造层次

（D）结合层　结合层的作用是在基层与卷材胶粘剂间形成一层胶质薄膜，使卷材与基层胶结牢固。沥青类卷材通常用冷底子油作结合层；高分子卷材则多采用配套基层处理剂，也可用冷底子油或稀释乳化沥青作结合层。

（E）防水层

A）高聚物改性沥青防水层：其铺贴做法有冷粘法和热熔法两种，冷粘法是用胶粘剂将卷材粘贴在找平层上，或利用某些卷材的自粘性进行铺贴。铺贴卷材时注意平整顺直，搭接尺寸准确，不扭曲，应排除卷材下面的空气并辊压粘贴牢固。热熔法施工时用火焰加热器将卷材均匀加热至表面光亮发黑，然后立即滚铺贴卷材使之平展，并辊压牢实。

B）高分子卷材防水层（以三元乙丙卷材防水层为例）：先在找平层（基层）上涂刮基层处理剂（如CX-404胶等），要求薄而均匀，干燥不黏后即可铺贴卷材。卷材一般应由屋面低处向高处铺贴，并按水流方向搭接；卷材可垂直或平行于屋脊方向铺贴。卷材铺贴时要求保持自然松弛状态，不能拉得过紧。卷材长边应保持搭接50mm，短边保持搭接70mm，铺好后立即用工具辊压密实，搭接部位用胶粘剂均匀涂刷粘合。

（F）保护层　设置保护层的目的是保护防水层。保护层的构造做法应视屋面的利用情况而定。不上人时，改性沥青卷材防水屋面一般在防水层上撒粒径为3～5mm的小石子作为保护层，称为绿豆砂保护层；高分子卷材（如三元乙丙橡胶）防水屋面通常是在卷材面上涂刷水溶型或溶剂型浅色保护着色剂，如：氯丁银粉胶等。上人屋面的保护层的构造做法通常有：用沥青砂浆铺贴缸砖、大阶砖、混凝土板等块材；在防水层上现浇30～40mm厚细石混凝土，如图4-53所示。整体保护层应设分隔缝。

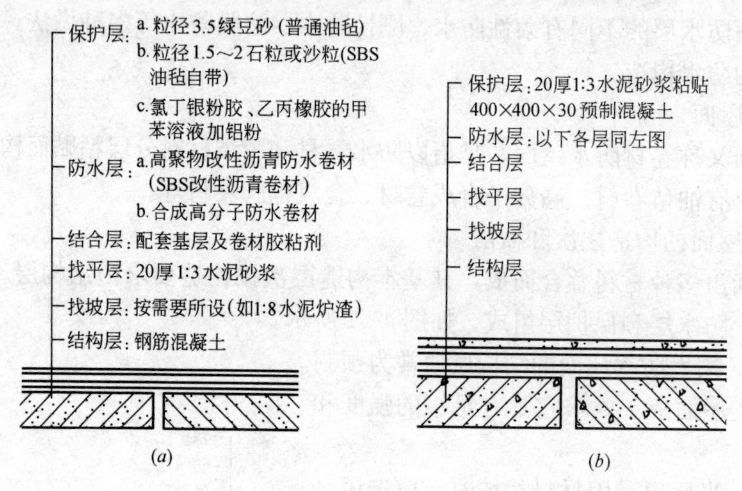

图4-53　柔性防水屋面保护层做法

（a）不上人屋面；（b）上人屋面

B. 柔性防水屋面的细部构造

卷材防水屋面是一个封闭的整体，如果屋面上的泛水、天沟、雨水口、檐口、变形缝等这些防水薄弱环节处理不当，容易造成渗漏，所以必须对这些细部加强防水处理。

（A）泛水

泛水是指屋面与屋面突出物（如：女儿墙、烟囱、变形缝等）交接处的防水处理。交接处处理不当，容易造成渗漏，均需做泛水处理。泛水的构造要点及做法如下：首先应将防水层下的找平层做至墙面上，转角处做成45°斜角或圆弧角，使屋面油毡铺至垂直墙面上时能够贴实，且在转折处不易折裂或折断，卷材上卷高度（也称泛水高度）迎水面不小于250mm，背水面≥180mm，以免屋面积水超过防水卷材造成渗漏。最后，在垂直墙面上应把卷材上口压住，防止卷材张口或塌落，造成渗漏，如图4-54所示。

（B）檐口

卷材防水屋面的檐口，根据排水方式的不同可分为自由落水檐口、挑檐沟檐口、女儿墙内檐沟檐口和女儿墙外檐沟檐口等类型。其构造要点是做好卷材的收头，使屋盖四周的卷材封闭，避免雨水渗入。自由落水檐口卷材收头通常用油膏嵌实，不可用砂浆等硬性材料。同时，应抹好檐口的滴水，使雨水迅速地下落；挑檐沟的卷材收头处理是在檐沟边缘用水泥钉钉压条将卷材压住，再用油膏或砂浆盖缝。此外，檐沟内转角处水泥砂浆应抹成圆弧形，以防卷材断裂。檐沟外侧应做好滴水，沟内可加铺一层卷材以增强防水能力，如图 4-55 (*a*)、(*b*) 所示。

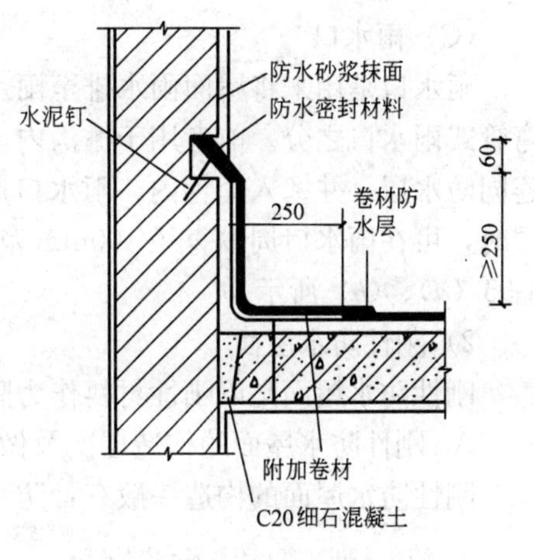

图 4-54　柔性防水屋面泛水构造

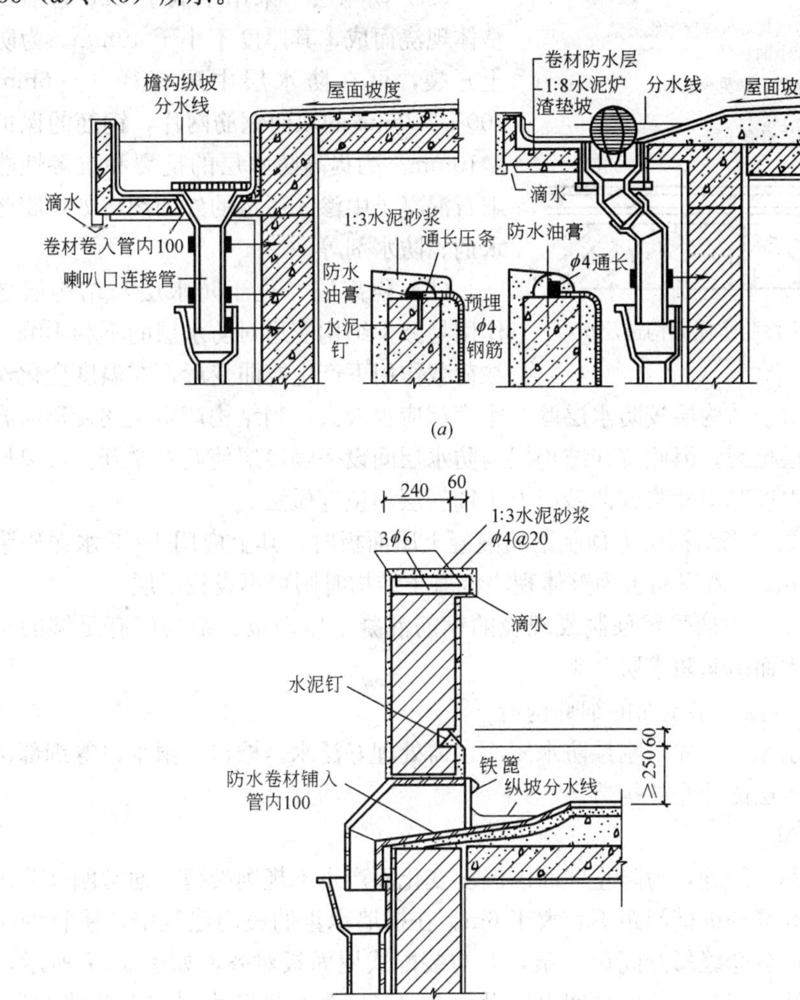

图 4-55　檐沟及雨水口构造

(*a*) 直管式雨水口及挑檐沟口构造；(*b*) 弯管式雨水口及女儿墙檐口构造

(C) 雨水口

雨水口是用来将屋面雨水排至雨水管而在檐口或檐沟开设的洞口。有直管式雨水口和弯管式雨水口之分。前者用于檐沟内，后者用于女儿墙根部，雨水口处应加铺卷材一层，连同防水层一并塞入套管内。雨水口周围坡度一般为2%～3%，当屋面有找坡层或保温层时，可在雨水口周围直径500mm范围内减薄，形成漏斗形，以防有水造成渗漏，如图4-55 (*a*)、(*b*) 所示。

2) 刚性防水屋面

刚性防水屋面是以刚性材料作为防水层的屋面，如：细石混凝土、防水砂浆等。

A. 刚性防水屋面的构造层次及做法

刚性防水屋面的构造一般有：防水层、隔离层、找平层、结构层等，刚性防水屋面应尽量采用结构找坡，如图4-56所示。

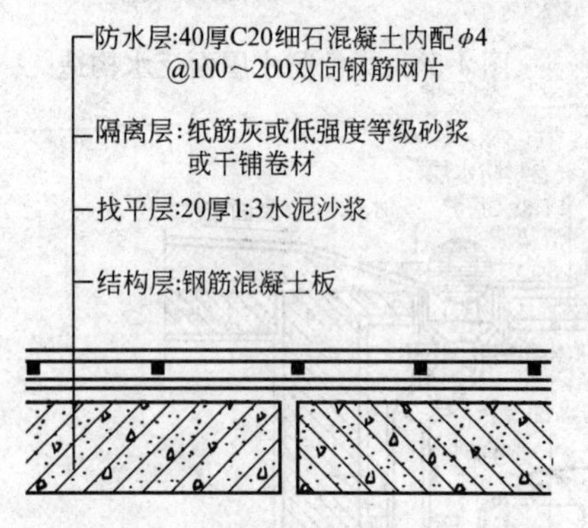

图4-56 刚性防水屋面构造层次

(A) 防水层　采用不低于C20的细石混凝土整体现浇而成，其厚度不小于40mm。为防止混凝土开裂，可在防水层中配直径4～6mm、间距100～200mm的双向钢筋网片，钢筋的保护层厚度≥10mm。为提高防水层的抗裂和抗渗性能，可在细石混凝土中渗入适量的外加剂，如：膨胀剂、减水剂、防水剂等。

(B) 隔离层　位于防水层与结构层之间，其作用是减少结构变形对防水层的不利影响。结构层在荷载作用下产生挠曲变形，在温度变化作用下产生胀缩变形。由于结构层较防水层厚，刚度相应也较大，当结构产生上述变形时容易将刚度较小的防水层拉裂。因此宜在结构层与防水层间设一隔离层使两者脱开。隔离层可采用铺纸筋灰、低强度等级砂浆或薄砂层上干铺一层油毡等做法。

(C) 找平层　当结构层为预制钢筋混凝土屋面板时，其上应用1∶3水泥砂浆做找平层，厚度为20mm。若屋面板为整体现浇混凝土结构时则可不设找平层。

(D) 结构层　一般采用预制或现浇的钢筋混凝土屋面板。结构应有足够的刚度，以免结构变形过大而引起防水层开裂。

B. 混凝土刚性防水屋面的细部构造

与卷材防水屋面一样，刚性防水屋面也需处理好泛水、檐口、雨水口等细部构造，另外还应做好防水层的分仓缝构造。

(A) 分仓缝

分仓缝亦称分隔缝，为防止屋面因温度变化而产生不规则裂缝，通常刚性防水层应设置分仓缝，分仓缝的纵横间距不宜大于6m。在横墙承重的民用建筑中，屋脊处应设一纵向分仓缝，横向分仓缝每开间设一条，并与装配式屋面板对齐，如图4-57所示；沿女儿墙四周的刚性防水层与女儿墙之间也应设分仓缝。因为刚性防水层与女儿墙变形不一致，所以刚性防水层不能紧贴在女儿墙上，它们之间应做柔性封缝处理以防女儿墙与刚性防水层开裂引起渗漏。其他突出屋面的结构物四周都应设置分仓缝。

设计时还应注意：

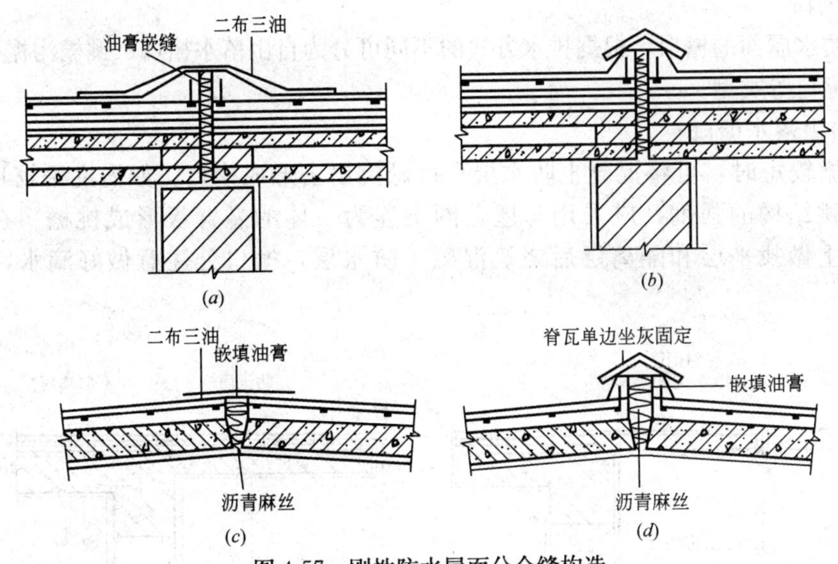

图 4-57　刚性防水屋面分仓缝构造

A）防水层内的钢筋在分仓缝处应断开；

B）屋面板缝用浸过沥青的木丝板等密封材料嵌填，缝口用油膏嵌填；

C）缝口表面用防水卷材铺贴盖缝，卷材的宽度为 200～300mm。

（B）泛水

刚性防水屋面的泛水与卷材屋面不同的地方是：刚性防水层与屋面突出的结构物（女儿墙、烟囱等）四周都应设置分仓缝，并另铺贴附加卷材盖缝形成泛水，如图 4-58 所示。

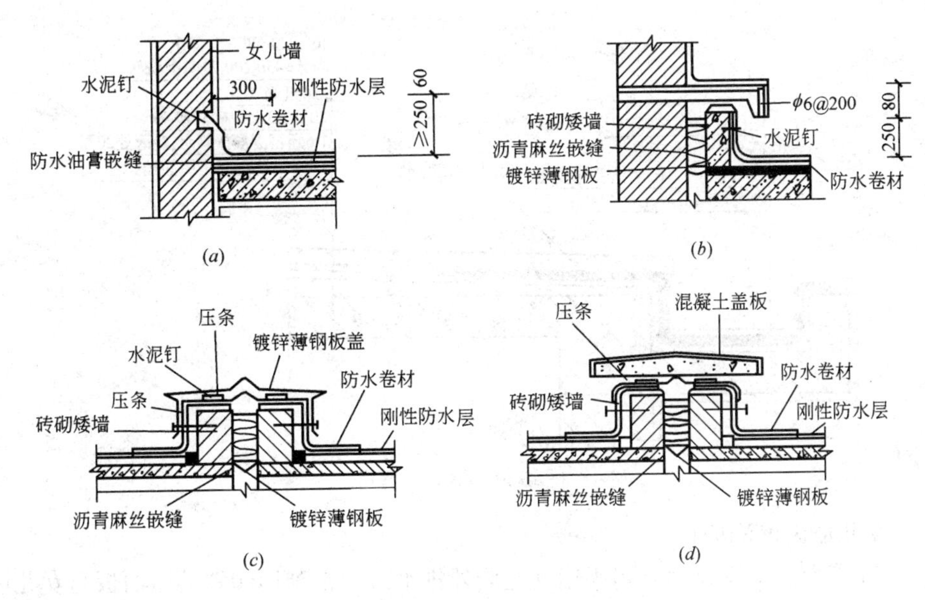

图 4-58　刚性防水屋面泛水构造

（*a*）女儿墙泛水；（*b*）高低屋面变形缝泛水；

（*c*）横向变形缝泛水（*d*）横向变形缝泛水

(C) 檐口

刚性防水屋面的檐口，根据排水方式的不同可分为自由落水檐口、挑檐沟檐口、女儿墙内檐沟檐口等类型。

A) 自由落水檐口

当挑檐较短时，可将混凝土防水层直接悬挑出去形成檐口。如需挑檐较长时，为了保证悬挑结构的强度，应采用与屋盖圈梁连为一体的悬臂板形成挑檐。在挑檐板与屋面板上做找平层和隔离层后浇筑混凝土防水层，檐口处注意做好滴水，如图 4-59 所示。

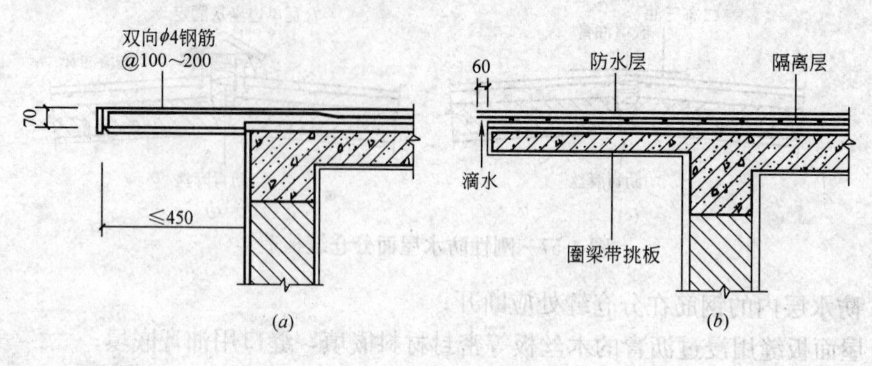

图 4-59 自由落水檐口

B) 挑檐沟檐口

挑檐口采用有组织排水方式时，常将檐部做成排水檐沟板的形式，檐沟板的断面为槽形并与屋面圈梁连成整体，沟内设纵向排水坡，防水层挑入沟内并做好滴水，以防止爬水，如图 4-60 所示。

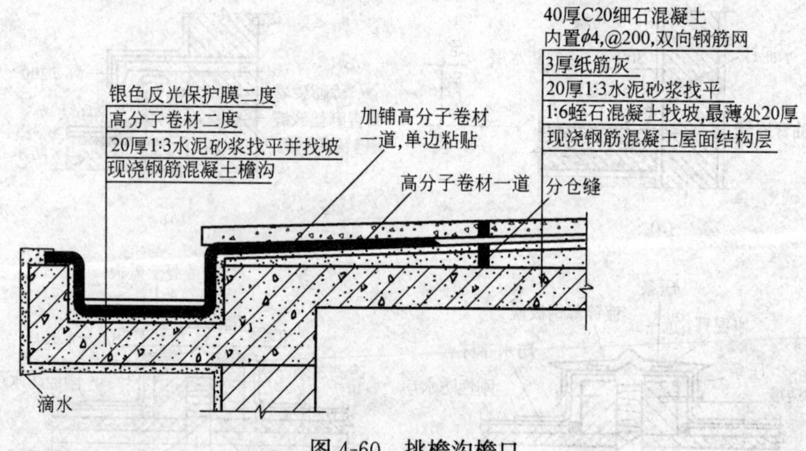

图 4-60 挑檐沟檐口

C) 女儿墙内檐沟檐口

在跨度不大的平屋盖中，当采用女儿墙外排水时，常利用倾斜的屋面板与女儿墙间的夹角做成三角形断面天沟，其泛水做法与前述做法相同，如图 4-61 所示。天沟内也需设纵向排水坡。

(D) 雨水口

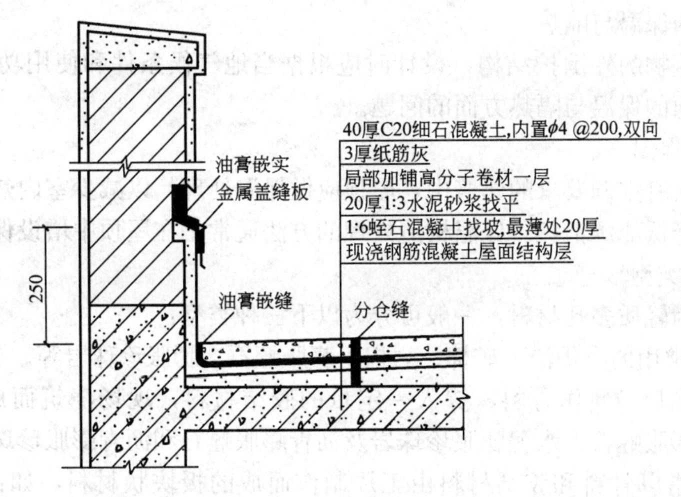

图 4-61　女儿墙内檐沟檐口

刚性防水屋面雨水口构造如图 4-62 所示。安装时为防雨水口套管和檐沟底板或女儿墙根部之间的接缝渗漏，应在雨水口的四周加铺宽度约 200mm 的附加卷材，并将其铺入套管内壁中，刚性防水层和雨水口的接缝应用油膏嵌填密实。其他做法与卷材防水屋面相似。

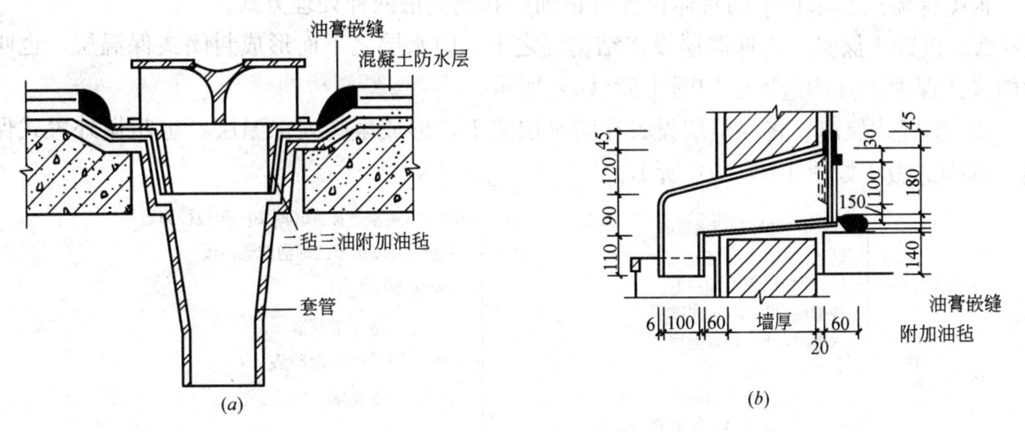

图 4-62　雨水口构造

(a) 直管式雨水口；(b) 弯管式雨水口

3）涂膜防水屋面

涂膜防水屋面是用防水材料涂刷在屋面基层上，利用涂料干燥或固化以后的不透水性来达到防水的目的。以前的涂膜防水屋面，由于涂料的抗老化及抗变形能力较差，施工方法落后，多用在构件自防水屋面或小面积现浇钢筋混凝土屋面板上。随着材料和施工工艺的不断改进，现在的涂膜防水屋面具有防水、抗渗、粘结力强、耐腐蚀、耐老化、延伸率大、弹性好、不延燃、无毒、施工方便等诸多优点，已广泛用于建筑各部位的防水工程中。

涂膜防水主要适用于防水等级为Ⅲ、Ⅳ级的屋面防水，也可用作Ⅰ、Ⅱ级屋面多道防水设防中的一道防水。

(2) 平屋顶的保温与隔热

屋顶作为建筑物的外围护结构，设计时应根据当地气候条件和使用功能等方面的要求，妥善解决屋顶的保温与隔热方面的问题。

1) 平屋顶的保温

在寒冷地区或有空调要求的建筑中，屋顶应做保温处理，以减少室内热损失，保证房屋的正常使用并降低能源消耗。保温构造处理的方法通常是在屋顶中增设保温层。

A. 保温材料类型

保温材料多为轻质多孔材料，一般可分为以下三种类型：

(A) 散料类常用的有炉渣、矿棉、岩棉、膨胀蛭石、膨胀珍珠岩等。

(B) 整体类指以散料作骨料，掺入一定量的胶结材料，现场浇筑而成的材料。如：水泥炉渣、水泥膨胀蛭石、水泥膨胀珍珠岩及沥青膨胀蛭石和沥青膨胀珍珠岩等。

(C) 板块类指以骨料和胶结材料由工厂制作而成的板块状材料，如：加气混凝土、泡沫混凝土、膨胀蛭石、膨胀珍珠岩、泡沫塑料等块材或板材。

保温材料的选择应根据建筑物的使用性质、构造方案、材料来源、经济指标等因素综合考虑来确定。

B. 保温层的设置

(A) 平屋顶保温层的设置

根据保温层在屋顶中的具体位置有正铺法和倒铺法两种处理方式。

A) 正置式保温　将保温层设在结构层之上、防水层之下而形成封闭式保温层，也叫做内置式保温，其构造做法如图 4-63 (*a*) 所示。

B) 倒置式保温　将保温层设置在防水层之上，形成敞露式保温层，也叫做外置式保温，其构造做法如图 4-63 (*b*) 所示。

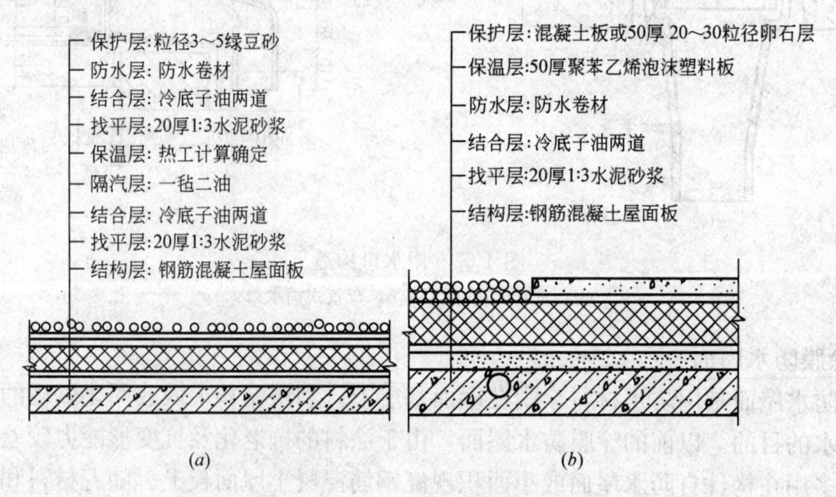

图 4-63　柔性防水屋面保温层构造

(*a*) 正置式；(*b*) 倒置式

(B) 屋顶的隔热

在气候炎热地区，夏季太阳辐射热使屋顶温度剧烈升高，为减少传进室内的热量和降低室内的温度，屋顶应采取隔热降温措施。平屋顶隔热措施通常有以下几种处理方式：

A）通风隔热屋面在屋顶中设置通风间层，使上层表面起着遮挡阳光的作用，利用风压和热压作用把间层中的热空气不断带走，以减少传到室内的热量，从而达到隔热降温的目的。通风隔热屋面一般有架空通风隔热屋面和顶棚通风隔热屋面两种做法。

B）蓄水隔热屋面在屋顶蓄积一层水，利用水蒸发时需要大量的汽化热，从而大量消耗晒到屋面的太阳辐射热，以减少屋顶吸收的热能，从而达到降温隔热的目的。蓄水屋面构造与刚性防水屋面基本相同，主要区别是增加了一壁三孔，即蓄水分仓壁、溢水孔、泄水孔和过水孔。

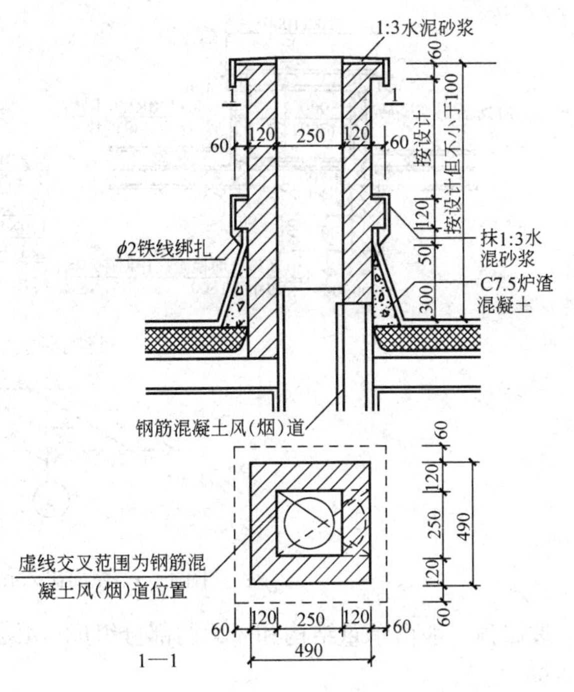

图 4-64 烟囱、管道出屋面做法

C）种植隔热屋面在屋顶上种植植物，利用植被的蒸腾和光合作用，吸收太阳辐射热，从而达到降温隔热的目的。种植隔热屋面构造与刚性防水屋面基本相同，所不同的是需增设挡墙和种植介质。

D）反射降温屋面利用材料的颜色和光滑度对热辐射的反射作用，将一部分热量反射回去从而达到降温的目的。例如采用浅色的砾石、混凝土作面，或在屋面上涂刷白色涂料，对隔热降温都有一定的效果。

（3）平屋顶突出物的处理

1）变形缝

平屋顶上变形缝的两侧应砌筑半砖墙，上盖混凝土板或铁皮遮挡雨水。在北方地区为了保温，在变形缝内应填塞沥青麻丝等材料如图 4-58（*b*）、（*c*）、（*d*）所示。

2）烟囱、管道

凡管道、烟囱等伸出屋面的构件必须在屋顶上开孔时，为了防漏水应将卷材向上翻起，抹以水泥砂浆或盖上镀锌铁皮，起挡水作用，也就是泛水。泛水高度以不超过 250mm 为宜，如图 4-64 所示。

3）出入孔

平屋顶上的出入孔是为检修而设。开洞尺寸应不小于 700mm×700mm。为了防漏，应将板边上翻，亦做泛水，上盖木板，以遮挡风雨，如图 4-65 所示。

6.3 坡屋顶构造

（1）坡屋顶的组成

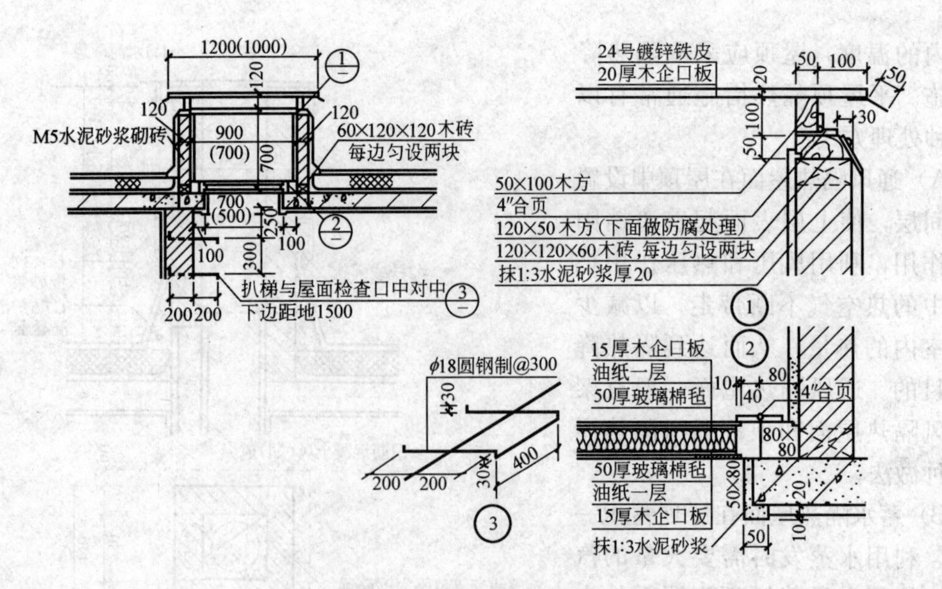

图 4-65　屋面出入孔构造

坡屋顶一般由承重结构和屋面两部分组成，必要时还有保温层、隔热层及顶棚等，如图 4-66 所示。

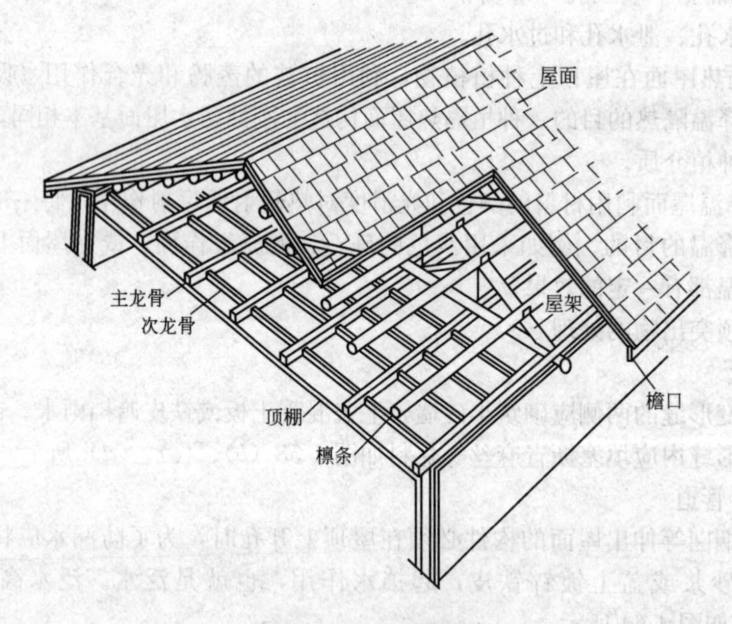

图 4-66　坡屋顶的组成

1）承重结构

主要承受屋面荷载并把它传递到墙或柱上，一般有椽子、檩条、屋架或大梁等，目前基本采用屋架或现浇钢筋混凝土板。

2）屋面

屋面是屋顶的上覆盖层，直接承受风、雨，冰冻和太阳辐射等大自然气候的作用。防水材料为各种瓦材及与瓦材配合使用的各种涂膜防水材料和卷材防水材料。屋面的种类根据瓦的种类而定，如：块瓦屋面、油毡瓦屋面、块瓦形钢板彩瓦屋面等。

3）其他层次

其他层次包括顶棚、保温或隔热层等。顶棚是屋顶下面的遮盖部分，可使室内上部平整，有一定光线反射，起保温隔热和装饰作用。保温或隔热层可设在屋面层或顶棚层，视需要决定。

（2）坡屋顶的承重结构

坡屋顶中的承重结构有横墙承重和屋架承重两类。在房屋开间较小的建筑中，如住宅、旅馆、宿舍等，常采用横墙承重；在一些要求有较大空间的建筑中，如食堂、俱乐部等，多采用屋架承重。

1）横墙承重

按屋顶要求的坡度，横墙上部砌成三角形，在墙上直接搁置檩条，承受屋顶重量，这种承重方式叫“横墙承重”或“硬山搁檩”，如图 4-67 所示。墙的间距，即檩条的跨度应尽可能一致，檩条常用木材、钢筋混凝土、钢材制作。木檩条的跨度在 4m 以内，其断面为矩形或圆形，断面需经结构计算确定。钢筋混凝土檩条跨度最大可达 6m，其断面形状有矩形、L 形和 T 形，尺寸由结构设计确定。钢檩条有型钢或轻型钢檩条。

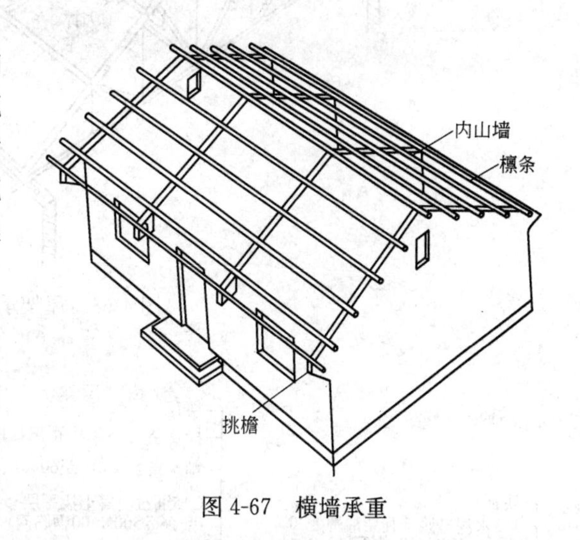

图 4-67　横墙承重

檩条间距大小与屋面防水材料及基层构造有关，设置檩条时应在横墙上预先搁置木或混凝土垫块，以使荷载均匀分布。采用木檩条要注意搁置处的防腐处理，一般是在檩条端头涂刷沥青。

横墙承重结构节约木材和钢材，做法简单、经济、防火，房间之间隔声效果好，是一种合理的方案。

2）屋架承重

屋架上架设檩条，承受屋面荷载，屋架搁置在建筑物的外纵墙或柱上，建筑内部有较大的使用空间，如图 4-68 所示。当建筑物内部有纵向承重墙或柱时，墙、柱也可作为屋架的支点，如利用纵向走道的内墙可设计成四支点的屋架或人字屋架。屋架一般按建筑的开间等距离排列，以便统一屋架类型和檩条尺寸。屋架间距通常为 3～4m，建筑跨度大时，屋架间距可达 6m。

（3）坡屋顶的屋面构造

1）块瓦屋面

块瓦包括彩釉面和素面西式陶瓦、彩色水泥瓦及一般的水泥平瓦、黏土平瓦等能钩挂，可钉、绑固定的瓦材。

铺瓦方式包括水泥砂浆卧瓦、钢挂瓦条挂瓦、木挂瓦条挂瓦，其屋面防水构造做法如图 4-69 所示块瓦屋面。钢、木挂瓦条有两种固定方法，一种是挂瓦条固定在顺水条上，

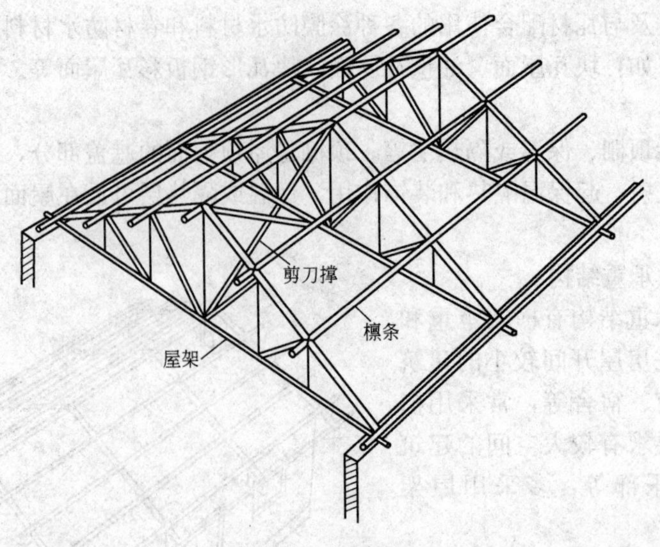

图 4-68 屋架承重

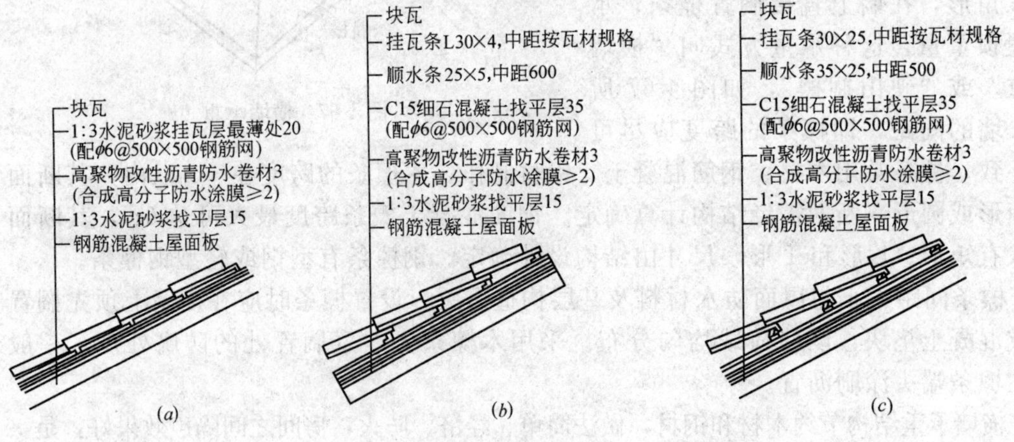

图 4-69 块瓦屋面

(*a*) 砂浆卧瓦；(*b*) 钢挂瓦条；(*c*) 木挂瓦条

顺水条钉牢在细石混凝土找平层上；另一种不设顺水条，将挂瓦条和支承垫块直接钉在细石混凝土找平层上。

块瓦屋面应特别注意块瓦与屋面基层的加强固定措施。一般地震地区和风荷载较大的地区，全部瓦材均应采取固定加强措施。非地震和大风地区，当屋面坡度大于 1∶2 时，全部瓦材也应采取固定加强措施。块瓦的固定加强措施一般有以下几种：

A. 水泥砂浆卧瓦者，用双股 18 号铜丝将瓦与 ϕ6 钢筋绑牢；

B. 钢挂瓦条钩挂者，用双股 18 号铜丝将瓦与钢挂瓦条绑牢；

C. 木挂瓦条钩挂者，用 40 号圆钉（或双股 18 号铜丝）将瓦与木挂瓦条钉（绑）牢。

2）油毡瓦屋面

油毡瓦是以玻纤毡为胎基的彩色块瓦状屋面防水片材，规格一般为 1000mm×333mm×2.8mm。铺瓦方式采用钉粘结合，以钉为主的方法。其屋面防水构造做法如图

4-70所示。

3）块瓦形钢板彩瓦屋面

块瓦形钢板彩瓦系用彩色薄钢板冷压成型呈连片块瓦形状的屋面防水板材。瓦材用自攻螺钉固定于冷弯型钢挂瓦条上。其屋面防水构造做法如图 4-71 所示。

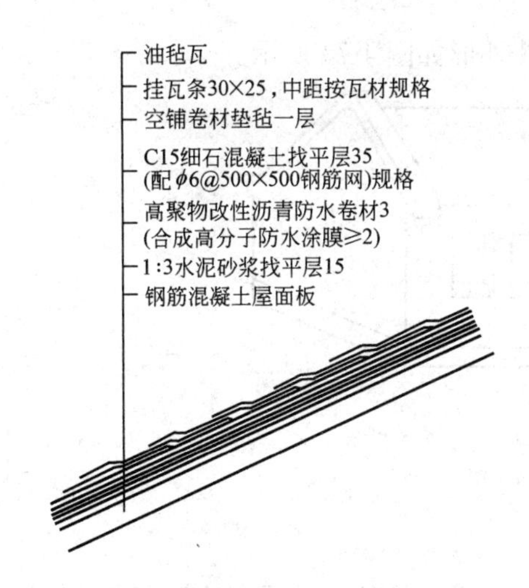

图 4-70　油毡瓦屋面构造层次

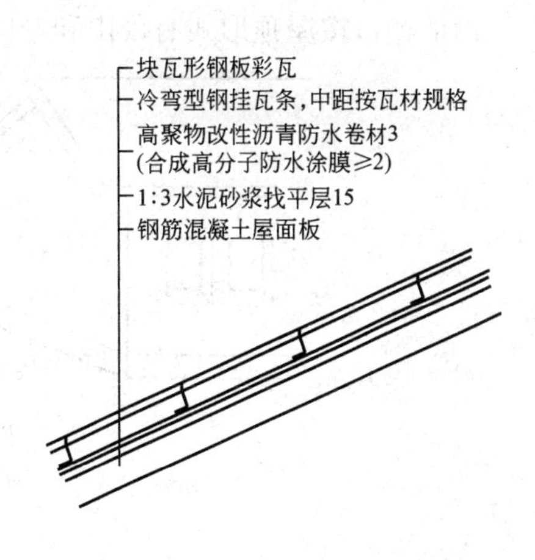

图 4-71　块瓦形钢板彩瓦屋面构造层次

（4）坡屋顶的细部构造

在坡屋顶中最常用的为平瓦屋面和陶瓦屋面，现以平瓦屋面为例简单介绍坡屋面的细部构造。

1）纵墙檐口构造

平瓦屋面的檐口有两大类，一为挑檐，另一为包檐。

A. 挑檐檐口

挑檐是屋面挑出外墙部分，对外墙起保护作用。南方多雨出挑大，北方雨少出挑少。其构造简单，当采用钢筋混凝土挂瓦板时，常用钢筋混凝土梁支承出挑檐口，如图 4-72 所示。挑檐也可以采用与圈梁连在一起的现浇钢筋混凝土檐沟。

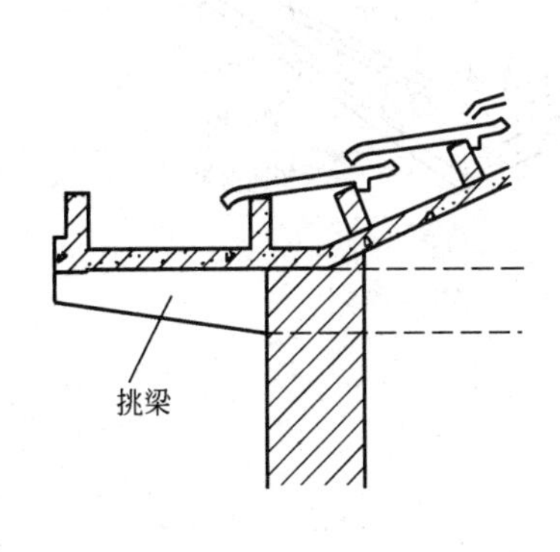

图 4-72　挂瓦板挑檐

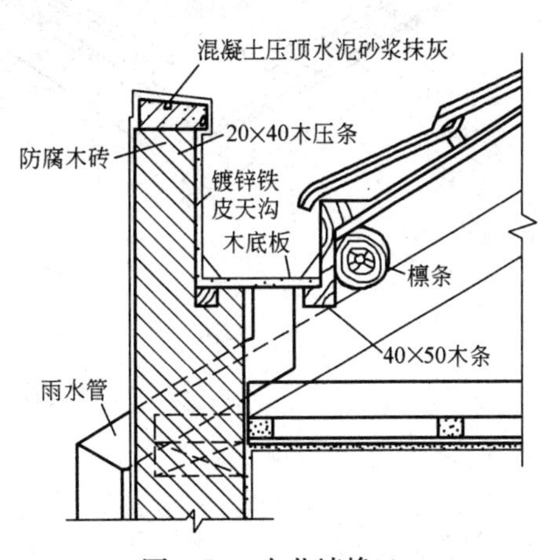

图 4-73　女儿墙檐口

B. 女儿墙檐口（又称包檐）

有的坡屋顶将檐墙砌出屋面形成女儿墙，为解决好排水问题，一般需作檐部内侧水平天沟。天沟可采用混凝土槽形天沟板，沟内铺卷材防水层，并将卷材一直铺到女儿墙上形成泛水，如图 4-73 所示。

2）山墙檐口构造

山墙檐口按屋顶形式有硬山和悬山两种做法，其外形如图 4-74 所示。

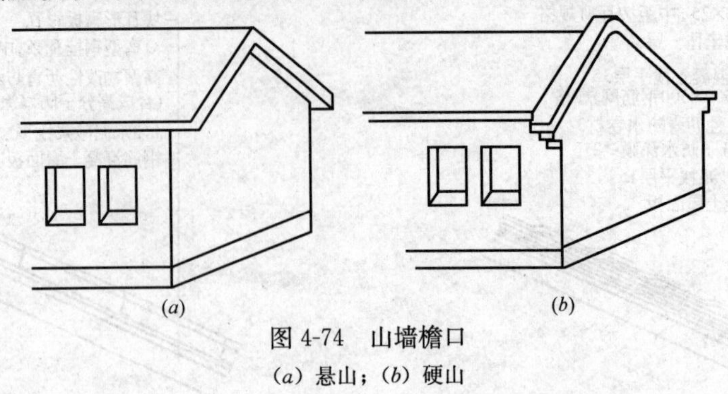

图 4-74　山墙檐口

（*a*）悬山；（*b*）硬山

A. 硬山檐口

硬山檐口是指山墙高出屋面的构造做法。在墙与屋面交接处应做泛水处理，常见做法有砂浆抹灰泛水、镀锌铁皮泛水等。

B. 悬山檐口

悬山檐口是指屋面挑出山墙的构造做法。其构造做法常用檩条挑出山墙，檩条端部用木封檐板封住，沿山墙挑檐边的一行瓦，用水泥砂浆做出披水线，将瓦封固。

3）斜天沟构造

坡屋面两斜面相交形成了斜天沟，斜天沟一般用镀锌铁皮固定在天沟屋面板上作为防水层，铁皮的边缘卷起钉在木条或挂瓦条上，卷起的作用是防止溢水。天沟两侧的瓦应盖过铁皮卷起部分 40mm 以上，也可用弧形瓦或缸瓦作斜天沟。图 4-75 为斜天沟构造。

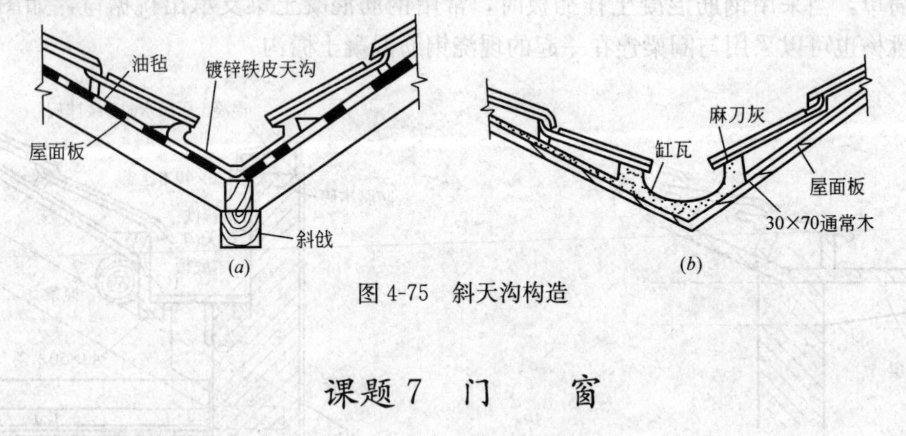

图 4-75　斜天沟构造

课题 7　门　　窗

7.1　门

（1）门的作用

门主要用作交通联系，兼采光和通风。另外，门在建筑的立面处理和室内装修中也有着重要的作用。

(2) 门的分类

门按其所用材料分，可分为木门、钢门、铝合金门、塑料门、塑钢门、玻璃门等；门按所在位置不同，可分为外门和内门；门按开启方式不同，又可分为平开门、弹簧门、推拉门、折叠门、转门等。门的开启方式如图 4-76 所示。

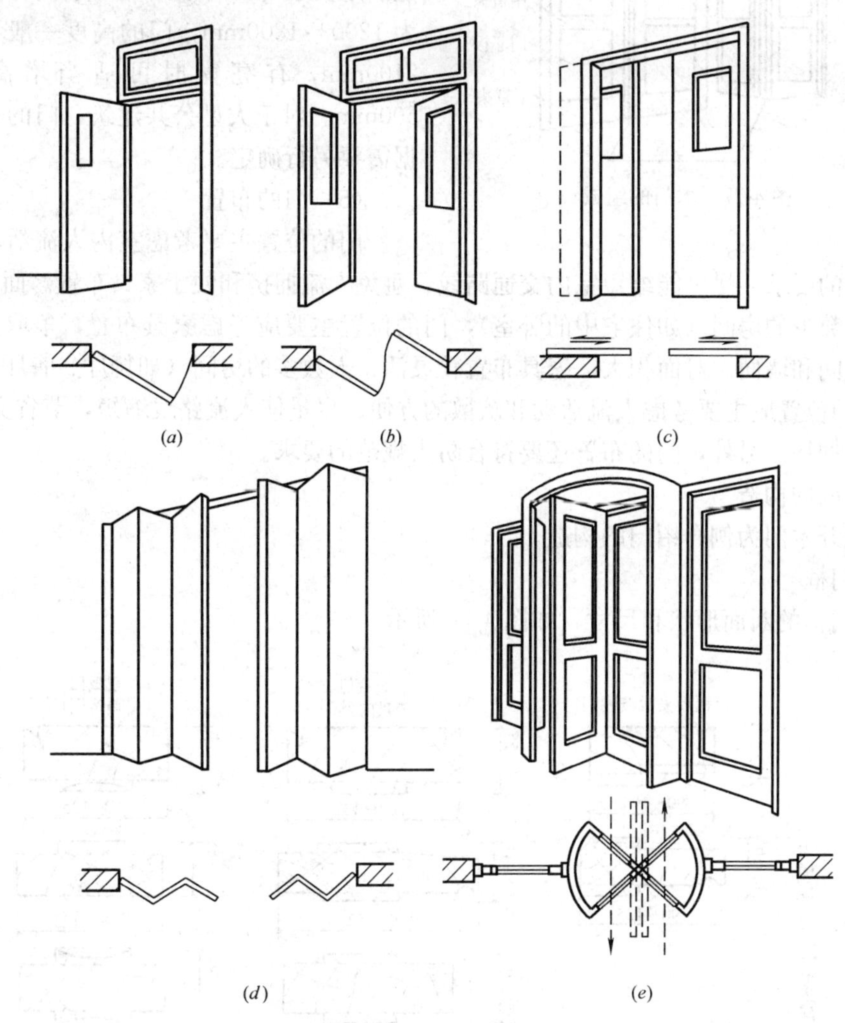

图 4-76 门的开启方式

(a) 平开门；(b) 弹簧门；(c) 推拉门；(d) 折叠门；(e) 转门

(3) 门的组成

以平开的木门为例，简单介绍门的组成。如图 4-77 所示，平开的木门主要由门框、门扇、五金零件组成。门框又称门樘，由上槛、中槛和边框等组成，多扇门还有中竖框。门扇由上冒头、中冒头、下冒头和边梃及门芯板组成。门上常用的五金有铰链、门锁、插销、拉手、闭门器及风钩等。门框与墙间缝隙常用木条盖缝，称为贴脸。为了通风采光，有时还在门的上部设置亮窗。

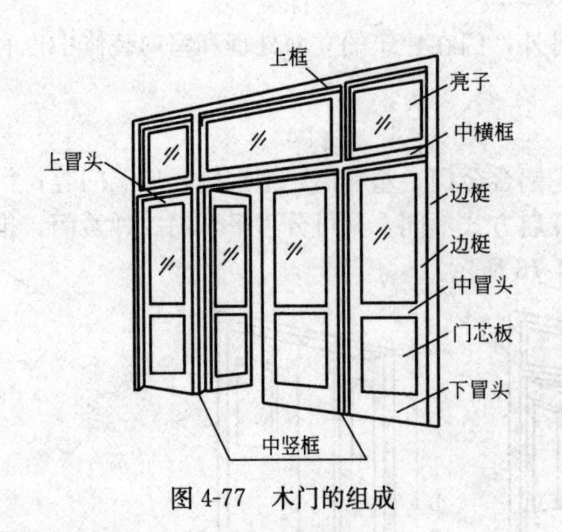

图 4-77　木门的组成

(4) 门的尺度

门的洞口尺寸可根据交通运输、疏散及建筑模数协调的要求来确定。一般房屋中，单扇门的宽度为 800～1000mm，辅助房间的门可以为 700～800mm。当单扇门的宽度不能满足要求时，可以采用双扇门，此时宽度为 1200～1800mm，门的高度一般不宜小于 2100mm，有亮窗时可适当增高 300～600mm。对于大型公共建筑，门的尺度可根据需要另行确定。

(5) 门的布置

门的位置主要考虑室内人流活动特点和家具布置的要求，尽可能缩短室内交通路线，避免人流拥挤和便于家具布置。面积小、家具多、人数少的房间（如住宅中的卧室），门的位置主要应考虑家具布置，争取室内有较完整的空间和墙面。对面积大、家具布置较灵活、人数多的房间（如舞厅、餐厅、会议室等），门的位置应主要考虑人流活动和疏散的方便，尽量使人流路线缩短，节省交通面积，避免人流拥挤。另外，门的布置还要符合防火规范的要求。

(6) 门的构造

以平开木门为例介绍门的构造。

1) 门框

A. 门框的断面形状和尺寸，如图 4-78 所示。

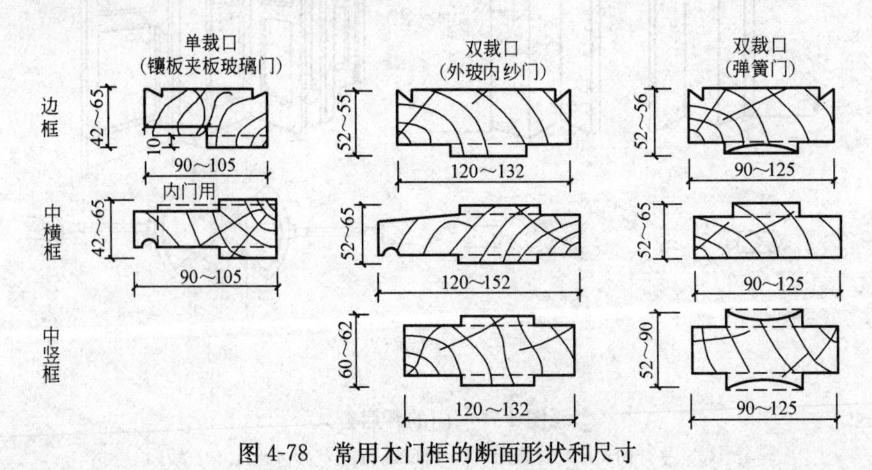

图 4-78　常用木门框的断面形状和尺寸

B. 门框的安装

门框的安装分为立口和塞口两种施工方法。工厂化生产的成品门，其安装多采用塞口法施工。

C. 门框与墙的关系

门框在墙洞中的位置有门框内平、门框居中和门框外平三种情况。一般情况下多做在开门方向一边，与抹灰面平齐，使门的开启角度较大。对较大尺寸的门，为牢固地安装，多居中设置。

门框的墙缝处理与窗框相似，但应更牢固。门框靠墙一边开防止使门受潮的背槽，并做防潮处理。门框外侧的内外角做灰口，缝内填弹性密封材料。

2）门扇

根据门扇的不同构造形式，民用建筑中常见的门可分为夹板门、镶板门和拼板门三大类。

A. 夹板门

如图 4-79 所示，夹板门门扇由骨架和面板组成，骨架通常采用（32～35）mm×(34～36)mm 的木料制作，内部用小木料做成格形纵横肋条，肋距视木料尺寸而定，一般为 300mm 左右。面板可用胶合板、硬质纤维板或塑料板等，用胶结材料双面胶结在骨架上。门的四周可用 15～20mm 厚的木条镶边，以取得整齐、美观的效果。根据功能的需要，夹板门上也可以局部加玻璃或百叶。

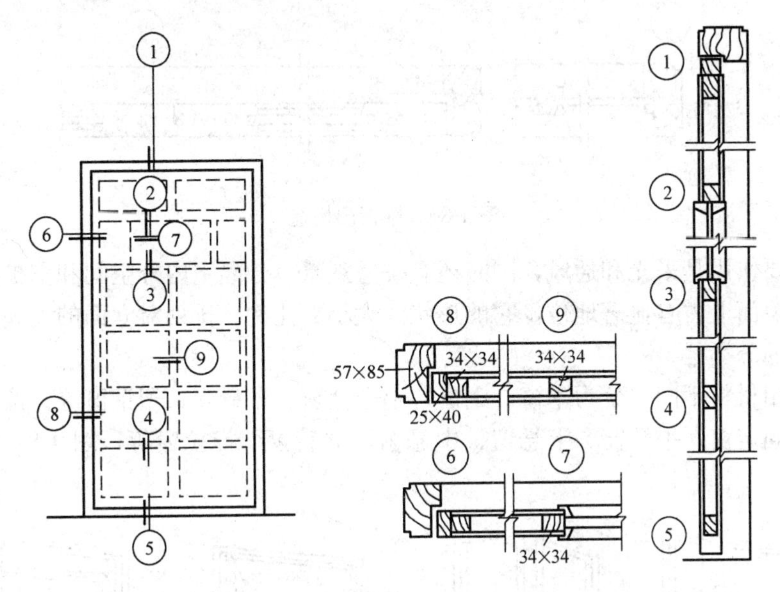

图 4-79　常见的夹板门构造示例

B. 镶板门

镶板门门扇由骨架和门芯板做成。骨架一般由上冒头、下冒头及边梃组成，有时中间还有中冒头或竖向中梃，如图 4-80 所示。门芯板可采用木板、胶合板、硬质纤维板及塑料板等。有时门芯板可部分或全部采用玻璃，称为半玻璃（镶板）门或全玻璃（镶板）门。与镶板门类似的还有纱门、百叶门等。

C. 拼板门

拼板门一般是用几块木板通过榫接或胶接而成，为了提高门扇的整体性，一般在门的背面设多条横向或竖向的横撑或竖撑。

7.2　窗

（1）窗的作用

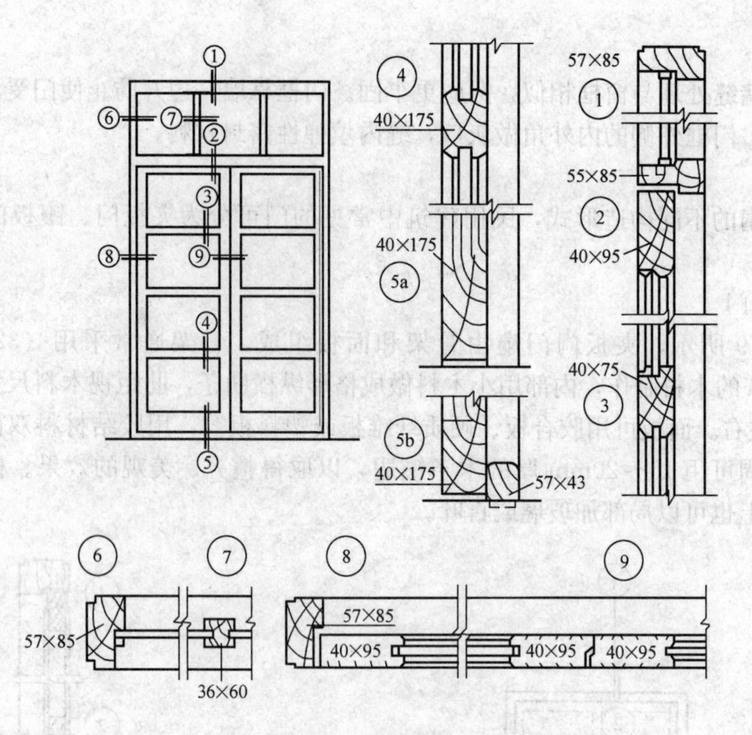

图 4-80　镶板门构造

窗的主要作用是采光和通风，同时还有眺望观景、分隔室内外空间和围护的作用。另外，窗在外墙面上占有显著地位，它的形状、大小、比例、排列对立面的美观影响很大。

(2) 窗的分类

窗按所用材料不同，分为木窗、钢窗、铝合金窗、塑料窗、塑钢窗等；按开启方式不同，分为：固定窗、平开窗、上悬窗、中悬窗、立转窗、推拉窗等，图 4-81 为窗的开启方式。

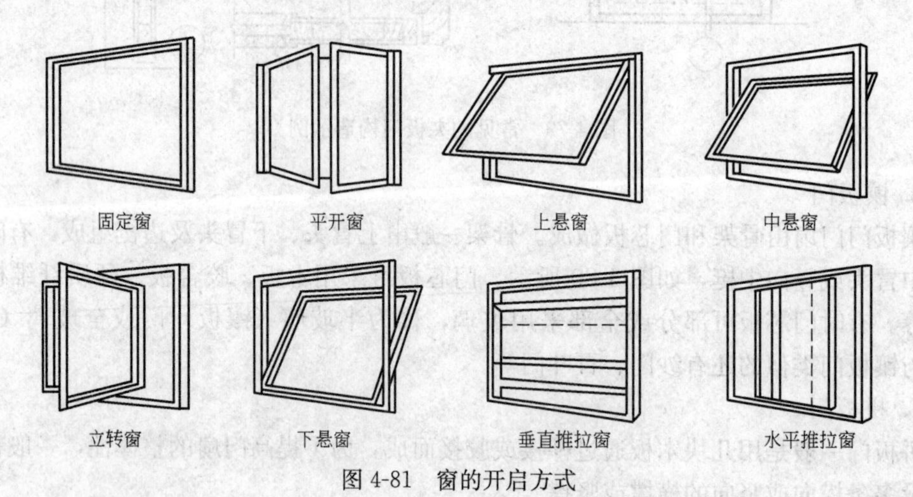

图 4-81　窗的开启方式

(3) 窗的组成

窗主要由窗框、窗扇、五金零件和附件四部分组成。窗框又称窗樘，一般由上框、下框、中横框、中竖框及边框等组成。窗扇由上冒头、中冒头（窗心）、下冒头、边梃及玻璃组成。窗扇与窗框用五金零件连接，常用的五金零件有铰链、风钩、插销、拉手及导轨、滑轮等。窗框与墙的连接处，为满足不同的要求，有时加设贴脸、窗台板、窗帘盒等。图 4-82 为平开木窗的组成示意图。

（4）窗的尺寸

窗的尺寸既要满足采光、通风与日照的需要，又要符合建筑立面设计及建筑模数协调的要求。我国大部分地区标准窗的尺寸均采用 3M 的扩大模数，常用的高、宽尺寸有：600mm、900mm、1200mm、1500mm、1800mm、2100mm、2400mm 等。不同功能的房间有不同的照度要求，超过或低于标准都不利于工作和生活，因而必须有天然采光和日照，并按照标准设置足够和适宜的自然采光面积。

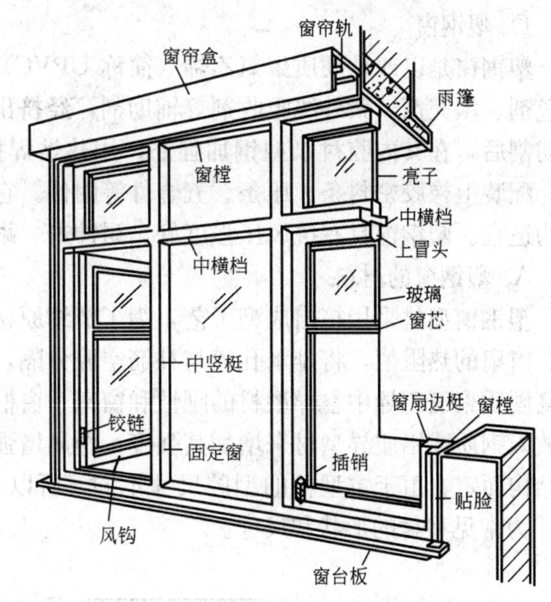

图 4-82　平开木窗的组成示意图

（5）窗的布置

窗的平面位置直接影响到房间照度是否均匀和能否产生眩光。为使室内照度均匀，窗宜布置在房间或开间中部。这样布置房间阴角小，采光效率高。

在确定窗的位置时，还要考虑有利于组织室内的良好通风，以免室内出现空气涡流现象。这对我国南方地区尤为重要，如图 4-83 所示。

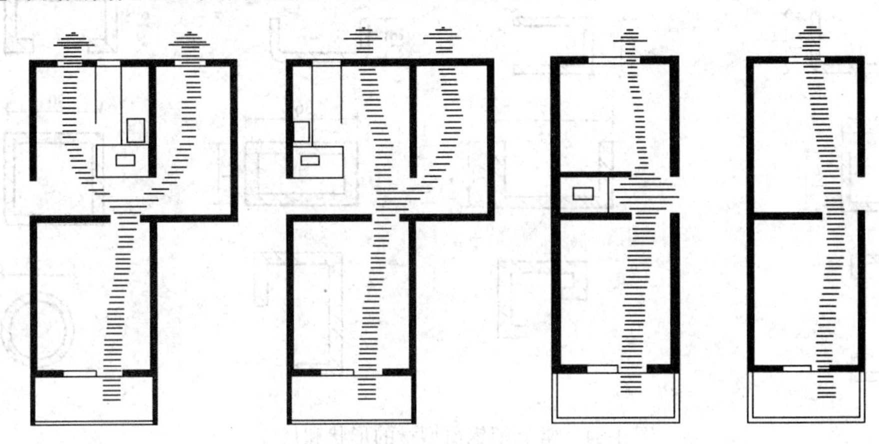

图 4-83　窗的位置对房间通风的影响

窗的平面位置对结构也有一定的影响，为使结构受力合理，对于墙承重的建筑来说，两窗间的窗间墙要有一定的宽度，且窗洞上方不宜有较大集中荷载的承重构件，如：进深梁等。

另外，窗不仅是一个物质功能构件，而且还是一个装饰构件。窗的平面位置会影响到建筑立面的虚实、韵律、对比等美观问题。

(6) 窗的构造

由于塑钢窗和铝合金窗是目前广泛使用的窗的材料，以下以塑料窗和铝合金窗为例介绍窗的构造。其他材料的窗的构造在这里不作一一介绍。

1) 塑钢窗

塑钢窗是以改性硬质聚氯乙烯（简称 UPVC）为主要原料，加上一定比例的稳定剂、着色剂、填充剂、紫外线吸收剂等辅助剂，经挤出机挤出成型为各种断面的中空异型材。经切割后，在其内腔衬以型钢加强筋，用热熔焊接机焊接成型，组装制作成窗框、窗扇等，配装上橡胶密封条、压条、五金件等附件。它较之全塑窗刚度更好，自重更轻，造价更为适宜。塑钢窗具有抗风压强度好、耐冲击、耐久性好、耐腐蚀、使用寿命长的特点。

A. 塑钢窗的材料

塑钢窗型材采用挤出成型工艺，为了节约原材料，异型材一般是中空的，为了提高窗框、窗扇的热阻值，将排水孔道与补筋空腔分隔，可以做成为双腔室，以致多腔室，为了提高硬质聚氯乙烯中空异型材的刚性和窗扇、窗框的抗风压强度，在塑料窗用主型材内腔中放入钢质或铝质异型材来增加其强度。金属增强型材的形状和尺寸规格，根据主型材主腔结构而定，由于主型材的型腔尺寸不同，所以金属增强型材的形状尺寸也有数种，图 4-84 为常见型材的形状和尺寸。

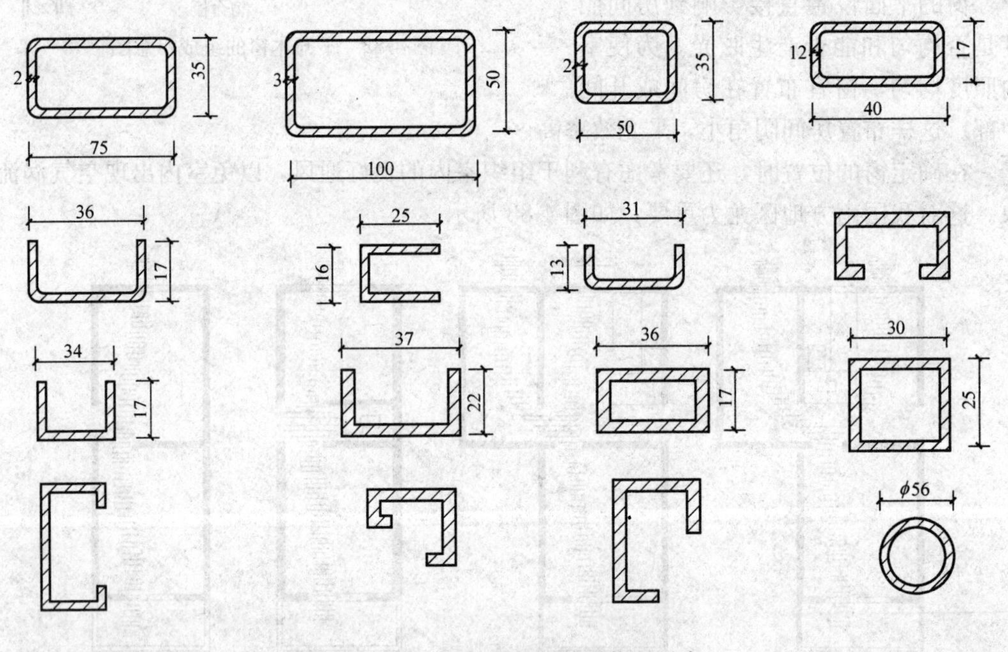

图 4-84　常见塑钢窗型材的形状和尺寸

B. 塑钢推拉窗的构造

常用的塑钢窗有固定窗、平开窗、水平悬窗与立式悬窗及推拉窗等。图 4-85 为塑钢推拉窗的构造图。

C. 塑钢窗框与墙体的连接

(A) 假框法：做一个与塑钢窗框相配套的镀锌铁金属框，框材厚一般为 3mm，预先将其安装在窗洞口上，抹灰装修完毕后，再安装塑钢窗。安装时将塑钢窗框送入洞口，靠

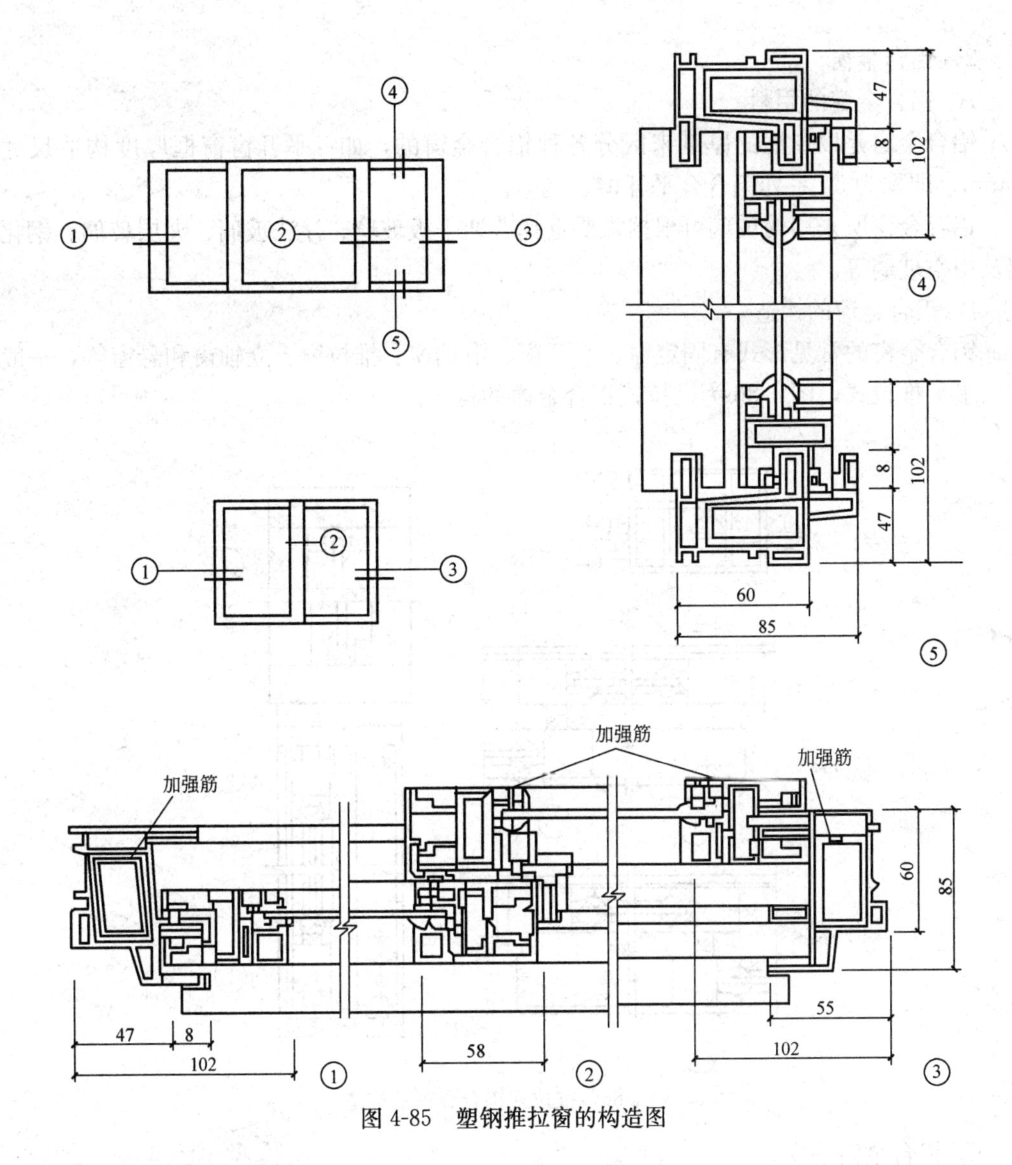

图 4-85　塑钢推拉窗的构造图

住金属框后用自攻螺钉紧固。

(B) 固定件法：窗框通过固定铁件与墙体连接，先用自攻螺钉将铁件安装在窗框上，然后将窗框送入洞口定位。于定位设置的连接点处，穿过铁件预制孔，在墙体相对位置上钻孔，插入尼龙胀管，然后拧入胀管螺钉将铁件与墙体固定。也可以在墙体内预埋木砖，用木螺钉将固定铁件与木砖固定。这两种方法均需注意，连接窗框与铁件的自攻螺钉必须穿过加强衬筋或至少穿过窗框型材两层型材壁，否则螺钉易松动，不能保证窗的整体稳定性。

(C) 直接固定法：即在墙体内预埋木砖，将塑钢窗框送入窗洞口定位后，用木螺钉直接穿过门窗型材与木砖连接。

塑钢窗固定后，门窗洞口和四周缝隙一般采用软质保温材料填塞，如：泡沫塑料条、泡沫聚氨酯条、矿棉毡条和玻璃丝毡条、聚氨酯发泡剂等。填实处用水泥砂浆抹 5～8mm 深的弧形槽，槽内嵌密封胶。

2）铝合金窗

A. 铝合金窗的用料

铝合金窗是以窗框的厚度来区分各种铝合金窗的，如：平开窗窗框厚度构造尺寸为50mm，即称为50系列铝合金平开窗。

铝合金窗所采用的玻璃可根据需要选择普通平板玻璃、浮法玻璃、夹层玻璃、钢化玻璃及中空玻璃等。

B. 铝合金窗的构造

铝合金窗的常见形式有固定窗、平开窗、滑轴窗、推拉窗、立轴窗和悬窗等，一般多采用水平推拉式，图4-86为推拉式铝合金窗的构造。

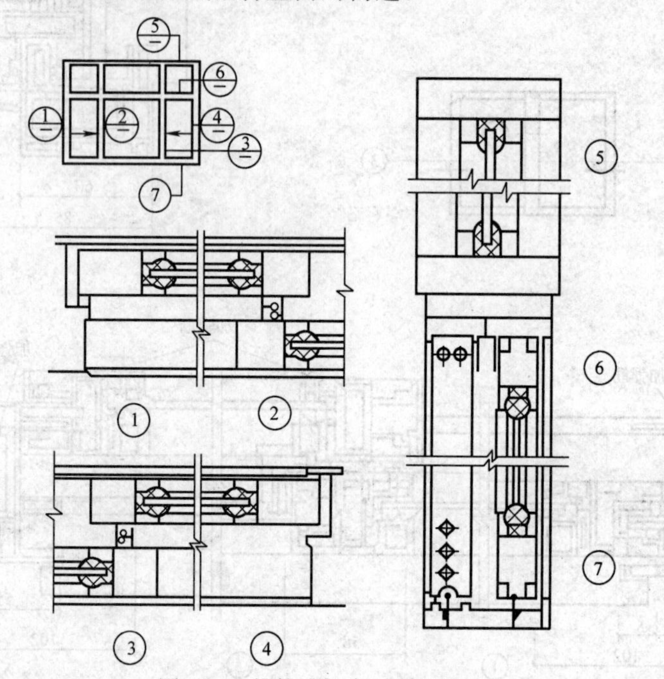

图4-86　推拉式铝合金窗的构造

C. 铝合金窗的安装

为了便于铝合金窗的安装，一般先在窗框外侧用螺钉固定钢质锚固件，安装时与洞口四周墙中的预埋铁件焊接或锚固在一起，玻璃嵌固在铝合金窗料中的凹槽内，并加密封条。

窗框固定铁件，除四周离边角150mm设一点外，一般间距不大于400～500mm。其连接方法有：采用墙上预埋铁件连接；墙上预留孔洞埋入燕尾铁脚连接；采用金属膨胀螺栓连接；采用射钉固定，锚固铁件用厚度不小于1.5mm的镀锌铁片（图4-87）。窗框固定好后，窗洞四周的缝隙处理和塑钢窗相同。

（7）窗的遮阳措施

在炎热地区的夏季，阳光直射室内时会产生眩光，并将使室内过热，从而影响人们的正常工作和生活。因此，炎热地区房屋应采取遮阳措施。

遮阳设施有多种，主要有绿化遮阳、简易设施遮阳、建筑构造遮阳等。

1）绿化遮阳

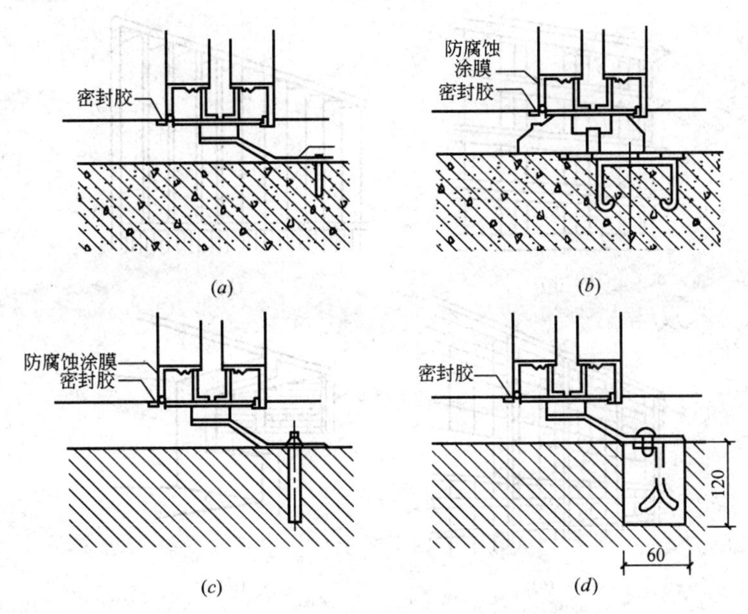

图 4-87　铝合金窗框与墙体的连接构造

(*a*) 预埋铁件连接；(*b*) 燕尾铁脚连接；(*c*) 金属膨胀螺栓连接；(*d*) 射钉连接

对于低层建筑来说，绿化遮阳是一种经济而美观的措施，可利用搭设棚架，种植攀缘植物或阔叶树来遮阳。

2）简易设施遮阳

其特点是制作简单、经济、灵活、拆卸方便，但耐久性差。简易设施可用苇席、布篷、百叶窗、竹帘、塑料等材料制成，目前较常用。图 4-88 为几种简易遮阳设施。

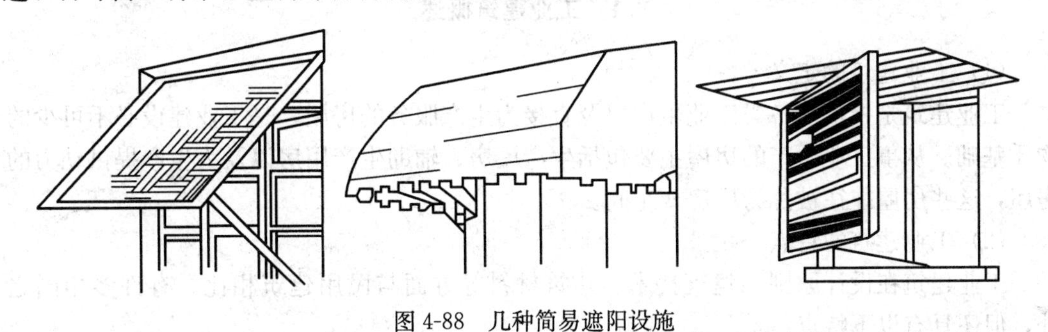

图 4-88　几种简易遮阳设施

3）建筑构造

主要是设置各种形式的遮阳板，使遮阳板成为建筑物的组成部分。遮阳板的形式一般可分为四种：水平式、垂直式、综合式和挡板式，图 4-89 为几种遮阳板形式。

水平式能够遮挡太阳高度角较大，从窗上方照射的阳光，适于南向及接近南向的窗口；垂直式能够遮挡太阳高度角较小，从窗两侧斜射的阳光，适用于东、西及接近东、西朝向的窗口；综合式包含有水平式及垂直式遮阳，能遮挡窗上方及左右两侧的阳光，故适用南、东南、西南及其附近朝向的窗口；挡板式能够遮挡太阳高度角较小，正射窗口的阳光，适用于东、西向的窗口。

选择和设置遮阳设施时，应尽量减少对房间采光和通风的影响；采用各种形式的遮阳

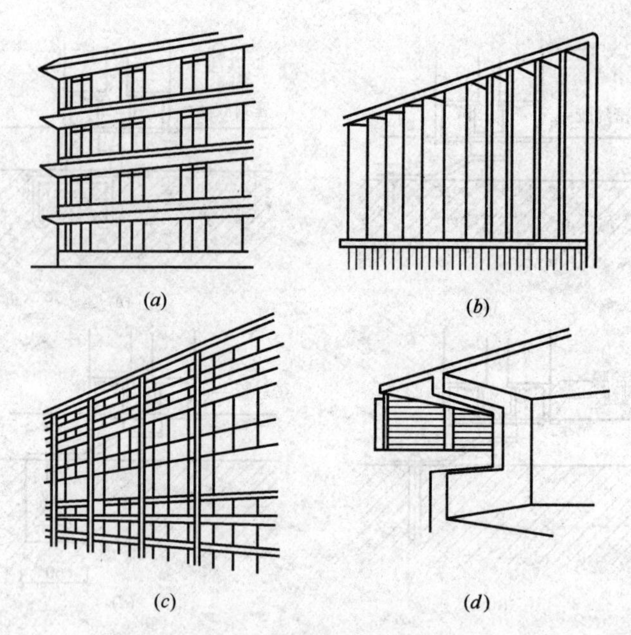

图 4-89 几种遮阳板形式

(a) 水平式遮阳板；(b) 垂直式遮阳板；(c) 综合式遮阳板；(d) 挡板式遮阳板

板时，需与建筑的立面处理统一考虑。

课题 8 工业建筑简介

8.1 工业建筑概述

(1) 工业建筑的定义

工业建筑是指从事各类工业生产以及直接为生产服务的房屋，是工业建设必不可少的物质基础。从事工业生产的房屋主要包括生产厂房、辅助生产用房以及为生产提供动力的房屋，这些房屋往往被称为厂房或车间。

(2) 工业建筑的特点

工业建筑在设计原则、建筑技术、建筑材料等方面与民用建筑相比，有许多相同之处，但还具有以下特点：

1) 满足生产工艺要求

厂房的设计以生产工艺设计为基础，必须满足不同工业生产的要求，并为工人创造良好的生产环境。

2) 内部有较大的通敞空间

由于厂房内各生产工部联系紧密，需要大量的或大型的生产设备和起重运输设备。因此，厂房的内部大多具有较大的面积和通敞的空间。

3) 采用大型的承重骨架结构

由于上述原因，厂房屋盖和楼板荷载较大，多数厂房采用由大型的承重构件组成的钢筋混凝土骨架结构或钢结构。

4）结构、构造复杂，技术要求高

由于厂房的面积、体积较大，有时采用多跨组合，工艺联系密切，不同的生产类型对厂房提出的功能要求不同。因此在空间组织、采光通风和防水排水等建筑处理上以及结构、构造上都比较复杂，技术要求高。

（3）工业建筑的分类

工业建筑通常按厂房的用途、生产状况及层数分类。

1）按厂房用途分类

A. 主要生产厂房：这类厂房用于完成产品从原料到成品的主要工艺过程的各类厂房。例如：钢铁厂的烧结、焦化、炼铁、炼钢车间；机械厂的铸造、锻造、热处理、铆焊、冲压、机加和装配车间。

B. 辅助生产厂房：为主要生产车间服务的各类厂房，如：机械修理和工具等车间。

C. 动力用厂房：为工厂提供能源和动力的各类厂房，如：发电站、锅炉房等。

D. 贮存用房屋：贮存各种原料、半成品或成品的仓库，如：材料库、成品库等。

E. 运输用房屋：停放、检修各种运输工具的库房，如：汽车库、电瓶车库等。

2）按厂房生产状况分类

A. 冷加工车间：在正常温、湿度状况下进行生产的车间，如：机械加工、装配等车间。

B. 热加工车间：在高温或熔化状态下进行生产的车间，在生产中产生大量的热量及有害气体、烟尘，如：冶炼、铸造、锻造和轧钢等车间。

C. 恒温恒湿车间：在稳定的温、湿度状态下进行生产的车间，如：纺织车间和精密仪器车间等。

D. 洁净车间：为保证产品质量，在无尘、无菌、无污染的洁净状况下进行生产的车间，如：集成电路车间，医药工业、食品工业的一些车间等。

3）按厂房层数分类

A. 单层厂房：是指层数为一层的厂房，它主要用于机械、冶金等重工业，适用于有大型设备及加工件，有较大动荷载和大型起重运输设备，需要水平方向组织工业流程和运输的生产项目，如图 4-90 所示。

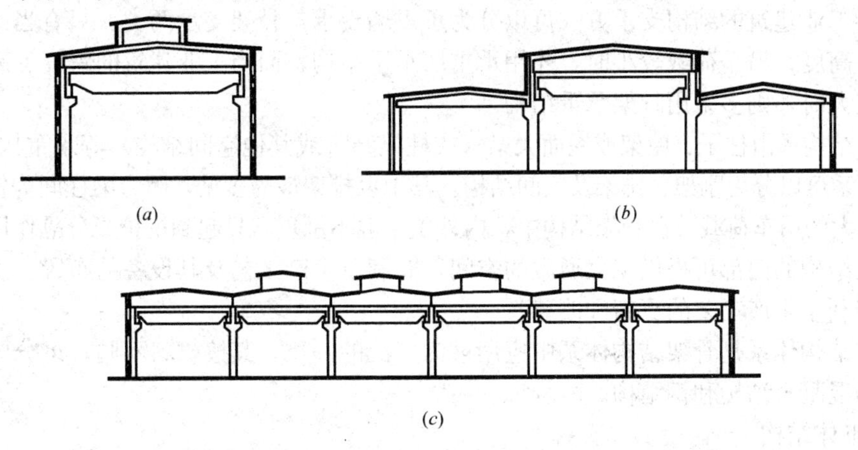

图 4-90　单层厂房

（*a*）单跨；（*b*）高低跨；（*c*）多跨

B. 多层厂房：是指层数为二层以上的厂房，常见的层数为 2～6 层。用于电子、精密仪器、食品和轻工业，适用于设备、产品较轻，竖向布置工艺流程的生产项目，如图4-91所示。

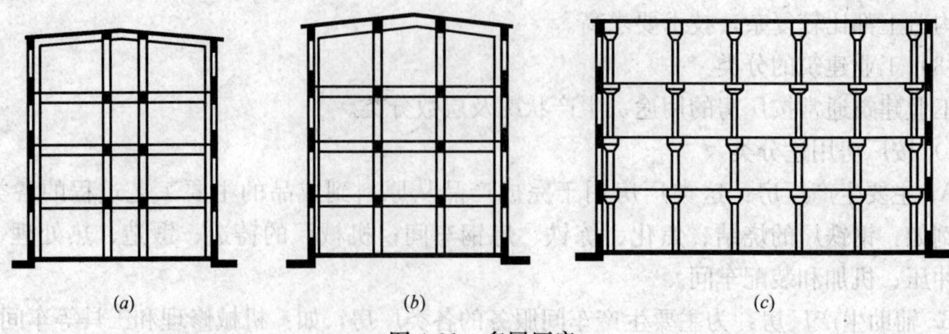

图 4-91　多层厂房

(a) 内廊式；(b) 统间式；(c) 大宽度式

C. 混合层数厂房：同一厂房内既有多层也有单层，单层或跨层内设置大型生产设备，多用于化工和电力工业，如图 4-92 所示。

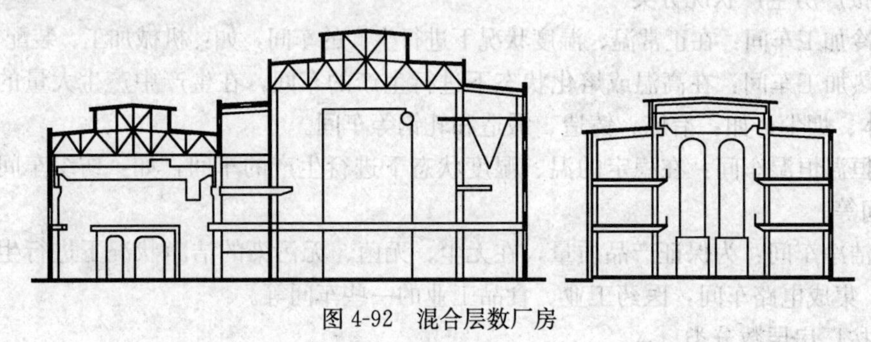

图 4-92　混合层数厂房

8.2　单层工业厂房

(1) 单层工业厂房的结构类型

单层工业建筑的结构支承方式可以分为承重墙支承与骨架支承两类。只有当工业建筑的跨度、高度、吊车荷载较小时，才用承重墙承重结构，而当工业建筑的跨度、高度和吊车荷载较大时，则多采用骨架承重结构。

骨架结构系由柱子、屋架或屋面大梁（或柱梁结合或其他空间结构）等承重构件组成。其结构体系可以分为刚架、排架及空间结构。其中以排架最为多见，因为梁柱间为铰接，可以承受较大的吊车荷载。在骨架结构中，内外墙一般不承重，只起到围护或分隔作用。

骨架结构的内部可提供宽大通敞的空间，有利于生产工艺及其设备的布置、工段的划分，也有利于生产工艺的更新和改善。

排架结构体系是骨架结构体系中应用最为广泛的一类，其按材料不同，可分为砌体结构、钢筋混凝土结构和钢结构。

1）砌体结构

它由砖石等砌块砌筑成的柱子、钢筋混凝土屋架（或屋面大梁）、钢屋架等组成，图 4-93 为砖柱、组合屋架的工业建筑。

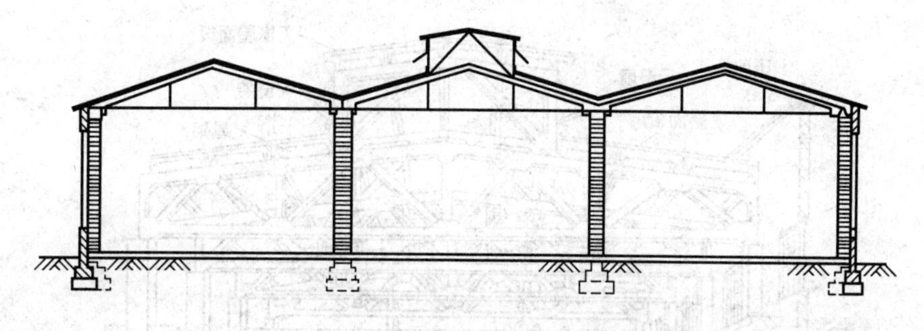

图 4-93　砖砌体结构工业建筑

2）钢筋混凝土结构

这种骨架结构多采取预制装配的施工方式。结构构成主要由横向骨架、纵向连系构件以及支撑构件组成，如图 4-95 所示。横向骨架主要包括屋面大梁（或屋架）、柱子、柱基础。纵向构件包括屋面板、连系梁、吊车梁、基础梁等。此外，垂直和水平方向的支撑构件用以提高建筑的整体稳定性。

这种结构建设周期短、坚固耐久，与钢结构相比可节省钢材，造价较低，故在国内外工业建筑中应用十分广泛。但是其自重大，抗震性能比钢结构工业建筑差。

3）钢结构

钢结构工业建筑的主要承重构件全部采用钢材制作，如图 4-94 所示。这种骨架结构自重轻，抗震性能好，施工速度快，主要用于跨度巨大、空间高、吊车荷载重、高温或振动荷载大的工业建筑。对于那些要求建设速度快，早投产、早受益的工业建筑也采用钢结构。但钢结构易锈蚀，保护维修费用高，耐久性能较差，防火性能差，使用时应采取必要的防护措施。

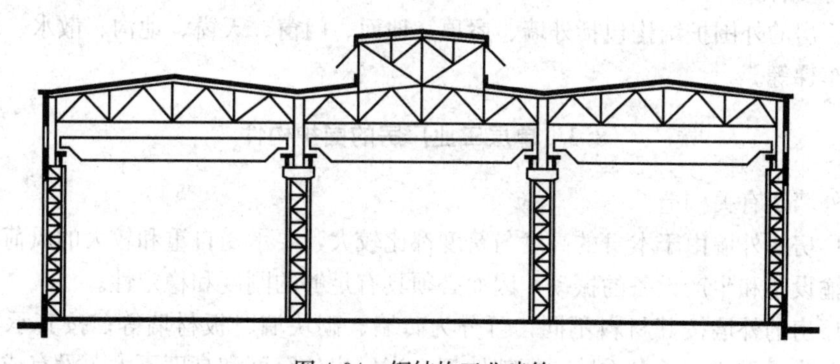

图 4-94　钢结构工业建筑

(2) 单层工业厂房的构件组成

单层厂房的骨架结构，由支承各种竖向和水平荷载作用的构件所组成。厂房依靠各种结构构件合理地连接为一体，组成一个完整的结构空间以保证厂房的坚固、耐久。我国广泛采用钢筋混凝土排架结构，其结构构件的组成如图 4-95 所示。

1）承重结构

A. 横向排架：由基础、柱、屋架组成，主要是承受厂房的各种荷载。

B. 纵向连系构件：由吊车梁、圈梁、连系梁、基础梁等组成，与横向排架构成骨架，

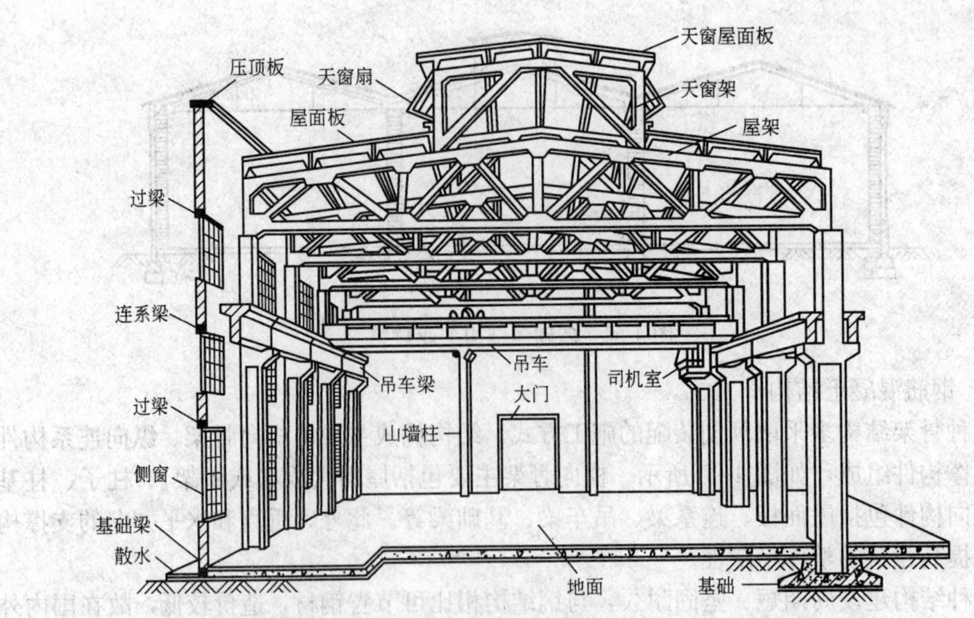

图 4-95　装配式钢筋混凝土排架结构及主要构件

保证厂房的整体性和稳定性。纵向连系构件主要承受作用在山墙上的风荷载及吊车纵向制动力，并将这些力传递给柱子。

C. 支撑系统构件：支撑构件设置在屋架之间的称为屋架支撑系统；设置在纵向柱列之间的称为柱间支撑系统。支撑构件主要传递水平风荷载及吊车产生的水平荷载，起保证厂房空间刚度和稳定性的作用。

2）围护结构

单层厂房的外围护结构包括外墙、屋顶、地面、门窗、天窗、地沟、散水、坡道、消防梯、吊车梯等。

8.3　单层工业厂房的围护构件

（1）外墙及有关构造

单层厂房的外墙由于本身的高度与跨度都比较大，要承受自重和较大的风荷载，还承受起重运输设备和生产设备的振动，因而必须具有足够的刚度和稳定性。

单层厂房的外墙按其材料不同，可分为砖墙、砌块墙、板材墙等；按其承重形式不同，则可分为承重墙、承自重墙、框架墙等。当厂房的跨度和高度不大，没有或只有较小的起重设备时，一般可采用承重墙直接承受屋盖和起重运输设备等荷载。当厂房跨度和高度较大，起重运输设备吨位较大时，通常采用钢筋混凝土排架柱来承受屋盖和起重运输设备等荷载。

1）砖墙及砌块墙

单层厂房通常为装配式钢筋混凝土排架结构，因此它的外墙在连系梁以下一般为承自重墙，在连系梁上部为框架墙。承自重墙、框架墙的墙体材料有普通黏土砖和各种预制砌块。预制砌块有混凝土、加气混凝土预制块等，既有空心的，也有实心的，既有中、小型砌块，也有大型砌块。

A. 砖墙及砌块墙厚度

砖墙和砌块墙在单层工业厂房中，在跨度小于 15m，吊车吨位小于 5t 时，作为承重和围护结构之用，其他情况下，一般只起围护作用。砖墙的厚度一般为 240mm 和 365mm，其他砌体墙厚度为 200～300mm。

B. 墙与柱的相对位置

墙与柱的相对位置，通常有四种构造方案，如图 4-96 所示。

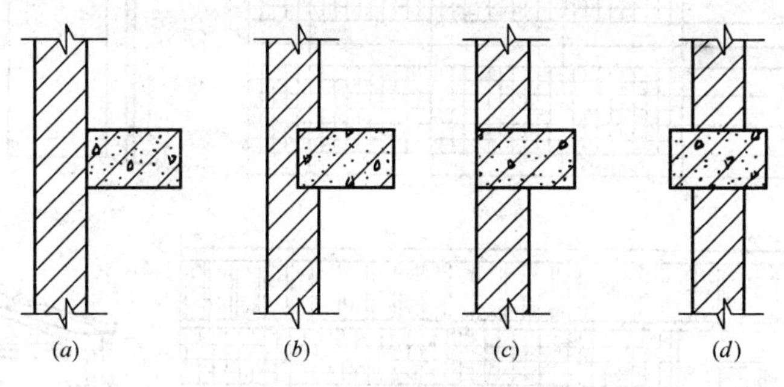

图 4-96　墙与柱的相对位置

C. 墙与柱的连接构造（图 4-97）

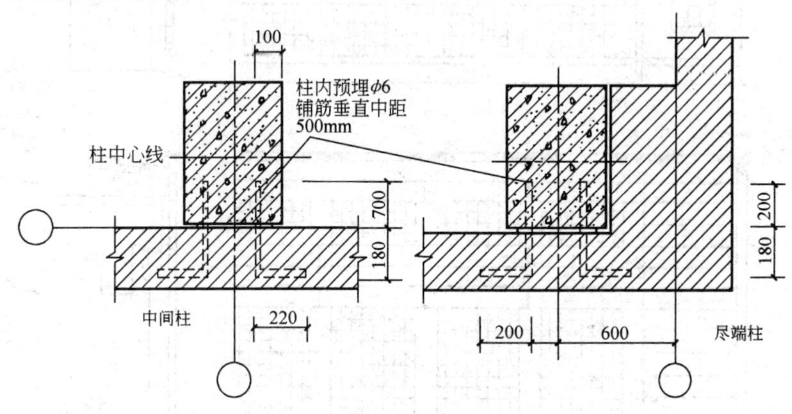

图 4-97　墙与柱的连接构造

《建筑抗震设计规范》（GB 50011—2001）中规定：围护墙应与柱子牢固拉接，还应与屋面板、天沟板或檩条拉接。拉接钢筋的设置原则是：在柱子高度方向每隔 500～600mm 预埋伸出两根 ϕ6 钢筋，伸入墙体内部不少于 500mm。

2）大型板材墙

采用大型板材可成倍地提高工程效率，加快建设速度。同时它还具有良好的抗震性能。因此大型板材墙是我国工业建筑应优先采用的外墙类型之一。

A. 墙板的类型

墙板的类型很多，按其受力状况不同分为承重墙板和非承重墙板；按其保温性能不同分为保温墙板和非保温墙板；按所用材料不同分为单一材料墙板和复合材料墙板；按其规格不同分为基本板、异形板和各种辅助构件；按其在墙面的位置不同分为一般板、檐下板和山尖板等。

B. 墙板的布置

墙板在墙面上的布置方式，最广泛采用的是横向布置，其次是混合布置，竖向布置采用较少，图 4-98 为墙板的布置。

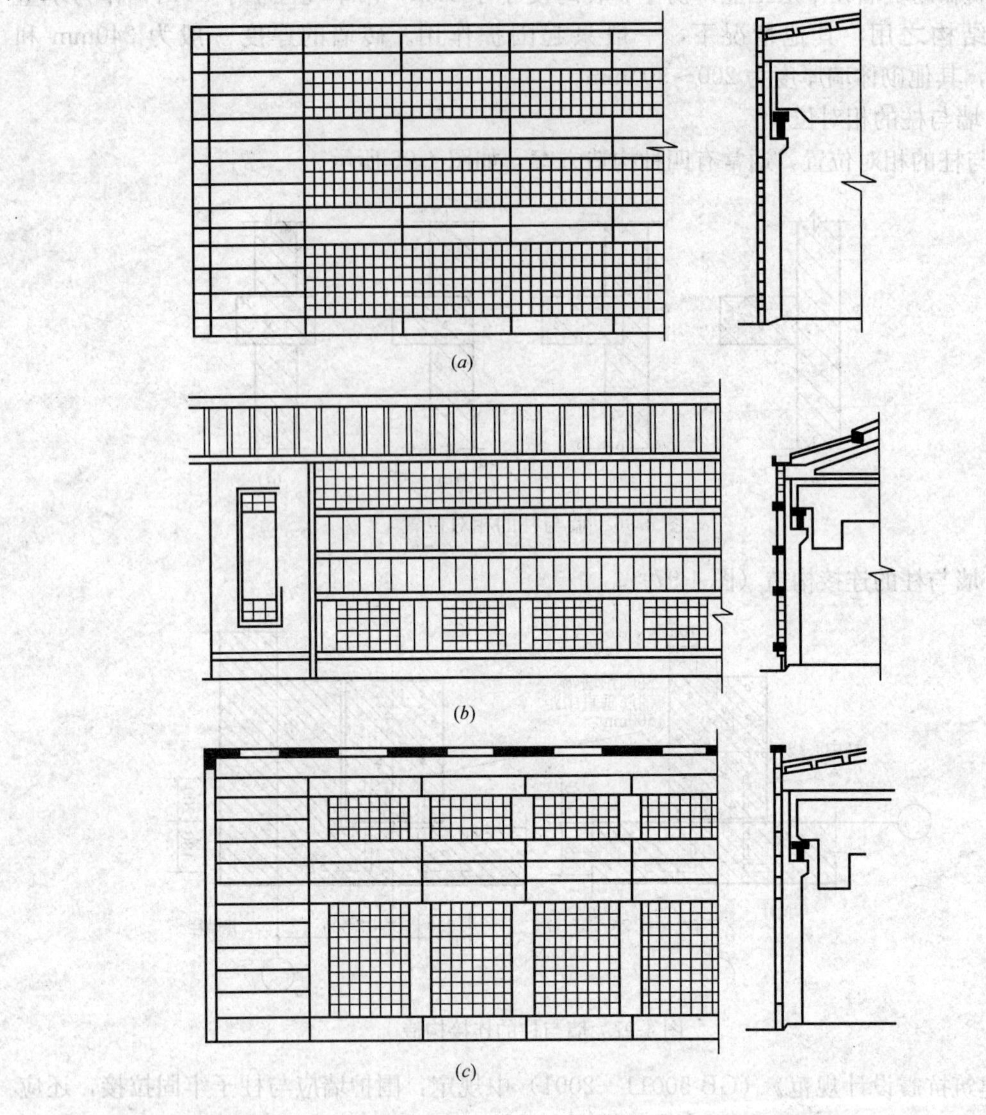

图 4-98　墙板布置

(*a*) 横向布置；(*b*) 竖向布置；(*c*) 混合布置

横向布置时，板型少，以柱距为板长，板柱相连，板缝处理较方便。山墙墙板布置与侧墙同，山尖部位可布置成台阶形、人字形、折线形等，如图 4-99 所示。

C. 墙板连接

(A) 板柱连接

板柱连接应安全可靠，便于制作、安装和检修。一般分柔性连接和刚性连接两类。

柔性连接的特点是：墙板与厂房骨架以及板与板之间在一定范围内可相对独立位移，能较好地适应振动引起的变形。设计烈度高于 7 度的地震区宜用此法连接墙板。

图 4-100 为螺栓挂钩柔性连接，其优点是安装时一般无焊接作业，维修、换件也较容

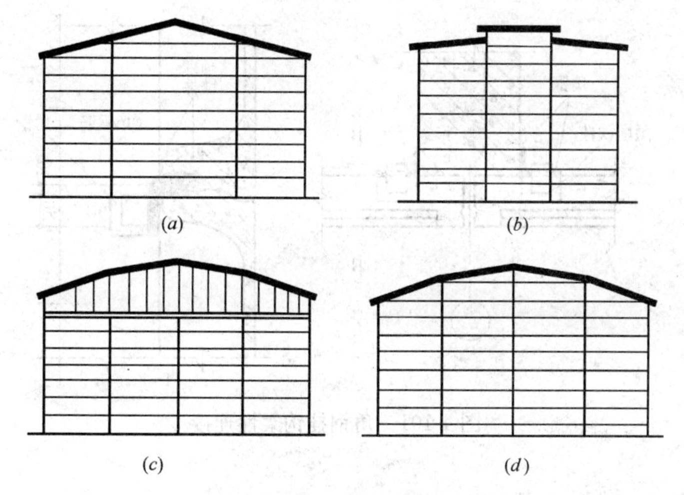

图 4-99　山尖部位墙板布置

(*a*) 人字形；(*b*) 台阶形；(*c*) 折线形Ⅰ；(*d*) 折线形Ⅱ

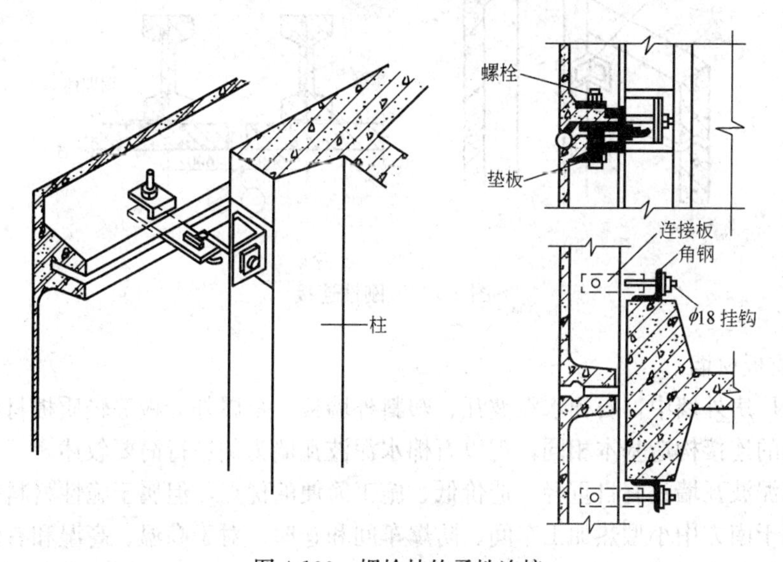

图 4-100　螺栓挂钩柔性连接

易，但用钢量较多，暴露的零件较多，在腐蚀性环境中必须严加防护。图 4-101 为角钢挂钩柔性连接。其优点是用钢量较少，暴露的金属面较少，有少许焊接作业，但对土建施工的精度要求较高。刚性连接就是将每块板材与柱子用型钢焊接在一起，无需另设钢支托，如图 4-102 所示。其突出的优点是连接件钢材少，但由于失去了能相对位移的条件，对不均匀沉降和振动较敏感，主要用在地基条件较好，振动影响小和地震烈度小于 7 度的地区。

(B) 板缝处理

为使墙板能起到防风雨、保温、隔热作用，除板材本身要满足这些要求之外，还必须做好板缝的处理。板缝的处理宜优先选用"构造防水"(采用构造措施防止雨水渗漏)，用砂浆勾缝；其次可选用"材料防水"(用防水材料堵塞板缝)。防水要求较高时，可采用"构造防水"与"材料防水"相结合的形式。

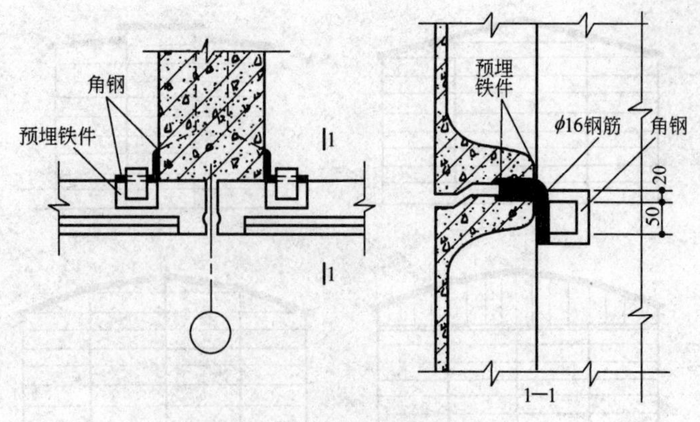

图 4-101　角钢挂钩柔性连接

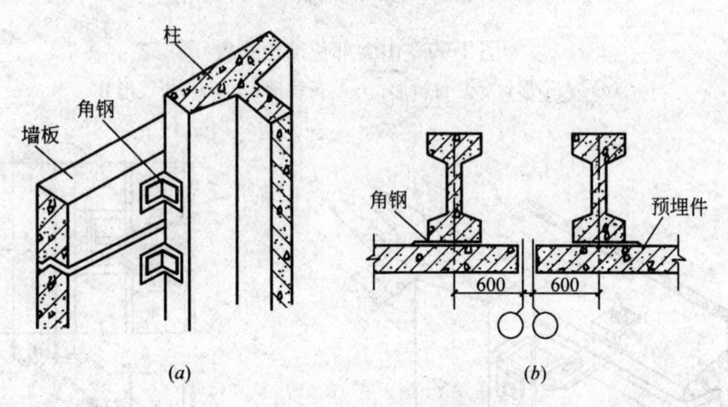

图 4-102　刚性连接

3）轻质板材墙

在单层厂房外墙中，石棉水泥波瓦、塑料外墙板、金属外墙板等轻质板材的使用日益广泛。它们的连接构造基本相同，现以石棉水泥波瓦墙为例进行简要叙述。

石棉水泥波瓦墙具有自重轻、造价低、施工简便的优点，但属于脆性材料，容易受到破坏。多用于南方中小型热加工车间、防爆车间和仓库。对于高温、高湿和有强烈振动的车间其垂直距离应与瓦长相适应，瓦缝上下搭接不小于 100mm，左右搭接为一个瓦拢，搭缝应与主导风向相顺。为避免碰撞损坏，墙角、门洞和勒脚等部位可采用砌筑墙或钢筋混凝土墙。

(2) 屋面

单层厂房由于屋面宽度比民用建筑大得多，不利于排水；其次，由于厂房屋面板常采用装配式，接缝多，对防水也不利。另外，厂房屋面直接受厂房内部的振动、高温、腐蚀性气体、积灰等因素的影响，因此，解决好屋面的排水和防水是厂房屋面构造的主要问题。有些地区还要处理好屋面保温、隔热的问题。

1）屋面的防水类型及做法

单层厂房的屋面防水主要有卷材防水、各种波形瓦（板）钢筋混凝土构件自防水等类型。

A. 卷材防水屋面

屋面防水材料主要为油毡卷材、高分子合成材料卷材、合成橡胶等。卷材屋面的设计原则和构造做法与民用建筑卷材屋面相同，但对于厂房，由于生产过程中的机械振动较大，屋顶面积大，因此更易造成屋面卷材的开裂和破坏，因此应采取相应措施。

B. 波形瓦屋面

波形瓦屋面可根据材料与构造自防水能力的不同分为石棉水泥瓦、镀锌铁皮瓦、压型钢板及玻璃钢瓦等，它们都采用有檩方案，属于构件自防水屋面。

(A) 石棉水泥瓦：石棉水泥瓦要顺主导风向铺设，并做到搭接严密。当四块瓦对角处出现四角重叠，应将斜对的瓦角割掉，如图 4-103 所示，或采用错位排瓦方法。由于石棉水泥瓦性脆，采用挂钩柔性连接，可允许其有少量位移，以减少破坏。

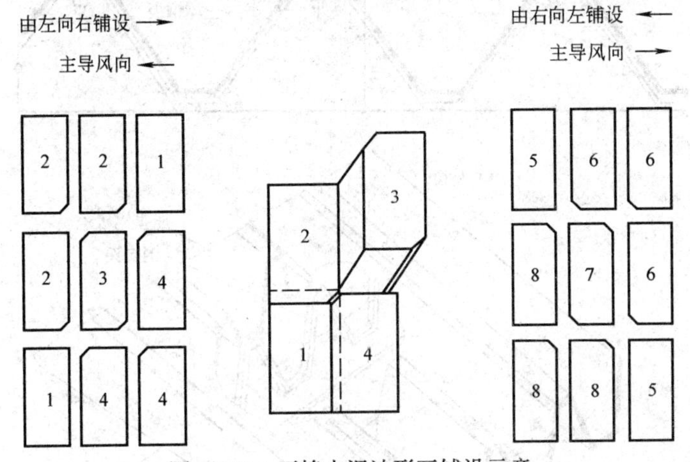

图 4-103　石棉水泥波形瓦铺设示意

(B) 镀锌铁皮波形瓦：镀锌铁皮波形瓦这种屋面也比较常用，它的抗震性能和防水性能都比较好，但造价较高。镀锌铁皮波形瓦屋面的搭接固定，如图 4-104 所示。将瓦用镀锌弯钩螺栓直接固定于钢檩条上。

(C) 压型钢板瓦屋面：压型钢板分为单层板、多层复合板、金属夹芯板等。图 4-105 是断面为 W 形的钢板瓦屋面构造示例。

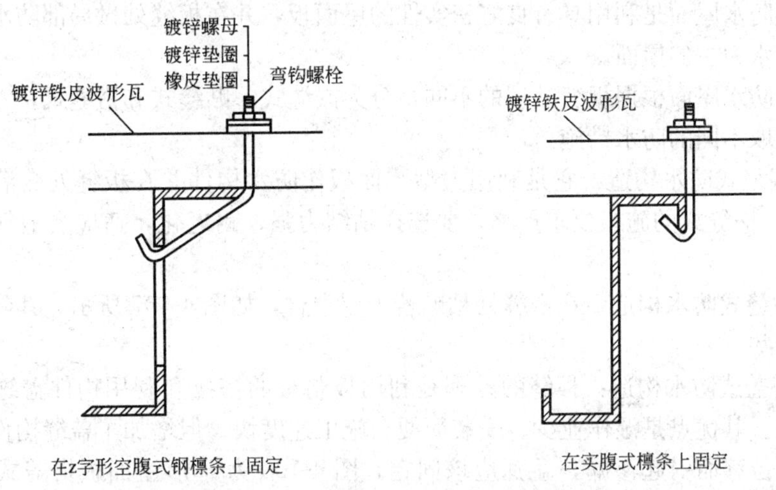

图 4-104　镀锌铁皮波形瓦屋面的固定

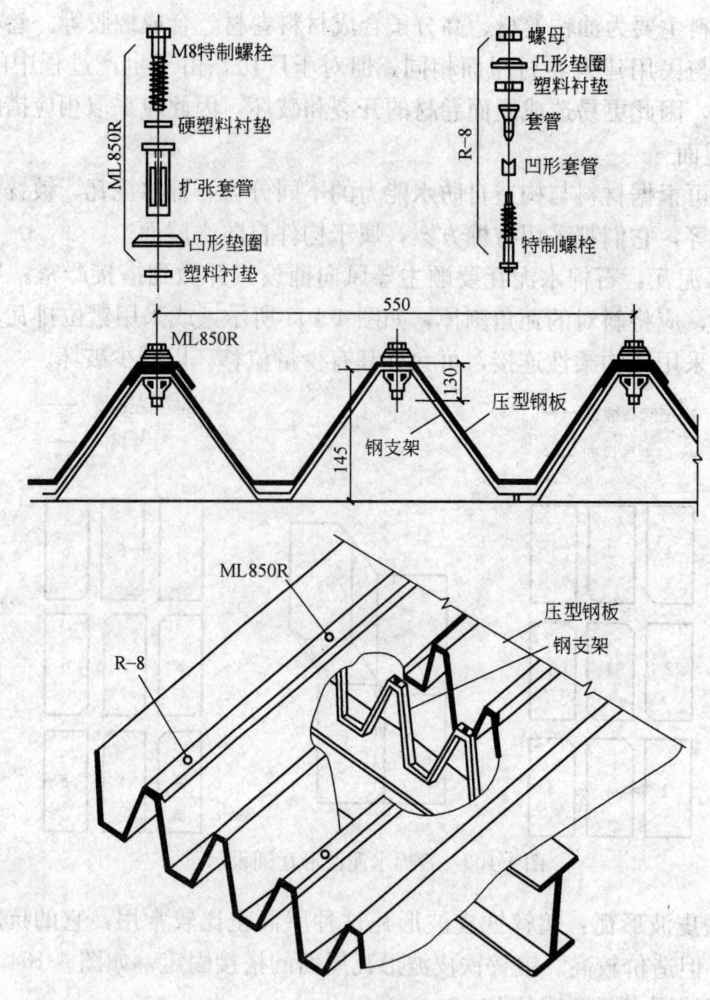

图 4-105　W 形钢板瓦屋面构造

C. 钢筋混凝土构件自防水屋面

构件自防水屋面是利用具有良好密实性的屋面板，并在板缝处做局部防水处理而成的以材料自防水为主的屋面。

构件自防水屋面根据板缝处理的不同，分为嵌缝式、贴缝式和搭缝式，三种都是在缝的做法上采取不同的防水措施。

(A) 嵌缝式防水构造：它是利用大型屋面板作防水构件并在板缝处嵌灌油膏，如图 4-106 所示。嵌缝式的施工要求严格，要选择粘结力强，耐老化，适应当地气候特点的密封材料。

(B) 贴缝式防水构造：在嵌缝处粘贴若干层卷材，如图 4-107 所示。其防水效果比嵌缝式要好一些。

(C) 搭盖式防水构造：板缝的处理是利用板与板的搭接和利用构件盖缝处理来防水的一种做法。其优点是湿作业少、安装简便、施工速度快，但增加了盖缝构件，为保证盖瓦不因振动位移而引起渗漏，盖瓦应该固定。图 4-108 为 F 形屋面板搭盖式防水的构造方案。

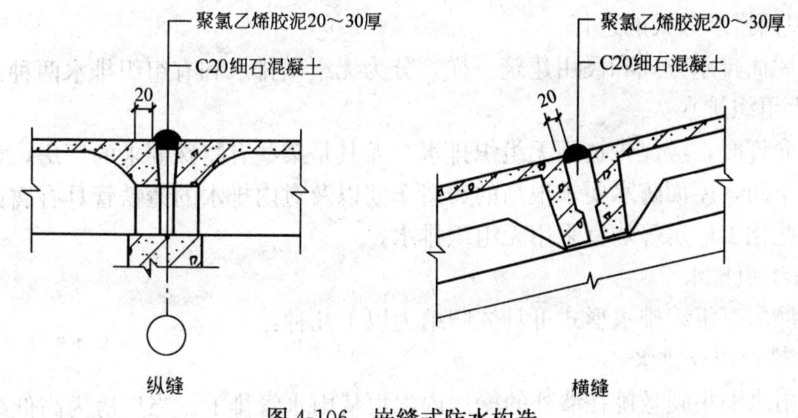

图 4-106　嵌缝式防水构造

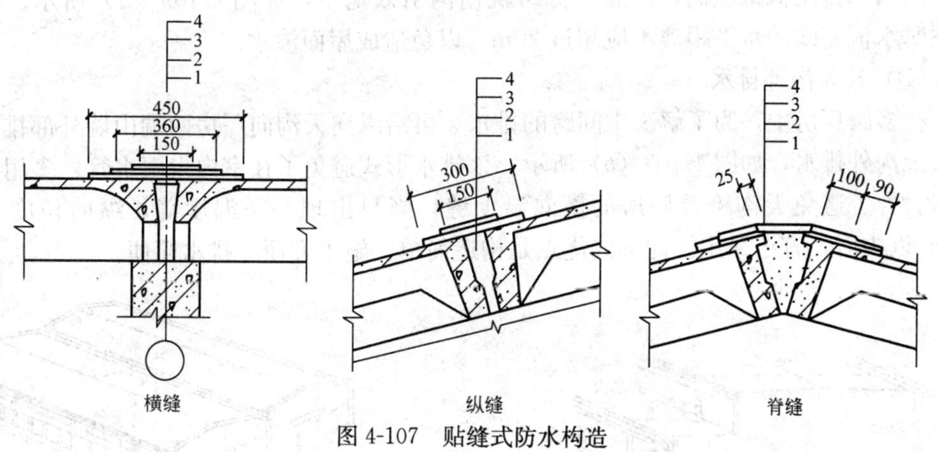

图 4-107　贴缝式防水构造

1—C20 细石混凝土；2—油膏 20～30 厚；3—油毡干铺（点贴）；4—标准层卷材

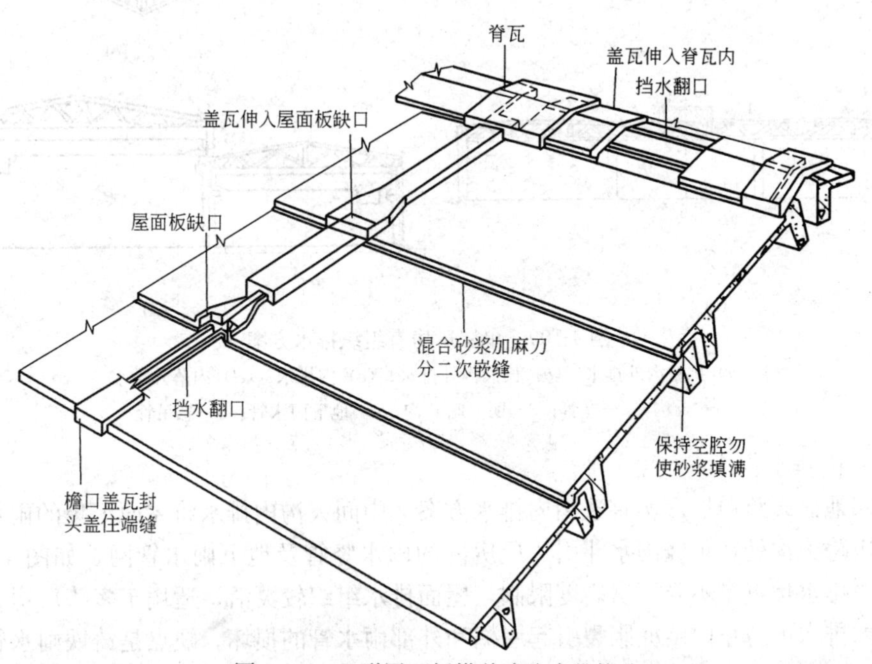

图 4-108　F 形屋面板搭盖式防水的构造

2）屋面排水方式的选择

厂房屋面排水方式和民用建筑一样，分为无组织排水和有组织排水两种。

A. 无组织排水

条件允许时，应优先选用无组织排水，尤其是某些有特殊要求的厂房，如屋面容易积灰的冶炼车间，屋面防水要求很高的铸造车间以及对内排水的铸铁管具有腐蚀作用的炼铜车间、某些化工厂房等均宜采用无组织排水。

B. 有组织排水

单层厂房有组织排水形式可具体归纳为以下几种：

（A）挑檐沟外排水

屋面雨水汇集到悬挑在墙外的檐沟内，再从雨水管排下。当厂房为高低跨时，可先将高跨的雨水排至低跨屋面，然后从低跨挑檐沟引入地下，如图 4-109（*a*）所示。采用该方案时水流路线的水平距离不应超过 20m，以免造成屋面渗水。

（B）长天沟外排水

在多跨厂房中，为了解决中间跨的排水，可沿纵向天沟向厂房两端山墙外部排水，形成长天沟外排水，如图 4-109（*b*）所示。该排水形式避免了在室内设雨水管，多用于单层厂房。为了避免天沟跨越厂房的横向温度缝，当只出现一条温度缝，纵向长度一般在 100m 以内时，宜于采用。此形式优点是构造简单，施工方便，排水简便。

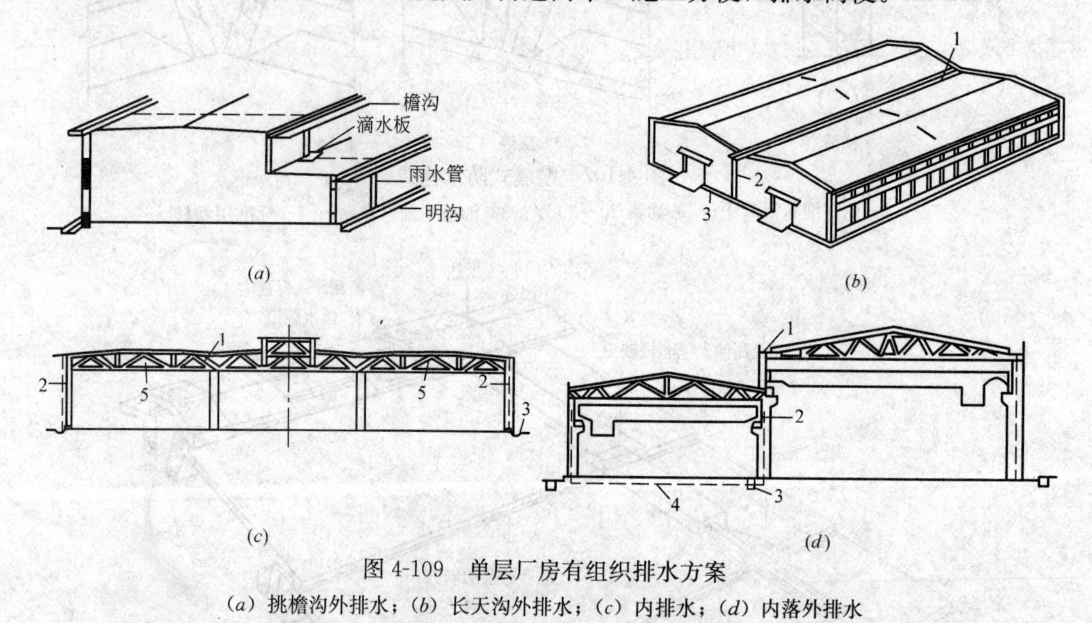

图 4-109　单层厂房有组织排水方案

（*a*）挑檐沟外排水；（*b*）长天沟外排水；（*c*）内排水；（*d*）内落外排水

1—天沟；2—立管；3—明（暗）沟；4—地下雨水管；5—悬吊管

（C）内排水

严寒地区多跨单层厂房宜选用内排水方案。中间天沟内排水将屋面汇集的雨水引向中间跨及边跨天沟处，再经雨水斗引入厂房内的雨水竖管及地下雨水管网，如图 4-109（*c*）所示。内排水优点是不受厂房高度限制，屋面排水组织较灵活，适用于多跨厂房，严寒地区采用内排水可防止因结冻胀裂引起屋檐和外部雨水管的损坏。缺点是铸铁雨水管等金属材料消耗量大，室内须设地沟，有时会妨碍工艺设备的布置，造价较高，构造较复杂。

(D) 内落外排水

当厂房跨数不多时，可用悬吊式水平雨水管将中间天沟的雨水引导至两边跨的雨水管中，构成所谓的内落外排水，如图 4-109（*d*）所示。其优点是可以简化室内排水设施，生产工艺的布置不受地下排水管道的影响，但水平雨水管易被灰尘堵塞，有大量粉尘积于屋面的厂房不宜采用。

3）屋面的保温与隔热处理

A. 屋顶保温

厂房的屋顶保温做法与民用建筑屋面保温有所不同，根据保温层所处位置不同可分三种：

（A）保温层位于屋面板下部：主要应用于构件自防水屋面。一种是将水泥拌合的保温材料涂敷在屋面板下面，如图 4-110（*a*）所示。另一种是将轻质保温材料固定或吊挂在屋面板下面，如图 4-110（*b*）所示。上面两种的缺点是吸附水汽和容易局部破落。

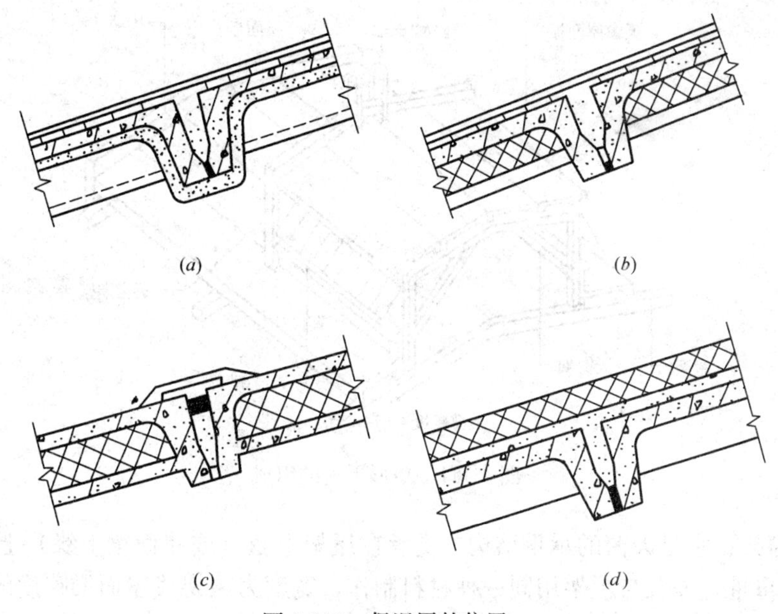

图 4-110 保温层的位置

（*a*）保温层喷涂在屋面板下部；（*b*）保温层贴在屋面板下部；
（*c*）保温层位于屋面板中间；（*d*）保温层在屋面板上部

（B）保温层位于屋面板中间：将保温层夹在屋面板中间，制成保温、承重、防火合一的钢筋混凝土构件。特点是无现场湿作业，施工简便、迅速，但板面易产生裂缝和变形，存在热桥，如图 4-110（*c*）所示。还有一种用具有保温性能的单一材料制成的承重屋面板，制作较为方便，但易吸附水汽。

（C）保温层位于屋面板上部：常用于柔性防水屋面，如图 4-110（*d*）所示。近些年，各地在研制寒冷地区的用料及作法上推出一种刚柔性防水屋面方案，是在表面刚性层上设缝用密封膏封闭的做法，用料和施工都有严格要求。

B. 屋顶隔热

南方地区的某些厂房常要考虑隔热，特别是高度较低厂房的钢筋混凝土屋顶。屋顶隔热的方式、构造做法类似于民用建筑。

(3) 天窗

天窗在单层厂房中应用非常广泛，主要用作厂房的采光和通风。天窗的类型较多，目前我国常见形式中，主要用作采光的有：矩形天窗、锯齿形天窗、平天窗、三角形天窗、横向下沉式天窗等；主要用作通风的有：矩形避风天窗、纵向或横向下沉式天窗、井式天窗、M形天窗等。由于矩形天窗既能采光，又可通风，是工业厂房中应用最为广泛的一种天窗形式。以下主要介绍矩形天窗的基本构造。

矩形天窗一般沿厂房的纵向布置，在厂房屋面两端和变形缝两侧的第一柱间常不设天窗，这样一方面可简化构造，另一方面还可作为屋面检修和消防的通道。在每段天窗的端壁应设置上天窗屋面的检修梯。

矩形天窗主要由天窗架、天窗端壁、天窗屋面板、天窗侧板、天窗扇等组成，如图4-111所示。

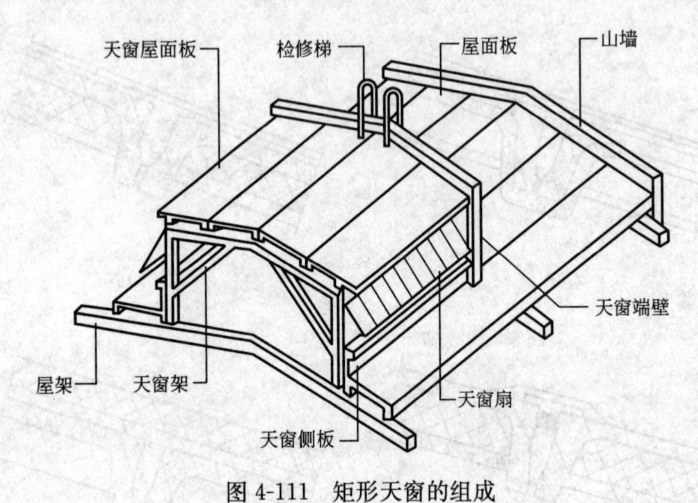

图 4-111 矩形天窗的组成

A. 天窗架：它是天窗的承重结构，支承在屋架上弦（或屋面梁上缘）上，承担天窗部分的屋面重量。一般与屋架用同一种材料制作，宽度为屋架或屋面梁跨度的1/3～1/2，有6m、9m、12m几种规格，如图4-112所示。

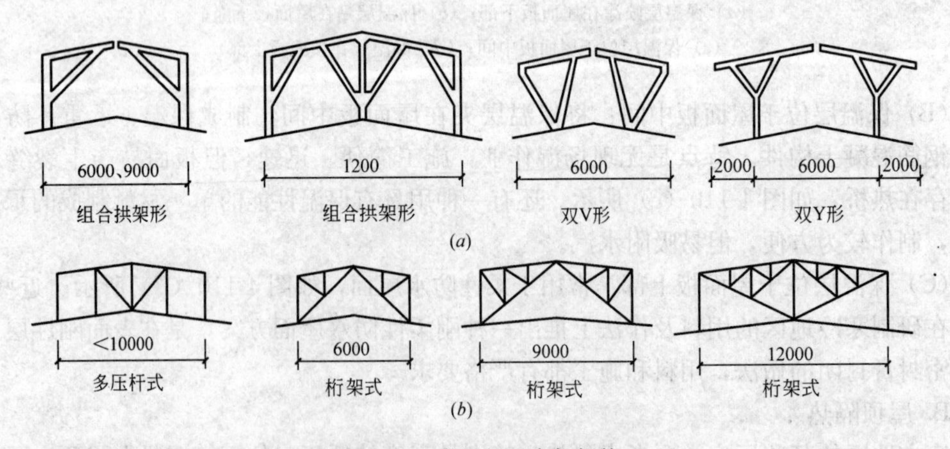

图 4-112 常用的天窗架规格

(*a*) 钢筋混凝土组合式天窗架；(*b*) 钢天窗架

B. 天窗端壁：天窗端壁不仅使天窗尽端封闭起来，同时也支承天窗上部的屋面板。天窗端壁采用预制的钢筋混凝土肋形板。当天窗宽度为 6m 时，用两个端壁板拼成，9m 时用三个端壁板拼成，如图 4-113 所示。

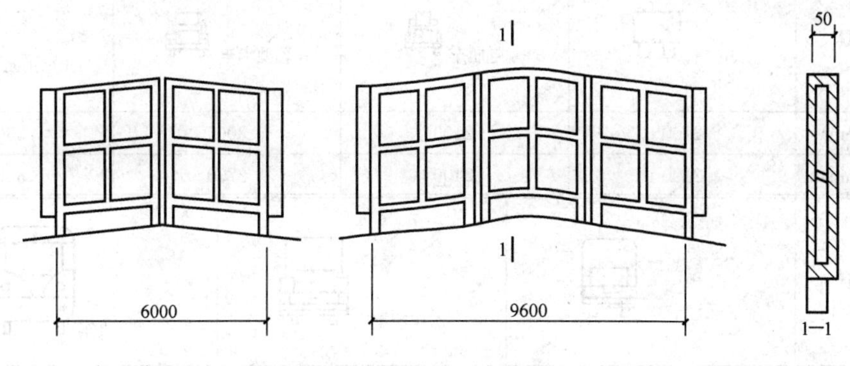

图 4-113　天窗端壁

C. 天窗侧板：它是天窗扇下的围护结构，其作用是防止雨水溅入室内，如图 4-114 所示。天窗侧板一般用钢筋混凝土槽形板或平板制作，高度为 400～600mm，高出屋面 300mm。

D. 天窗窗扇：一般均为单层，有木制和钢制两种。常采用钢天窗，其开启方式一般采用上悬式，如图 4-115 所示。

E. 天窗屋面板：天窗屋面板与厂房屋面板相同，采用无组织排水，檐口出挑尺寸为 300～500mm。

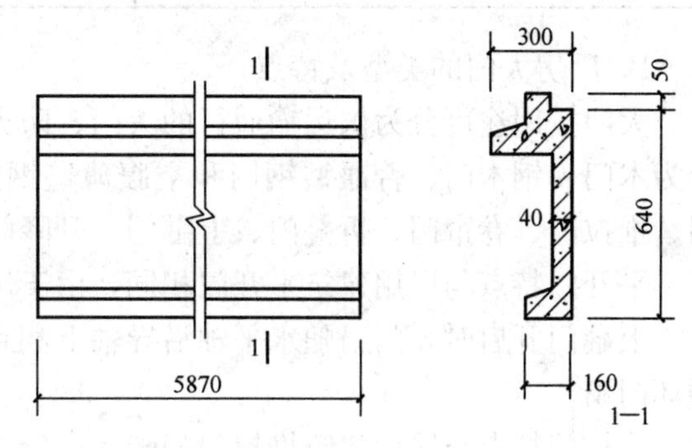

图 4-114　天窗侧板

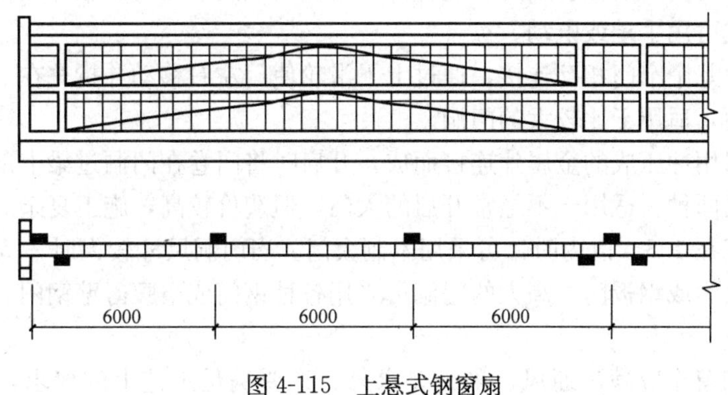

图 4-115　上悬式钢窗扇

(4) 大门和侧窗

1) 厂房的大门

A. 厂房大门的尺寸

厂房大门主要是供人、货流通行及疏散之用。因此门的尺寸应根据所需运输工具类型、规格，运输货物的外形并考虑通行方便等因素来确定。一般门的宽度应比满装货物的车辆宽 600～1000mm，高度应高出 400～600mm。常用厂房大门的规格尺寸见表 4-6。

常用厂房大门的规格尺寸　　表 4-6

运输工具	3t矿车	电瓶车	轻型卡车	中型卡车
洞口宽(mm)	2100	2100	3000	3300
洞口高(mm)	2100	2400	2700	3000

运输工具	重型卡车	汽车起重机	火车
洞口宽(mm)	3600	3900	4200 或 4500
洞口高(mm)	3900	4200	5100 或 5400

B. 厂房大门的类型及特点

大门按用途可分为供运输通行的大门、防火门、保温门、防风沙门等；按使用材料可分为木门、钢木门、普通型钢门和空腹薄壁钢门等；按厂房门的开启方式又可分为平开门、推拉门、卷帘门、折叠门、上翻门、升降门等，如图 4-116 所示。

平开门特点与民用建筑平开门相同，由于尺寸大，易下垂、变形。

上翻门开启时，门扇随水平轴沿导轴上翻到门顶过梁下面，不占车间面积，可以避免碰坏门扇。

推拉门特点与民用建筑推拉门相同。

升降门开启时门扇沿导轨上升，这种门不占使用空间，在门洞上部要留有足够的上升高度，开启方式可用手动或电动。

折叠门是由几个窄门相互连接，通过上下滑轮使门左右移动并折叠在一起，占用空间较少，开关方便，适用于比较大的门洞。

卷帘门门扇用冲压成的金属片连接而成，开启时将门卷在门洞过梁上部的卷筒上，开关有手动或电动两种，适用于不经常开启的大门，但造价较高，施工复杂。

另外当门宽在 1.8m 以内时，可采用木制大门。当门洞尺寸较大时，为了防止门扇变形常采用钢木大门或钢板门。高大的门洞可采用各种钢门或空腹薄壁钢门。

2）侧窗

单层厂房侧窗除应满足通风、采光要求外，还要满足工艺上的要求，如：泄压、保温、防尘、隔热等。通常厂房采用单层窗，但在寒冷地区或要求保温的厂房则需要在一定高度范围设双层窗。

A. 侧窗的材料与尺寸

单层厂房的侧窗可用木材、钢材和钢筋混凝土等材料组成。目前常用的为钢侧窗，侧窗的洞口尺寸应为 3M（300mm）的扩大模数，其组成及构造要求基本上与民用建筑相同。

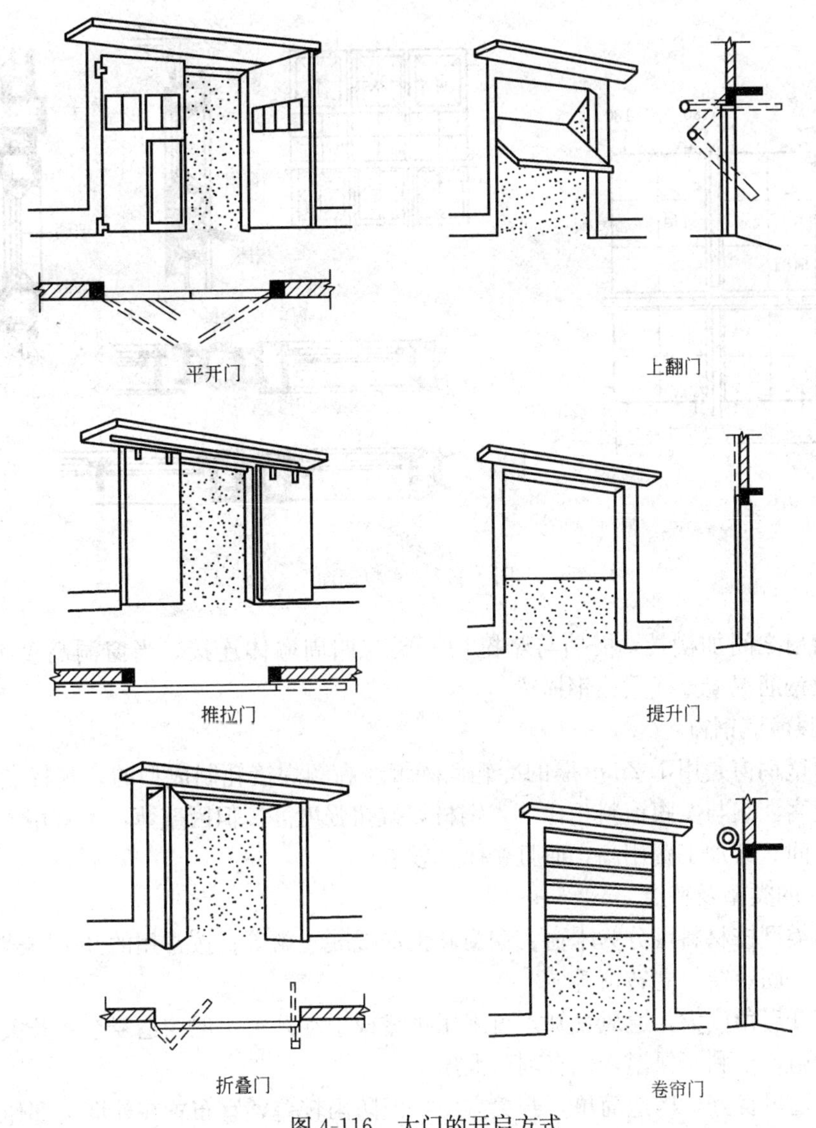

图 4-116　大门的开启方式

(A) 木侧窗

木侧窗自重轻、易于加工，但耗木材多，易变形，防火及耐久性均较差。常用于小型厂房、辅助车间及对金属有腐蚀性的车间（如电镀车间）。

(B) 钢侧窗

钢侧窗在工业建筑中应用日益增多。钢侧窗坚固耐久、防火防水、关闭紧密、透光率大。当厂房需要设置大面积成片或带形的组合窗时，采用钢窗最为适宜。

A) 实腹钢窗

实腹钢窗又称普通钢窗，如图 4-117 所示。窗料高度有 25mm、32mm、40mm 三种规格，常用 32mm 型钢。为便于制作和运输，钢窗尺寸一般不大于 1800mm×2400mm。而工业建筑每面窗往往较大，需要几个基本钢窗组合而成。宽度方向组合时，两个基本窗扇之间加竖梃，竖梃可起联系相邻窗、加强窗的刚度和调整窗的尺寸的作用；高度方向组合

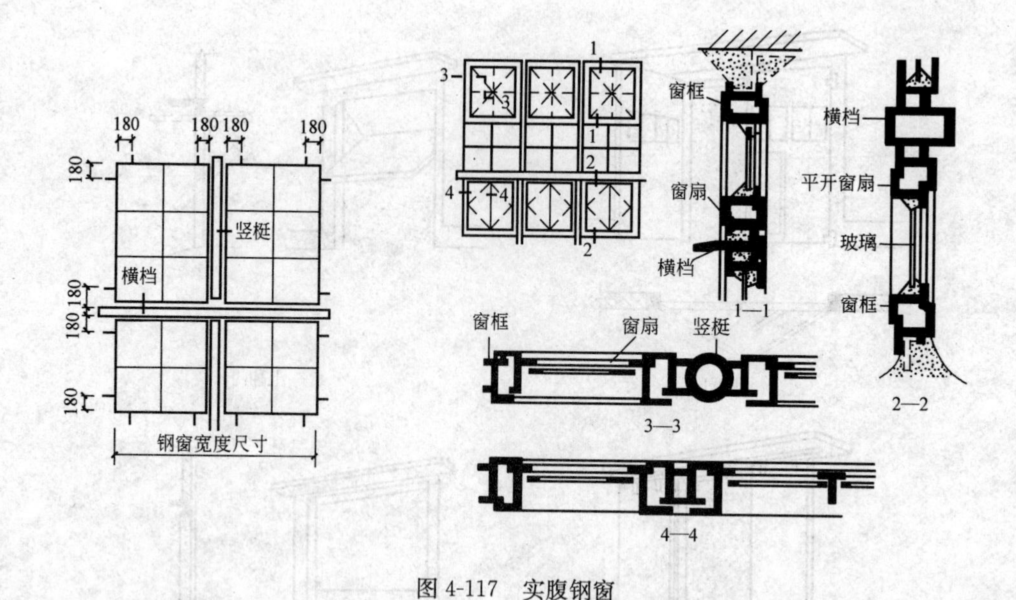

图 4-117　实腹钢窗

时，两个窗扇之间加横档，横挡与竖梃均需要与四周墙体连接。当窗洞高度大于 4.8m 时，应增设钢筋混凝土横梁或钢横梁。

B）空腹薄壁钢窗

空腹薄壁钢窗是用 1.2mm 厚的冷轧低碳带经高频焊接轧制成型的，其特点是重量轻而抗扭强度高。它与实腹窗料相比节省钢材，抗扭强度高。但因壁薄，不宜用于有酸碱介质侵蚀的车间。其加工费用高，而且密闭性较差。

B. 侧窗的类型及特点

侧窗的类型按材料可分为木窗、钢窗和钢筋混凝土窗等；按常用的开关方式分为中悬窗、平开窗、固定窗、立转窗等。

中悬窗开启角度大，通风良好，可采用机械或手动开关，但构造复杂，开关扇周边有缝隙，易漏雨，不利于保温，但有利于泄压。

平开窗通风良好，构造简单，开关方便，但防雨较差，宜布置在外墙下部作进气口。

固定窗构造简单，节约材料，设在外墙的中部，主要用于采光。

立转窗窗扇根据风雨调节开扇角度，通风良好，主要用作热车间的进风口。

一般情况下根据厂房的通风要求及各种窗的特点，厂房中的侧窗常将平开窗、固定窗、各式旋转窗组合在一起，如图 4-118 所示。

（5）地面

1）地面的组成

工业厂房地面的组成与民用建筑基本相同，也是由面层、垫层和地基组成。当基本层次不能满足使用要求或构造要求时，还需增加一些其他层次，如：结合层、找平层、防水（潮）层、保温层和防腐蚀层等。

A. 地基

厂房的地基应坚实并具有足够的承载力。当地基土质较弱或地面承受荷载较大时，对地面的地基应采取相应的加强措施。一般的做法是先铺灰土层，或干铺碎石层，或干铺泥

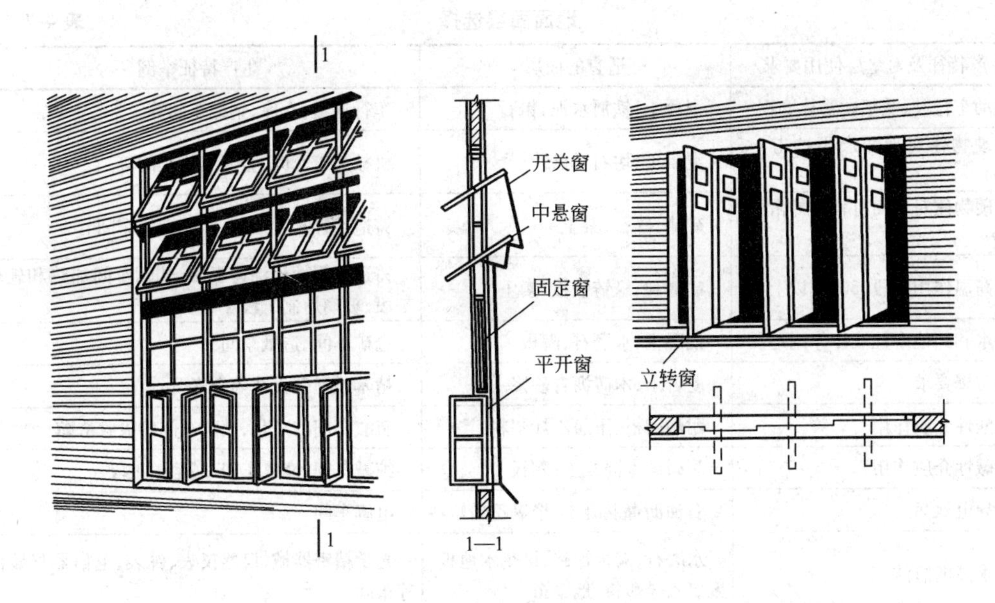

图 4-118　侧窗的开启方式

结碎石层，然后碾压压实。

B. 垫层

垫层承受荷载，并将荷载传给地基。其厚度主要根据作用在地面上的荷载经计算确定。垫层有刚性、柔性之分，当地面直接安装中小型设备、有较大的荷载且不允许面层变形或产生裂缝，或有侵蚀性介质及大量水的作用时，采用刚性垫层，其材料有混凝土、沥青混凝土、钢筋混凝土等；当地面有重大冲击、剧烈振动作用或储放笨重材料时（有时伴有高温），采用柔性垫层，其材料有砂、碎石、矿渣、灰土、三合土等。有时也把灰土、三合土做的垫层称为半刚性垫层。

C. 面层

面层又称地面，它是直接承受各种物理和化学作用的层次，应根据生产特征、使用要求和影响地面的各种因素来选择，地面的名称按面层的材料名称而定，面层的选用可参见表 4-7。

2）地面类型

地面一般是按面层材料的不同而分类，有素土夯实、石灰三合土、水泥砂浆、细石混凝土、沥青混凝土、水磨石、铁屑、木地板、陶板等各种地面；根据使用性质可分为一般地面和特殊地面（如防腐、防爆等）两种；按构造不同也可分为整体类地面和板、块材类地面两类。

3）接缝构造

A. 缩缝

混凝土垫层需考虑温度变化产生的附加应力的影响，同时防止因混凝土收缩变形所导致的地面裂缝。一般厂房内混凝土垫层按 3～6m 间距设置纵向缩缝，按 6～12m 设置横向缩缝。缝的构造形式有平头缝、企口缝、假缝，如图 4-119 所示。一般多为平头缝，企口缝适合于垫层厚度大于 150mm 的情况，假缝只能用于横向缩缝。

地面面层选择 **表 4-7**

生产特征及对垫层使用要求	适宜的面层	生产特征举例
机动车行驶、受坚硬物体磨损	混凝土、铁屑水泥、粗石	车行通道、仓库、钢绳车间等
坚硬物体对地面产生冲击(≤10kg)	混凝土、块石、缸砖	机械加工车间、金属结构车间等
坚硬物体对地面有较大冲击(≥50kg)	矿渣、碎石、素土	铸造、锻压、冲压、废钢处理等车间
受高温作用地段(500℃以上)	矿渣、凸缘铸铁板、素土	铸造车间熔化浇铸工段、轧钢车间加热和轧机工段、玻璃熔制工段
有水和其他中性液体作用地段	混凝土、水磨石、陶板	选矿车间、造纸车间
有防爆要求	菱苦土、木砖沥青砂浆	精苯、氢气、火药等仓库
有酸性介质作用	耐酸陶板、聚氯乙烯塑料	硫酸车间的净化、硝酸车间的吸收浓缩
有碱性介质作用	耐碱沥青混凝土、陶板	纯碱车间、液氨车间、碱熔炉工段
不导电地面	石油沥青混凝土、聚氯乙烯塑料	电解车间
要求高度清洁	水磨石、陶板锦砖、拼花木地板、聚氯乙烯塑料、地漆布	光学精密器械、仪器仪表、钟表、电信器材装配等车间

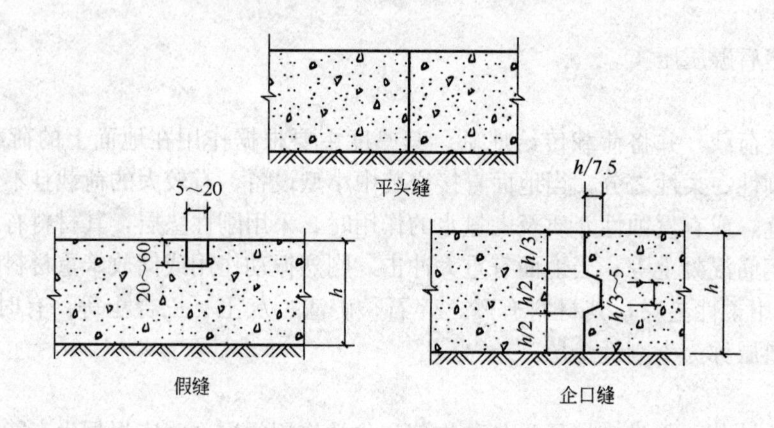

图 4-119 缩缝的形式

B. 变形缝

地面变形缝的位置应与建筑物的变形缝一致。同时在地面荷载差异较大和承受局部冲击荷载的部分也应设变形缝。变形缝应贯穿地面各构造层次，并用嵌缝材料填充，如图 4-120 所示。

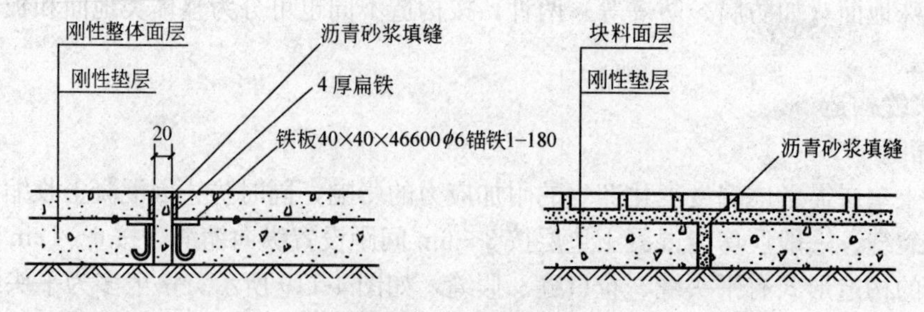

图 4-120 变形缝构造

C. 交接缝

两种不同材料的地面，由于强度不同，接缝处易遭破坏，此时应根据不同情况采取措施。图 4-121 为不同交接缝的构造示例。

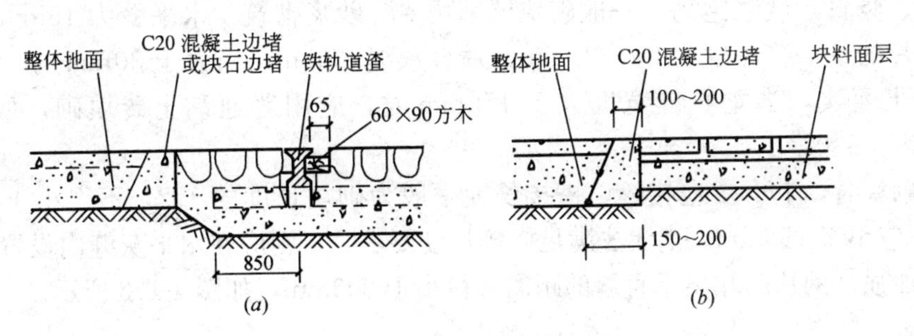

图 4-121 不同交接缝的构造

课题 9 建筑工业化简介

9.1 概 述

（1）建筑工业化的含义

建筑工业化是以现代化的制造、运输、安装和科学管理的大工业的生产方式来代替传统建筑业中分散的、低水平的、低效率的手工业生产方式。实行建筑工业化的意义在于能够加快建设速度，降低劳动强度，减少人工消耗，提高施工质量，彻底改变建筑业的落后状态。

（2）实现建筑工业化的途径

实现建筑工业化，主要有以下两种途径：一是发展预制装配式的建筑；二是发展现浇或预制相结合的建筑。

（3）工业化建筑的类型

工业化建筑主要有以下几种类型：砌块建筑、框架结构建筑、装配式大板建筑、盒子建筑等。

9.2 工业化砌块建筑

砌块建筑是目前我国应用广泛的一种建筑体系，其最大优点是能充分利用工业废料，制作方便，施工不需要大的起吊设备。缺点是抗震性能差，湿作业较多。

（1）砌块的种类和规格

砌块的种类很多，按材料分为普通混凝土砌块、陶粒混凝土砌块、炉渣混凝土砌块、加气混凝土砌块等；按品种分为实体砌块、空心砌块；按规格分为小型砌块、中型砌块和大型砌块。

小型砌块，尺寸小、重量轻（一般在 20kg 以内），适于人工搬运、砌筑；中型砌块尺寸较大、重量较重（一般在 350kg 以内），适于中、小型机械起吊和安装；而大型砌块则是向板材过渡的一种形式，尺寸大、重量重（一般每块重达 350kg 以上），故需大型起重设备吊装施工，目前采用较少。

(2) 砌块墙的构造

由于砌块的尺寸远较砖大，所以墙体接缝更显得重要。在砌筑、安装时，必须保证灰缝横平、竖直，砂浆饱满。一般砌块墙采用 M5 砂浆砌筑，水平缝为 15mm，有配筋或钢筋网片的水平缝厚度为 20～25mm。垂直灰缝 20mm，当大于 30mm 时，应用 C20 细石混凝土灌实，当垂直缝宽度大于 150mm 时，应用普通黏土砖填砌，如图 4-122 所示。

砌筑砌块时，上下皮应错缝，搭接长度一般为砌块长度的 1/2，不得小于砌块高的 1/3，且不应小于 150mm。当无法满足搭接长度要求时，则应在水平灰缝内设置 2ϕ4 钢筋网片予以加强，网片两端离垂直缝的距离不得小于 300mm，如图 4-123 所示。

图 4-122　砌块的搭接

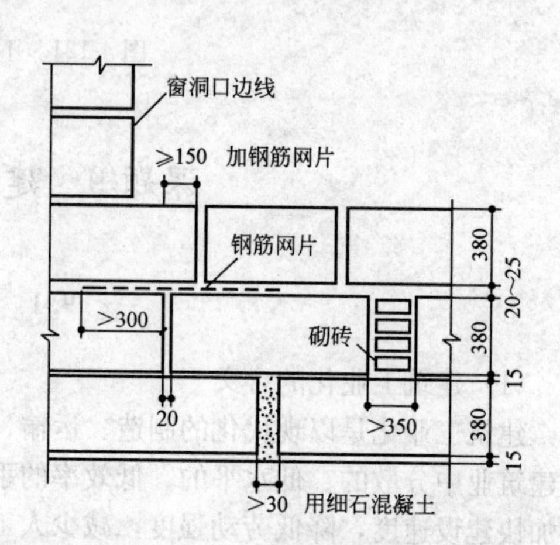

图 4-123　砌块的排列

外墙转角处及纵横墙交接处，应将砌块分皮咬槎，交错搭接，当不满足要求时，应在交接处设置钢筋网片加固，如图 4-124 所示。

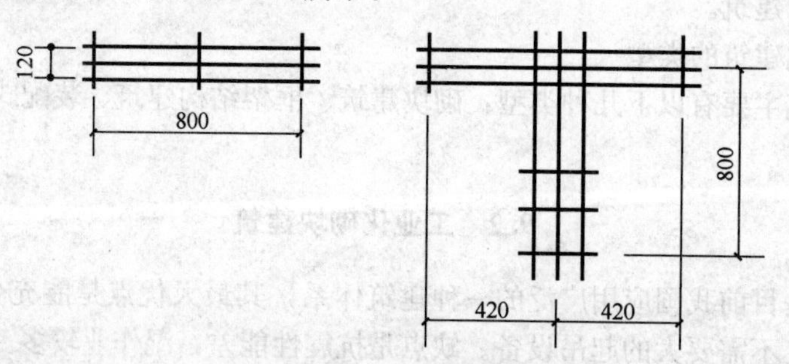

图 4-124　柔性钢筋拉接网片

为了加强房屋的整体刚度，应在砌块墙中设置钢筋混凝土圈梁，圈梁高度不应小于 150mm，所配纵向钢筋不少于 4ϕ8，箍筋间距不大于 300mm。

为加强砌块房屋的整体刚度，空心砌块常于房屋转角和必要的内、外墙交接处设置构造柱。构造柱将砌块上下孔对齐，于孔中配 2ϕ10～ϕ12 钢筋分层插入，并用 C20 细石混凝土分层填实。构造柱须与圈梁连接。

9.3 框架结构建筑

框架结构建筑是以由柱、梁、板组成的框架为承重结构，以各种轻质板材为围护结构的新建筑形式。它的优点是自重轻、构件少、节约材料、施工速度快、有利于抗震，室内布置灵活，适于改造。此外，由于墙体减薄，相应增加了使用面积，缺点是造价偏高。

（1）框架结构的类型

框架按施工方式不同，可分为全现浇式、全装配式和装配整体式三种。按所使用材料不同，可分为钢筋混凝土框架和钢框架两种。按构件组成不同，可分为以下三种（图 4-125）：

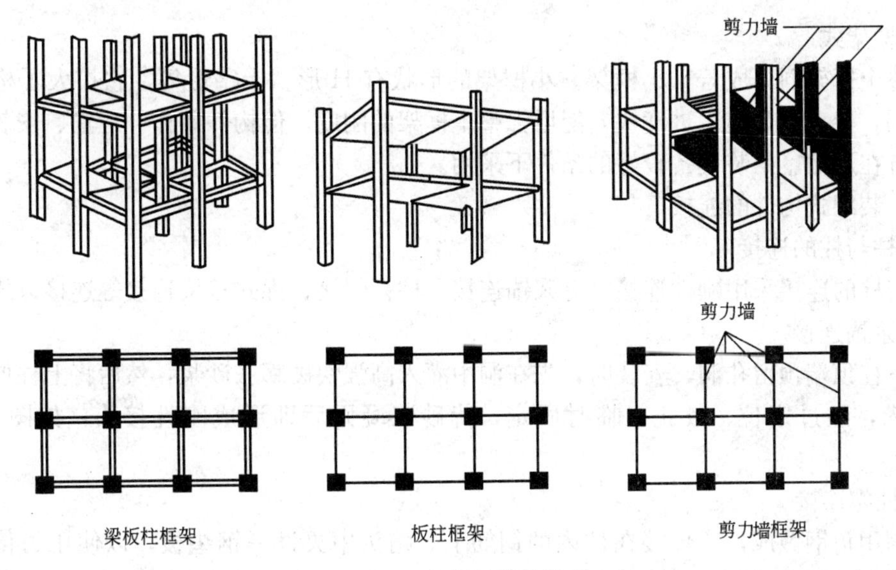

图 4-125　框架结构类型

1）梁板柱框架：由梁、楼板和柱组成的框架。这种结构是梁与柱组成框架、楼板搁置在框架上，优点是柱网做的可以大些，适用范围较广。

2）板柱框架：由楼板、柱组成的框架。楼板可以是梁板合一的肋形楼板也可以是实心大楼板。

3）剪力墙框架：框架中增设剪力墙。剪力墙承担大部分水平荷载，增加结构水平方向的刚度，框架基本上只承受垂直荷载。

（2）装配式钢筋混凝土框架构件划分

整个框架是由若干个基本构件组合而成。因此构件划分将直接影响结构的受力和施工难易等。构件的划分应本着有利于构件的生产、运输、安装，有利于增强结构的刚度和简化节点构造的原则进行。通常有以下几种划分方式，如图 4-126 所示。

1）短柱式

这种框架是把梁、柱按开间、跨度和层高划分成直线形的单个构件。这种框架构件外形简单，重量较小，便于生产、运输和吊装，因此被广泛采用。

2）长柱式

这种框架是采用二层楼高或更长的柱子。其特点与短柱式框架类似，但接头少。

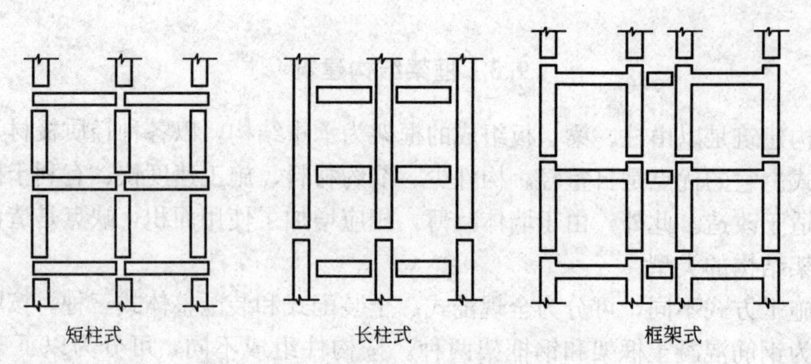

图 4-126　装配式框架类型

3）框架式

把整个框架划分成若干小框架。小框架的形状有 H 形、十字形等。它扩大了构件的预制范围，接头少，施工进度快，能增强整个框架的刚度。但构件制作、运输、安装较复杂，只有在运输、吊装设备较好的条件下采用。

（3）装配式构件的连接

1）柱与柱的连接

柱与柱的连接采用刚性连接，有浆锚连接、柱帽焊接、榫式接头连接等连接方式。

A. 浆锚连接

在下柱顶端预留孔洞，安装时，先在洞中灌入高强快硬膨胀砂浆，然后将上柱伸出的钢筋插入，经过定位、校正、临时固定，待砂浆凝固后即形成刚性接头，如图 4-127 所示。

B. 柱帽连接

柱帽用角钢做成，并焊接在柱内的钢筋上。帽头中央设一钢垫板，以使压力传递均匀。安装时用钢夹具将上下柱固定，使轴线对准，焊接完毕后再拆去钢夹具，并在节点四周包钢丝网，抹水泥砂浆保护，如图 4-128 所示。此法的优点是焊接后就可以承重，立即进行下一步安装工序，但钢材用量较多。

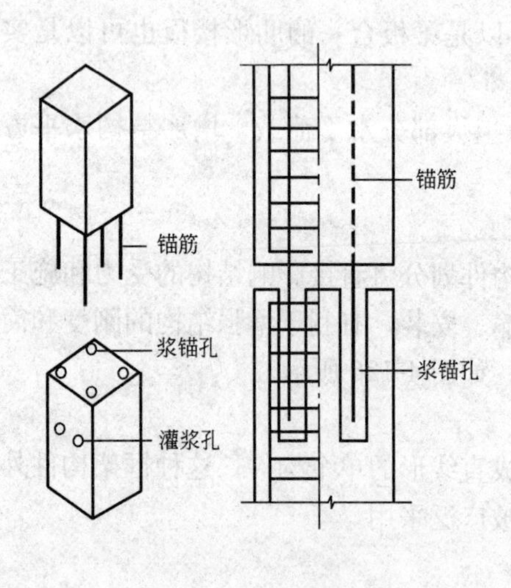

图 4-127　浆锚接头

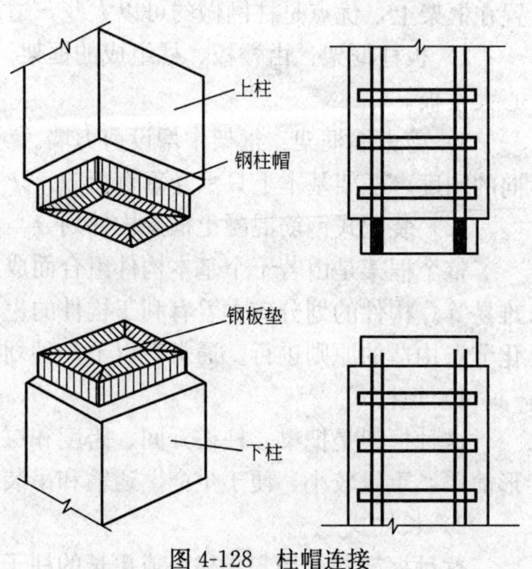

图 4-128　柱帽连接

C. 榫式连接

在柱的下端做一榫头，安装时榫头落在下柱上端，对中后把上下柱伸出的钢筋焊接起来，并绑扎箍筋，支模，在四周浇筑混凝土，如图 4-129 所示。这种连接方法焊接量少，节省钢材，节点刚度大，但对焊接要求较高，湿作业多，要有一定的养护时间。

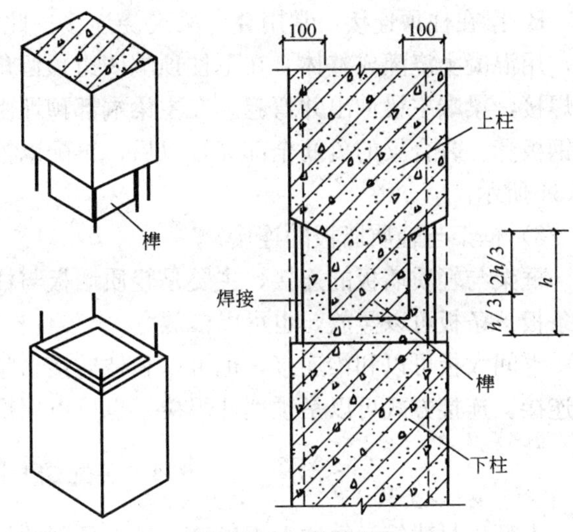

图 4-129　榫式连接

2）梁与柱的连接

梁与柱的连接位置有两种情况，一种是梁在柱旁连接，另一种是梁在柱顶连接。

A. 梁在柱旁连接：可利用柱上伸出的钢牛腿或钢筋混凝土牛腿支承梁，如图 4-130 所示。钢牛腿体积小，可以在柱预制完以后焊在柱上，故柱的制作比较简单。也可采用两种牛腿结合使用的方法，即柱的两面伸出钢筋混凝土牛腿，另两面用钢牛腿。

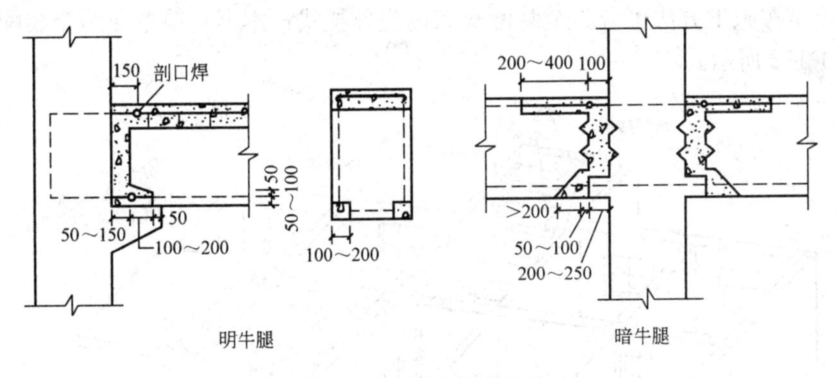

图 4-130　梁在柱旁连接

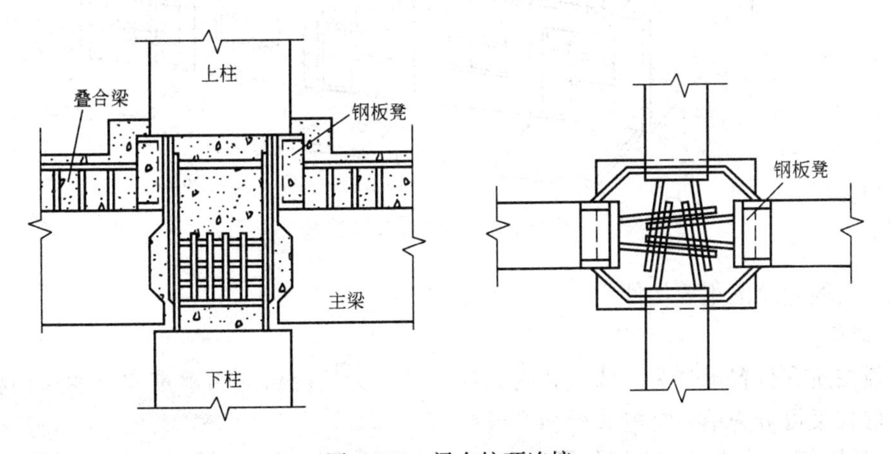

图 4-131　梁在柱顶连接

B. 梁在柱顶连接：常用叠合梁现浇连接。此法是将上下柱和纵横梁的钢筋都伸入节点，用混凝土浇灌成整体。在下柱顶端四边预留角钢，主梁和连系梁均搭在下柱边缘，临时焊接，梁端主梁伸出并弯起。在主梁端部预埋由角钢焊成的钢架，以支撑上层柱子，俗称钢板凳。叠合梁的负筋全部穿好以后，再配以箍筋，浇筑混凝土形成整体式接头，如图 4-131 所示。

3）框架与轻质墙板的连接

框架与轻质墙板的连接，主要是轻质墙板与柱或梁的接头处理。轻质墙板有整间大板和条板。条板可以竖放，也可以横放。

整间大板可以和梁连接，也可以和柱连接。竖放条板只能和梁连接，横放条板只能和柱连接。连接方式可以是预埋件焊接，也可以用螺栓连接。

9.4 装配式大板建筑

大型板材建筑，简称大板建筑，是由预制的外墙板、内墙板、楼板、楼梯和屋面板组成。预制大板建筑是我国当前主要发展的一种工业化建筑体系，它的优点是适于大批量建造，构件工厂化，生产效率高，质量好，现场安装速度快，施工周期短，受季节性影响小。板材的承载能力高，可减少墙的厚度，减轻房屋自重，又增加房间的使用面积。缺点是一次投资大，运输、吊装设备要求高。

大板建筑按施工方法可分为全装配式和内浇外挂式，本书只简单介绍全装配式大板建筑，如图 4-132 所示。

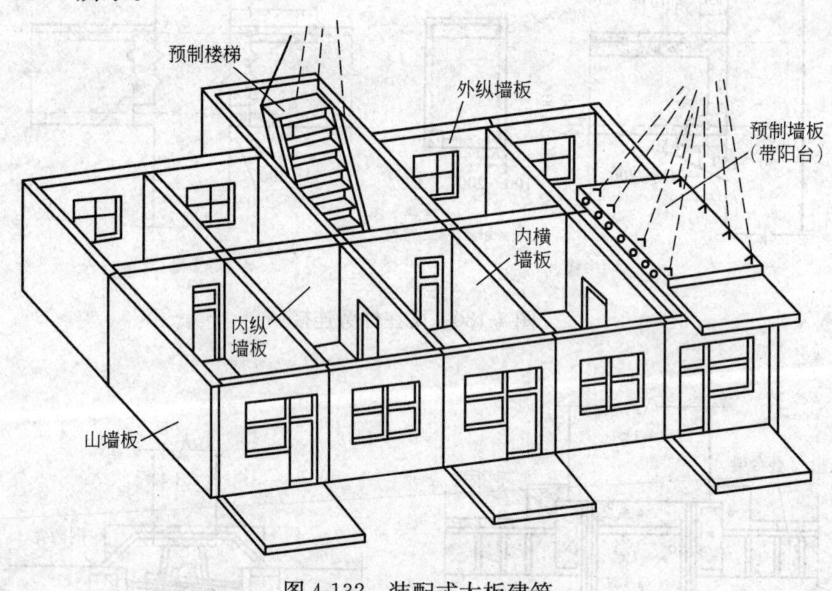

图 4-132　装配式大板建筑

（1）大板建筑的主要构件

1）墙板

墙板按所在位置可分为外墙板和内墙板；按受力情况可分为承重和非承重两种墙板；按构造形式又可分为单一材料墙板和复合材料墙板等。

A. 外墙板：外墙板是房屋的围护构件，不论承重与否都要满足防水、保温、隔热和隔声的要求。

外墙板可根据具体情况采用单一材料，如：矿渣混凝土、陶粒混凝土、加气混凝土等，也可采用复合材料，如：在混凝土板间加入各种保温材料。

外墙板的划分，水平方向有一开间一块、两开间一块和三开间一块等方案；竖向有一层一块、两层一块或三层一块等方案（图 4-133）。

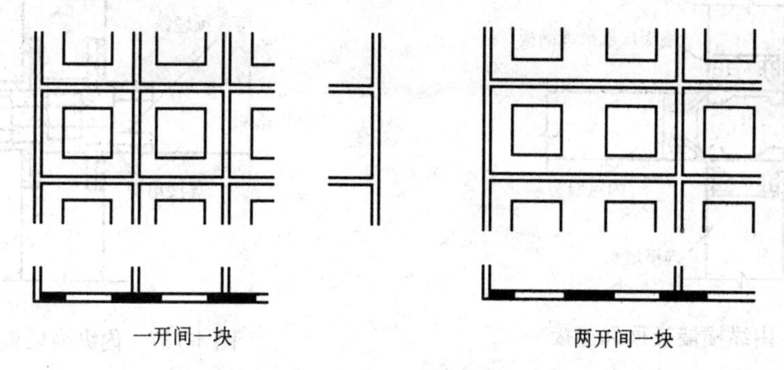

图 4-133　大板建筑外墙板的划分

B. 内墙板：内墙板是主要承重构件，用它来和外墙板及楼板组成空间的结构体系。它应有足够的强度和刚度。同时内墙板也是分隔内部空间的构件，应具有一定的隔声、防火和防潮能力。

内墙板常采用单一材料的实心板，主要是混凝土或钢筋混凝土，其他根据各地情况还有炉渣、粉煤灰、硅酸盐和振动砖墙板等。

C. 隔墙板：主要用于建筑物内部房间的分隔，不承重，主要是满足隔声、防火、防潮及轻质等要求，目前多采用加气混凝土条板、碳化石灰板和石膏板等。

2）楼板和屋面板

大板建筑的楼板主要采用横墙承重（或双向承重），大部分按房间大小设计成整间大楼板。其类型有实心板、空心板、轻质材料填芯板等。屋面板常设计成带挑檐的整块大板。

（2）大板建筑的连接构造

大板建筑主要是通过构件之间的牢固连接，形成整体。

1）墙板与墙板的连接

墙板构件之间，水平缝坐垫 M10 砂浆，垂直缝浇灌 C15～C20 混凝土，周边再加设一些锚接钢筋和焊接铁件连成整体。墙板上角用钢筋焊接，把预埋件连接起来，如图 4-134 所示。这样，当墙板吊装就位，可使房屋在每个楼层顶部形成一道内外墙交圈的封闭

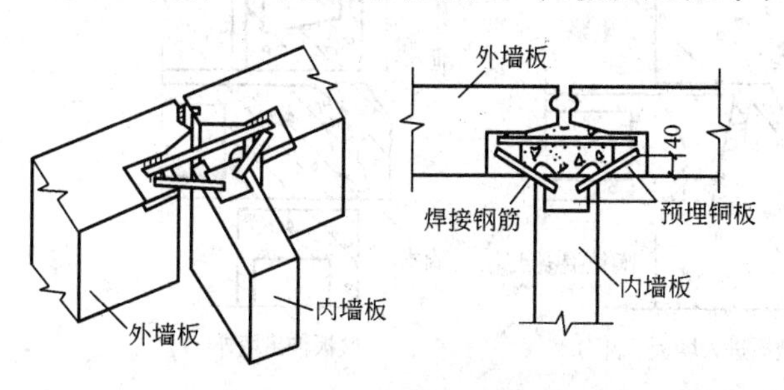

图 4-134　内外墙板上部的连接

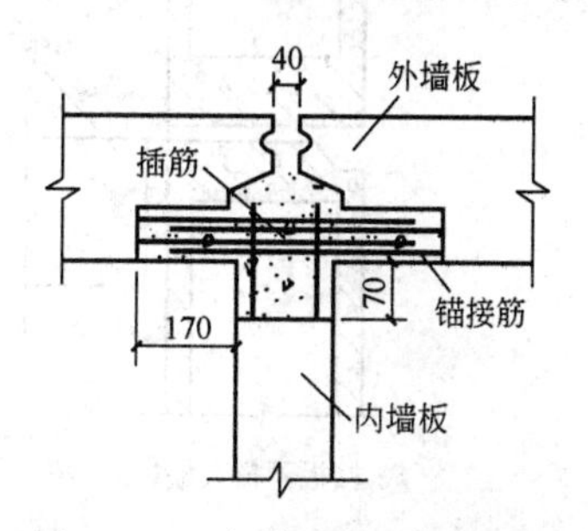

图 4-135　内外墙板下部的连接

圈梁。墙板下部加设锚接钢筋，通过垂直缝的现浇混凝土锚接成整体，如图 4-135 所示。

内墙板十字接头部位，顶面预埋钢板用钢筋焊接起来，如图 4-136 所示。中间和下部设置锚环和竖向插筋与墙板伸出钢筋绑扎或焊在一起，在阴角支模板，然后现浇 C20 混凝土连成整体，如图 4-137 所示。

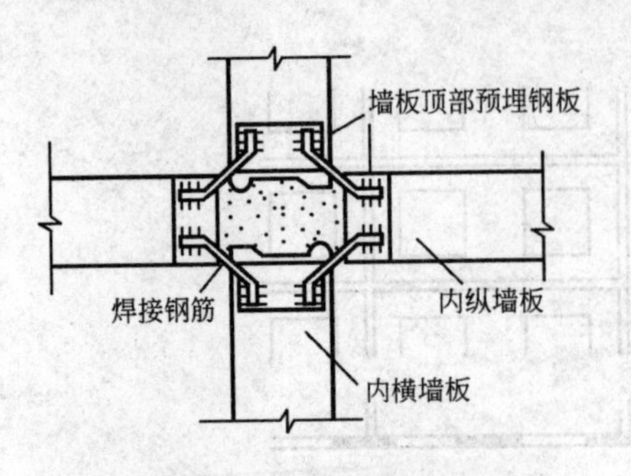

图 4-136　内纵横墙板顶部连接

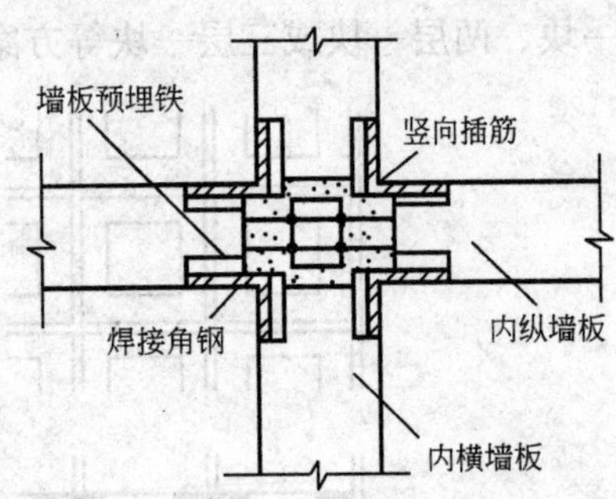

图 4-137　内纵横墙板下部的连接

2）楼板与内墙板连接

上下楼层间，除在纵横墙交接的垂直缝内设置锚筋外，还应利用墙板的吊环将上下层的墙板连接成整体。当楼板支承在墙板上时，除在墙板吊环处，楼板加设锚环外，在楼板的四角也要外露钢筋，吊装后将相邻楼板的钢筋焊成整体，如图 4-138 所示。

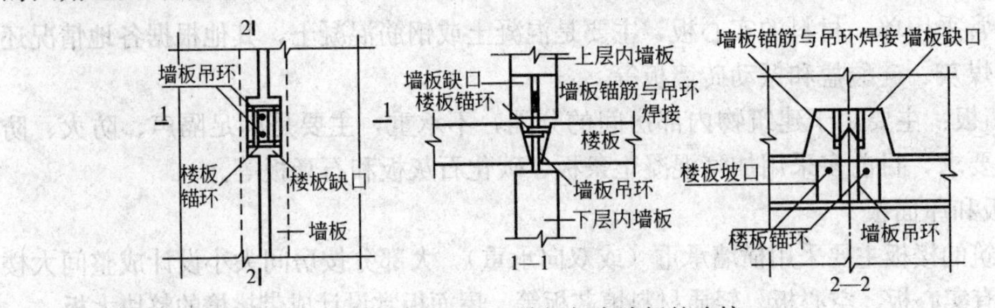

图 4-138　楼板与内墙板的连接

3）楼板与外墙板连接

上下楼层的水平接缝设置在楼板板面标高处，由于内墙支承楼板，外墙自承重，所以外墙要比内墙高出一个楼板厚度。通常把外墙板顶部做成高低口，上口与楼板板面平，下

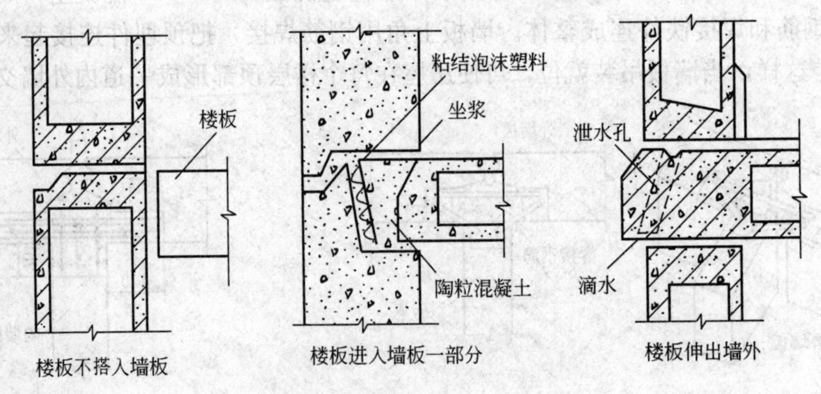

图 4-139　楼板与外墙板的连接

口与楼板底平，并将楼板伸入外墙板下口，如图 4-139 所示。这种做法可使外墙板顶部焊接均在相同标高处，操作方便，容易保证焊接质量。同时又可使整间大楼板四边均伸入墙内，提高了房屋的空间刚度，有利于抗震。

9.5 盒子装配式建筑

盒子装配式建筑是采用盒子结构建造的建筑物，它的优点是装配化程度高，因此大大缩短现场工期，减少劳动强度，而且节约材料，建筑自重也大大减轻。只是受到工厂的生产设备、运输条件、吊装设备等因素限制。

钢筋混凝土盒子构件可以是整浇式或拼装式。后者是以板材形式预制再拼合连接成完整的房间盒子，如图 4-140 所示。

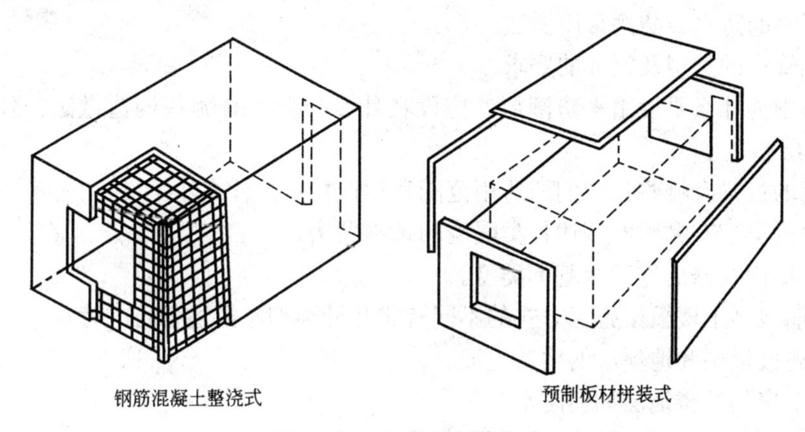

图 4-140 盒子的制作方式

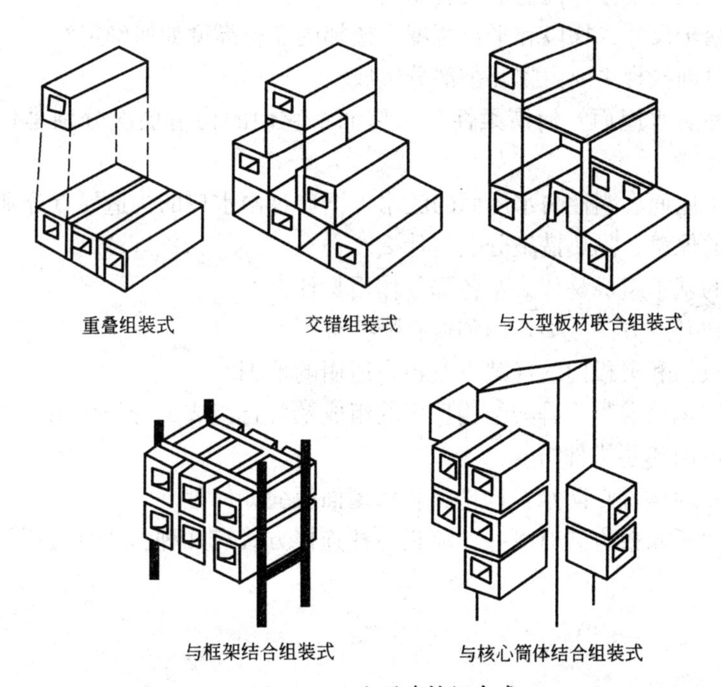

图 4-141 盒子建筑组合式

由房间盒子组装成的建筑有多种形式，如：重叠组装式（上下盒子重叠组装）、交错组装式（上下盒子交错组装）、与大型板材联合组装式、与框架结合组装式（盒子支承和悬挂在刚性框架上，框架是房屋的承重构件）、与核心筒体结合组装式（盒子悬挑在建筑物核心筒体外壁上，成为悬臂式盒子建筑）等各种形式，如图 4-141 所示。

单元4 思考题与习题

1. 民用建筑主要由哪些部分组成？各部分作用是什么？
2. 构件耐火极限的含义是什么？民用建筑的耐火等级是如何划分的？
3. 常见的基础类型有哪些？各有何特点？
4. 地下室的防水、防潮常用做法。
5. 基础管沟的类型及设计的要求。
6. 墙体中为什么要设水平防潮层？应设在什么位置？有哪些构造做法？什么情况下设垂直防潮层？
7. 常见的过梁有哪些？它们的适用范围和构造特点是什么？
8. 隔墙的类型有哪些？试述各类隔墙的基本做法。
9. 试述墙面装修的作用及基本类型。
10. 钢筋混凝土楼板按施工方式的不同有哪几种类型？简述各自的特点。
11. 简述楼板层和地坪层的构造组成。
12. 有水房间的楼地层如何防水？
13. 楼梯是由哪几部分组成？各部分的作用是什么？
14. 现浇钢筋混凝土楼梯构造形式有哪些？各有何特点？
15. 楼梯的踏步尺寸、梯段和平台宽度、楼梯的净空高度如何确定？
16. 电梯、自动扶梯主要由哪几个部分组成？
17. 何谓刚性防水屋面？何谓柔性防水屋面？它们的构造层次分别是什么？各层如何做？
18. 柔性防水屋面、刚性防水屋面的泛水、檐口、雨水口的构造要点分别是什么？
19. 平屋顶的保温、隔热措施分别是什么？
20. 坡屋顶的基本组成是什么？各部分作用是什么？
21. 按材料和开启方式分类，门和窗有哪些类型？
22. 比较镶板门和夹板门的优缺点及各自适用的范围？
23. 简述单层钢筋混凝土排架结构厂房的组成及各自组成部分的作用。
24. 矩形天窗由哪些构件组成？
25. 什么叫屋面构件自防水？构件自防水屋面板缝如何处理？
26. 厂房的墙板布置方式有哪些？墙板与柱连接方式有几种？各自适用的范围？

参 考 文 献

[1] 金亮主编. 电气安装识图与制图. 北京：中国建材工业出版社，2000.

[2] 刘志麟主编. 建筑制图. 北京：机械工业出版社，2002.

[3] 王新华主编. 管道制图与识图. 北京：中国劳动社会保障出版社，2000.

[4] 段瑛隽主编. 建筑识图. 北京：中国劳动社会保障出版社，2000.

[5] 王青山主编. 建筑设备. 北京：机械工业出版社，2003.

[6] 杨光臣主编. 建筑电气工程识图·工艺·预算. 北京：中国建筑工业出版社，2001.

[7] 韦节廷主编. 建筑设备工程. 第2版. 武汉：武汉理工大学出版社，2004.

[8] 余宁主编. 暖通与空调工程. 北京：中国建筑工业出版社，2003.

[9] 谷峡主编. 建筑给水排水工程. 哈尔滨：哈尔滨工业大学出版社，2001.

[10] 危道军主编. 土木建筑制图. 北京：高等教育出版社，2002.

[11] 王东萍主编. 安装工程识图与制图. 北京：中国建材工业出版社，2003.

[12] 建设部人事教育司组织编写. 管道工. 北京：中国建筑工业出版社，2002.

[13] 马光红，李永存，伍培主编. 建筑制图与识图. 北京：中国电力出版社，2004.

[14] 余宁主编. 通风与空调系统安装. 北京：中国建筑工业出版社，2006.

[15] 同济大学，东南大学，重庆大学，西安建筑科技大学合编. 房屋建筑学. 第4版. 北京：中国建筑工业出版社，2005.

[16] 沈先荣等编. 建筑构造. 北京：中央广播电视大学出版社，2006.

[17] 李必瑜主编. 房屋建筑学. 武汉：武汉理工大学出版社，2001.

[18] 杨金铎，房志勇编著. 房屋建筑构造. 北京：中国建材工业出版社，2001.

[19] 崔艳秋等编. 建筑概论. 北京：中国建筑工业出版社，2006.